AMBRA | V

In collaboration with the ANZAC RESEARCH INSTITUTE
Sydney, Australia

Edition Angewandte

Buchreihe der Universität für angewandte Kunst Wien
Book Series of the University of Applied Arts Vienna

Herausgegeben von/Edited by Gerald Bast, Rector

edition: 'angewandte

VISUALISATION OF EVOLUTION

Petra Maitz

AMBRA | V

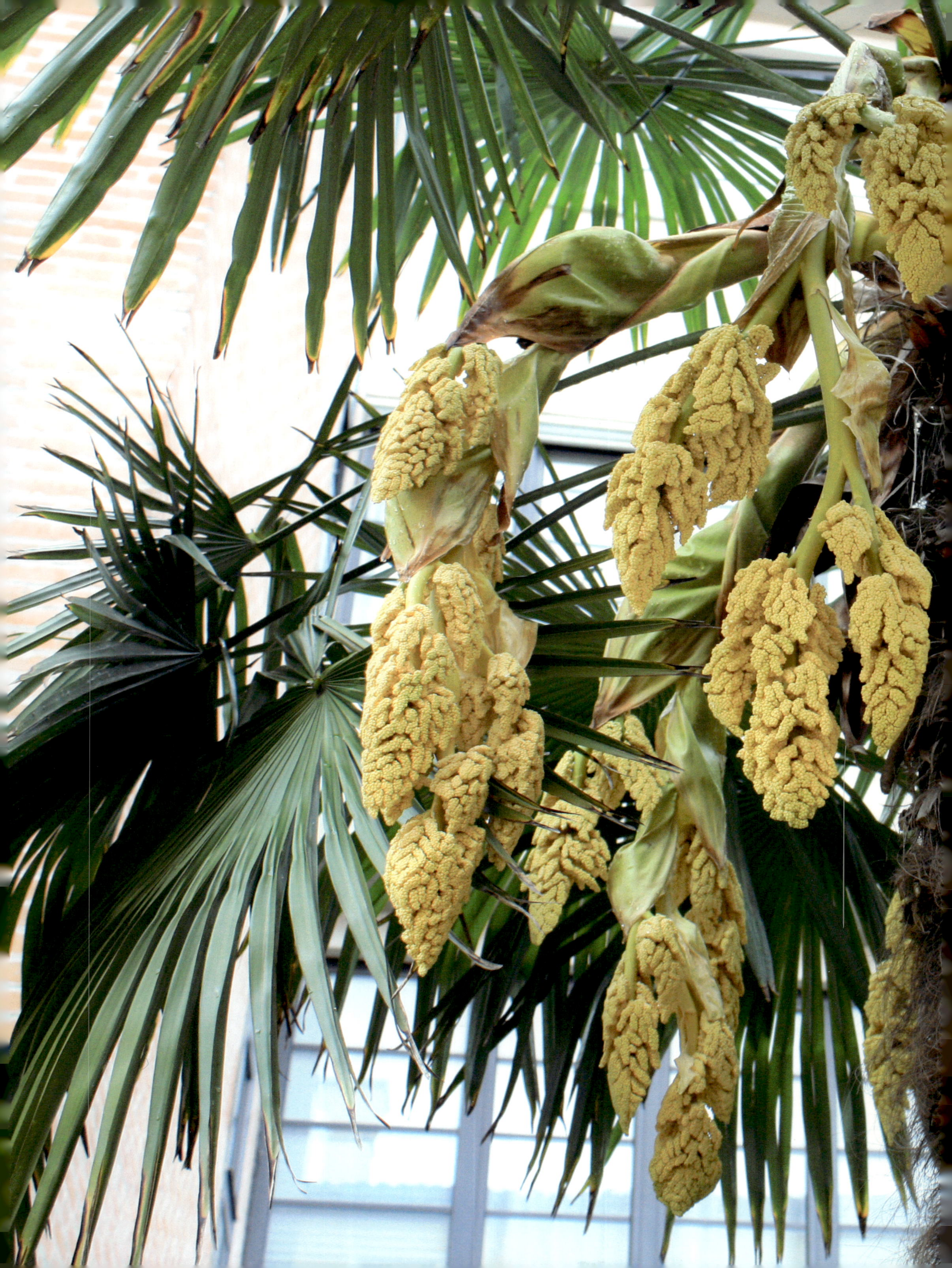

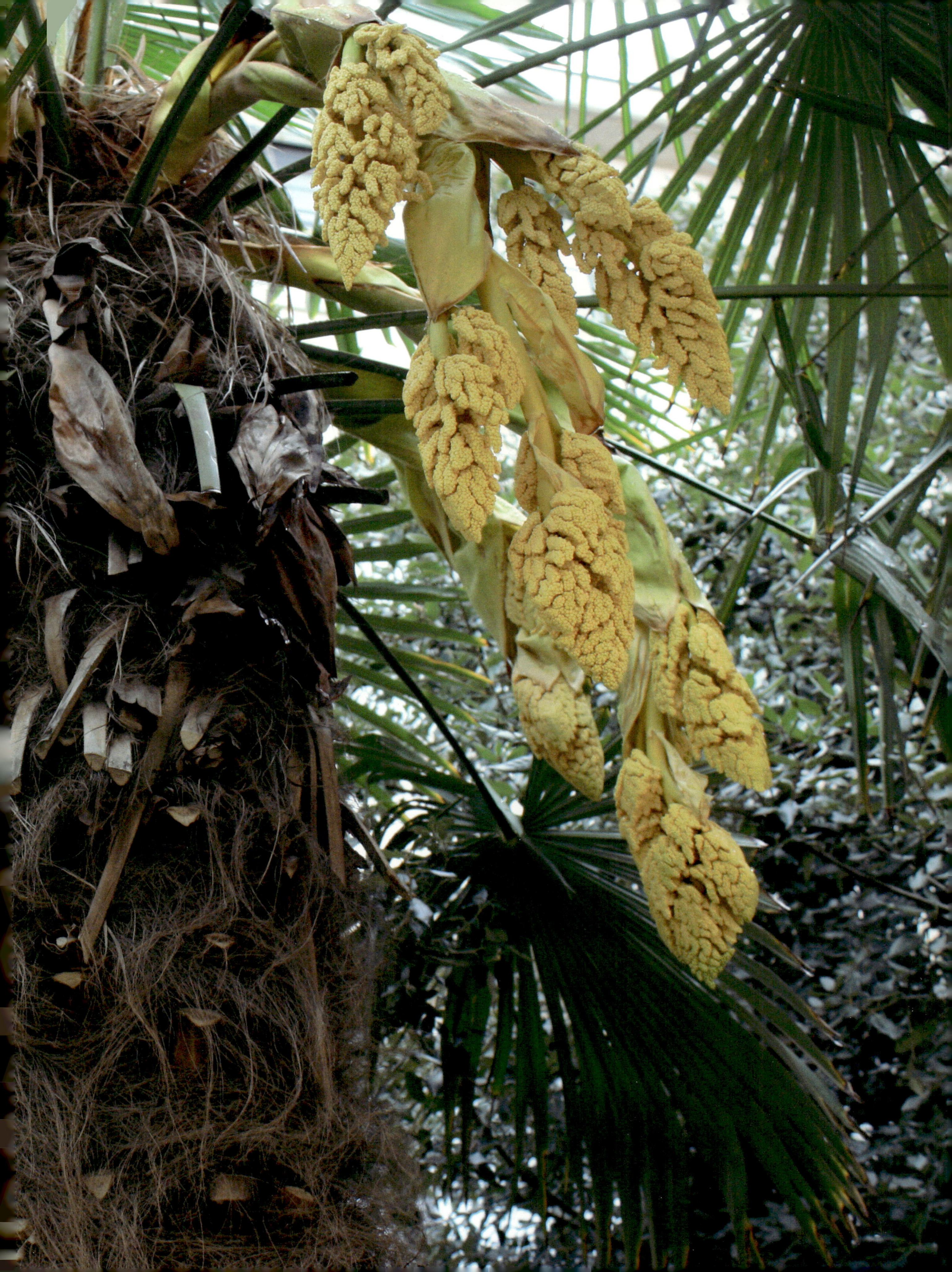

I. SCIENCE PICTION

GBR – THE REE

KLIMA: N

Lufttemp. 25–31°
Wassertemp. 23–26°

S

Lufttemp. 21–29°
Wassertemp. 18–22°

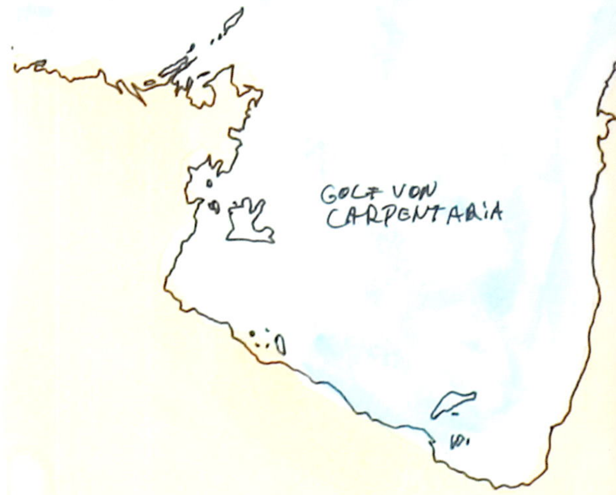

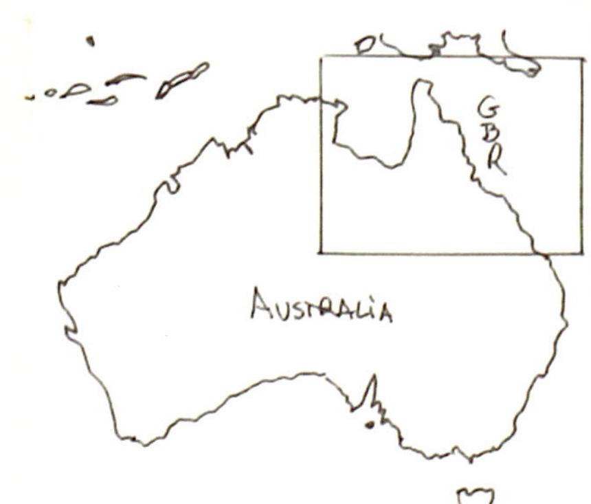

Great Barrier Reef World Heritage Area and Marine Park.

consists of about 3.000 individual reefs spread over at least 350 000 m^2 km. The largest reef in the world, it still remains in generally good condition, although runoff of silt, nutrients, and contaminants from agricultural, urban, and industrial areas may pose localized threats in some places. The Marine Park embraces the total Reef area. Fishing is banned, but most of the area is open to fishing and diving and, the same locations, to the development of tourism infrastructure

About 20 % of the reef is zoned a
Commercial prawn trawling is ta
and biodiversity. These effects
Scientific assessment through l

n some areas human activity has destroyed entire reefs, converting them to algal-covered rubble. Who knows what species, known and unknown alike, have already been wiped out? Who can say which ones will be winking out in the near future, their intricate genetic codes, formed over millennia, suddenly gone ....."

Osha Gray Davidson
The Enchanted Braid

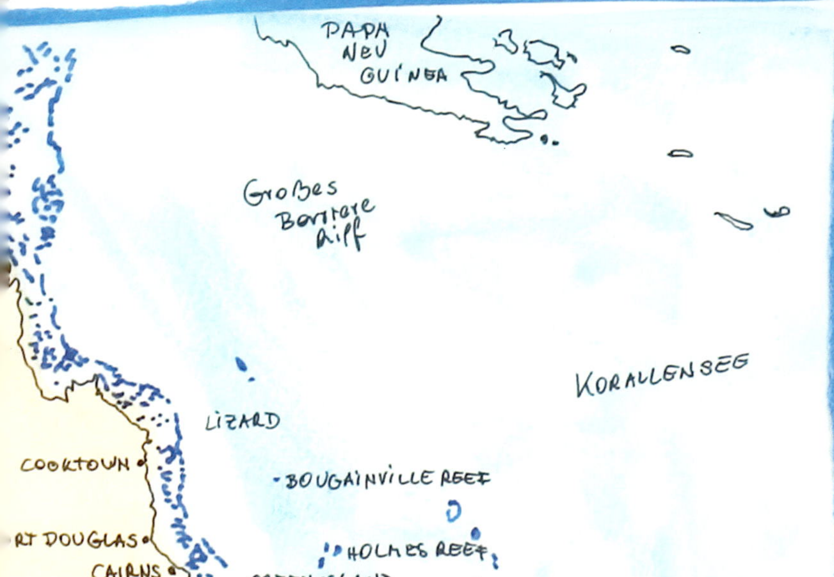

Naturschutz:

Great Barrier Reef Marine Park – größte Unterwasserreservat d. Erde GBRPA (park act) 1975 gegen Ausbeutung geschützt 1981 (Reef) WELTERBE bei der Unesco registriert.

international agreements and initiatives:

ICRI International Coral Reef Initiative

1997 . year of the coral Reef

1998 . year of the Ocean UN declared

IUCN: protected area targets World Conservation Union

1997 Dr. Jane Lubchenco 20% no take areas

THE CONVENTION on BIOLOGICAL DIVERSITY

Ramsar Convention
Man and Biosphere Programme
UNESCO

take" areas, where fishing is off-limits its toll, however, on sea floor structure those of line fishing, are subject to scale investigations.

SP no 1

AUSTRALIEN
(QUEENSLAND COAST)

Naturschutzgebiete: Nord-Ost,
152. Längengrad, 21. Breitengrad
Südhemisphäre, Hook Inseln, 33'
Whitsunday Group 17, Cockatoo
Reef, Blue Lion Reef, Great Barrier
Reef, Comp & World Heritage,
Hackey Reef, Capricorn Bunker
Group, Keppel Island, Curtis Island,
James Cook Landing in Agnes Water,
approx. vis-à-vis Lady Musgrave
Island, Lady Elliot Island, Bundaberg

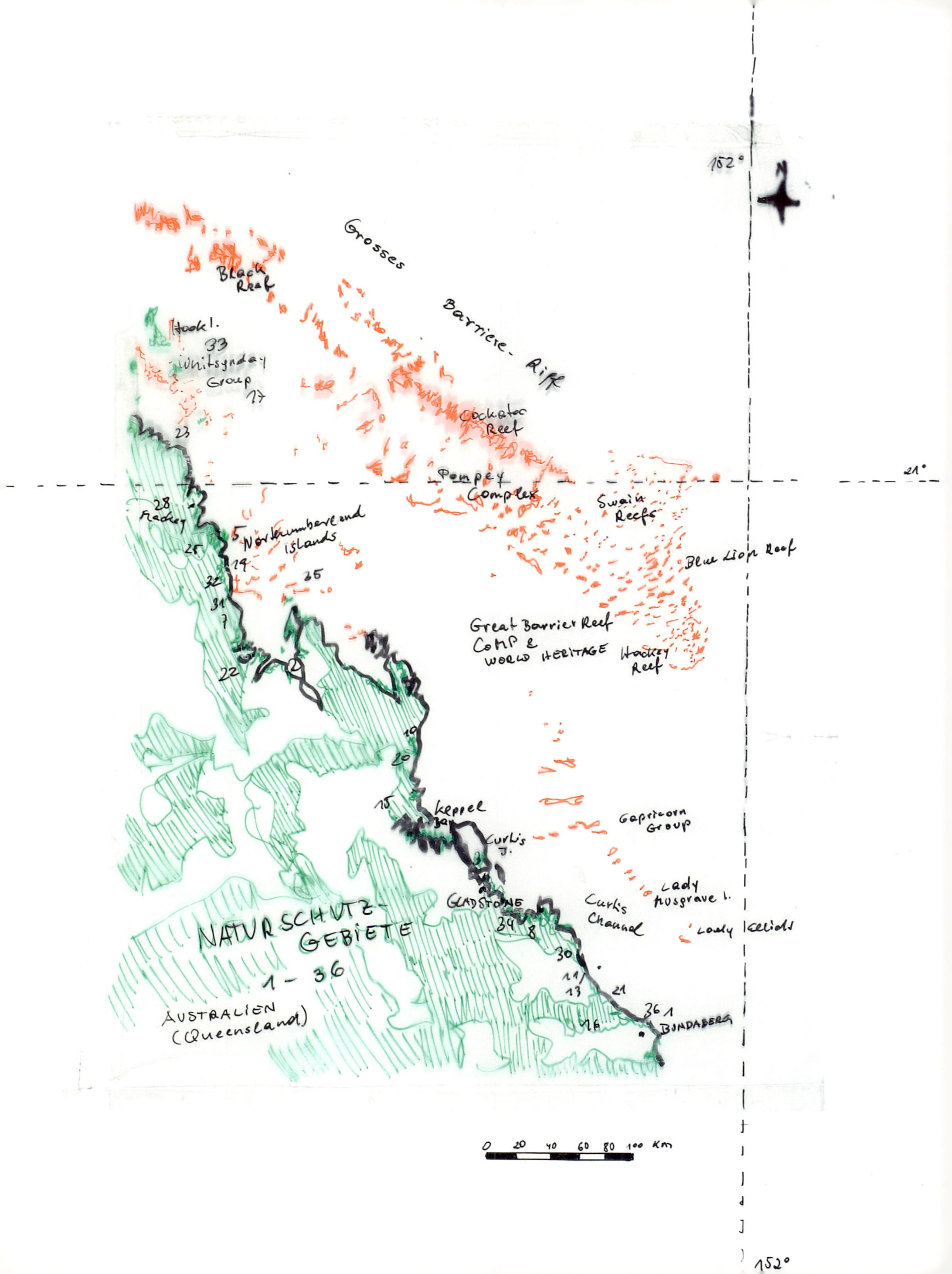

152°
N
Grosses Barriere-Riff
Black Reef
Hook I.
33
Whitsynday Group
17
23
Cockatoo Reef
Pompey Complex
21°
28
Mackey
Swain Reefs
5
Northumberland Islands
25
19
32
35
Blue Lion Reef
31
7
Great Barrier Reef COMP & WORLD HERITAGE
Hackey Reef
22
2
19
20
15
Keppel Bay
Capricorn Group
Curtis I.
3
Lady Musgrave I.
GLADSTONE
Curtis Channel
Lady Elliots
34
8
NATURSCHUTZ-GEBIETE 1 – 36
30
11
13
21
AUSTRALIEN (Queensland)
36
1
16
BUNDABERG
0 20 40 60 80 100 Km
152°

SP no 2

RIFFVORKOMMEN DER ERDE
WESTTEIL (JE NACH PERSPEKTIVE!)

Warmwassermeeresströmung rot, Kaltwasserströmung schwarz, 20° Isochryme punktiert. Um den Äquator vorwiegend Warmwassermeeresströmung = Riffvorkommen! Grüne Markierung: Barriereriff; Rote Markierung: Saumriff, Plattformriff; Blaue Markierung: Atoll

WARMWASSERMEERESSTRÖMUNG
KALTWASSER MEERESSTRÖMUNG
20° C Isochryme

RIFFVORKOMMEN D. ERDE 2.

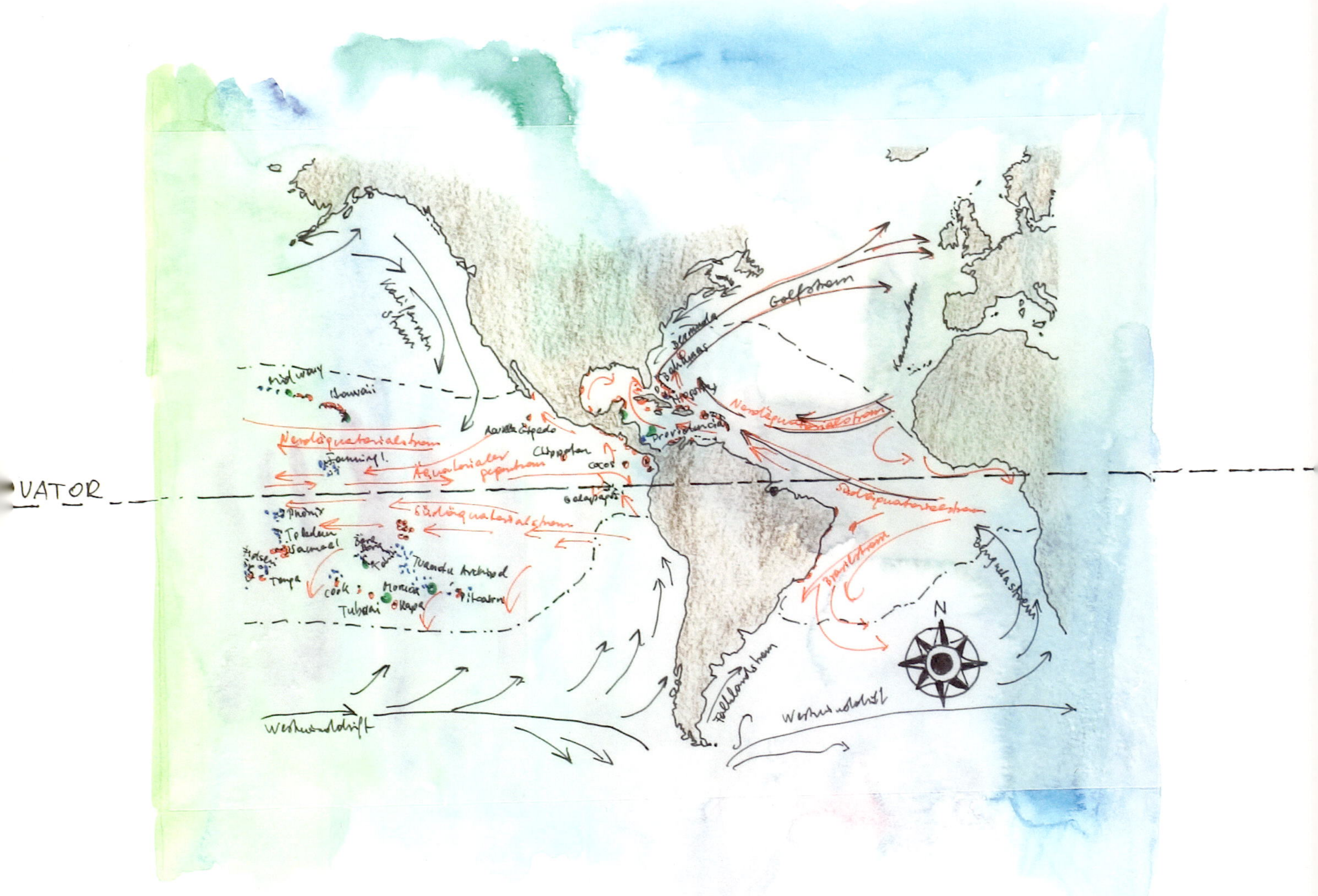

Barriereriff
Saumriff, Plattformriff
ATOLL

SP no 3

RIFFVORKOMMEN EAST DER ERDE
AM ÄQUATOR

nahe dem Äquator – warme Meeresströmung, Monsunstrom, Südäquatorialstrom, Kuroshio, Nordpazifikstrom, rot gekennzeichnet = warme Meerströmungen, Nordäquatorialstrom
Rote Markierung: Saumriff, Plattformriff; Grüne Markierung Barriereriff, Blaue Markierung: Atoll

Warme Meeresströmung
Kalte Meeresströmung
20° isochryme Meeresströmung

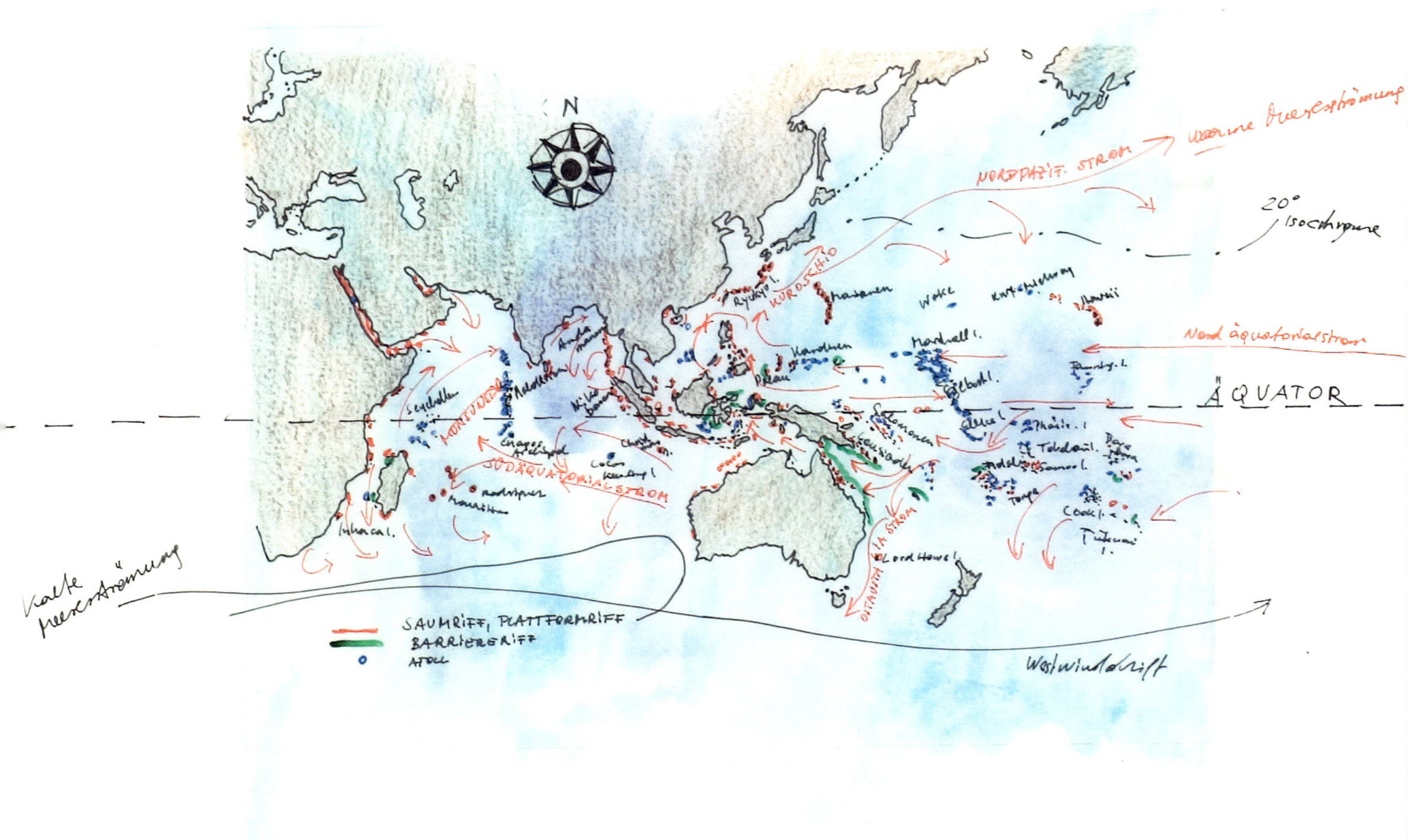

RIFFVORKOMMEN DER ERDE
am Äquator, nahe d. Ä. – in warmen Meeresströmungen

SP no 4

BRITISCHES TERRITORIUM IM INDISCHEN OZEAN

SNR – Strict Nature Reserve – Kokospalmenplantagen; BIOT (Chagos Archipel) 50 Inseln, 60 km^2 (Landfläche), 554.000 km^2 Meeresfläche. Salomon Atoll. 1998 große Korallenbleiche – alle Riffe wurden verwüstet; derzeit gut geschützt: Blenheim Atoll, Diego Garcia Atoll, Egmont Island, Peres Bankos Reef

Britisches Territorium im Indischen Ozean

SNR

BIOT (Chagos Archipel)

50 Inseln, 60 km² (Landfläche)

554 000 km² Meeresfläche

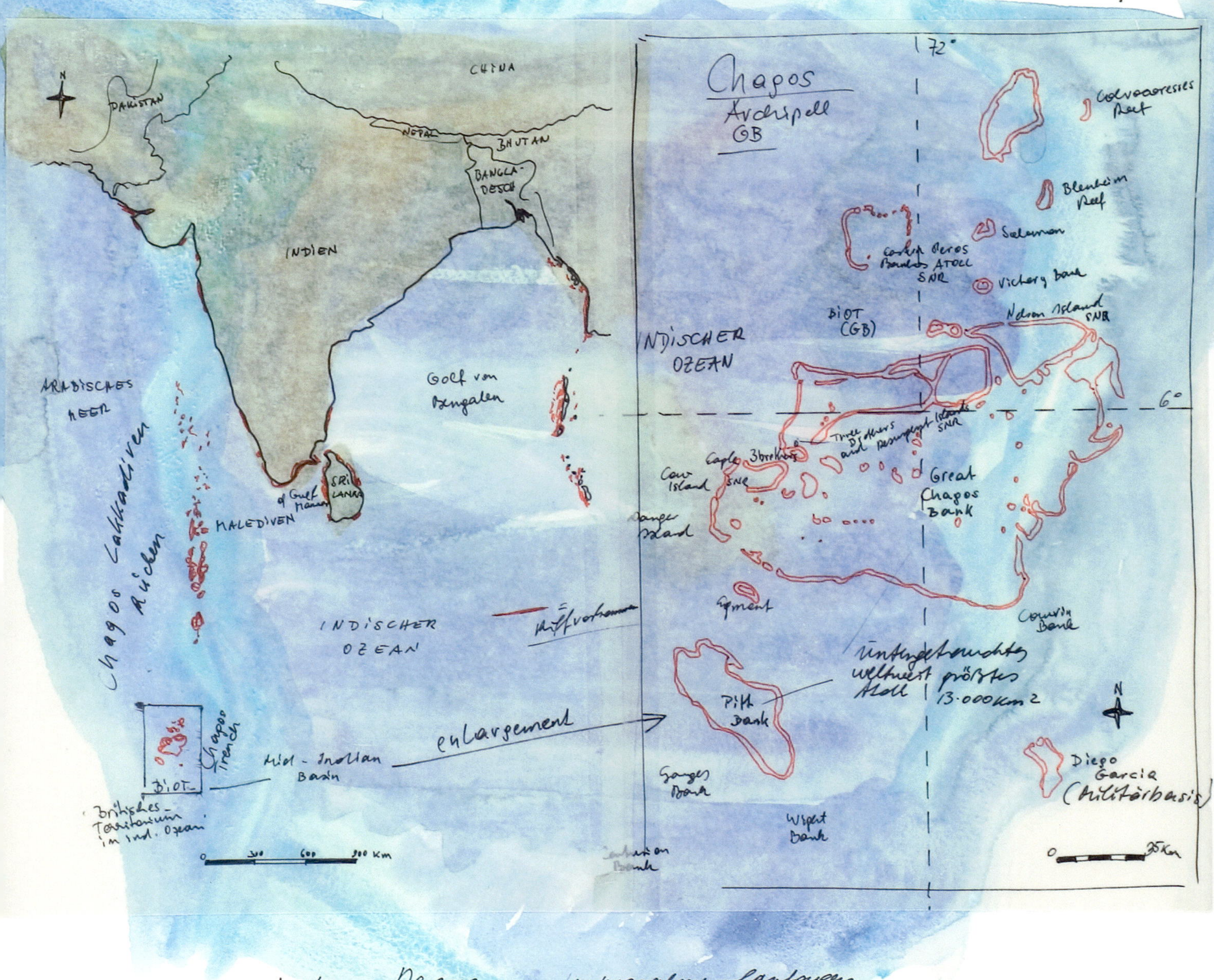

SNR – Strict Nature Reserve – Kokospalmenplantagen

Salomon Atoll: 1998 große Korallenbleiche – alle Riffe wurden verwüstet

Blenheim Atoll
Diego Garcia
Egmont
Peros Banhos

> derzeit gut geschützt

SP no 5

RED SEA

Regions Summary
Middle East
Indian Ocean
Pacific
Atlantic
Southeast Asia
Caribbean

Reefs around Red Sea

Middle East
Indian Ocean
Pacific

Atlantic
Southeast Asia
Caribbean

Regions Summary

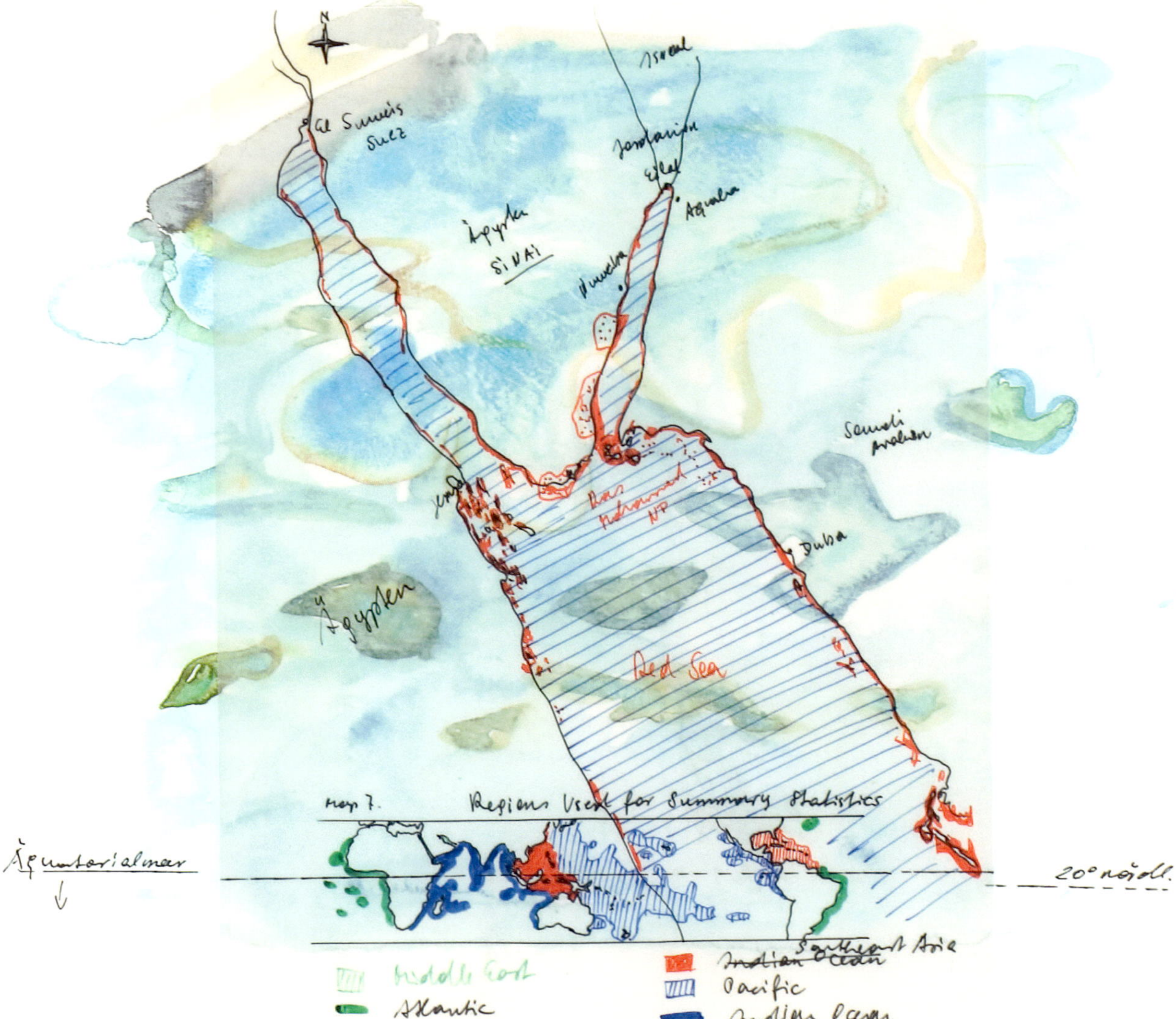

Reefs around red sea

SP no 6

ORGANIC CIRCLE

Organic Production and Decomposition/155; 7.2.2. ALGAE, The Engines of the Reef by Charles Birkland. Phytoplankton, Zooxanthellae, Single-celled algae. Carbon flow of the inner lagoon of Darias Reef (GBR) in winter. Only about 30% of the dissolved organic carbon entering the lagoon is shown; the remainder is not readily metabolized, so it travels unaltered. The consumer communities in the lagoon are classified as: A – large consumers: crustaceans, fish, polychaetes, mollucs, holothuroids, nematodes; B – microscopic consumers: copepods, flatworms, protozoa, after Wilkinson Clive 1986

ORGANIC-CIRCLE

Organic Production and Decomposition / 155
7.2.2. ALGAE, The engines of the Reef
by Charles Birkeland

Phytoplankton

Zooxanthellae

single-celled algae

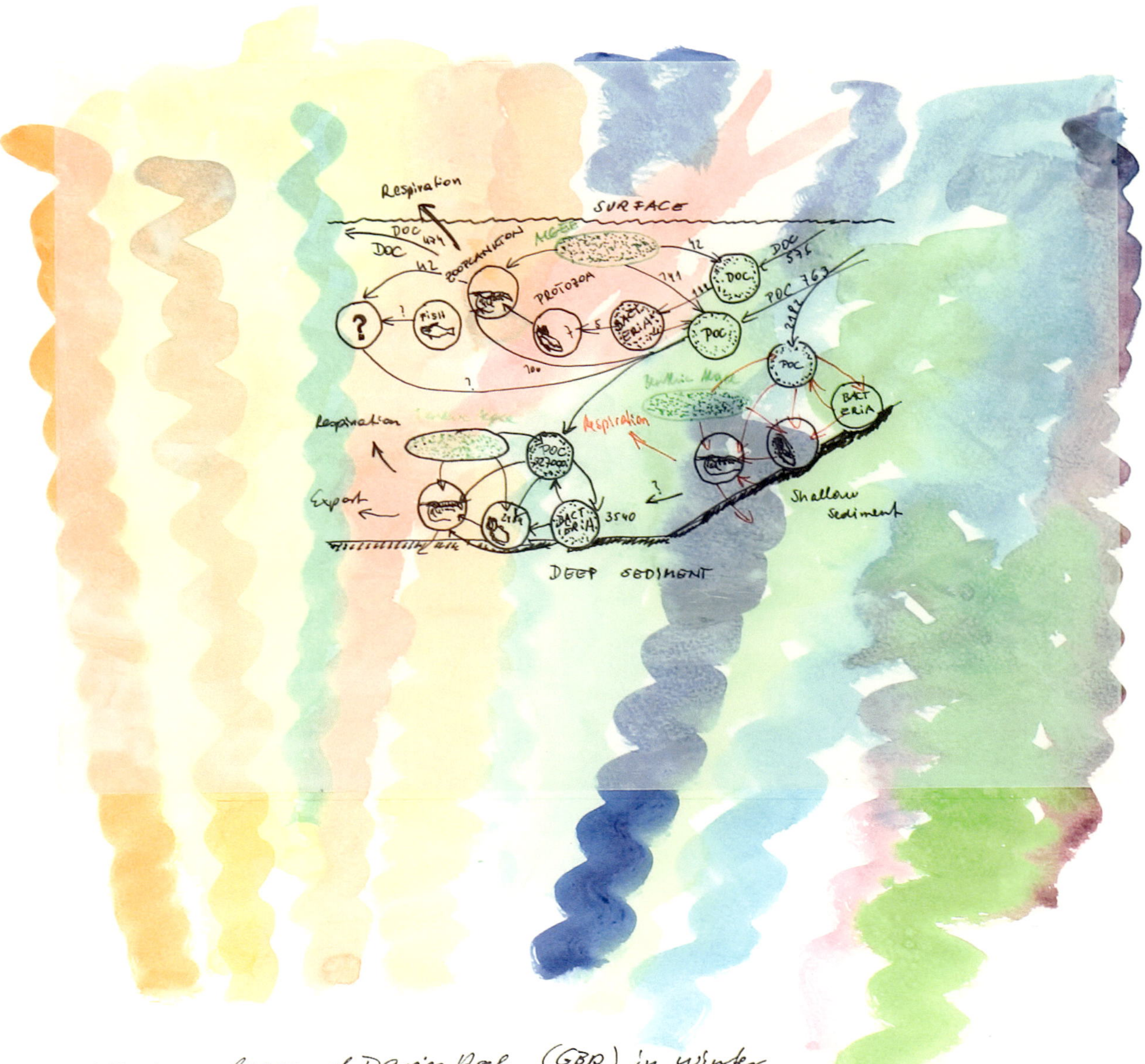

...ion flow of the inner lagoon of Davies Reef (GBR) in winter
...ly about 30% of the dissolved organic carbon entering the lagoon is shown; the remainder
not readily metabolized, so it travels unaltered. The consumer communities
...n the lagoon are classified as: A – large consumers. Crustaceans
fish, polychaetes, molluscs, holothurians
B – microscopic consumers: nematodes
copepods
flatworms
protozoa

after Wilkinson 1986

SP no 7

GESUNDES RIFFWACHSTUM

Kalziumkarbonatmengen werden gepuffert – PH stabil – Metabolism. + warmes, sauberes Meerwasser 16–36°C + starke Sonneneinstrahlung + starkes Wachstum + 23–25°C Meer + H_2O. Salzgehalt: 35–40 g NaCl/Liter. Im gesunden Riff sind die Werte darüber gefährlich, Sauberkeit für Lichteinstrahlung: Zooxanthellen – Fotosynthese. Nahrung: Korallen: fleischfressende Filtrierer organischer Mikroorganismen Plankton, Strömungsverhältnisse von gr. Bedeutung, Ph-Wert sollte stabil bei 8–8,5 sein. Für Korallen sind Nitratkonzentrationen von nitrifizierenden Bakterien beim Abbau von organischen Verschmutzungen (Abflüsse der Industrie & Tourismus) ab einer Menge von 20mg/Liter tödlich

Gesundes Riffwachstum

Kalziumkarbonatkonzentrationen werden gepuffert – Ph stabil – Metabolism

- Warmes, sauberes Meerwasser 16–36 °C
- starke Sonneneinstrahlung
- starkes Wachstum · 23–25 °C Meer H_2O
- Salzgehalt 35 g NaCl/Liter – 40 g möglich, darüber gefährlich
- Sauberkeit für Licht: Zooxanthellen – photosynthese!

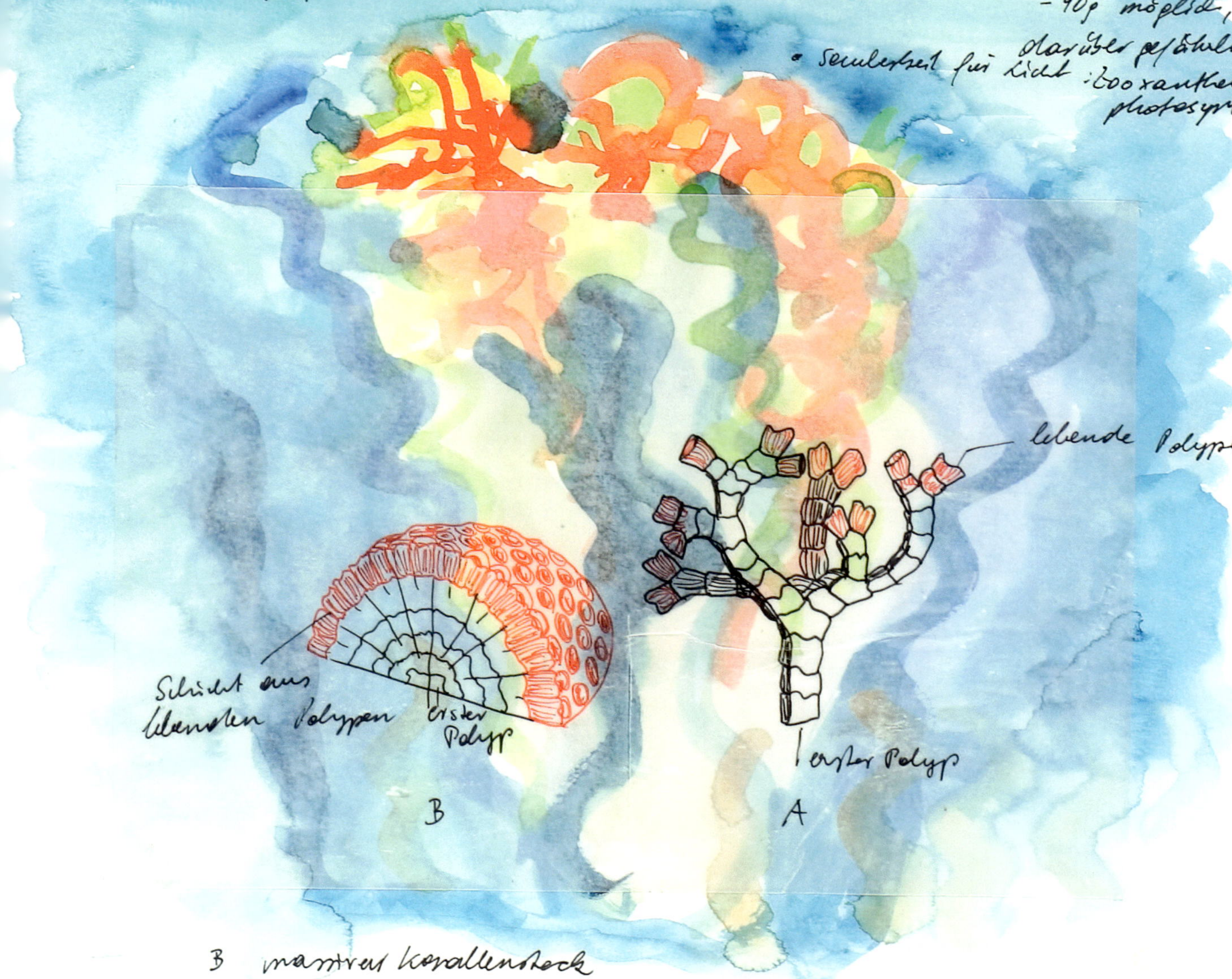

B massiver Korallenstock

A verzweigter Korallenstock

NAHRUNG: Korallen: · fleischfressende Filtrierer organische Mikroorganismen

PLANKTON

- Strömungsverhältnisse von gr. Bedeutung

Ph-Wert stabil 8,0 – 8,3

- zu große Nitratkonzentrationen von nitrifizierenden Bakterien beim Abbau von org. Verschmutzungen = tödlich – 20 mg/Liter

SP no 8

SCHEMATISCHER AUFBAU EINES STEINKORALLENPOLYPEN–KALKSTUFENBAU

The Dinoflagelatte Community Metabolism: Algae – single celled, Zooxanthellae, Algen und tierische Zellen stehen im regen Nährstoff-austausch, sehr ökonomisch organisiert – kein Umweg über food web. Ostrebium – Zooxanthellae – fädige Grünalgen leben im Skelett der Koralle, Symbiose mit Koralle. Peter Fend's ideas of making algae-production-energy available to human energy resources are very clear ... concerning the energy production level in reef food webs. It is the fine turfs of filimentous and small fleshy algae that make the major contribution to the primary productivity of reefs directly available to higher consumers (Larkum 1983). The symbolic dinoflagellates are the most successful reef algae, for reason of exchange of energy in the coral-lifes. In the context of Community Metabolism, the algae-coral-symbiosis is approx. treated as a polytrophic plant

the DINOFLAGELLATE

COMMUNITY METABOLISM

ALGAE – single celled
ZOOXANTHELLAE

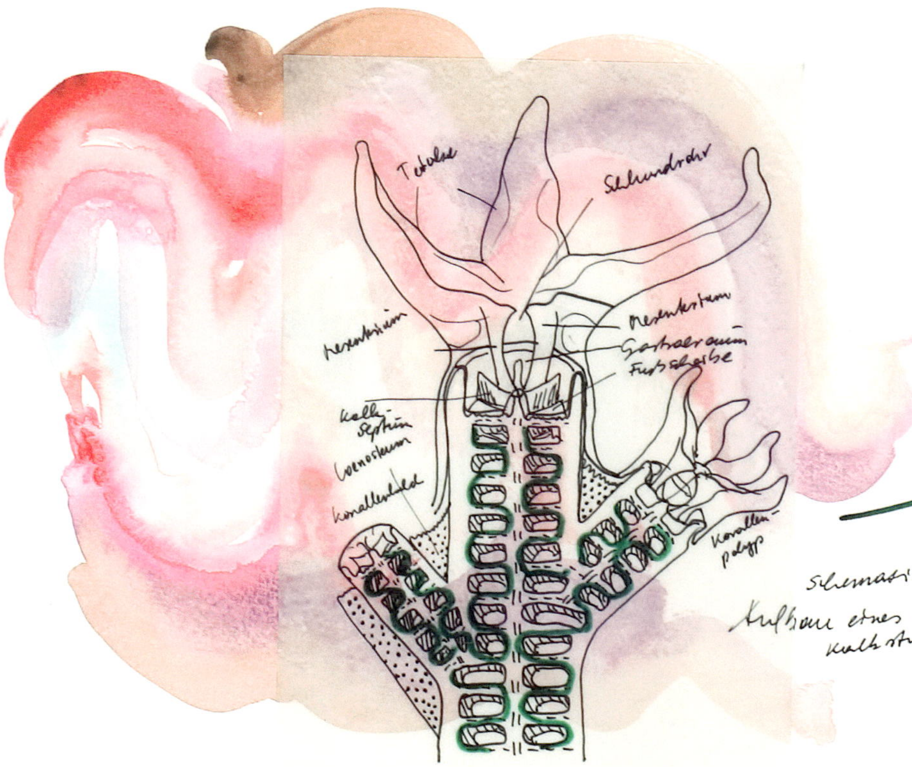

Algen und Tier. Zelle leben in regem Nährstoffaustausch sehr ökonomisch organisiert – kein Umweg über food web.

Ostreobium (Zooxanthellae)

Fädalge Grünalgen leben im Skelett der Koralle, Symbiose mit Koralle

Schematischer Aufbau eines Steinkorallenpolypen Kalkstufenbau

Peter Fends ideas of making algae production – energy – available to human energy resources are very clear... concerning the energy production level in reef food webs. It is the fine turfs of filimentous and small fleshy algae that make the major contribution to the primary productivity of reefs directly available to higher consumers (Larkum 1983). The symbiotic dinoflagellates are the most succesfull reef algae, for reason of exchange of energy in the coral-lifes. In the context of COMMUNITY METABOLISM, the algae-coral-symbiosis is appropriately treated as a polytrophic plant.

SP no 9

RIESENMUSCHEL – GIANT CLAM – TRIDACNA GIGAS – VERBREITUNG

Planktonesser, kl. Fische – Mördermuschel, Schließmuskel. 1 m lang. 260 kg. Leider oft als Trophäen vom GBR mitgebracht! Die Riesenmuschel Tridacna Gigas kann fast so groß wie ein Mensch werden. Sie hat einen leuchtend blauen und türkisfarbenen Mantelrand. Manche kleine Arten sind so von Korallen umwachsen, dass man nur mehr den blinkend blauen Rand sehen kann. Sie sind mit Sekretfäden am Meeresgrund verankert. Sie können Fremdkörper als große Perlen abkapseln, teilweise so groß wie Kokosnuß, kein Schmuckgeschäft! 6,5 Kilo schwere Perle. Schalen: Tauf- und Weihwasserbecken in Kirchen! Mantelgewebe: Zooxanthellen (Symbiodinium-Art) Tridacna = lichtabhängig, nur in seichten Meeren

Riesenmuschel : Giant clam _TRIDACNA GIGAS – Verbreitung

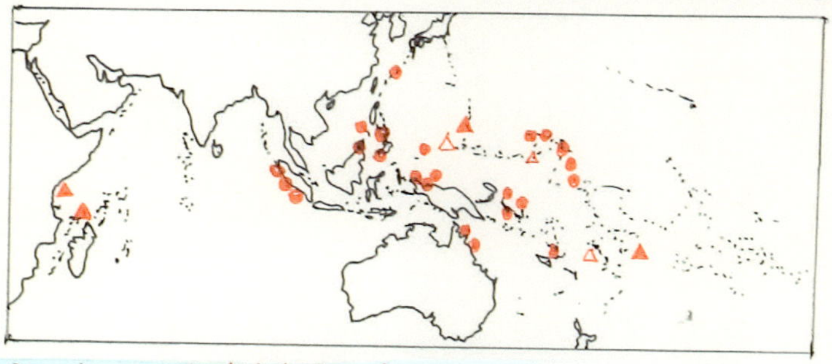

Recent and past distribution of giant clam.
● present range
▲ fossils of Pleistocene or older
△ holocene records, representing potential/likely extirpation by humans
(after Paulay, 1996)

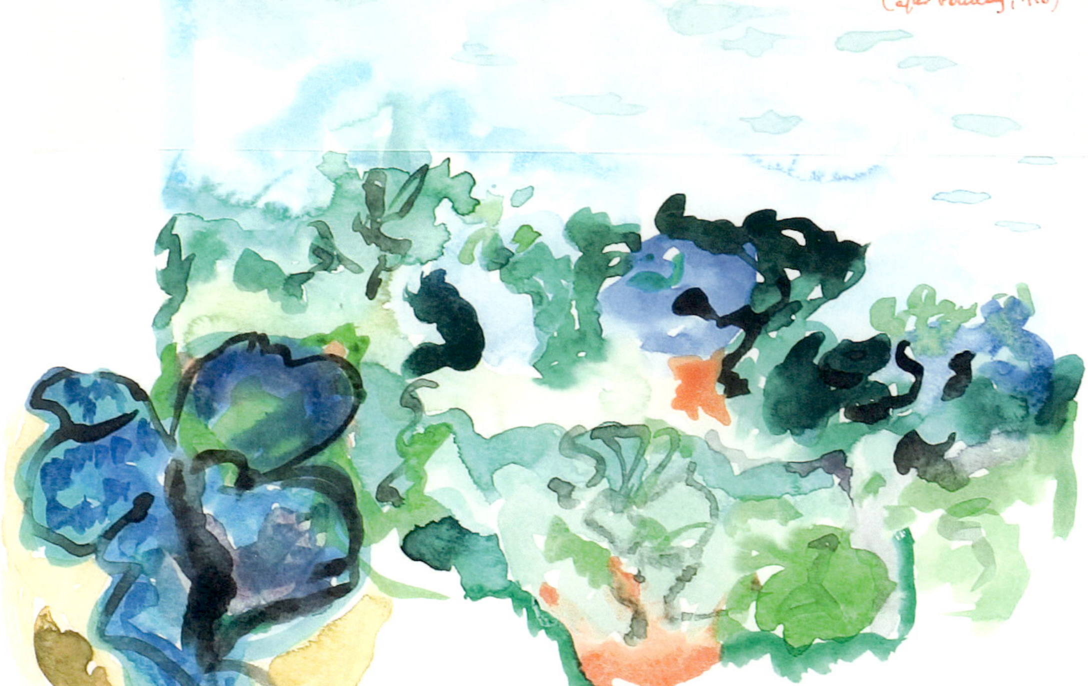

Pfeilblattmesser, kl. Fische – Mördermuschel? Schließmuskeln!
1 m lang. 260 kg, leider als Trophäen vom GBR oft mitgebracht.
Die Riesenmuschel Tridacna gigas kann fast so groß wie ein Mensch werden. Sie haben leuchtend blaue und türkisfarbenen Mantelrand. Manche kleinere Arten sind so von Korallen umwachsen, dass man nur mehr den leuchtend blauen Rand sehen kann. Sind mit Seidenfäden am Meeresgrund verankert. Sie können Fremdkörper als große Perlen abkapseln, teilweise so groß wie Kokosnuss, bzw. Schmuckgeschäft! 6,5 kg schwere Perle.
Schalen: Tauf u. Weihwasserbecken in Kirchen!
Manteigewebe: Zooxanthellen (Symbiodinium-Art)
Tridacna = lichtabhängig, nur in seichten Meeren

SP no 10

MANGROVES

Distribution of Eastern Mangroves
Species and Regions signed as yes + or no -

Regions:
East Africa
Madagaskar
Sri Lanka (Ceylon)
India
Myanmar (Burma)
Thailand
Laos, Vietnam
Malaysian Peninsula
Sumatra
Java
Borneo
New Guinea
Australia
Philippines
Taiwan (Formosa)
S. Japanese Island
Japan
China

Species:
Rhizophara mucronata
Rhizophora conjugata
Bruguiera gymnorrhiza
Bruguiera eripetala
Bruguiera corophylloides
Bruguiera parviflora
Ceriops candolleana
Ceriops roxburghiana
Sonneratia acida
Sonneratia alba
Xylocarpus moluccensis
Xylocarpus granatum
Lumnitzera literea
Lumnitzera racemosa
Aegiceras corniculatum
Aegiceras floridum
Avicennia officinalis
Scyphiphora hydrophyllacea
Nipa fructicans
Acanthus ilicifolius

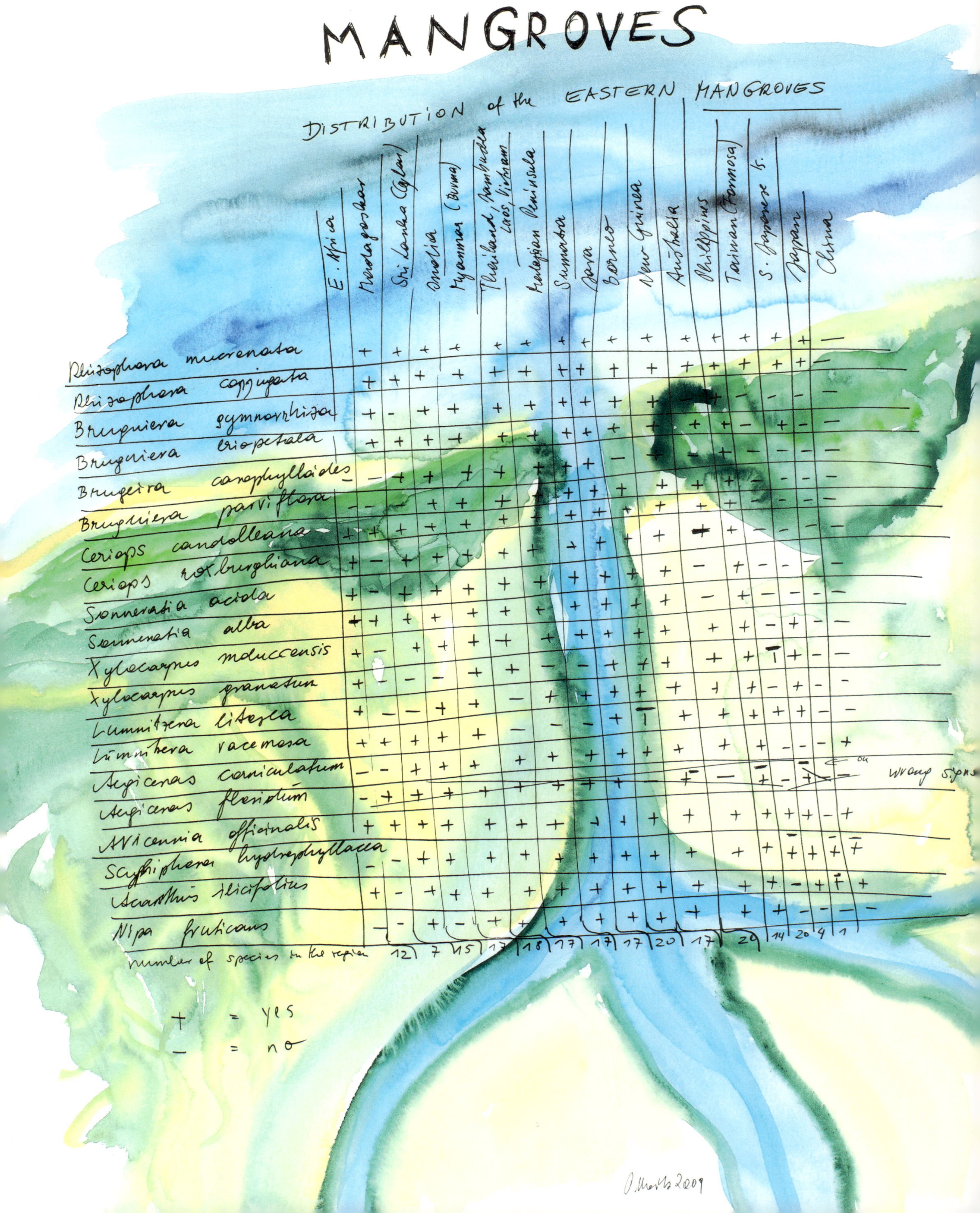
MANGROVES
DISTRIBUTION of the EASTERN MANGROVES
E. Africa
Madagaskar
Sri Lanka (Ceylon)
India
Myanmar (Burma)
Thailand, Kambodia, Laos, Vietnam
Malaysian Peninsula
Sumatra
Java
Borneo
New Guinea
Australia
Philippines
Taiwan (Formosa)
S. Japanese Is.
Japan
China
Rhizophora mucronata
Rhizophora conjugata
Bruguiera gymnorrhiza
Bruguiera eriopetala
Brugeira caryophylloides
Bruguiera parviflora
Ceriops candolleana
Ceriops roxburghiana
Sonneratia acida
Sonneratia alba
Xylocarpus moluccensis
Xylocarpus granatum
Lumnitzera littorea
Lumnitzera racemosa
Aegiceras corniculatum
Aegiceras floridum
Avicennia officinalis
Scyphiphora hydrophyllacea
Acanthus ilicifolius
Nipa fruticans
ok
wrong signs
number of species in the region
12 7 15 17 18 17 17 17 20 17 29 14 20 4 1
+ = yes
– = no
O. Marts 2009

SP no 11

VOLCANOES & CORAL ISLANDS
TONGA ISLANDS

The last existing kingdom in Polynesia has been chosen as example because its islands consist of both active volcanoes and mainly of uplifted coral islands. The connections between the raising processes of coral islands and tectonic plate activity along the Tonga trench are obvious ... The social and economic situations on these islands are very typical and interesting. Tonga Kingdom, the only South Pacific State that has never been under foreign rule

VOLCANOES & CORAL ISLANDS

TONGA ISLANDS

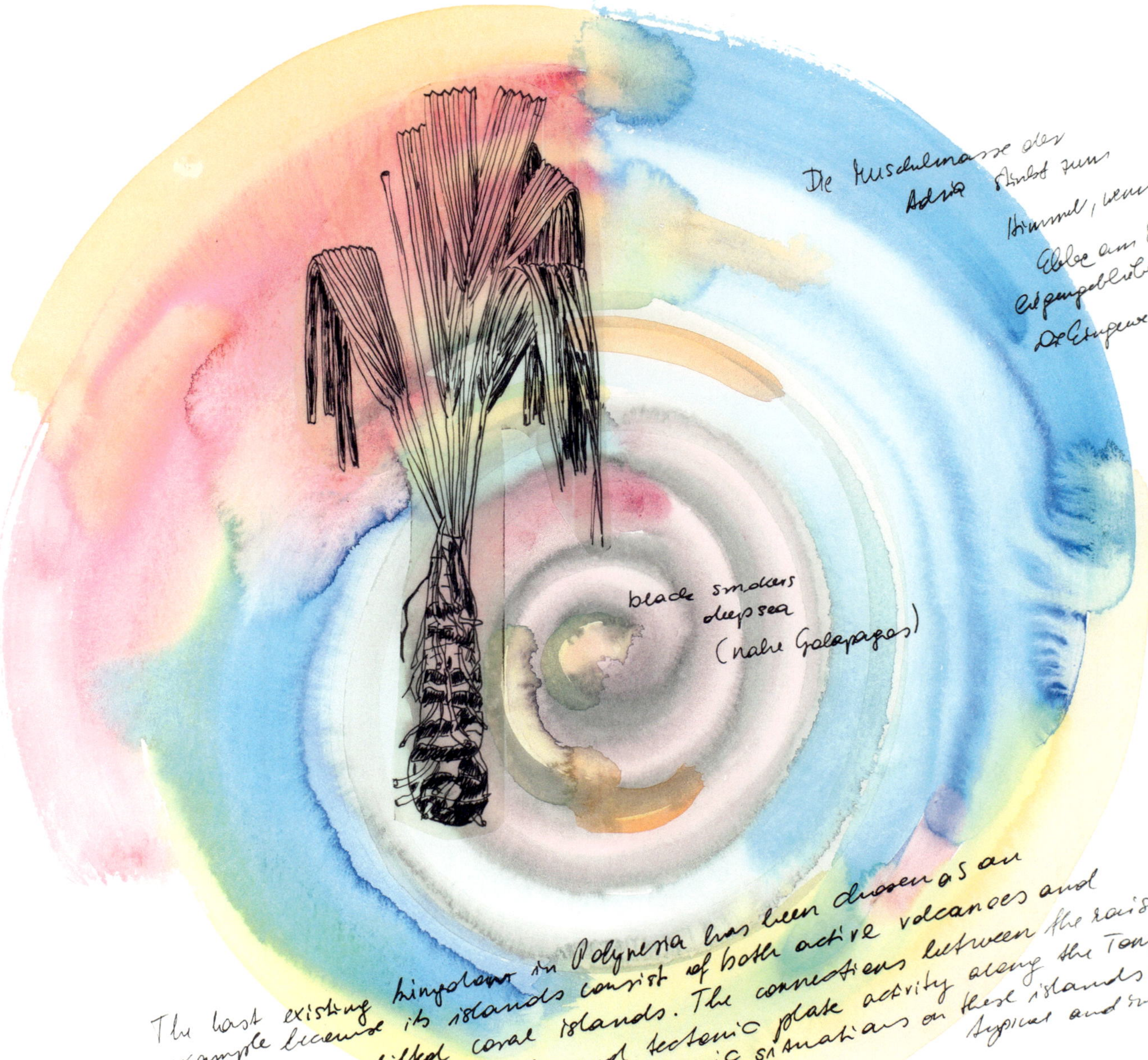

Die Muschelmasse der Adria stinkt zum Himmel, wenn sie bei Ebbe am Strand liegengeblieben ist. Der Ertrag wird verfaulen.

The last existing kingdom in Polynesia has been chosen as an example because its islands consist of both active volcanoes and mainly of uplifted coral islands. The connections between the raising processes of the coral islands and tectonic plate activity along the Tonga Trench are obvious … the social and economic situations on these islands are very typical and interesting.

TONGA, Kingdom, the only South Pacific State that has never been under foreign rule!

Plantations for vanilla-export

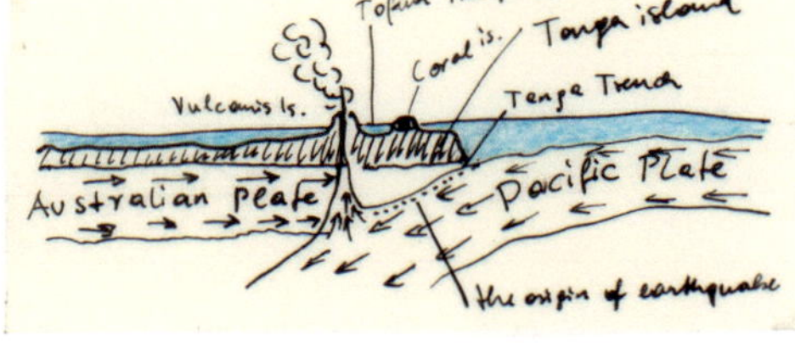

SP no 12

LIVISTONA

Mariae = Marienpalme, last population of livistona mariae in Northern Territory, Gorge National Park, 124 km sw of Alice Springs. Seit 20.000 Jahren am Ufer des Palm Creek, kleiner Fluss aus einer feuchteren Klimaperiode. Oaza Čačak is for oasis, Palmvalley Palmenstadt Palmyra/Syria

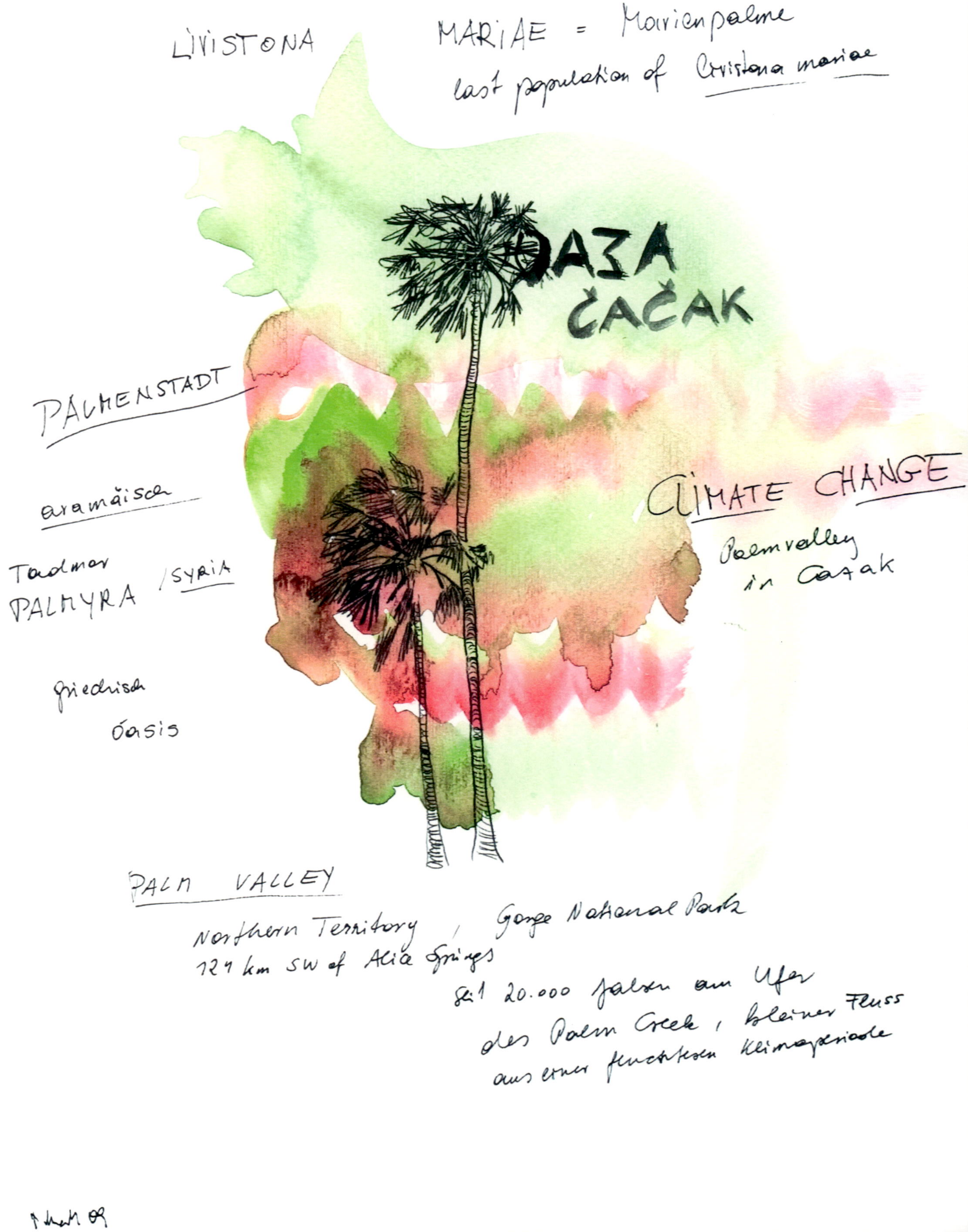
LIVISTONA MARIAE = Marienpalme
last population of Livistona mariae
OAZA
ČAČAK
PALMENSTADT
aramäisch
Tadmor
PALMYRA / SYRIA
griechisch
Oasis
CLIMATE CHANGE
Palmvalley in Čačak
PALM VALLEY
Northern Territory / Gorge National Park
124 km SW of Alice Springs
seit 20.000 Jahren am Ufer
des Palm Creek, kleiner Fluss
aus einer feuchteren Klimaperiode

SP no 13

OAZA ČAČAK, WADI

bewohnter Fleck in der Wüste – Eurowüste; an Wasserstelle = WADI. Oasenwirtschaft: Women's work is never done. San Pedro di Atacama – Chile liegt auf 2400 Höhenmetern neben großer Salzanlagerung trockenste Landschaft der Welt, hyperarides Klima, jahrzehntelang kein Regen

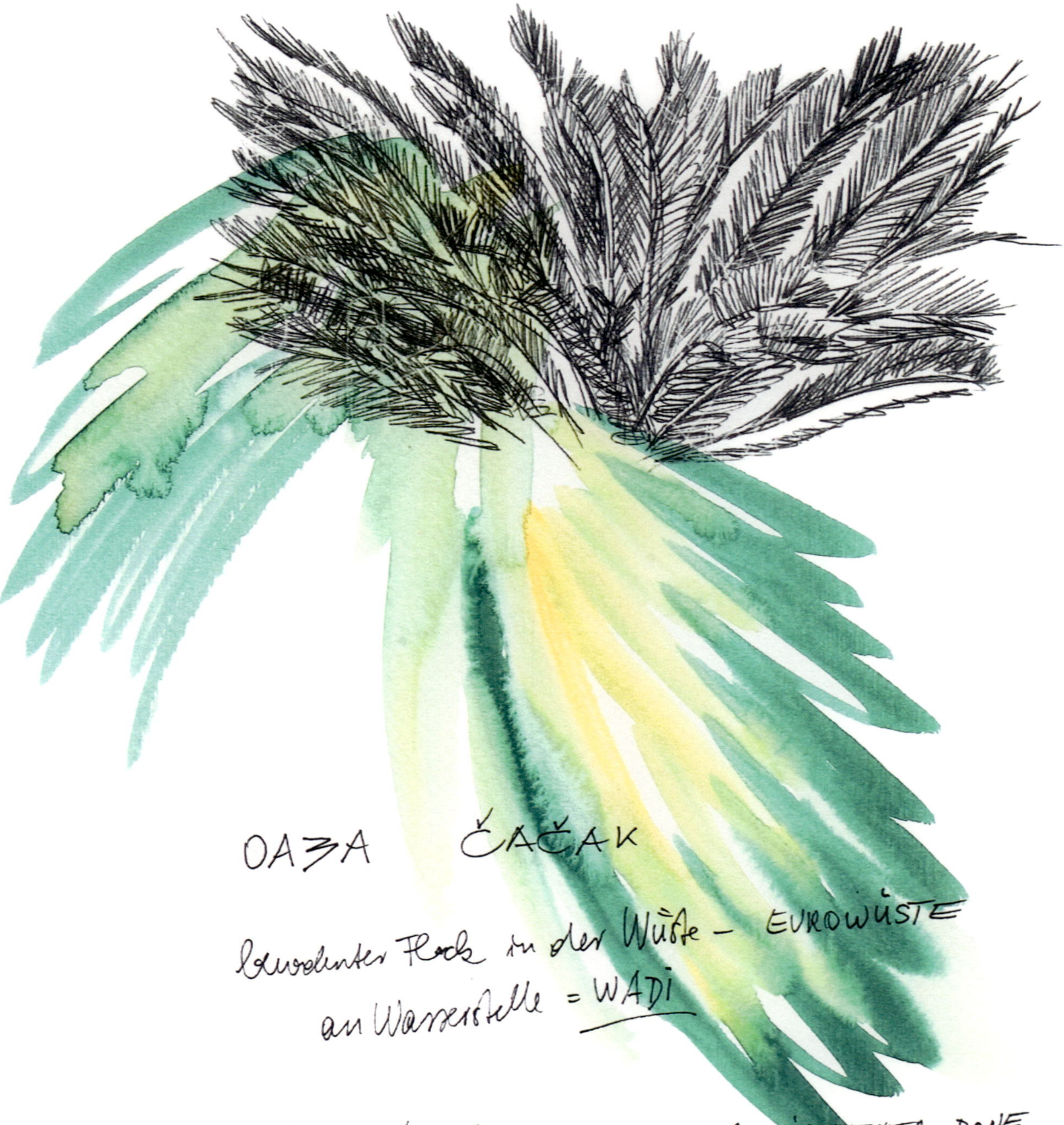

ОАЗА ČAČAK

bewohnter Fleck in der Wüste – EUROWÜSTE

an Wasserstelle = WADI

Oasenwirtschaft: WOMEN'S WORK IS NEVER DONE

San Pedro di Atacama – CHILE
auf 2400 Höhenmetern
neben gr. Salzablagerung der ATACAMAWÜSTE

SP no 14

HISTORIA NATURALIS PALMARUM

Livistona inermis TAB.145. Australische Palmenart. After Carl Friedrich Philipp von Martius 1823–1853. Sein Grab war mit frischen Palmwedeln bedeckt. Algae/kelp: Aquatic green, brown or red photosynthetic plants that inhabit borg salt and fresh water.
There are more than 25.000 species, ranging in size from microscopic single-cell diatoms to giant kelp tens of meters long

HISTORIA NATURALIS PALMARUM

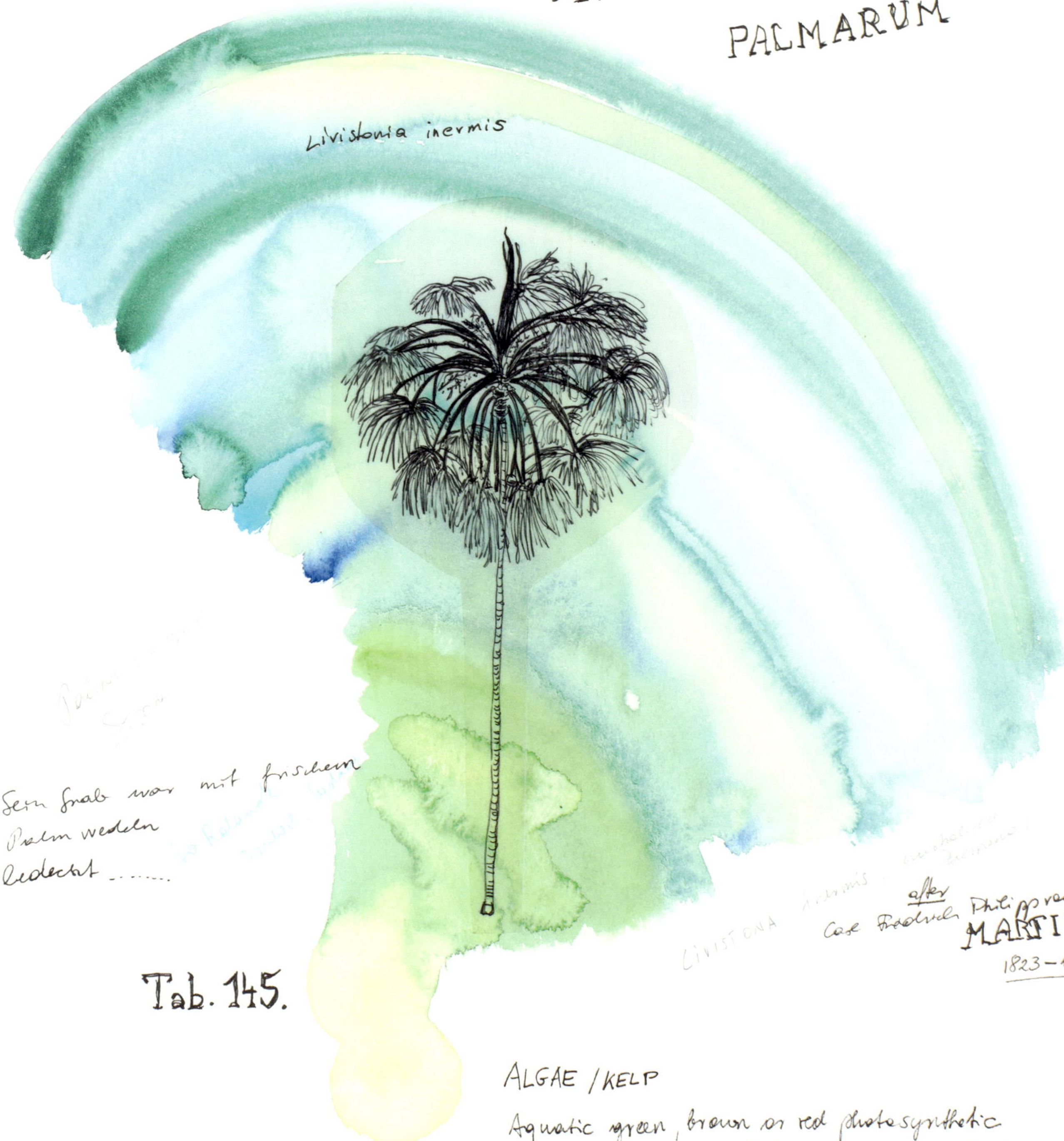

Sein Grab war mit frischem
Palmwedeln
bedeckt ....

Tab. 145.

LIVISTONA inermis

after Carl Friedrich Philipp von MARTIUS
1823–1853

ALGAE / KELP

Aquatic green, brown or red photosynthetic plants that inhabit both salt and fresh water. There are more than 25.000 species, ranging in size from microscopic single-cell diatoms to giant kelps tens of metres long.

SP no 15

MAXIMILIANE REGIA

1853 Charles Darwin, The Oxford
Meeting; 1977 Medawar: The Life
Science, Current Ideas of Biology.
26.4. Festa Futurismo Posto
Marghera Mestre della Liberazione.
The beginning of wisdom is calling
things by their right name

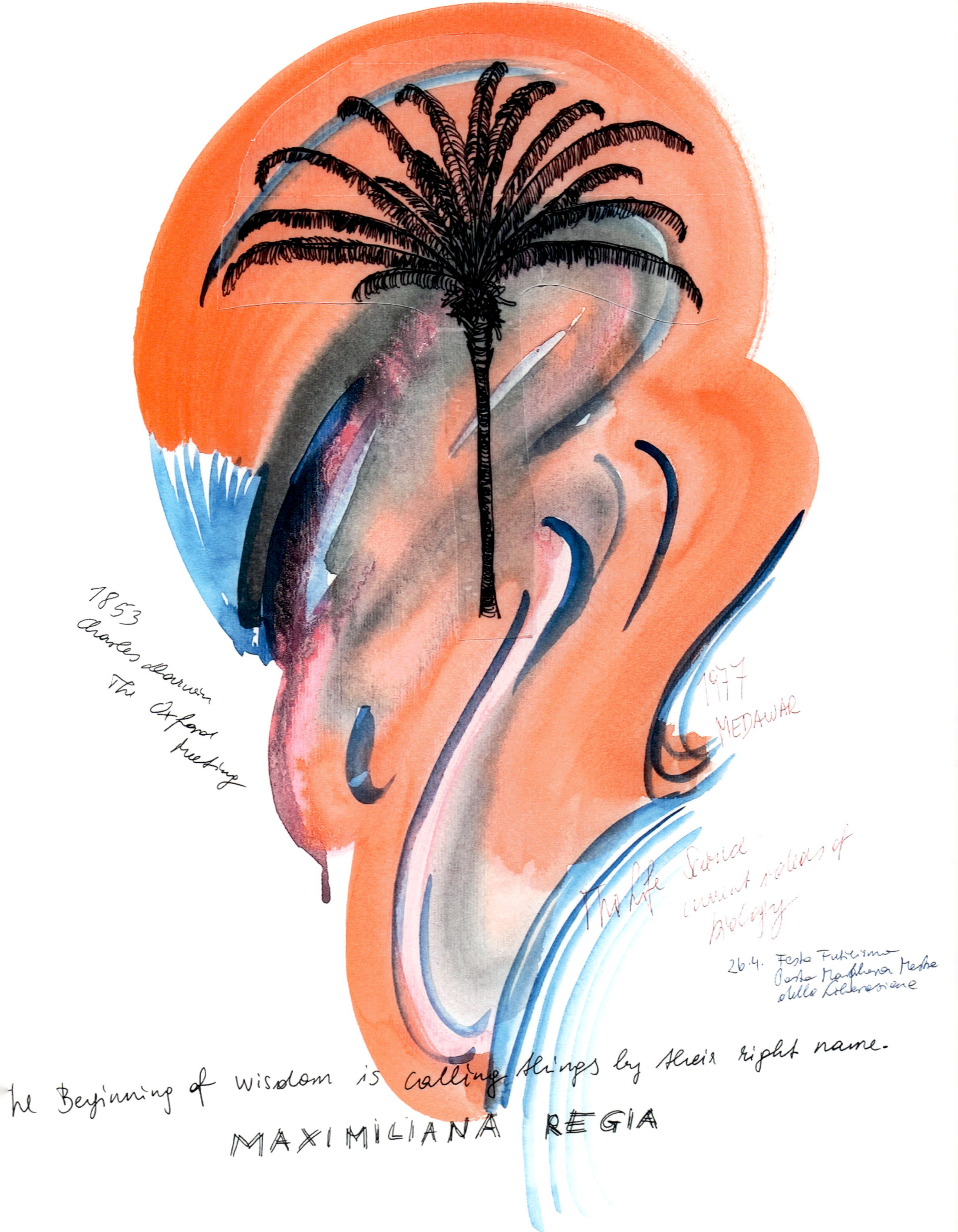
1853
Charles Darwin
The Oxford meeting
1977
MEDAWAR
The Life Science
biology
The Beginning of wisdom is calling things by their right name.
MAXIMILIANA REGIA

SP no 16

HONG KONG GATEWAY TO CHINA

The new territories, the land leased by the crown colony and supplementary area without which Hong Kong could not survive, it is today linked up with the Metropolitan area of Kowloon and New Kowloon and commencing immediately to the North of Boundary Street, which runs West-East. The new Territories are the main agricultural area of Hong Kong, and also the main water supply area with a number of large reservoirs and the waterpipe from Chinese Mainland. Pure colonization took HK to this important trading city of nowadays

HONG KONG

gateway to China

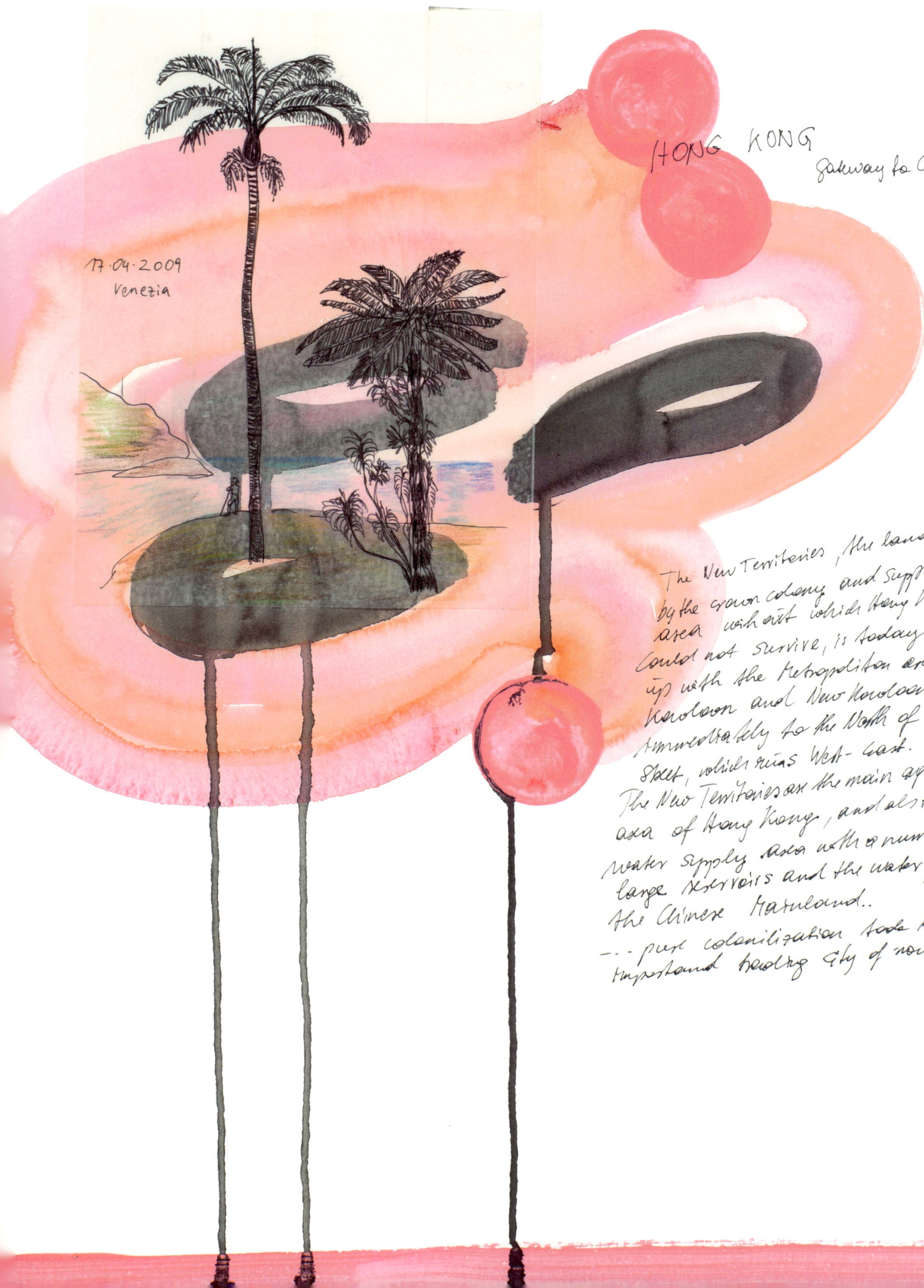

The New Territeries, the land leased by the crown colony and Supplementory area without which Hong Kong could not survive, is today linked up with the Metropolitan area of Kowloon and New Kowloon commencing immediately to the North of Boundary Sheet, which runs West-East.
The New Territories are the main agricultural area of Hong Kong, and als the main water supply area with a number of large reservoirs and the water pipe from the Chinese Mainland..
... post colonilization took HK to the important trading city of nowadays.

SP no 17

WINDE PASSAT MONSUN

In allen Ozeanen bewegen kontinuierliche Strömungen riesige Wassermassen. Je nachdem, in welcher Hemisphäre sich der Ozean befindet, fließen diese Strömungen von Osten nach Westen oder in umgekehrter Richtung. Konstante Winde: Passat und Monsun haben Einfluss auf die Fließrichtung des Meeres. In Äquatorialnähe laufen alle Strömungen nach Westen

in allen Ozeanen bewegen kontinuierliche Strömungen riesige Wassermassen. Je nachdem, in welcher Hemisphäre sich ein Ozean befindet, fließen diese Strömungen von Osten nach Westen oder in umgekehrter Richtung. konstante Winde:

PASSAT
MONSUN

haben Einfluss auf die Fließrichtung des Meeres

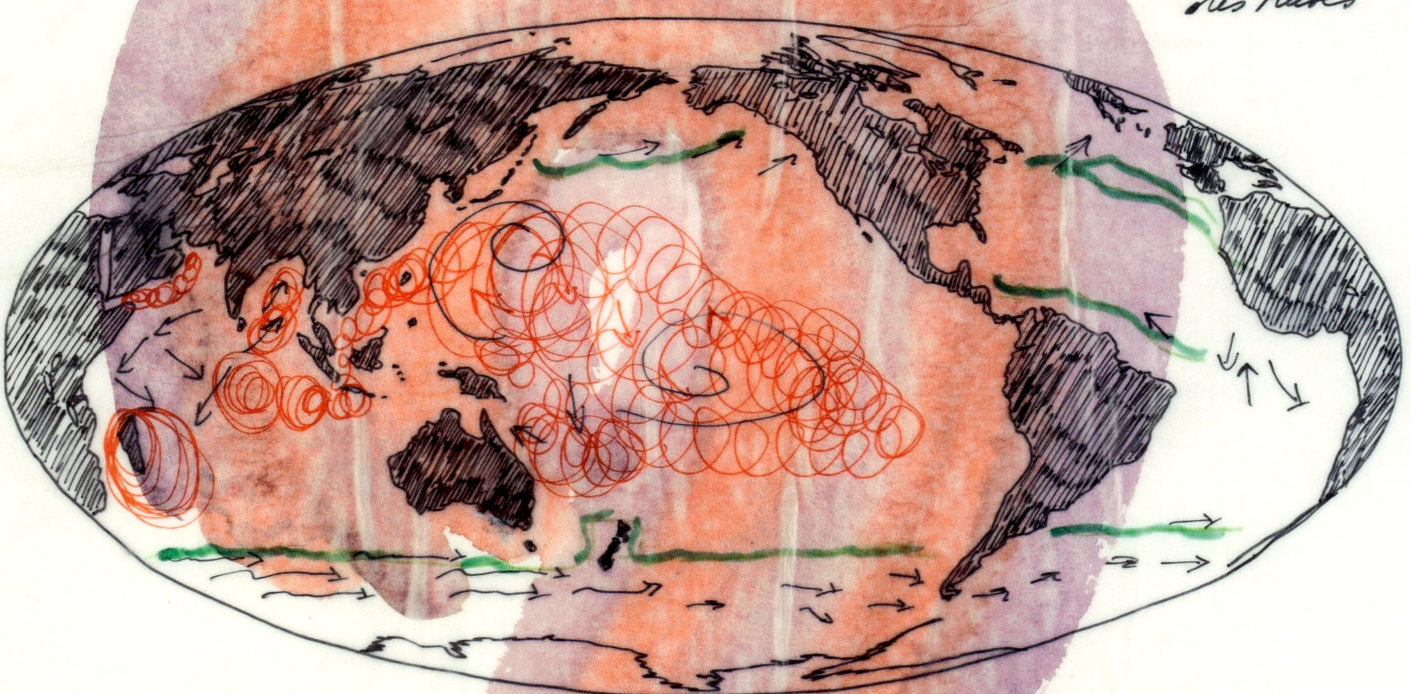

– heiße Meeresströme

kalte Meeresströme

in Äquatornähe laufen alle Strömungen nach Westen.

SP no 18

ATOMWAFFENSPRENGKÖPFE

weltweite Verteilung: Testate
Esplosive 2009 sul mondo

USA	5700
Russia	7200
India	50
France	350
China	285
GB	190
Northkorea	5
Israel	150
Pakistan	55

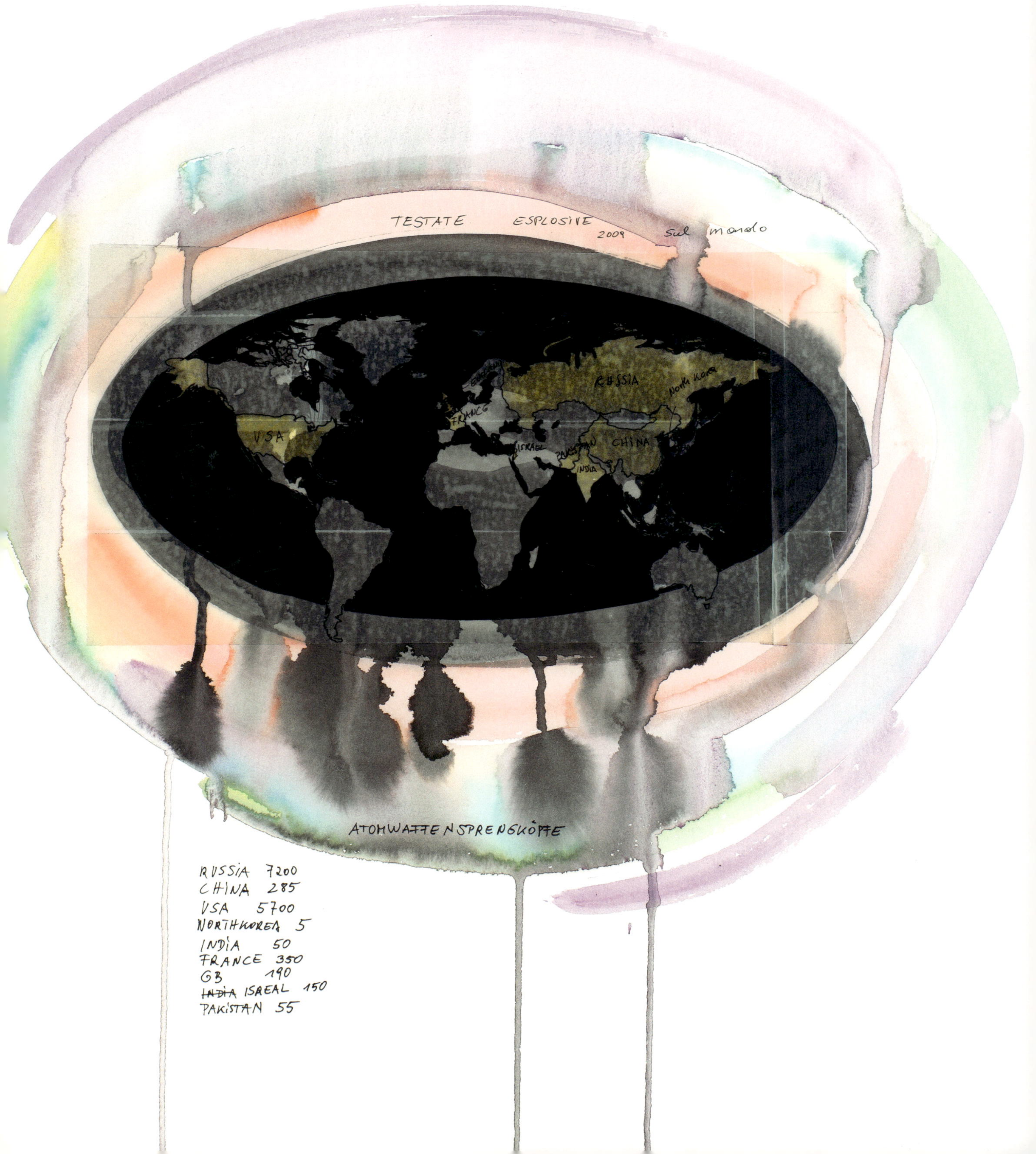

TESTATE ESPLOSIVE 2009 sul mondo
RUSSIA
North Korea
FRANCE
USA
ISRAEL
PAKISTAN
CHINA
INDIA
ATOMWAFFENSPRENGKÖPFE
RUSSIA 7200
CHINA 285
USA 5700
NORTHKOREA 5
INDIA 50
FRANCE 350
GB 190
~~INDIA~~ ISREAL 150
PAKISTAN 55

SP no 19

CIRCLE

SP no 20

SÜDPOL ANTARKTIS
KLIMAFRÜHWARNSYSTEM

ist ein neutrales Gebiet, der Kontinent ist der friedlichen Forschung gewidmet. 31. Jän. 2002, das Larsen B-Eisschelf begann zu bersten. 35 Tage später war es komplett zerfallen. Sobald das Schelfeis geborsten war, kam das Inlandeis dahinter in Bewegung, das normalerweis durch das Schelfeis gebremst wird. Anstieg Meeresspiegel weltweit. Larsen B – Eisschelf: Wissenschaftler erkannten, dass sie die Ansammlung von Schmelzwasser oben auf der Eismasse falsch eingeschätzt hatten. Das Wasser sickert durch das Eis und durchlöchert es wie einen Schweizer Käse. „Man wird die Landkarten der Erde neu zeichnen müssen." Klimakonferenz 2004, Sir David King, wissenschaftlicher Berater Tony Blairs

31. Jän. 2002, das Larsen B - Eisschelf begann zu bersten.
35 Tage später war es komplett zerfallen.

Antarktische Halbinsel bricht!
Schelfeisenplatten brechen

SÜDPOL
ANTARKTIS = KLIMAFRÜHWARNSYSTEM

ist ein neutrales Gebiet, der Kontinent ist der friedlichen Forschung gewidmet

Sobald das Schelfeis geborsten war, kam das Inlandeis dahinter in Bewegung, das normalerweise durch das Schelfeis gebremst wird.

Anstieg des Meeresspiegel weltweit

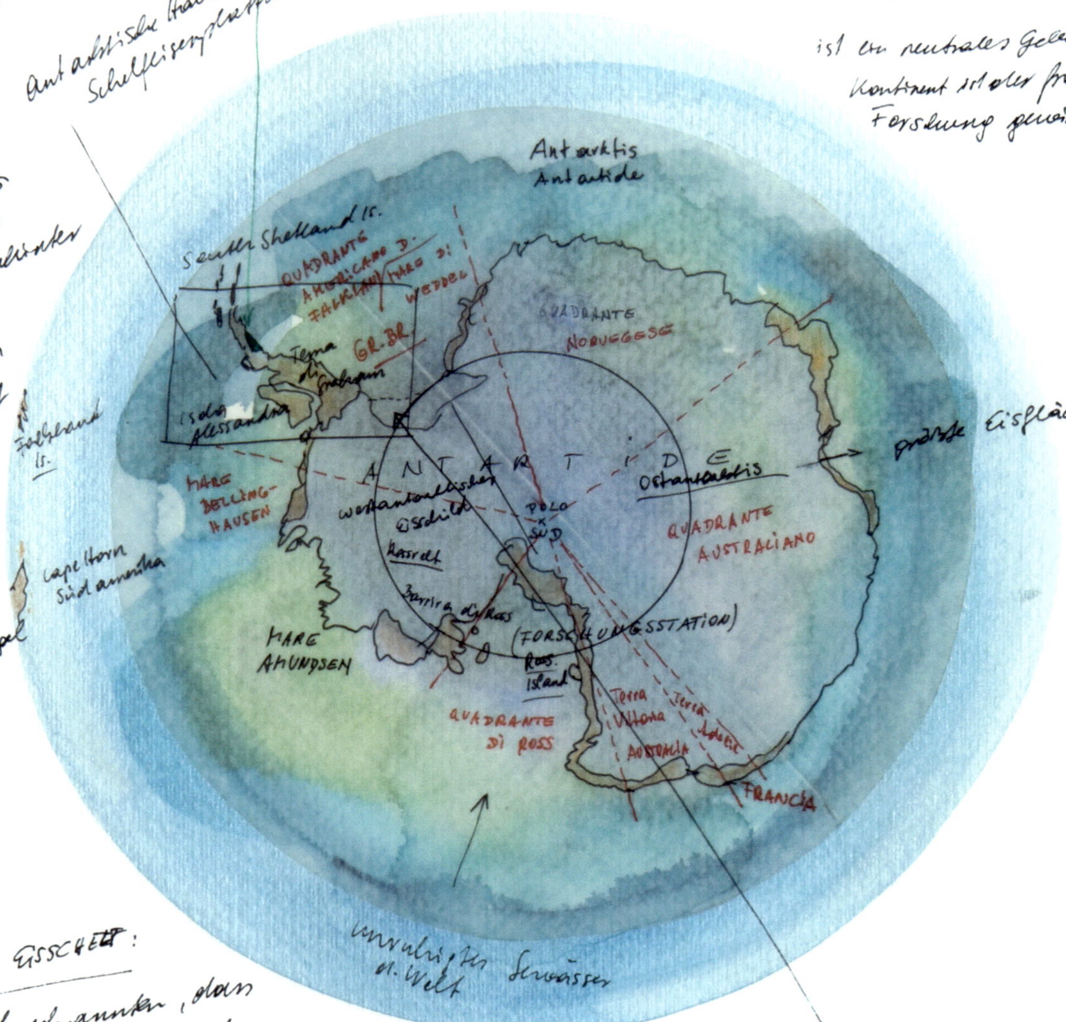

größte Eisfläche der Erde

unruhigstes Gewässer d. Welt

LARSEN B - EISSCHELF:

Wissenschaftler erkannten, dass sie die Ansammlung von Schmelzwasser oben auf der Eismasse falsch eingeschätzt hatten. Das Wasser sickert durch das Eis und durchlöchert es wie einen Schweizer Käse!

DER ZERFALL VON SCHELFEIS AUF DER ANTARKTISCHEN HALBINSEL

„Man wird die Landkarten der Erde neu zeichnen müssen." Klimakonferenz 2004, SIR DAVID KING, wissenschaftl. Berater TONY BLAIRS, (GB)

SP no 21

GRÖNLANDSCHMELZE MARE GLACIAL ARCTICO / NORDPOL
Arktis / Nordpol

Grönland ist so groß wie der westantarktische Eisschild. Wenn dieses Eis schmilzt, steigt der Meeresspiegel um 6 Meter. Durch die Bildung von Schmelzwasseransammlung bilden sich Gletschermühlen, die werden zu Flüssen und wenn das Wasser den Boden erreicht, wirkt es auf dem felsigen Untergrund wie ein Schmiermittel, und die Eismasse wird destabilisiert, deswegen fließt das Eis schneller ins Meer. Der Schmelzprozess hat seit 2005 in Grönland dramatisch zugenommen. Al Gore: An Inconvenient Truth 2006

ARKTIS / NORDPOL

GRÖNLANDSCHMELZE

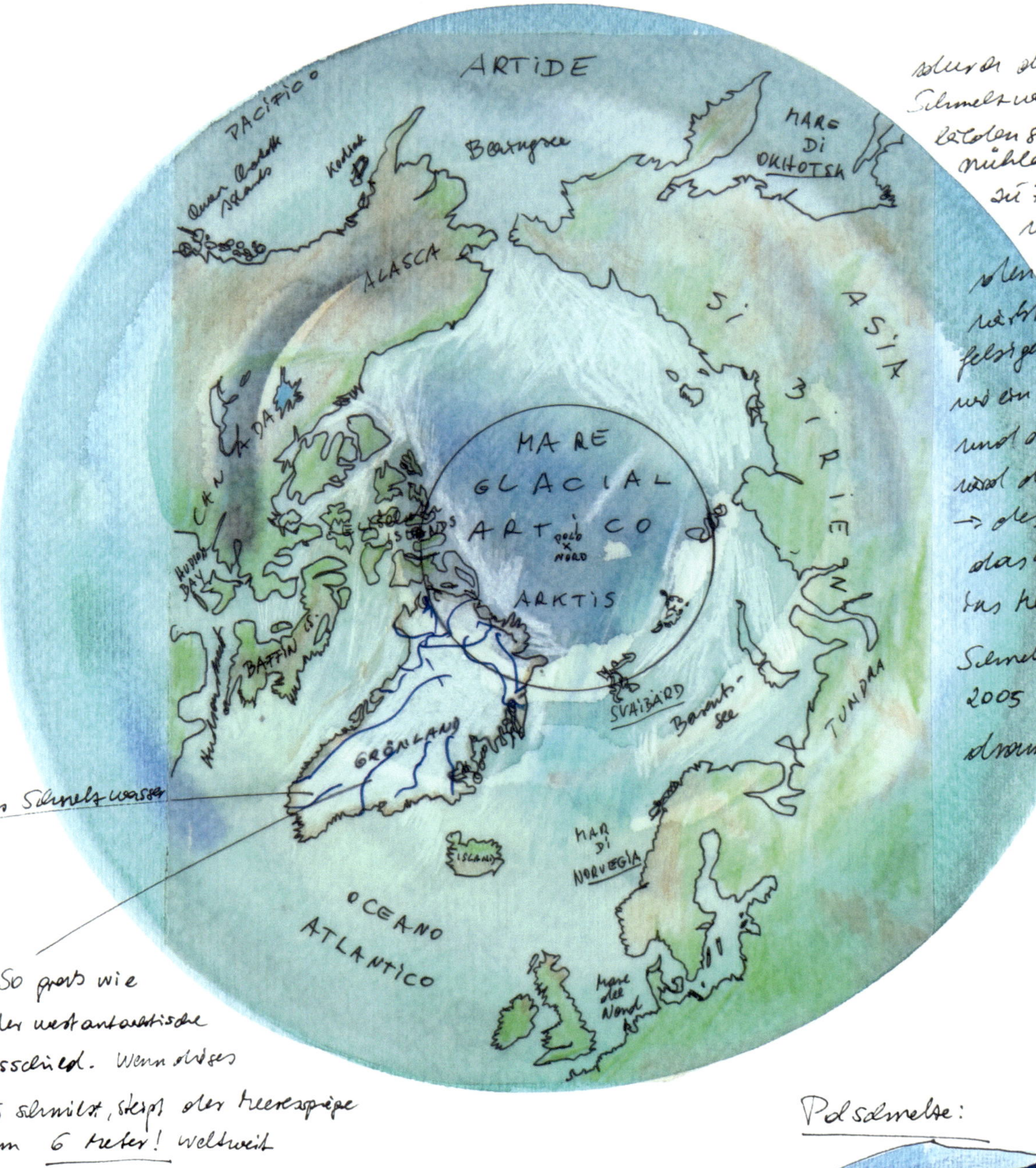

...üsse aus Schmelzwasser

So groß wie der westantarktische Eisschild. Wenn dieses Eis schmilzt, steigt der Meeresspiegel um <u>6 Meter!</u> weltweit

fördert die Bildung von Schmelzwasseransammlungen. Es bilden sich Gletschermühlen, die werden zu Flüssen und wenn das Wasser den Boden erreicht, wirkt es auf dem felsigen Untergrund wie ein Schmiermittel, und die Eismasse wird destabilisiert. → deswegen fließt das Eis schneller ins Meer.

Schmelzprozess ab 2005 in GRÖNLAND dramatisch zugenommen.

al Gore, an inconvenient truth

Polschmelze:

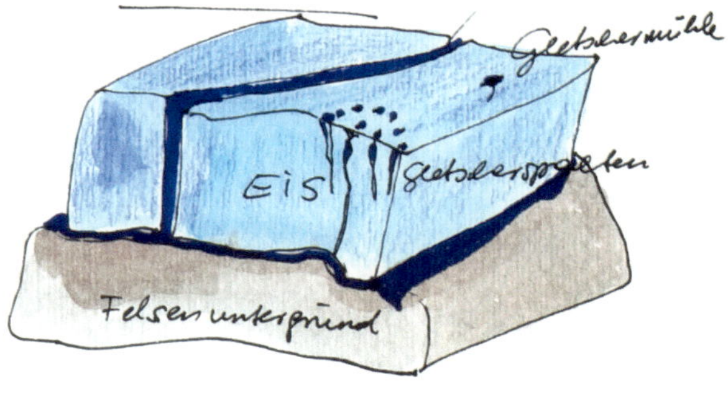

SP no 22

CIELO BOREALIS

nicht vollständiger Nordsternen-
himmel. Le stelle, poi, variano anche nella loro luminosità effettiva, sicché suddivise in diverse „grandezze“ o „magnitudine“. Le stelle in moto. Le stelle si muovono nello spazio a velocità vertiginosa

CIELO BOREALE

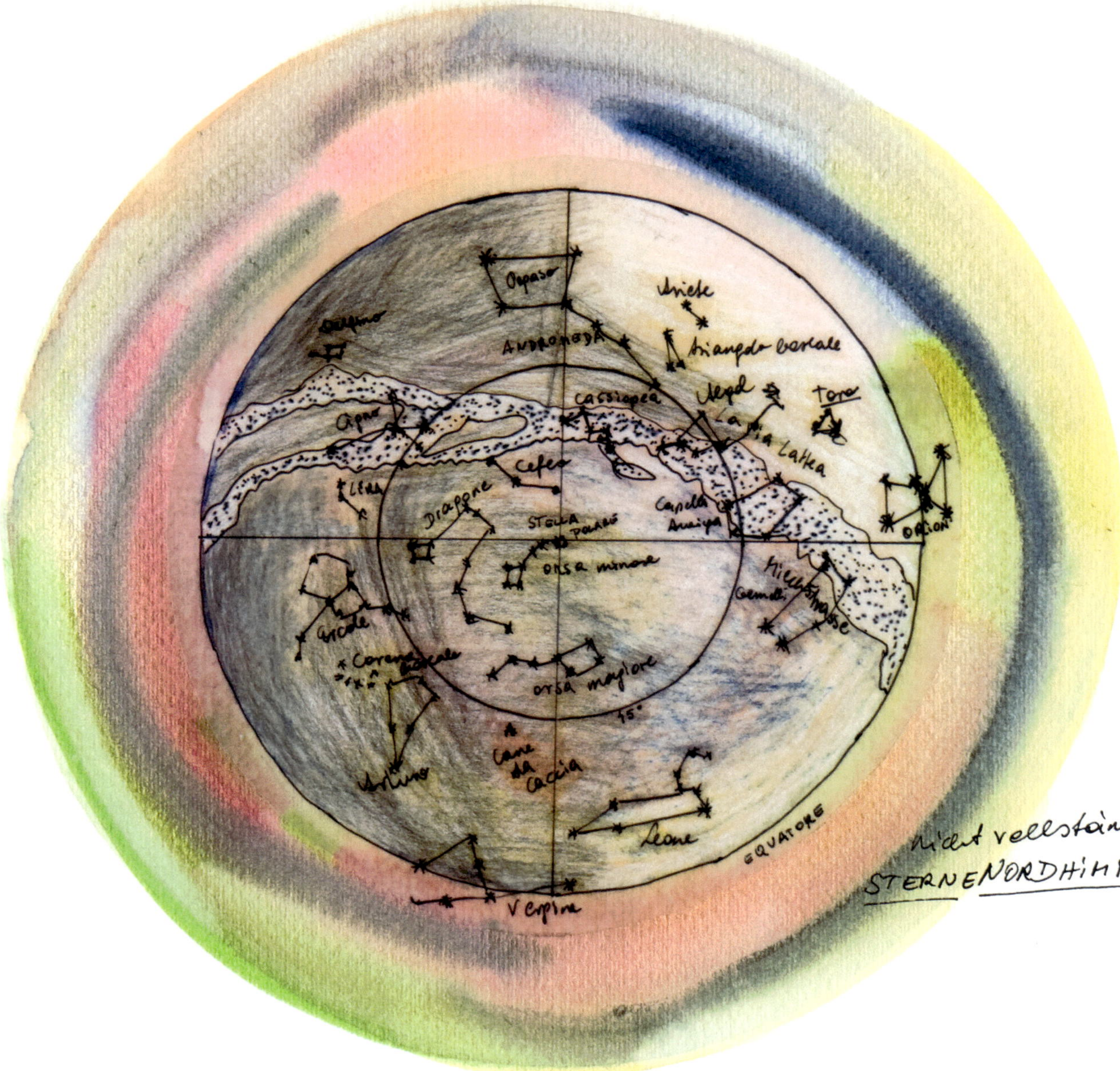

nicht vollständiger
STERNENORDHIMMEL

Le stelle, poi, variano anche nella loro luminosità effettiva, sicché sono suddivise in diverse „grandezze" o „magnitudine".

LE STELLE IN MOTO

Le stelle si muovono nello spazio a velocità vertiginose.

SP no 23

ALFRED WEGENER (1880–1930)

Die Kontinente schwimmen wie eine Haut auf der Glutsuppe der Erde. Der Erdkern ist innen fest und außen flüssig, 90 % Eisen und 5000°, fast so heiß wie die Sonne. Wärme und Erdrotation bewirken spiralförmige Bewegungen im äußeren Erdkern. Eine Folge davon ist das Erdmagnetfeld. Um den Kern liegt der Mantel, dessen zähes Material steigt auf, kühlt ab und versinkt wieder. Diese Zirkulation (Konvektion) ist der Motor für die Drift der kontinentalen und ozeanischen Platten. Alfred Wegener gilt als deutscher Darwin der Geowissenschaften. Seine 1929 veröffentlichte Theorie der Kontinentalverschiebung widersprach dem damaligen Bild von fixen Kontinenten und wurde als „Humbug“ abgetan. Man kannte allerdings noch nicht die Kraft, die die Erdteile driften ließ. Ab 1924 war Wegener Professor für Meteorologie und Geophysik an der Universität Graz. Wegener starb 1930 auf einer Grönlandexpedition völlig entkräftet im Eis, 50-jährig

Die europäischen Winde:
Föhn (Mitteleuropa, D, A, ..)
Bora (Exjugoslawien)
Mistral (Südfrankreich)
Scirocco (lyb. Wüste, Sizilien)
Levantino (Südspanien)
Etesii or Meltemi (Grecia)
Helm (Great Britain)

Die Kontinente schwimmen wie eine Haut auf der Glutsuppe der Erde

ie europ. Winde:

ÖHN (Mitteleuropa, D, A ...)
ORA (Ex)jugoslawien)
ISTRAL (Südfrankreich)
CIROCCO (Lyb. Wüste - Sizilien)
VANTINO (Südspanien
ESII (Grecia)
ELM (GB)

DIE ERDE

Der Erdkern ist innen fest und aussen flüssig. 90% Eisen. 5000° heiß, fast so heiß wie die Sonne.
Wärme und Erdrotation bewirken spiralförmige Bewegungen im äußeren Erdkern; eine Folge davon ist das Erdmagnetfeld. Um den Kern liegt der Mantel. Dessen zähes Material steigt auf, kühlt an der Oberfläche ab und versinkt wieder. Diese Zirkulation (Konvektion) ist der Motor für die Drift der kontinentalen und der ozeanischen Platten.

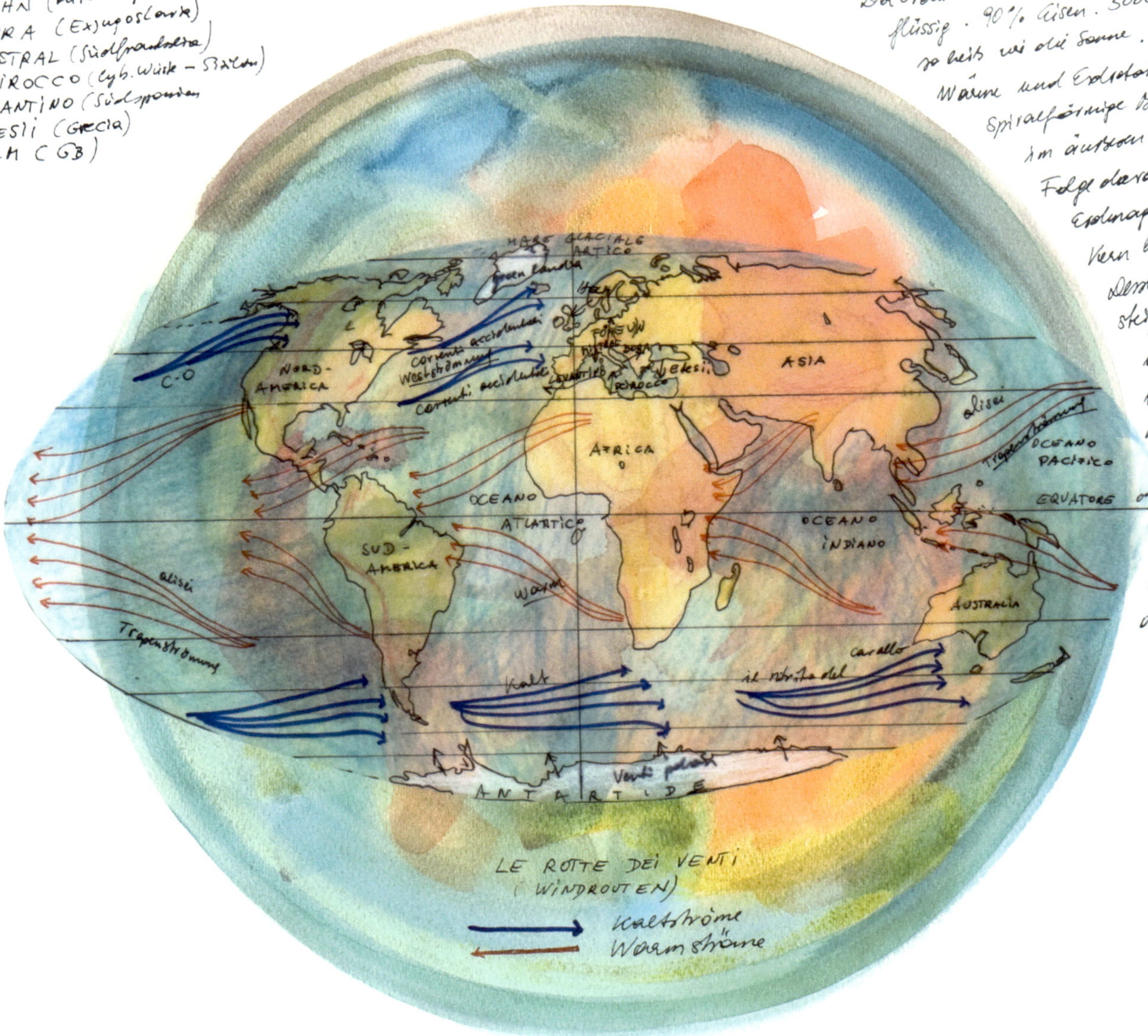

Alfred Wegener: gilt als deutscher Darwin der Geowissenschaften. Seine 1912 veröffentlichte Theorie der Kontinentalverschiebung widersprach dem damaligen Bild von fixen Kontinenten und wurde als „Humbug" abgetan. Man kannte allerdings noch nicht die Kraft, die Erdteile driften ließ. Wegener starb 1930 auf einer Grönlandexpedition völlig entkräftet im Eis, 50-jährig.

SP no 24

DISTRIBUTION OF LAND AND OCEANS ON EARTH

Fruits of seeing through study & research. Royal Geographic Society London: 5 Oceans – Atlantic, Pacific, Indian, South Antarctic, North Arctic. 3/4 of earth population lives north of 20° N while 1/4 inhabits the region south of it. Unfortunately the Oceans have been alloted increasingly very negative functions e.g. as military test and operation areas and as industrial waste depositories along the continental coasts where such problems have long escaped control. Short sighted economic policies whose exclusive aim is fast, short-term profits threaten various parts of the oceans ignoring ecological considerations and responsibilties for the future

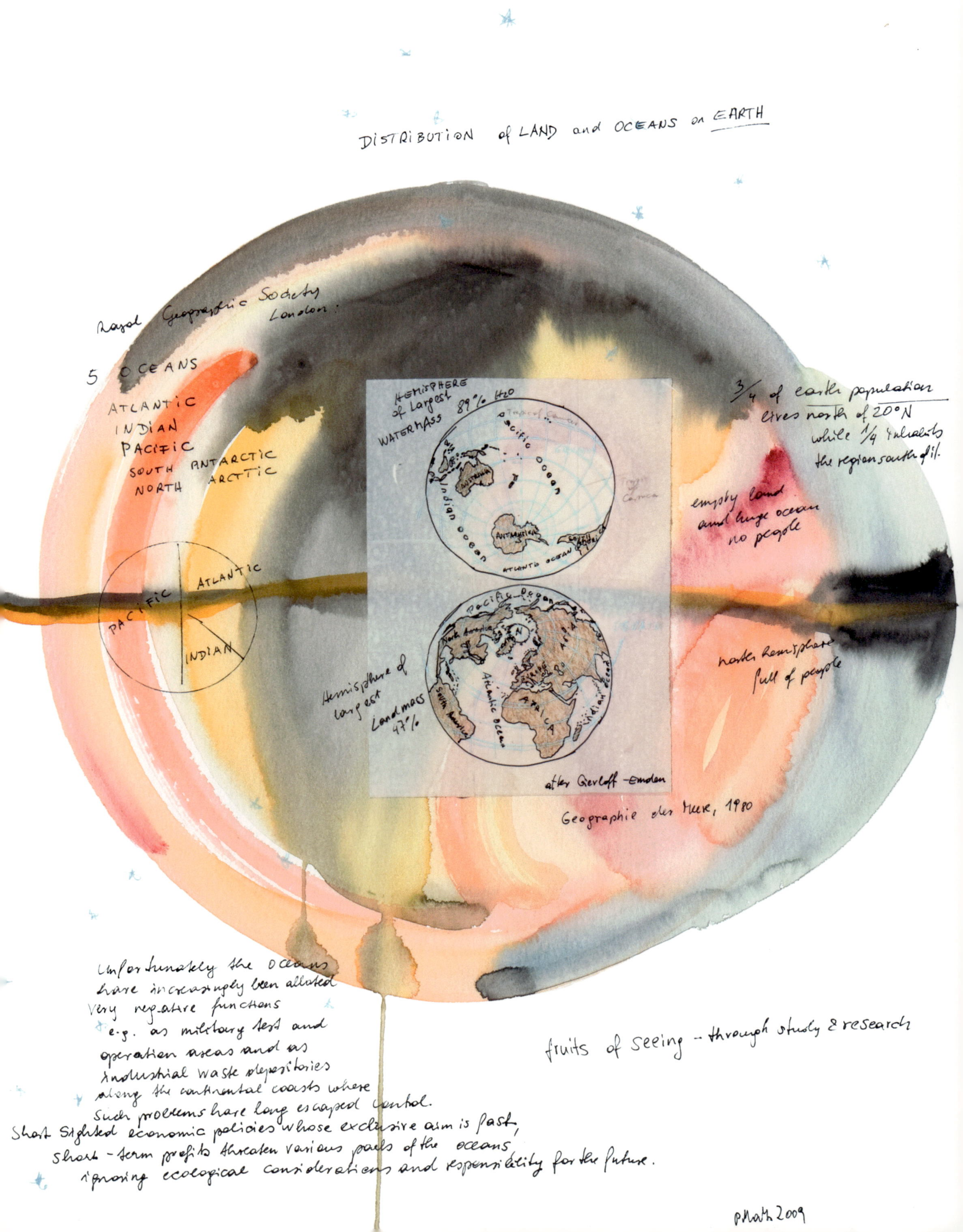
DISTRIBUTION of LAND and OCEANS on EARTH
Royal Geographic Society London:
5 OCEANS
ATLANTIC
INDIAN
PACIFIC
SOUTH ANTARCTIC
NORTH ARCTIC
PACIFIC
ATLANTIC
INDIAN
Hemisphere of Largest WATERMASS 89% H_2O
PACIFIC OCEAN
AUSTRALIA
INDIAN OCEAN
ANTARCTICA
ATLANTIC OCEAN
Hemisphere of largest Landmass 47%
PACIFIC OCEAN
ASIA
ATLANTIC OCEAN
AFRICA
INDIAN OCEAN
after Gierloff-Emden
Geographie des Meere, 1980
3/4 of earth population lives north of 20°N while 1/4 inhabits the region south of it.
empty land and huge ocean no people
north hemisphere full of people
Unfortunately the oceans have increasingly been allotted very negative functions e.g. as military test and operation areas and as industrial waste depositories along the continental coasts where such problems have long escaped control.
Short sighted economic policies whose exclusive aim is fast, short-term profits threaten various parts of the oceans ignoring ecological considerations and responsibility for the future.
fruits of seeing – through study & research
2009

SP no 25

BIOREALISMUS / ERDIANERKULTUR

Die schöne Erde als Frau: Verlauf des Nervus Opticus in der rechten Orbita. Ansicht von lateral: der Nervus Opticus zieht durch den Canalis Opticus aus der mittleren Schädelgrube in die Orbita. Im orbitalen Fettgewebe zeigt er von dorsal in den Augapfel. Die übrigen Hirnnerven treten durch die Fissura orbitalis superior in die Orbita ein

BIOREALISMUS / ERDIANERKULTUR

Die schöne Erde
als
Frau

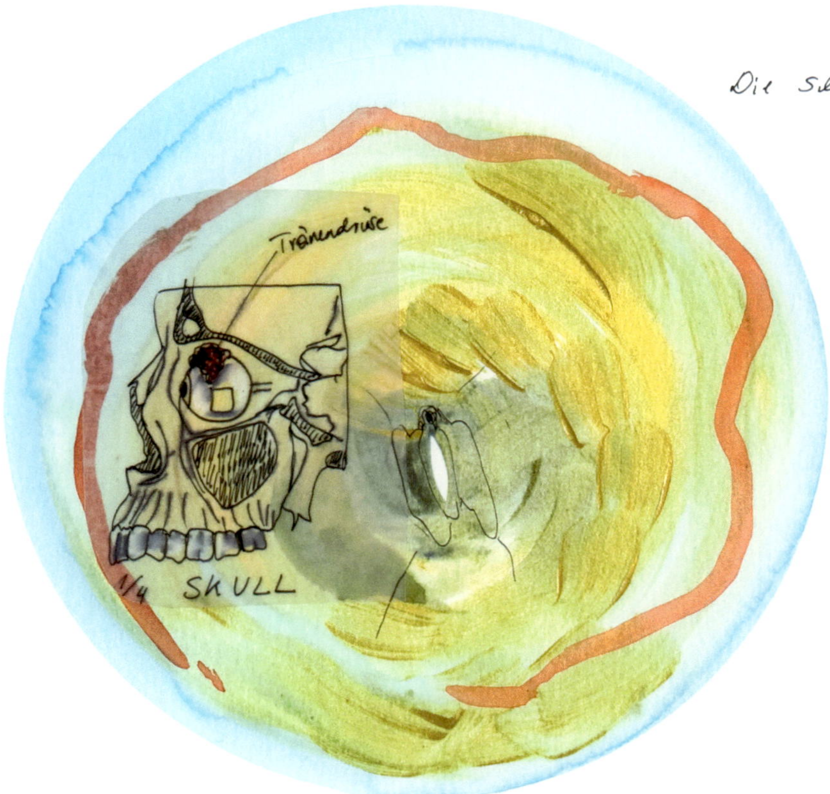

Verlauf des Nervus Opticus
in der rechten Orbita

Ansicht von lateral
Der N. Opticus zieht durch
den Canalis Opticus aus der
mittleren Schädelgrube
in die Orbita
Im orbitalen Fettgewebe
zieht er von dorsal in den
Augapfel. Die übrigen Hirn-
nerven treten durch die
Fissura orbitalis superior
in die Orbita ein.

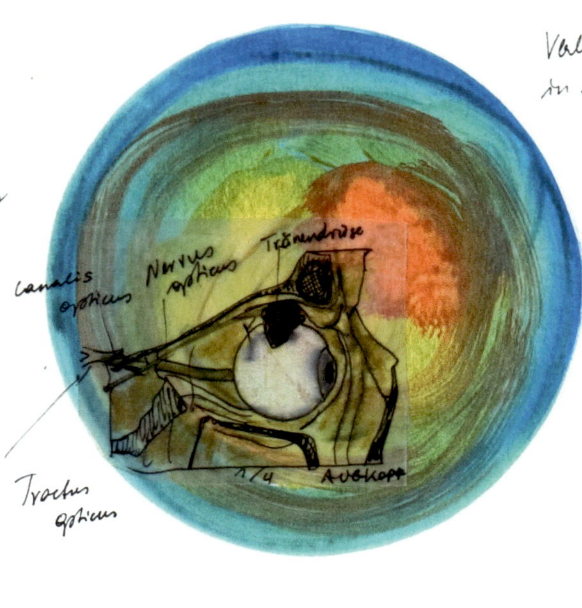

Bohatsch 2008

SP no 26

GLUTHITZE IM INNEREN

Der Antrieb für die gigantischen kontinentalen Verschiebungen, die unsere Erdoberfläche seit Urzeiten immer wieder umbauen und neu gestalten, liefert die Gluthitze im Inneren. Flüssiges Magma quillt ständig aus untermeerischen Gräben und Vulkanbecken. Sie bilden den mittelatlantischen ozeanischen Rücken, 60.000 km^2. Auf 15.000 km trennt dieser Europa von Afrika und Nord- von Südamerika. Magmafluss spreizt dort den Ozean, wodurch sich Amerika und Europa jährlich ein Stück weiter voneinander entfernen.
nach Harald Schuh, deutscher Geodät

GLUTHITZE IM INNEREN

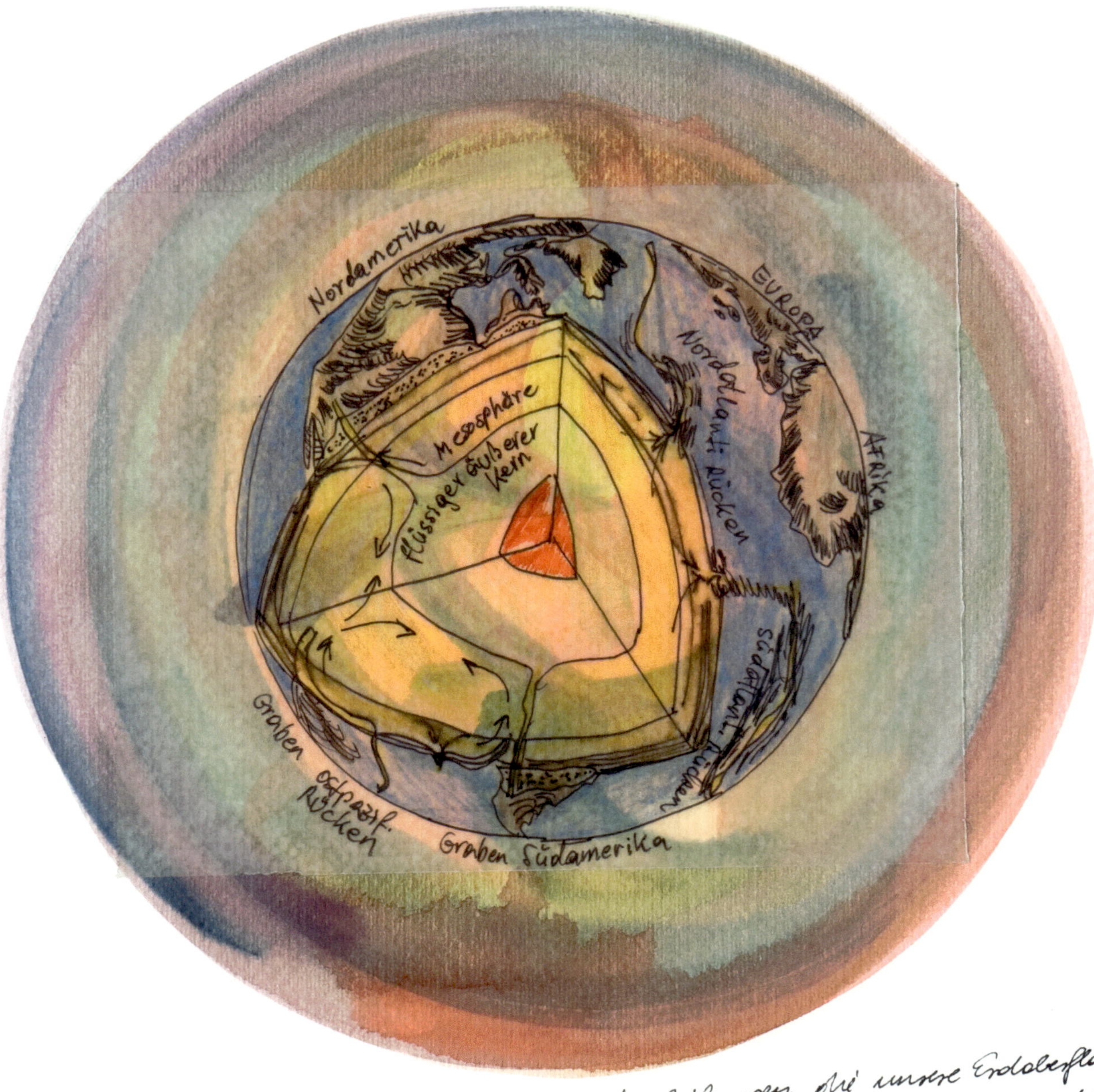

Den Antrieb für die gigantischen kontinentalen Verschiebungen, die unsere Erdoberfläche seit Urzeiten immer wieder umbauen und neu gestalten, liefert die Gluthitze im Inneren. Flüssiges Magma quillt ständig aus untermeerischen Gräben und Vulkanketten. Sie bilden den „mittelatlantischen) ozeanischen Rücken", 60.000 km. Auf 15 000 km trennt dieser Europa von Afrika und Nord- von Südamerika. Magmafluss spreizt dort den Ozeanboden, wodurch sich Amerika und Europa jährlich ein Stück weiter voneinander entfernen.

H. Schuh

SP no 27

OZEANISCHE RÜCKEN

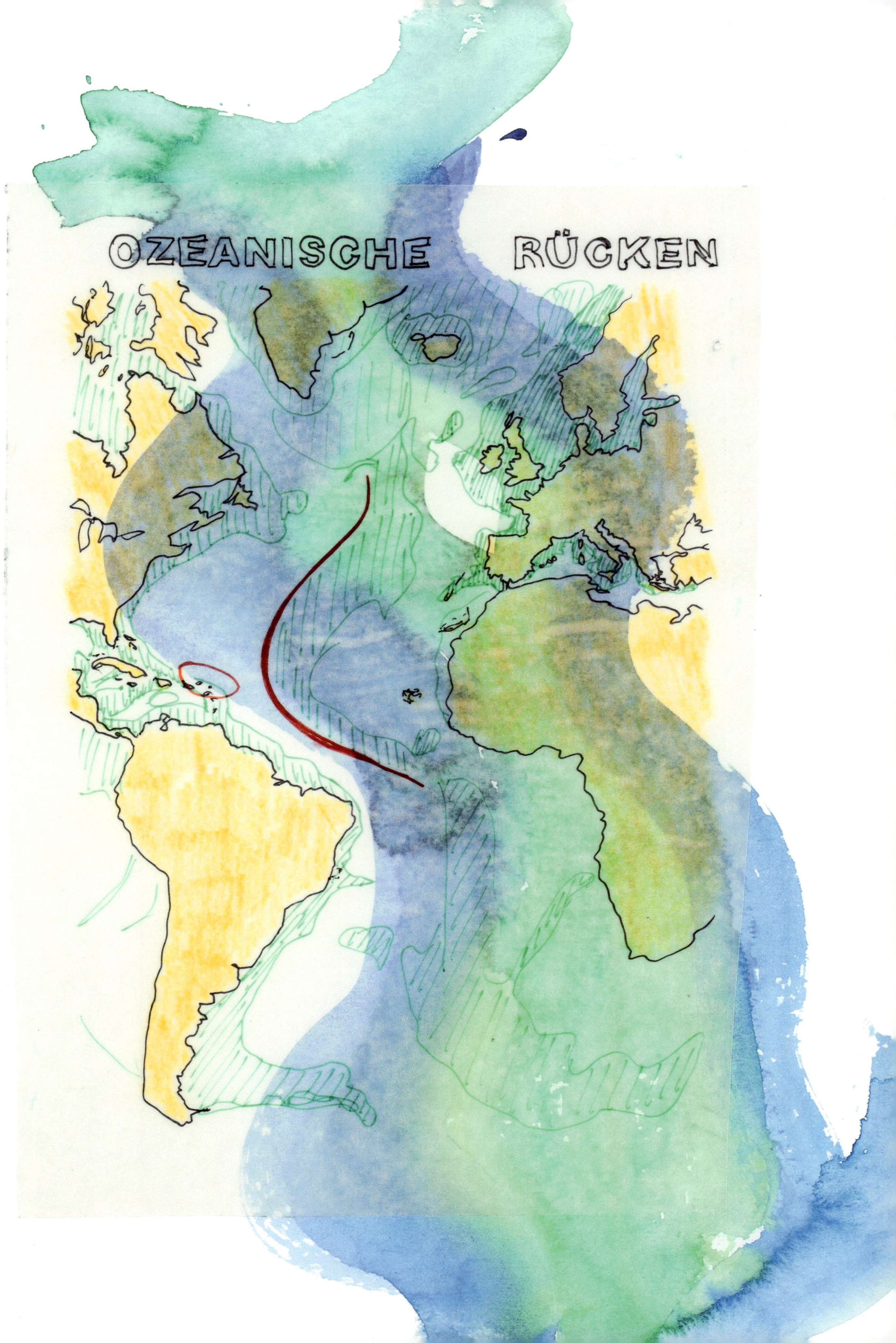
OZEANISCHE RÜCKEN

SP no 28

LOVE

Pasteurs Töchter starben in einer Zeit, als Mirkobenwachstum noch nicht entdeckt war, Pasteur legte sein ganzes Leben in die Erforschung der Mikroorganismen. „Nur aus Leben entsteht wieder Leben". Das venöse Blutsystem ist eine Entgiftungsblutbahn, der Schädel ist Platz des Gehirns. Die sogenannte Psyche ist ein Doppelbild aus vergangenen Bildern und jetztigen Seinszuständen

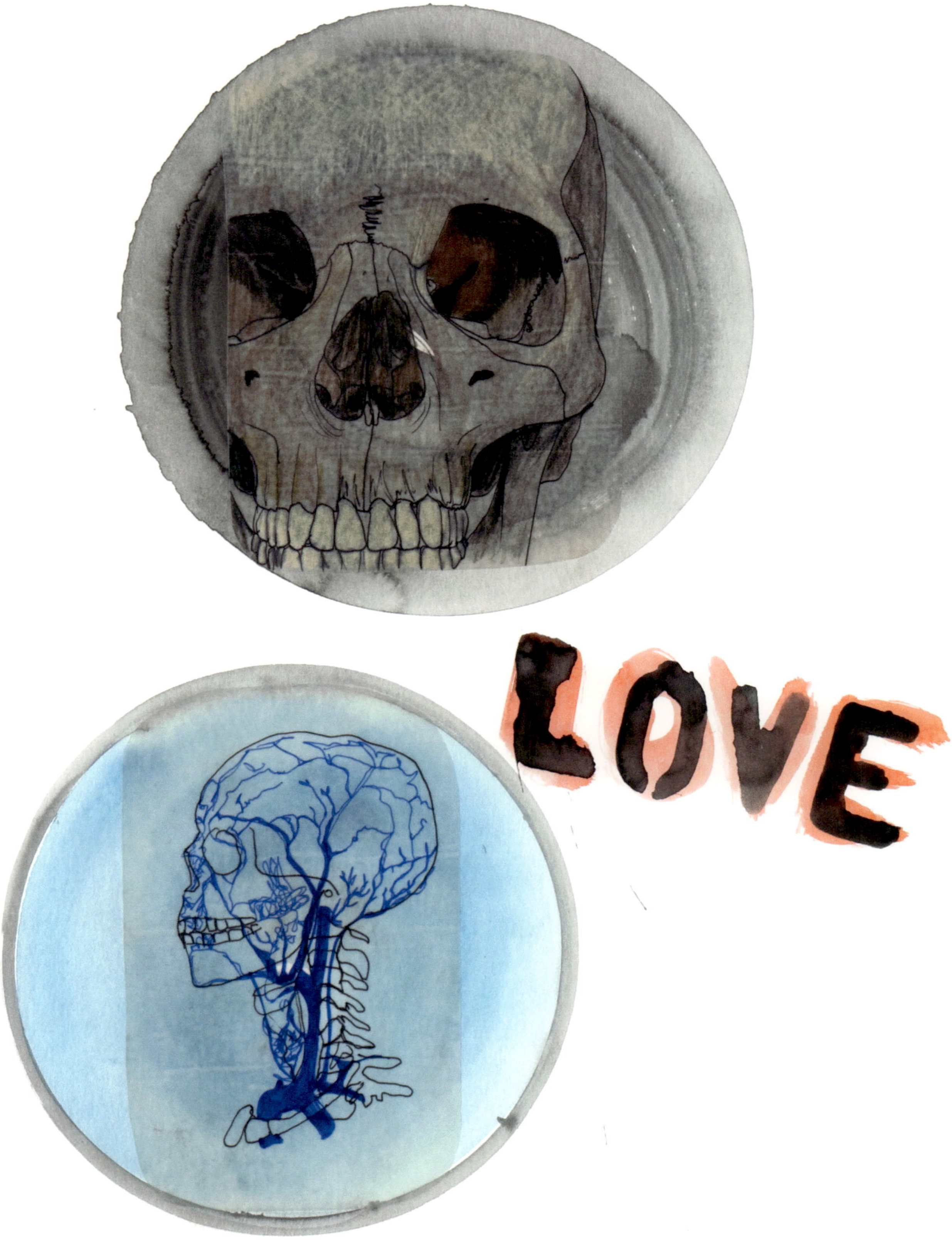
LOVE

SP no 29

DAS KOOPERATIVE GEN PARTIELLER ABSCHIED VOM DARWINISMUS

TRNA Raummodell, nachdem das Erbgut des Menschen und anderer Spezies vollständig entschlüsselt werden konnte, vollzieht sich in der Biologie eine Revolution des Denkens. „Lange gepflegte darwinistische Dogmen erwiesen sich als nicht mehr 100 % haltbar. Es wird Zeit, Phantasieprodukten, wie dem 'egoistischen Gen' und der Vorstellung, die Evolution sei ein 'blinder Uhrmacher', den Platz zuzuweisen, der ihnen gebührt. Die Versenkung. Organismen und ihre Gene sind keine steuerlos auf der Erdgeschichte treibenden Objekte, sondern kreative und kooperierende Akteure der Evolution, die auf ökologische Herausforderungen nach eigenen, in ihnen selbst angelegten Entwicklungsprinzipien reagieren können." Joachim Bauer 2008

DAS KOOPERATIVE GEN

Abschied vom DARWINISMUS 2008

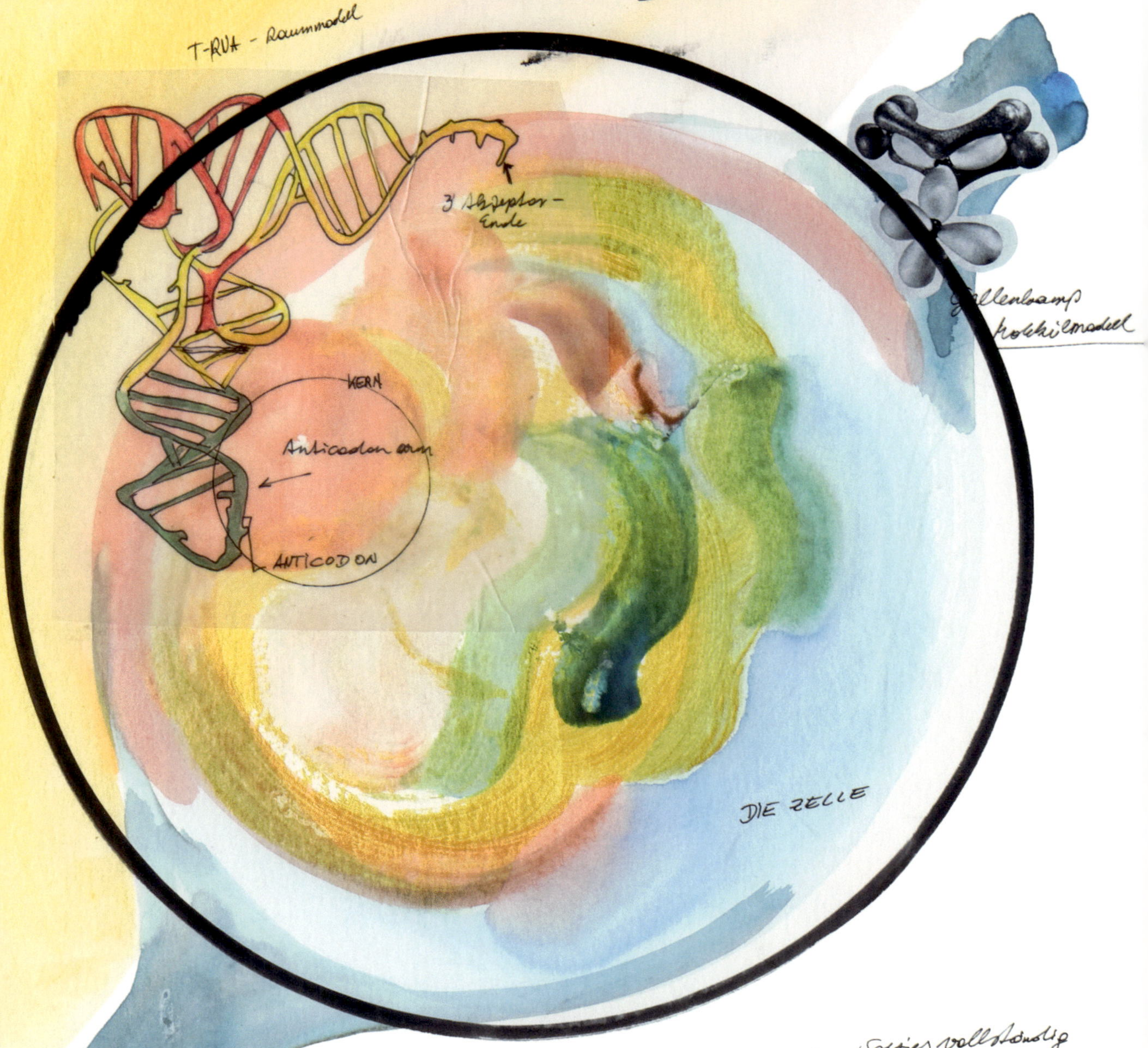

Nachdem das Erbgut des Menschen und anderer Spezies vollständig entschlüsselt werden konnte, vollzieht sich in der Biologie eine Revolution des Denkens. Lange gepflegte darwinistische Dogmen erweisen sich als unhaltbar. Es wird Zeit, Phantasieprodukten wie dem „egoistischen Gen" und der Vorstellung, die Evolution sei ein „blinder Uhrmacher", den Platz zuzuweisen, der ihnen gebührt. Die [illegible]. Organismen und ihre Gene sind keine steuerlos auf dem Fluss der Erdgeschichte treibenden Objekte, sondern kreative und kooperierende Akteure der Evolution, die auf ökologische Herausforderungen nach eigenen, in ihnen selbst angelegten Entwicklungsprinzipien reagieren können.

SP no 30

EVOLUTION – REVOLUTION Ptersaur

Flatstructure of T-RNA, late Jurassic. Solnhofen Germany, limestone (Kalkstein). “The first such fossils were found from these rocks, and caused much consternation amongst early zoologists, who couldn’t agree whether to place them as birds, bats or reptils. Ptersaurs dominated the skies of the Mesozoic Era, but died out alongside the dinosaur at the end of that time.” Ken McNamara & John Long, 2006 Australia

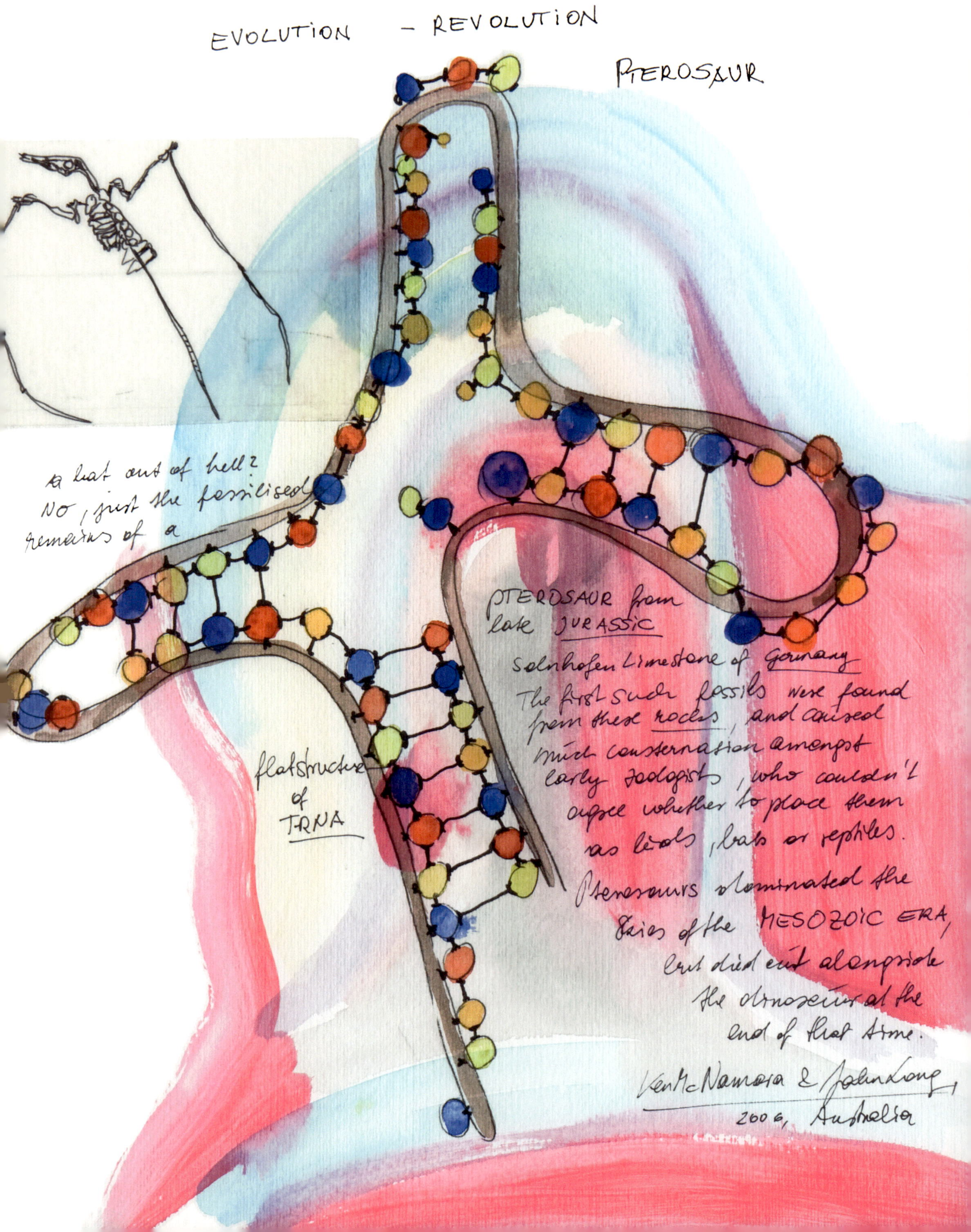
EVOLUTION - REVOLUTION
PTEROSAUR
a bat out of hell?
NO, just the fossilised
remains of a
PTEROSAUR from
late JURASSIC
Solnhofen Limestone of Germany
The first such fossils were found
from these rocks, and caused
much consternation amongst
early zoologists, who couldn't
agree whether to place them
as birds, bats or reptiles.
Pterosaurs dominated the
skies of the MESOZOIC ERA,
but died out alongside
the dinosaurs at the
end of that time.
flatstructure
of
T-RNA
Ken McNamara & John Long,
2006, Australia

SP no 31

INTERDEPENDENCY STRUCTURES

The Vienna Series in Theoretical Biology KLI Altenberg 2010, Compositional Evolution. The Impact of Sex, Symbiosis and Modularity on the gradualist Framework of Evolution by Richard A. Watson 2005. Conclusion: Darwin's assertation needs revision: even if it could be demonstrated that a complex adaptation existed which could not possibly have been formed by numerous, successive, slight modification, Darwin's Theory of Evolution by natural selection would not break down. Interdependenz ist ein Zeichen von Systemen mit hoher Komplexität

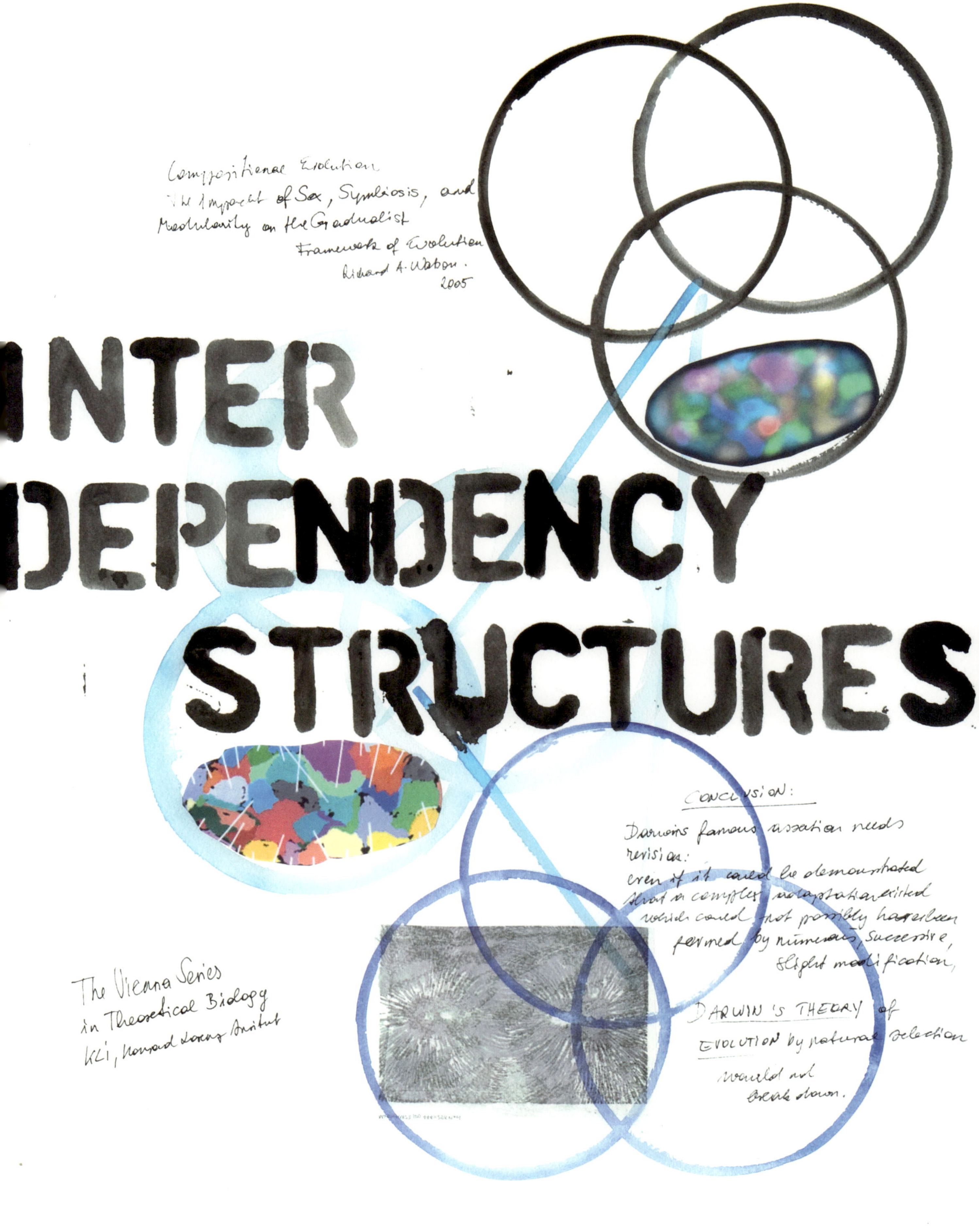
Compositional Evolution
The Impact of Sex, Symbiosis, and
Modularity on the Gradualist
Framework of Evolution
Richard A. Watson.
2005
INTER
DEPENDENCY
STRUCTURES
CONCLUSION:
Darwin's famous assertion needs
revision:
even if it could be demonstrated
that a complex adaptation existed
which could not possibly have been
formed by numerous, successive,
slight modification,
DARWIN'S THEORY of
EVOLUTION by natural selection
would not
break down.
The Vienna Series
in Theoretical Biology
KLI, Konrad Lorenz Institut

SP no 32

ORBITALMODELL

Wolke des Elektrons und seiner Aufenthaltswahrscheinlichkeit nach Heisenberg/Schrödinger (quantenmechanisches Modell), Supramolekulare Aggregate (Carl Woese) aus RNS-Einzelbausteinen = RNS-Welt! „Dass darwinistische Biologen neuerdings den Geisteswissenschaften allen Ernstes den Wissenschaftsstatus absprechen wollen, da sie lediglich 'Verbalwissenschaften' seien, ist nicht nur bedenklich, sondern gefährlich, weil sich hier ein biologistischer Allmachtsanspruch zeigt, wie er in unserem Lande bereits 1870 und 1945 zu beobachten war." Joachim Bauer, Hamburg 2008

Joachim Bauer: HH, 2008

Dass darwinistische Biologen neuerdings den Geisteswissenschaften den Status des Wissenschaftsstatus absprechen wollen, da sie lediglich „Verbalwissenschaften" seien, ist nicht nur bedenklich, sondern gefährlich, weil sich hier ein biologistischer Allmachtsanspruch zeigt, wie er in unserem Lande bereits 1870 und 1945 zu beobachten war.

ORBITALMODELL

(Molekülmodell/ Atommodell)

Wolke des Elektrons, Aufenthaltswahrscheinlichkeit nach Heisenberg (Schrödinger (quantenmechanische Theorie)

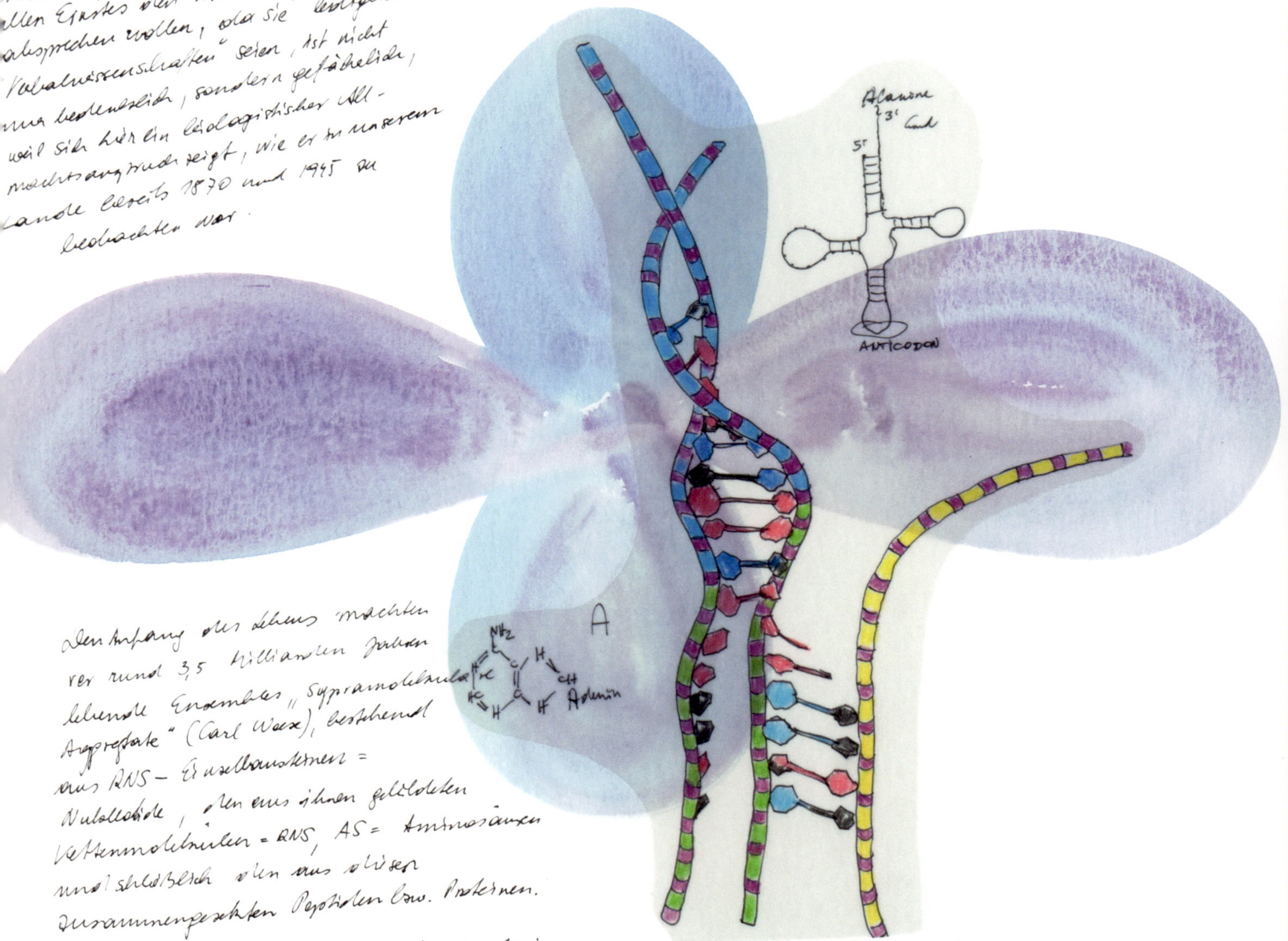

Den Anfang des Lebens machten vor rund 3,5 Milliarden Jahren lebende Ensembles „Supramolekulare Aggregate" (Carl Woese), bestehend aus RNS – Einzelbausteinen = Nukleotide, den aus ihnen gebildeten Kettenmolekülen = RNS, AS = Aminosäuren und schließlich den aus diesen zusammengesetzten Peptiden bzw. Proteinen.

= RNS - Welt! Woese-Terminologie

t-RNA – Proteinbiosynthese ablesen an Ursprungsstamm

Basenablesungssystem

P. Kratz 2008

SP no 33

WASSERSTOFFBRÜCKEN-BINDUNG /
KRISTALLIN METALL-ATOMIUM

First model for Pécs' show:
molecule / calculus, EU Cultural
Capital Hungary 2010

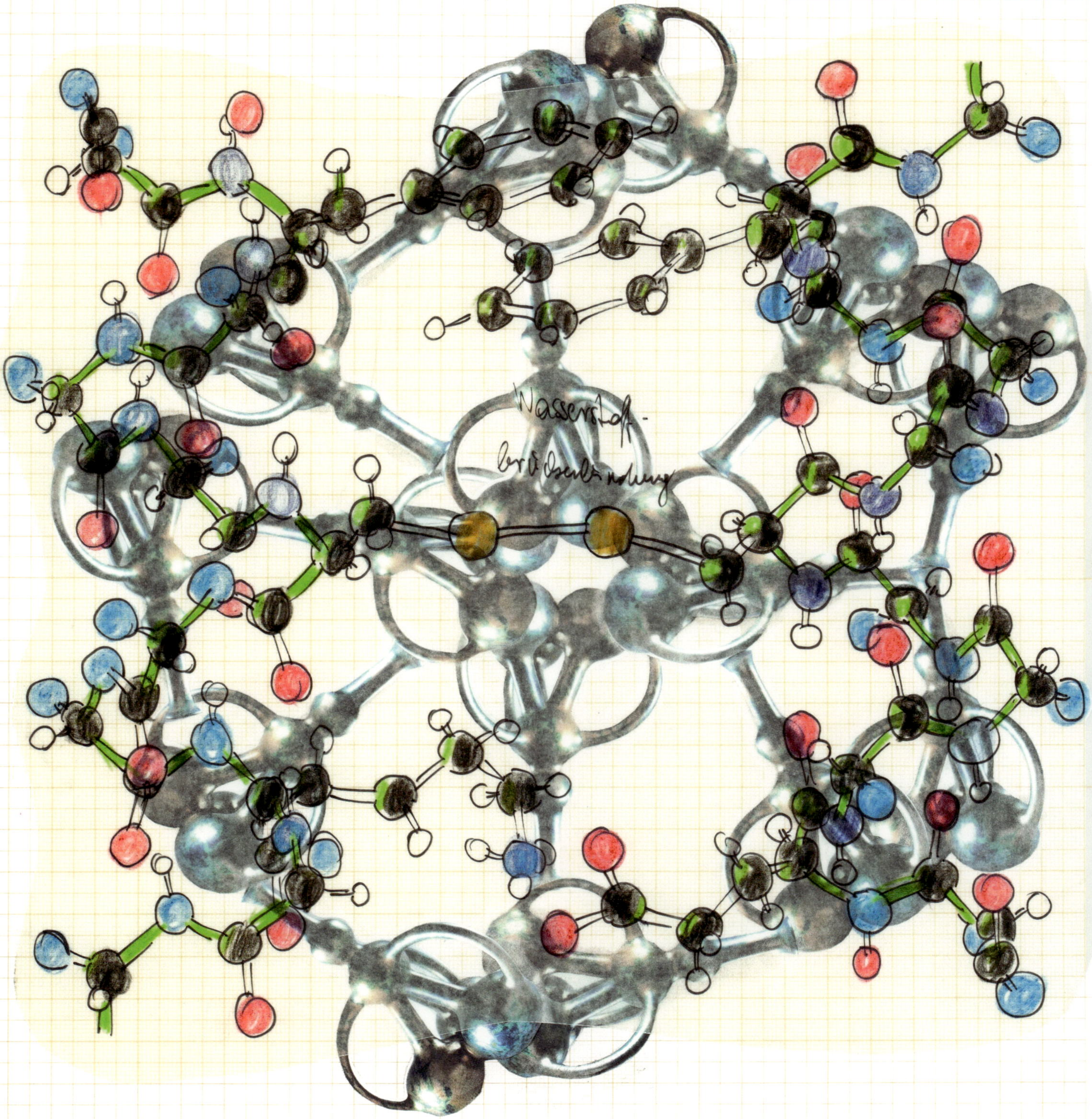

Kristallin
Metall

SP no 34

AUFENTHALTS-
WAHRSCHEINLICHKEIT

Heisenbergsche Unschärferelation /dauernde Bewegung der Elektronen/1927 im Rahmen der Quantenmechanik beschrieben worden von Werner Heisenberg. In den klassischen Gesetzen der Physik (Galilei) sollte einem Körper immer der gleiche Ort und die gleiche Geschwindigkeit zugeschrieben werden können, stimmt nicht nach Heisenberg

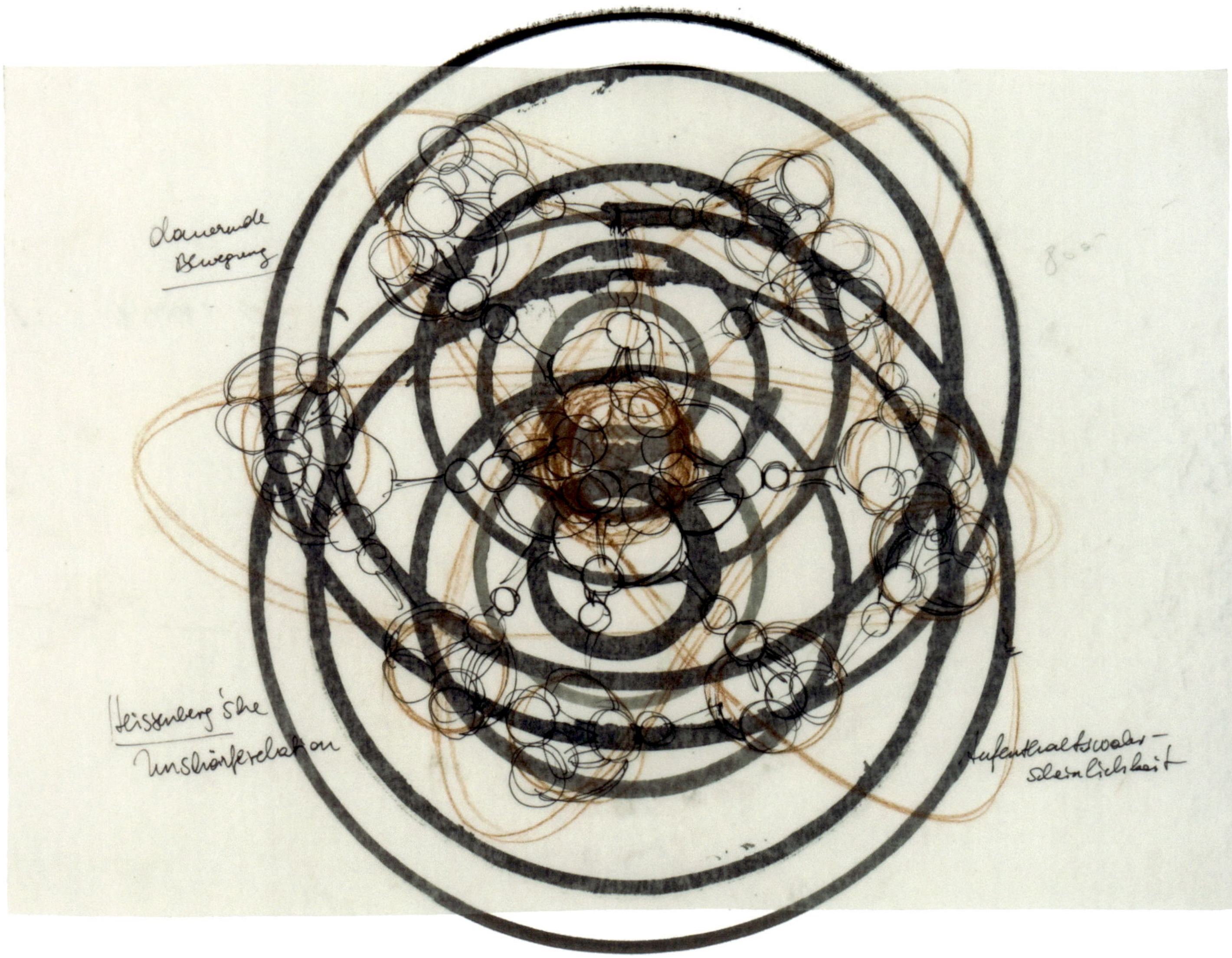
dauernde Bewegung
Heissenberg'sche Unschärferelation
Aufenthaltswahr-scheinlichkeit

SP no 35

HEISENBERGSCHE UNSCHÄRFERELATION

und die Konsequenzen für die Vorstellungen vom Atomaufbau. Erfindung der Quantenmechanik. Werner Heisenberg war involviert in schwierige Entscheidungen der Kriegsmächte vor dem US-Abwurf der Atombombe 1945 in Japan. Als deutscher Physiker wusste er bereits, wie man den USA drohen konnte, auch eine Bombe zu bauen, zusammen mit Bohr, mit dem es Konflikte gab in Kopenhagen, dachte er auch an eine Plutoniumbombe, er gab aber dem Hitlerregime eine Bauzeit von 5 Jahren an und verhinderte somit weitere Anstrengungen der Deutschen zum Bau einer Bombe. Heisenberg war Jude und musste sich aber dem Regime in D fügen, wurde später nach England zwangsverschickt, er emigrierte nicht wie Schrödinger und Einstein vor dem Krieg und blieb in Deutschland, was ihm nachher sehr viel Kritik einbrachte

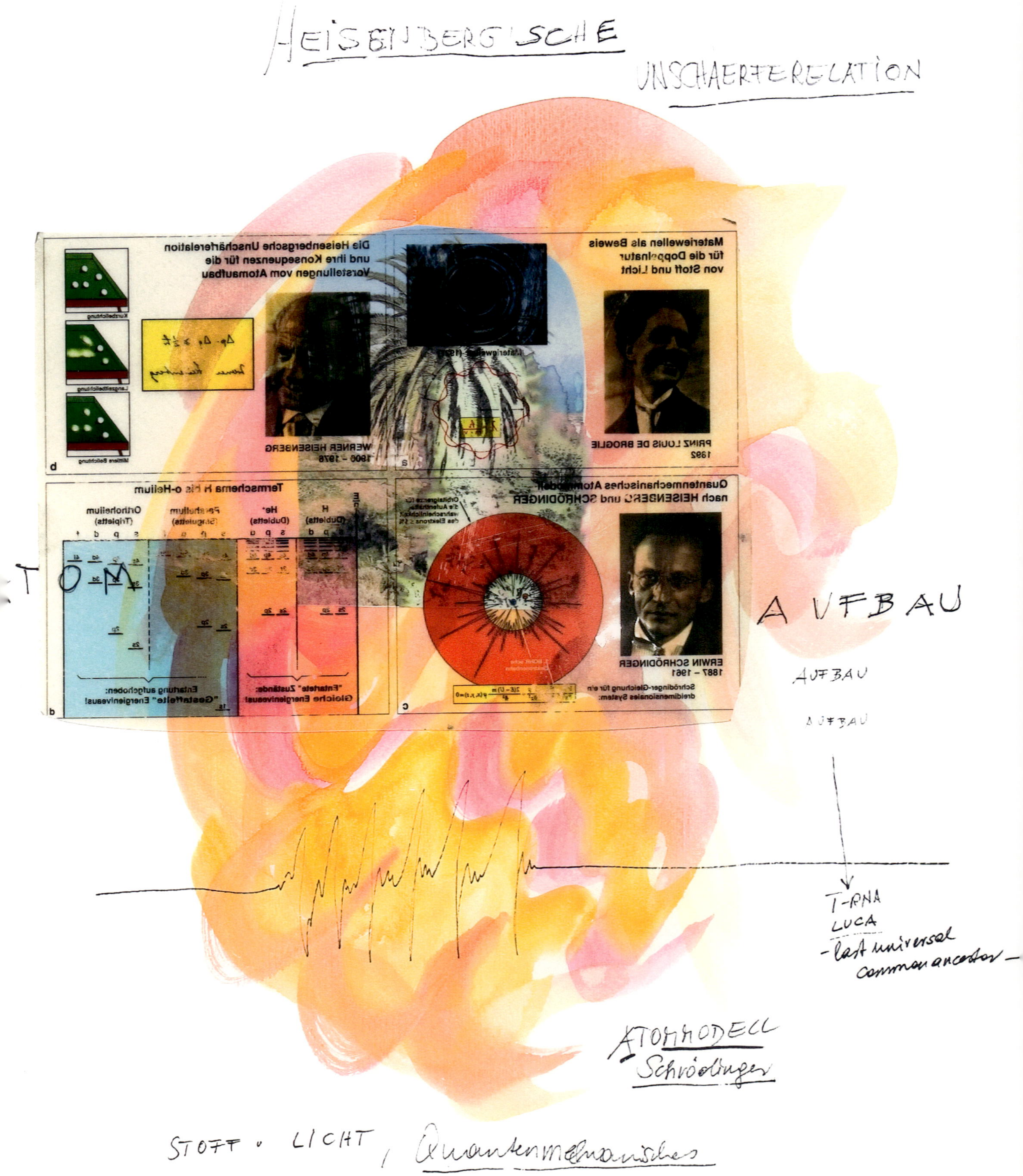
HEISENBERGISCHE
UNSCHAERFERELATION
TOM
AUFBAU
AUFBAU
AUFBAU
T-RNA
LUCA
-last universal common ancestor-
ATOMMODELL
Schrödinger
STOFF u LICHT, Quantenmechanisches

SP no 36

MATERIE

Thales, Anaximenes, Herakleitos und Empedokles 490–435 v. Chr. Atomisten gebrauchten erstmals das Wort Elemente. Demokritos: In Wahrheit sind nur die Atome und das Leere! Leukippos: Der Mensch ist ein Kosmos im Kleinen 370 v. Chr. 1805 Atomtheorie des John Dalton. Zwischen Antike und 1805 war die Atomistik eher unbeachtet. Erst 1896 durch die Entdeckung der Radioaktivität war sie schlagartig diskutiert. 1896 Becquerel und Marie Curie. Beobachtung der Alpha-strahlung wurde möglich = Beweis für reale Existenz der Atome

MATERIE

600 v. Chr.
Natur, kosmos
THALES, ANAXIMENES, Wasser oder Luft URSTOFF
HERAKLEITOS
EMPEDOKLES 490 – 435 v. Chr. stoicheia – Grundstoffe
RHIZAI = Wurzeln … ELEMENTE

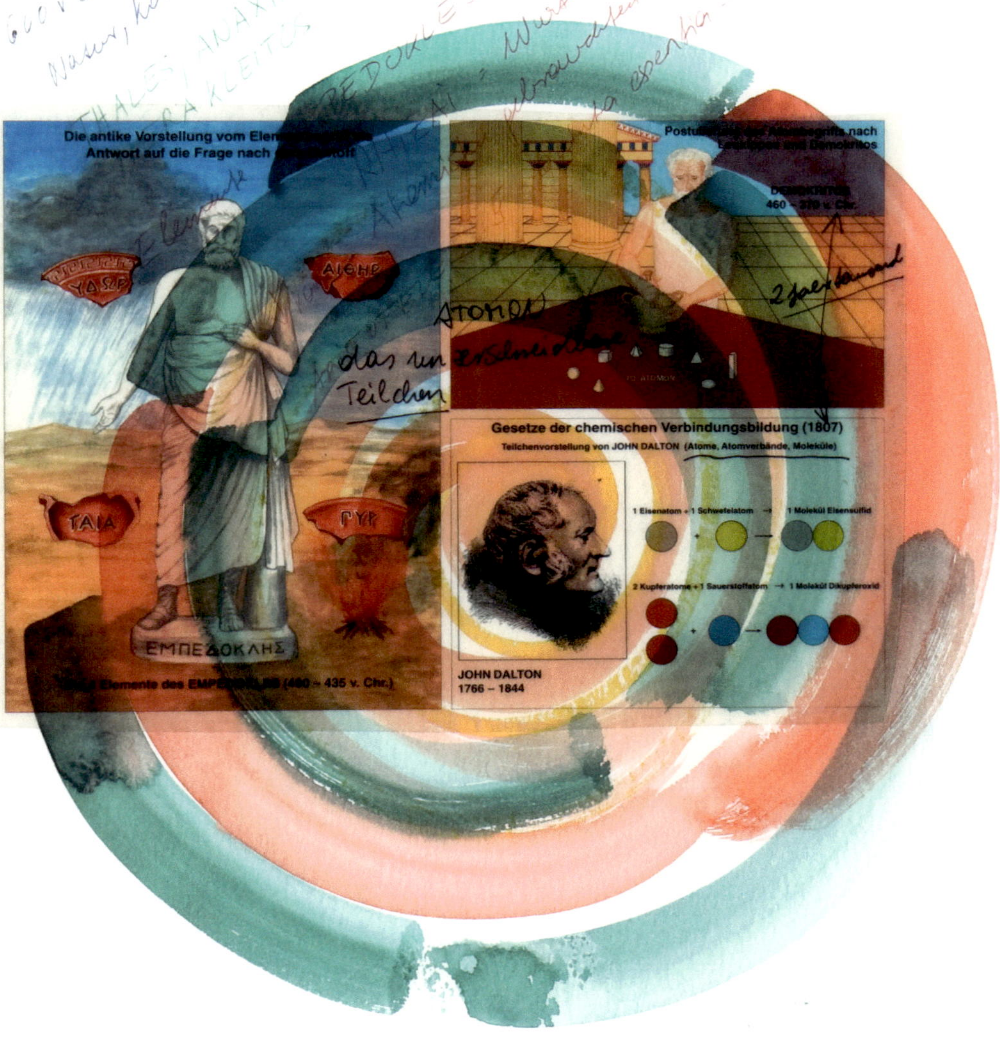

ANTIKE – 1805
= DUMPF!

antike Atomistik
blieb unbeachtet …
bis zur Entdeckung
der Radioaktivität!
1896 BECQUEREL
CURIE
Beobachtung der
Alphastrahlen wurde
möglich! =
reale EXISTENZ d.
ATOME

JOHN DALTON →
experimentell begründete
ATOMTHEORIE
1805

LEUKIPPOS: Der Mensch ist ein Kosmos im Kleinen
370 vor Christus

DEMOKRITOS: In Wahrheit sind nur die ATOME und das Leere! "Technike" (Fragmente) 125
(der lachende Philosoph)

SP no 37

SPHERE + ANTISPHERE

aus Grundlagen der Materie /
Dr. Lieder – educative Report
for Chemistry + Physics, Sphere
& Antisphere, Diagramm der
3 chemischen Bindungstypen:
Atombindung, Ionenbindung,
Metallbindung. Die Ionenbindung
reagiert mit Coulomb-Kraft.
Die Metallbindung: ein Silber-
Einkristall besteht aus positiv
geladenen Silberionen Ag +,
Elektron flitzt im Verbund herum

all is full of molecules

SPHERE + ANTISPHERE

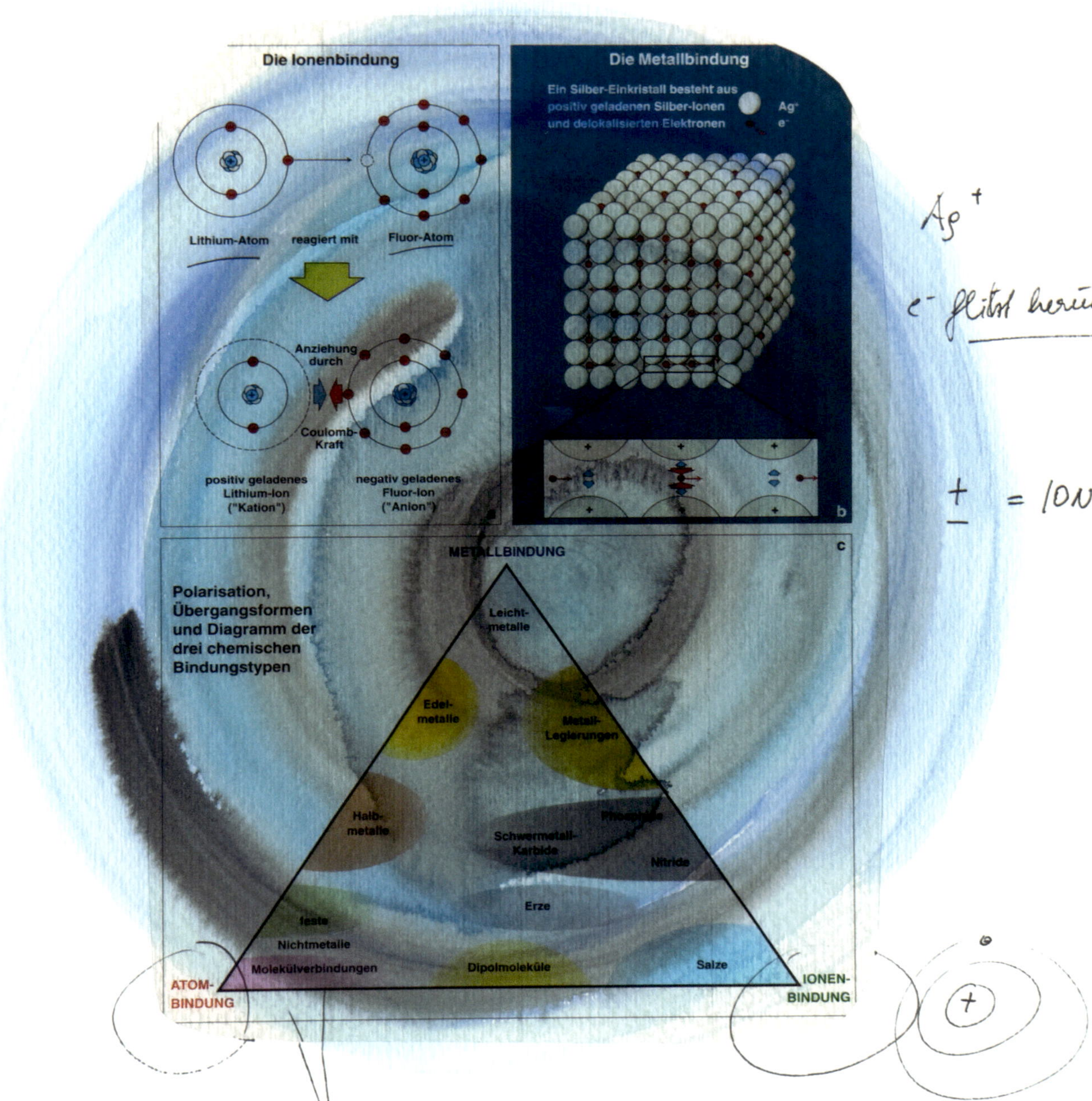

Ag^+

e^- flitzt hermüm

± = IONEN

EMPTY SPACE — SPHERE —

T-RNA - molecule

aus Grundlagen der Materie / Dr. Lieder - exhaustive Resort for Chemistry + Physics

SP no 38

ATP-SYNTHASE – ADENOSINTRIPHOSPHAT

kurz ATP, Ionenpumpe. ATP-Synthase ist ein Transmembranprotein, ein Enzym zur Katalysation des Adenosintriphosphats. Dieses ist Energielieferant für alle Stoffwechselvorgänge in der Zelle. Durch Nutzung des Ionengradienten (Ionenpumpe) innerhalb/außerhalb der Membran wird Energie erzeugt (in den Mitochondrien). Dies nennt man die Mitchell-Hypothese, dafür erhielt Mitchell 1978 den Nobelpreis für Chemie, dennoch glaubten viele Forscher nicht daran, erst 1997 klärten Paul Boyer, John E. Walker und Jens Skou den Mechanismus ganz auf, indem sie die ATP-Synthase isolieren konnten. Dafür bekamen sie den Nobelpreis 1997

ATP-SYNTHASE – ensym zur Katalysation des ATP – durch Nutzungen des Ionengradienten innerhalb/ausserhalb der Membran (Mitchell Hypothese)

Adenosintriphosphat – ATP
Energielieferant an alle Stoffwechselvorgänge

ATP

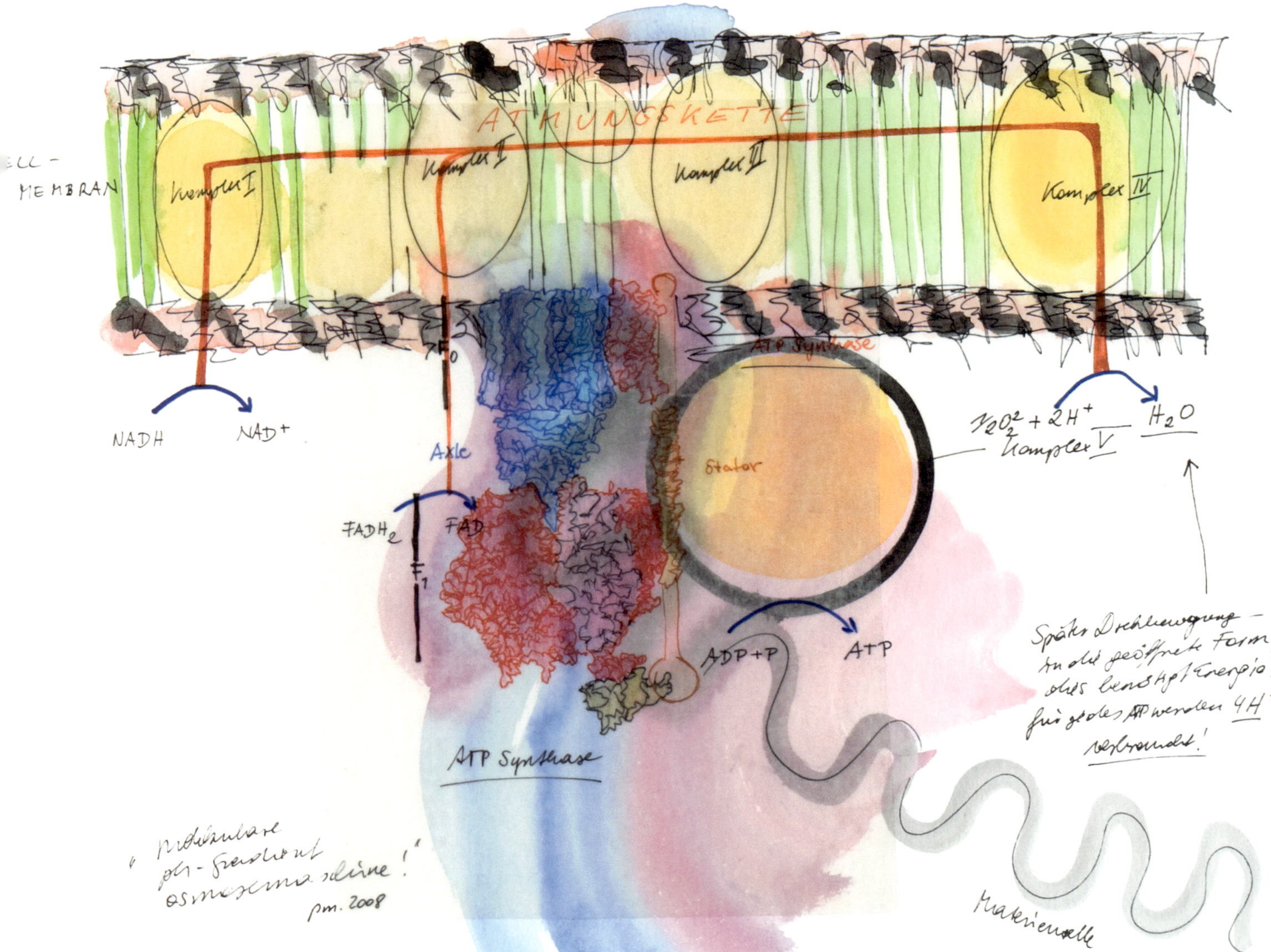

altes Modell der Atmungskette: ca 1950
dann später die MITCHELL-hypothese, 1978
erhielt er dafür den Nobelpreis f. Chemie: chemiosmotische Theorie
später Paul Boyer, John E. Walker u. Jens Skou (Protonenpumpe) 1957 –, Grundlage der Mitchellhypothese, Nobelpreis 1997.

SP no 39

QUAU

The metaphor for mathematics is physics and then follows chemistry and then biochemistry. The female braid is a symbol forming special care for the nucleus. Schwerionenbeschuss, die Halbwertszeit = Zerfallszeit, Zerfallskonstante. Radium-Uran, natürliche Zerfallsreihe des Uranisotops 238U. Marie Curie verstrahlte sich selbst teilweise bei ihren Experimenten mit Radium .. 2000 Nukleotide, 300 davon sind natürlichen Ursprungs (stabil), der Rest wird künstlich erzeugt und wird erhalten durch Kernspaltung oder durch Schwerionenbeschuss! Künstlich erzeugte Nukleotide sind instabil. Radionuklide! When we learnt about mathematics in school we did not realize what for we would need this, nobody told us, it has to do with the measurements of the earth! The Metaphor for Mathematics is Physics – Chemistry – Biochemistry – T-RNA, LUCA. Last Universal Common Ancestor

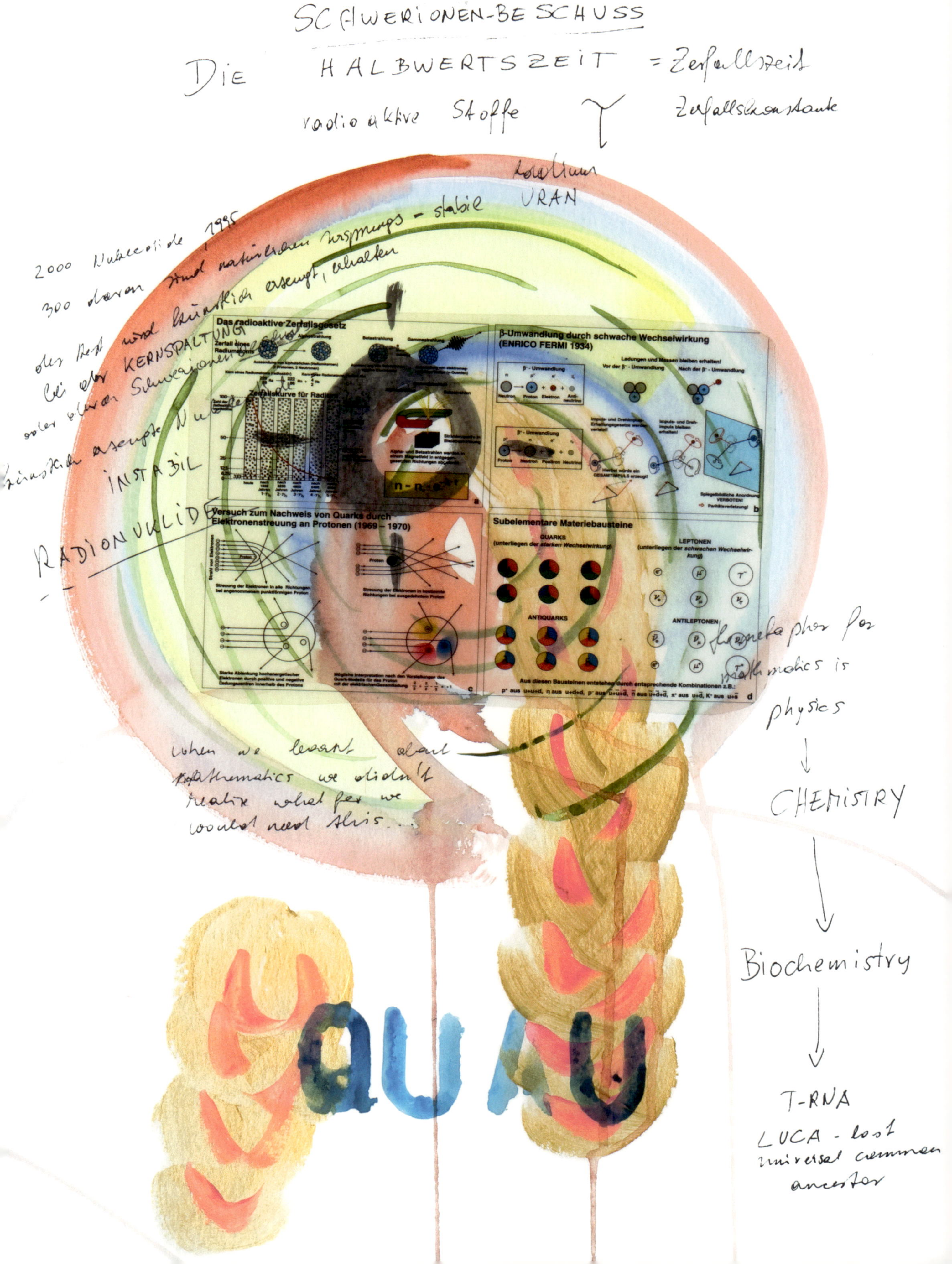
SCHWERIONEN-BESCHUSS
DIE HALBWERTSZEIT = Zerfallszeit
radioaktive Stoffe
Zerfallskonstante
URAN
2000 Nukleotide 1995
300 davon sind natürlichen Ursprungs – stabile
der Rest wird künstlich erzeugt, erhalten
bei der KERNSPALTUNG
oder durch Schwerionenbeschuss
künstlich erzeugte Nukleotide
INSTABIL
RADIONUKLIDE
Das radioaktive Zerfallsgesetz
Zerfallskurve für Radium
β-Umwandlung durch schwache Wechselwirkung (ENRICO FERMI 1934)
Versuch zum Nachweis von Quarks durch Elektronenstreuung an Protonen (1969 – 1970)
Subelementare Materiebausteine
QUARKS
ANTIQUARKS
LEPTONEN
ANTILEPTONEN
when we learnt about Mathematics we didn't realize what for we would need this…
the metapher for Mathematics is physics
CHEMISTRY
Biochemistry
T-RNA
LUCA – last universal common ancestor
aua au

SP no 40

SEX & GENETIC SHUFFLING

The shuffling is important for evolution because it can introduce new combinations of genes every generation. However, it can also break up "good" combinations of genes. "I saw you at Zattere, I saw you on the boat, you are a big guy, 198 cm. I saw you ... you fit with me, evolutionary thinking, you also live on the Giudecca"

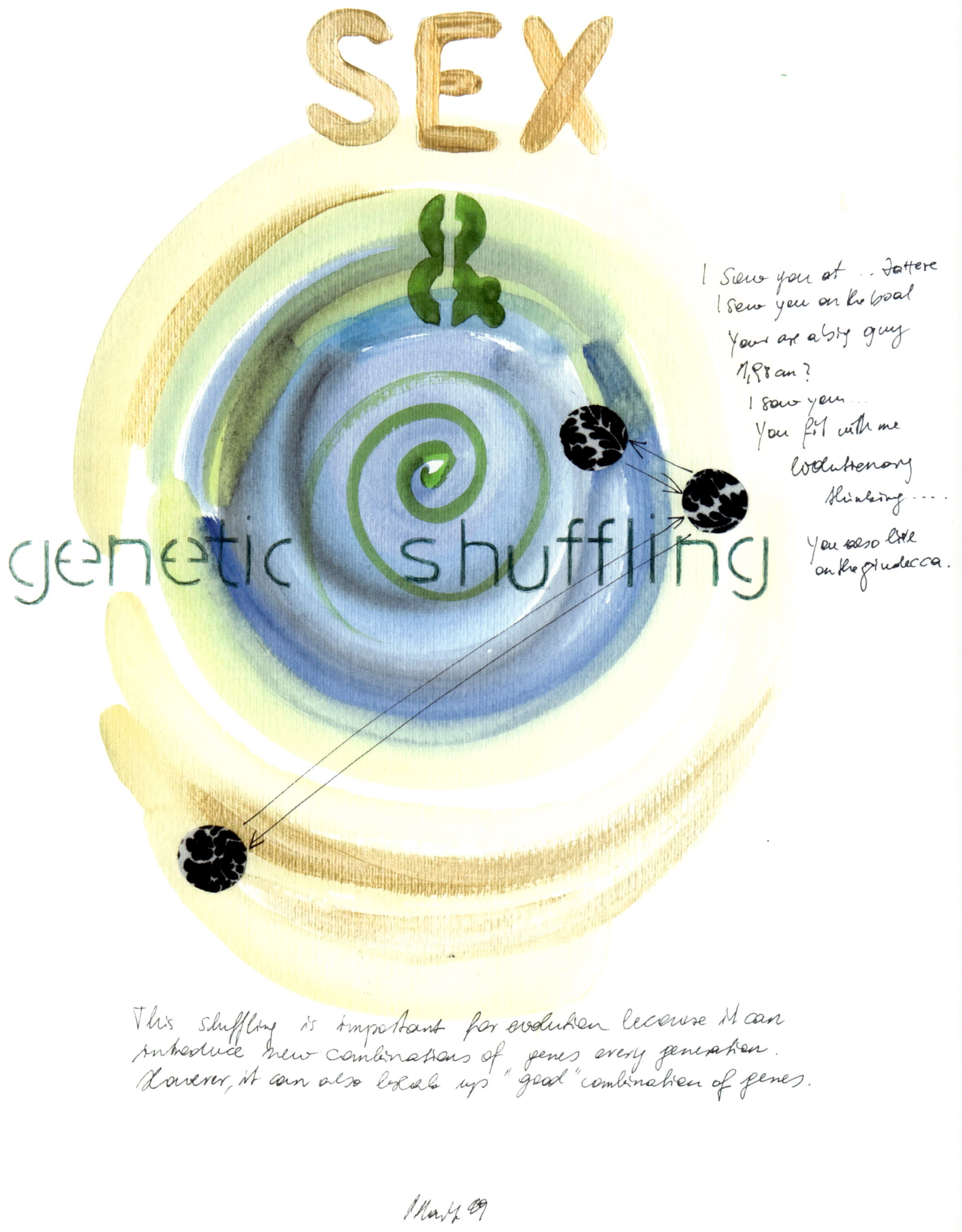
SEX
genetic shuffling
I saw you at … Zattere
I saw you on the boat
You are a big guy
1,98 cm?
I saw you…
You fit with me
evolutionary
thinking….
You also live
on the giudecca.
This shuffling is important for evolution because it can
introduce new combinations of genes every generation.
However, it can also break ups "good" combination of genes.
09

SP no 41

MONEY FLOW!

The Trading Mysteries of Singapore, Island of Trading ... Pacific, Millions of Containers a year in and out! Taiwan – GB – Thailand – Japan – Jurong Marine Base – Tailand and Korea – USA – Hongkong – Germany. Jurong Marine Base offshore oil extraction 276.000 workers 1992. Singapore's external trade by major countries 1995–97, increasing total 100 %. Malaysia, USA, Hongkong, Japan, Thailand remained Singapores top trad-ing partners. The View from the Mandarin hotel to the northwest direction of Singapore shows a dense high-rise building complex (district). Inbetween aresmall colonial houses, now restored, new shopping centres and the large hotel complex of the Marine centre

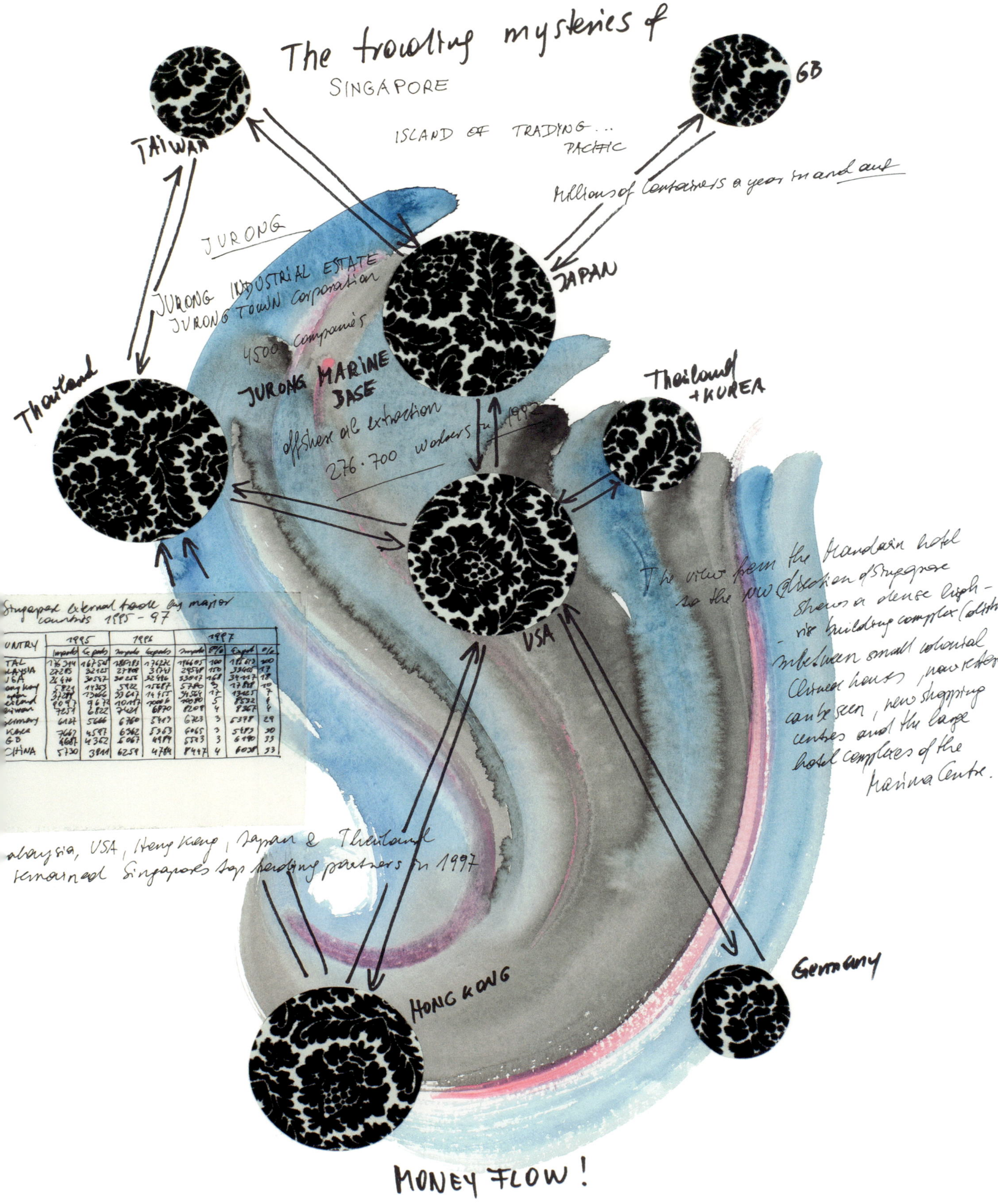
The trowling mysteries of
SINGAPORE
ISLAND OF TRADING...
PACIFIC
TAIWAN
GB
Millions of containers a year in and out
JURONG
JURONG INDUSTRIAL ESTATE
JURONG TOWN Corporation
4500 companies
JAPAN
Thailand
JURONG MARINE BASE
offshore oil extraction
276.700 workers in 1992
Thailand +KOREA
USA
The view from the Mandarin hotel
Shows a dense high-rise building complex
interspersed between small colonial Chinese houses, now restored, can be seen, new shopping centres and the large hotel complexes of the Marina Centre.
Singapore external trade by major countries 1995 - 97
Malaysia, USA, Hong Kong, Japan & Thailand remained Singapore's top trading partners in 1997
HONG KONG
Germany
MONEY FLOW!

SP no 42

NIELS BOHR (1885–1962)

war dänischer Physiker, erforschte die Struktur der Atome und ihre elektrischen Ladungen. Das Atommodell von Bohr: der Atomkern ist positiv geladen und Elektronen außen in den Schalen kreisend (Aufenthaltswahrscheinlichkeit) negativ geladen (Quantenphysik). In der Antike glaubte man an den Elementbegriff: Feuer, Erde, Wasser, Luft, die 4 Elemente nach Empedokles (490–435 v. Chr.). Ab 1807 gab es die Teilchenvorstellung nach John Dalton (Atome, Atomverbände, Moleküle)

DR·BOHR-REGEL

$E_2 - E_1 = h \cdot \nu$

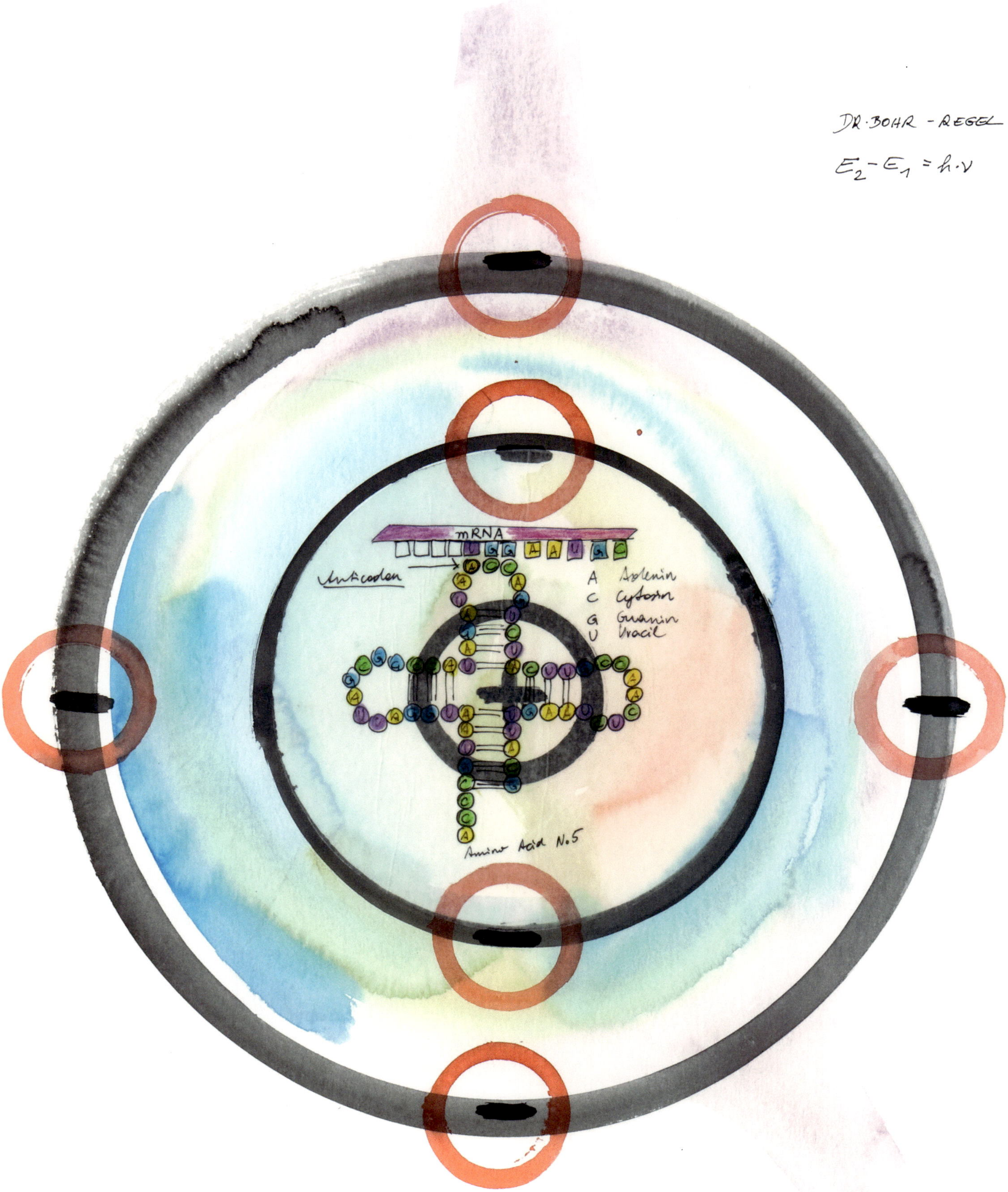

BOHR-SCHES ATOMMODELL (1913)
in der Antike nur Elementbegriffe, Feuer, Erde, Wasser, Luft
die 4 Elemente nach Empedokles (490–435 v. Chr.)
danach 1807 = Teilchenvorstellung nach John Dalton (Atome, Atomverbände, Moleküle)

SP no 43

DAS INNENOHR

Hören / Gleichgewicht. Die Schallwelle beginnt am oralen Fenster (Fenestra vestibuli). Läuft dann die Scala vestibuli zur Schneckenspitze („Wanderwelle"). Die Amplitude der Wanderwelle verstärkt sich in ihrem Verlauf in Abhängigkeit von der Schallfrequenz und erreicht an definierten Orten ihr Amplitudenmaximum. An dieser Stelle werden die Rezeptoren des Corti-Organs erregt, hier findet die Signaltransduktion statt. Um diesen Prozess zu verstehen, muss man zunächst den Aufbau des Corti-Organs kennen. Für das Kunstwerk besteht die einzige Art und Weise, sich zu verewigen, darin, anderen Kunstwerken zur Entstehung zu verhelfen, die ihren Zeitgenossen dann lebendiger erscheinen als diejenigen, die ihnen unmittelbar vorausgegangen sind. „Claude Lévi-Strauss" 1993

HÖREN

GLEICHGEWICHT

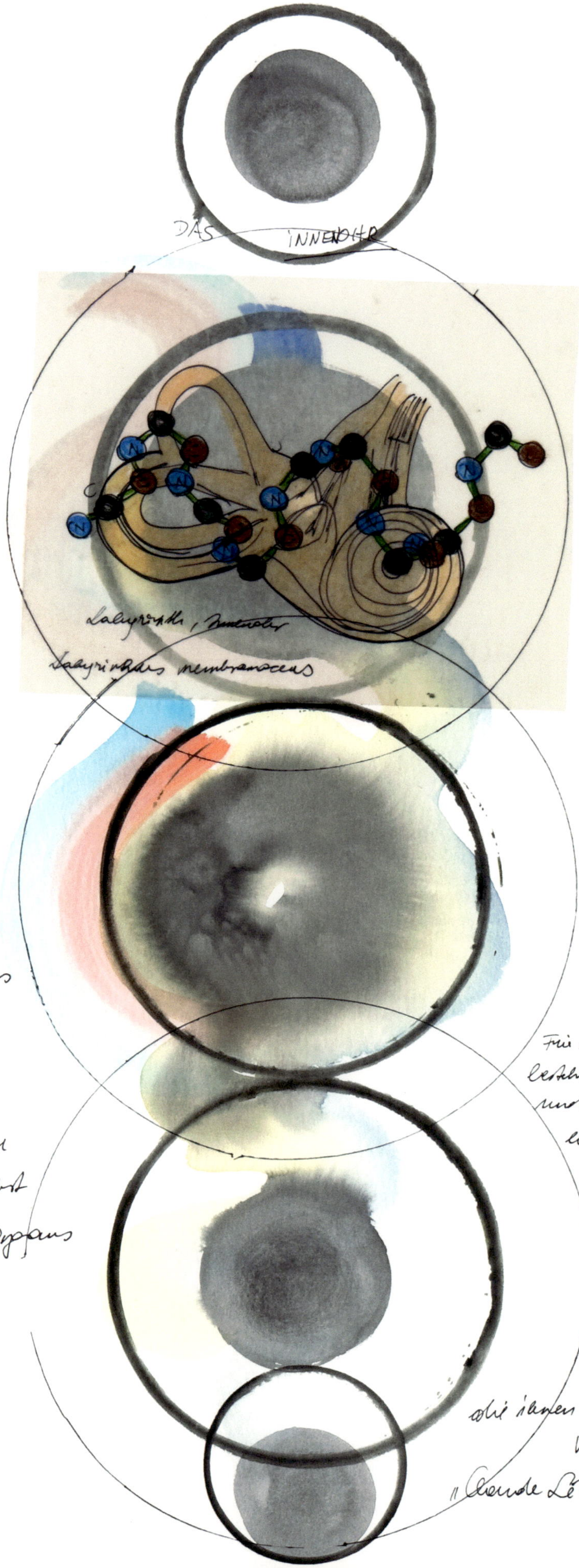

Die Schallwelle beginnt am ovalen Fenster (Fenestra vestibuli), läuft dann die Scala vestibuli aufwärts bis zur Schneckenspitze ("Wanderwelle")

Die Amplitude der Wanderwelle verstärkt sich in ihrem Verlauf in Abhängigkeit von der Schallfrequenz und erreicht an definierten Orten ihr Amplitudenmaximum. An dieser Stelle werden die Rezeptoren des Corti-Organs erregt, hier findet die SIGNALTRANSDUKTION statt. Um diesen Prozeß zu verstehen, muss man zunächst den Aufbau des CORTI-Organs kennen.

Für das Kunstwerk besteht die einzige Art und Weise, sich zu verewigen, darin, anderen Kunstwerken zur Entstehung zu verhelfen, die ihren Zeitgenossen dann lebendiger erscheinen als diejenigen, die ihnen unmittelbar vorausgegangen sind.

"Claude Lévi-Strauss" 1993

SP no 44

GOOD UNITED THEORY

Gut vereinheitlichte Kraft, auf diese Erfindung warten wir noch. Physics Wechselwirkungen; 4 Naturkräfte:
1. starke Wechselwirkung (Kernkraft) – stabilisiert die Atomkerne
2. elektromagnetische Wechselwirkung (Elektronik / Rundfunk / Fernsehtechnik)
3. schwache Wechselwirkung: FERMIKRAFT (radioaktiver Zerfall)
4. Schwerkraft: Gravitation, freier Fall, Raumfahrt, Planeten, Kosmische Strukturen. Elementarteilchenzoo: Zweifel an Elementarteilen, es wurden nach 1950 immer mehr Teilchen entdeckt, zum Schluss Higgs

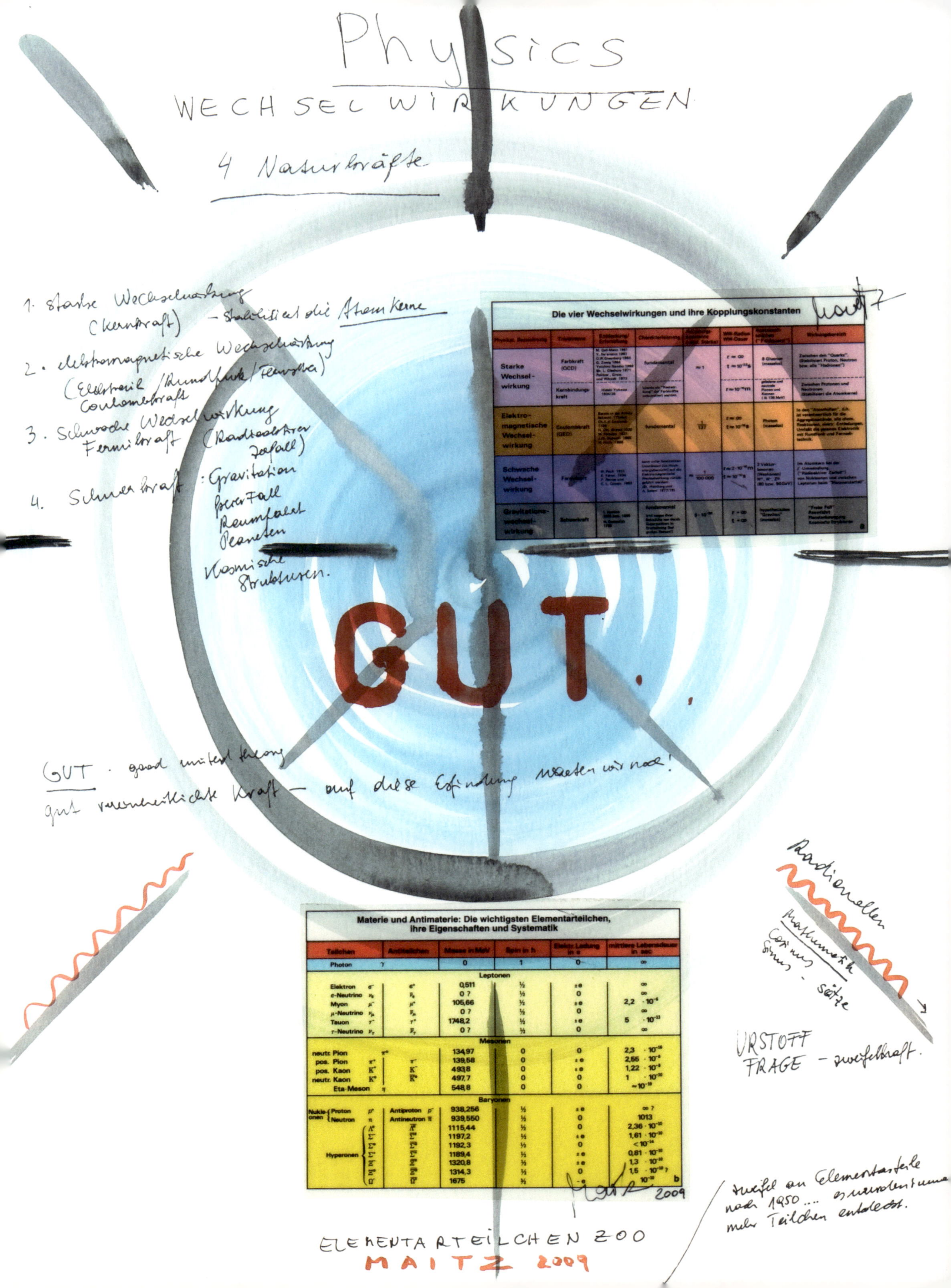

Teilchen		Antiteilchen	Masse in MeV	Spin in h	Elektr. Ladung in e	mittlere Lebensdauer in sec
Photon	γ		0	1	0	∞
Leptonen						
Elektron	e^-	e^+	0,511	½	±e	∞
e-Neutrino	ν_e	$\bar{\nu}_e$	0 ?	½	0	∞
Myon	μ^-	μ^+	105,66	½	±e	$2,2 \cdot 10^{-6}$
μ-Neutrino	ν_μ	$\bar{\nu}_\mu$	0 ?	½	0	∞
Tauon	τ^-	τ^+	1748,2	½	±e	$5 \cdot 10^{-13}$
τ-Neutrino	ν_τ	$\bar{\nu}_\tau$	0 ?	½	0	∞
Mesonen						
neutr. Pion	π^0		134,97	0	0	$2,3 \cdot 10^{-16}$
pos. Pion	π^+	π^-	139,58	0	±e	$2,55 \cdot 10^{-8}$
pos. Kaon	K^+	K^-	493,8	0	±e	$1,22 \cdot 10^{-8}$
neutr. Kaon	K^0	$\bar{K}^0$	497,7	0	0	$1 \cdot 10^{-10}$
Eta-Meson	η		548,8	0	0	$\sim 10^{-19}$
Baryonen						
Nukleonen: Proton	p^+	Antiproton p^-	938,256	½	±e	∞ ?
Nukleonen: Neutron	n	Antineutron $\bar{n}$	939,550	½	0	1013
Hyperonen	Λ^0	$\bar{\Lambda}^0$	1115,44	½	0	$2,36 \cdot 10^{-10}$
	Σ^-	$\bar{\Sigma}^-$	1197,2	½	±e	$1,61 \cdot 10^{-10}$
	Σ^0	$\bar{\Sigma}^0$	1192,3	½	0	$< 10^{-14}$
	Σ^+	$\bar{\Sigma}^+$	1189,4	½	±e	$0,81 \cdot 10^{-10}$
	Ξ^-	$\bar{\Xi}^-$	1320,8	½	±e	$1,3 \cdot 10^{-10}$
	Ξ^0	$\bar{\Xi}^0$	1314,3	½	0	$1,5 \cdot 10^{-10}$?
	Ω^-	$\bar{\Omega}^-$	1675	½	-e	10^{-10}

b

SP no 45

WELTFORMEL: WERNER HEISENBERG

Bewegung des Elektrons (Schrödinger Quantenfeldtheorie 1928). Urfeld = Energie = Kosmische Ursubstanz. Dass dabei der Einfluss der Schwerkraft unberücksichtigt bleibt, ist auf die vernachlässigbar kleine Wechselwirkung mit der äußerst geringen Ruhemasse aller Elementarteilchen zurückzuführen, will man nicht unterstellen, dass die gravitativen Einflüsse noch nicht hinreichend erkannt worden sind. Kombinationsmöglichkeiten: Colour: Quarks: Rot / Grün / Blau, Antiquarks: Gelb / Purpur / Cyan, Rot + Blau + Grün = Weiß, Blau + Gelb = Weiß, Grün + Purpur = Weiß, Colloquium 1958, Göttingen: Wellenfunktion/Feldgleichung: Elektronen bewegen sich ständig um den Atomkern, das nennt man Aufenthaltswahrscheinlichkeit

WELTFORMEL : Werner Heisenberg

BEWEGUNG des ELEKTRONS (Schroedinger . Quantenfeldtheorie) 1928

URFELD = Energie = KOSMISCHE URSUBSTANZ

Dass dabei der Einfluss der Schwerkraft unberücksichtigt bleibt, ist auf die vernachlässigbar kleine Wechselwirkung mit der äußerst geringen Ruhemasse aller Elementarteilchen zurückzuführen, will man nicht unterstellen, dass die gravitativen Einflüsse noch nicht hinreichend erkannt worden sind.

Quark Hypothese

flavour:

UP — ŪP = Anti-Quark
DOWN
STRANGE
CHARM
BEAUTY
TRUTH

Kombinationsmöglichkeiten:
COLOUR

Quarks: Rot / Grün / Blau
Antiquarks: Gelb / Purpur / Cyan

Farbenlehre

Rot + Blau + Grün = WEIß ?
Blau + Gelb = WEIß
GRÜN + PURPUR = WEIß

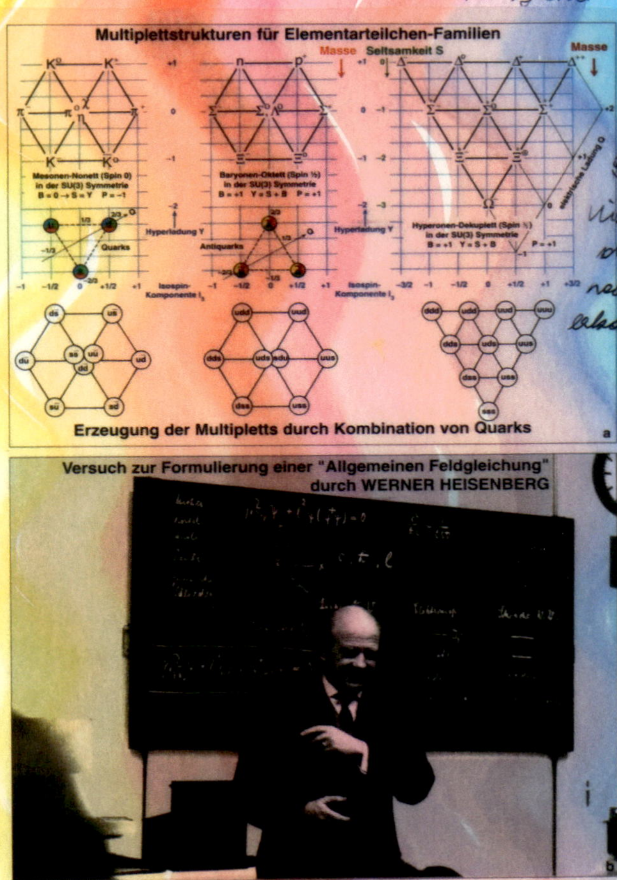

Colloquium 1958, Göttingen
Wellenfunktion

FELDGLEICHUNG: Elektronen bewegen sich ständig
Aufenthaltswahrscheinlichkeit

SP no 46

SYNTEGRATION

Kieselalge. To CK and Buckminster Fuller. Die Zelle. Soziologie. Kybernetik. Stafford Beer: "Beyond Dispute. The Intervention of Team Syntegrity." 1984

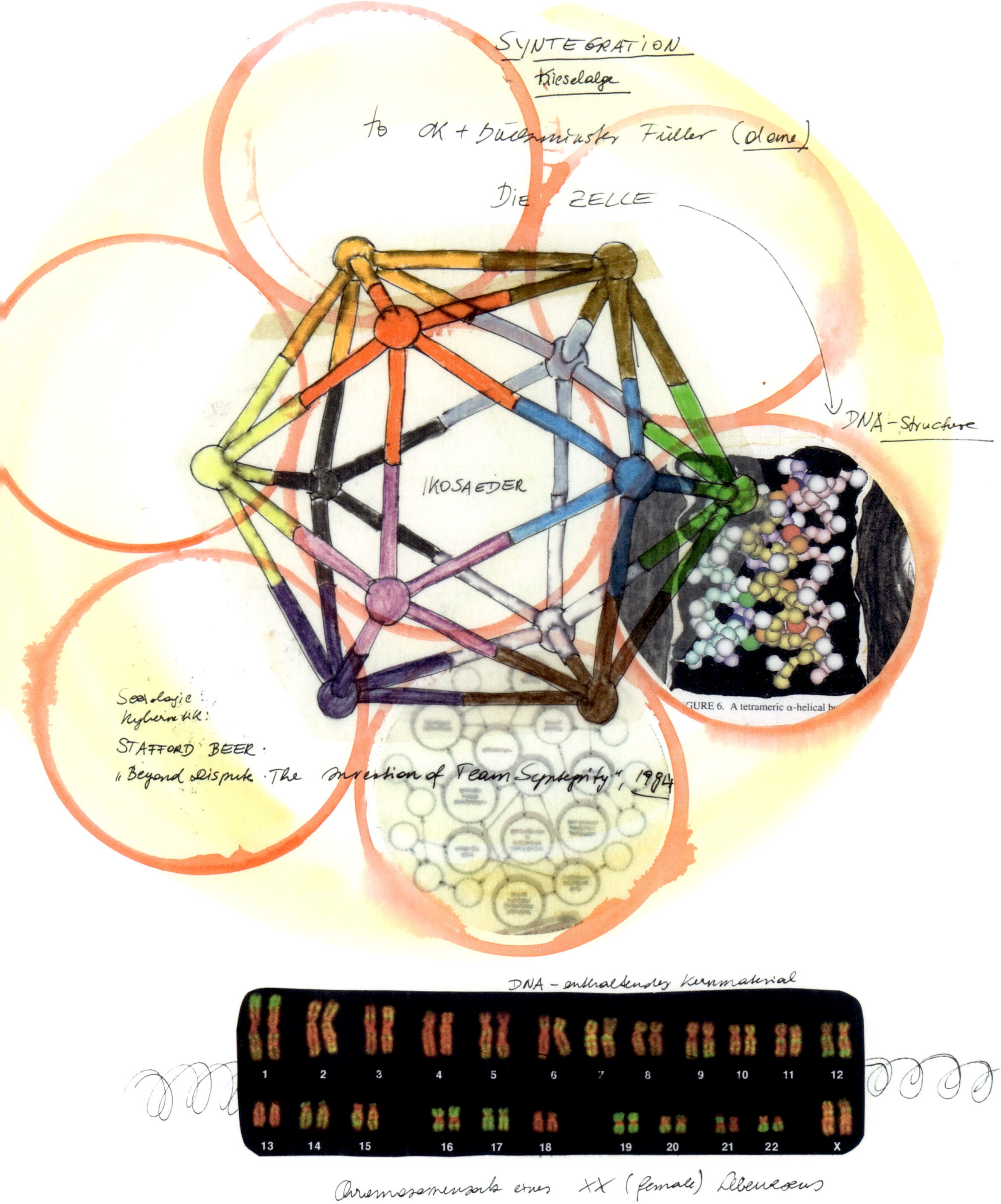
SYNTEGRATION
Kieselalge
to OK + Buckminster Füller (dome)
DIE ZELLE
DNA-Structure
IKOSAEDER
STAFFORD BEER
„Beyond Dispute The Invention of Team Syntegrity", 1994
DNA-enthaltendes Kernmaterial
1 2 3 4 5 6 7 8 9 10 11 12
13 14 15 16 17 18 19 20 21 22 X
XX (female)

SP no 47

ALANIN T-RNA

Anticodon, T-RNA (Transfer-Ribonucleic-Acid) Aminosäure-aufnahmearm. 1. Bohrsche Elektronenbahn. T-RNA Molekülmodell auf Atommodellvorstellung von Heisenberg/Schrödinger: Quantenmechanisches Atommodell nach Heisenberg und Schrödinger

Alanin t-RNA

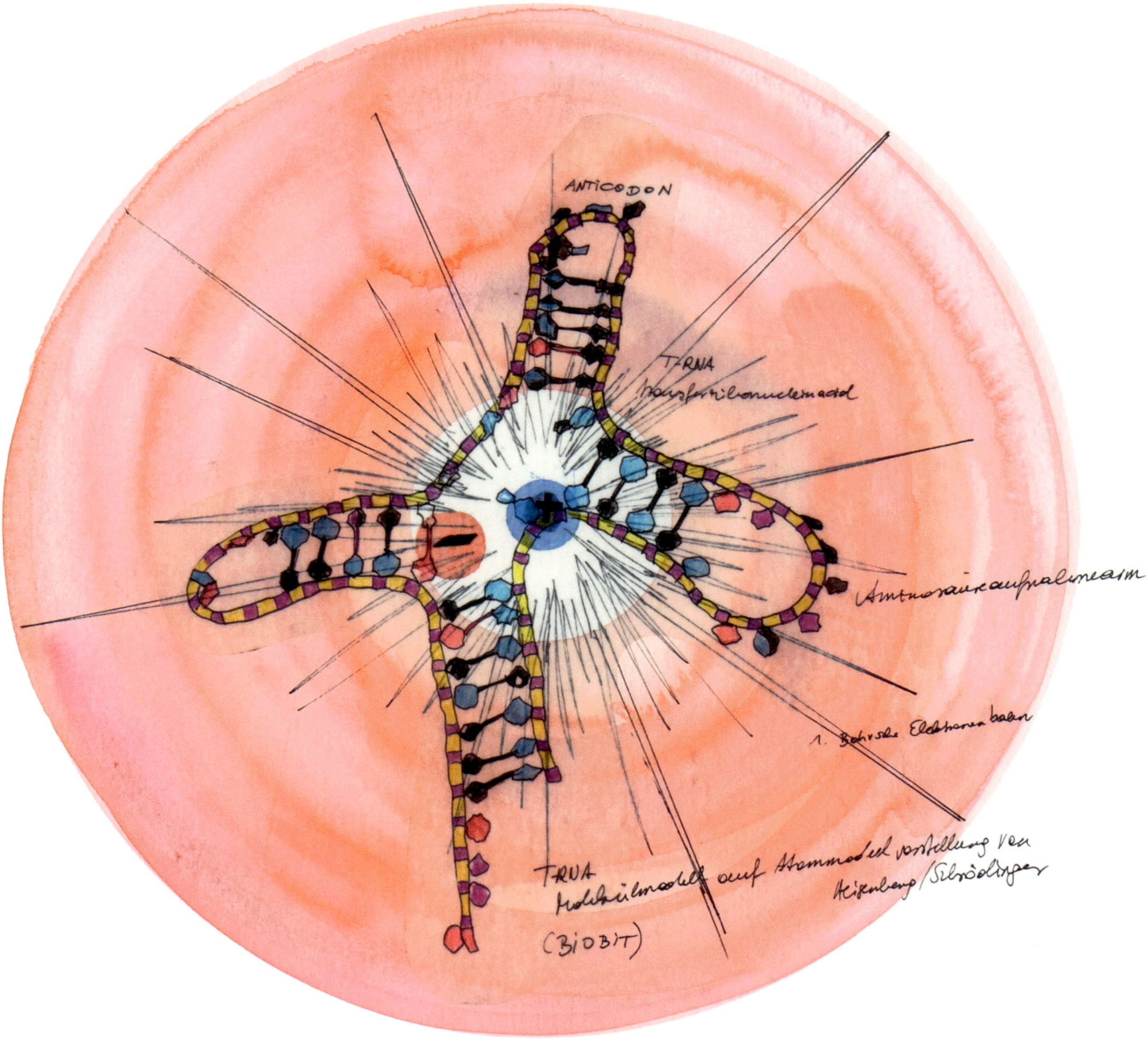

QUANTENMECHANISCHES ATOMMODELL nach HEISENBERG und SCHRÖDINGER

(the eye of evolution)

SP no 48

DIE GRAUE SUBSTANZ

liegt im Atommodell – Versuch einer Darstellung – Chemie. The neuroscientific understanding of dreams and the light it sheeds on pictures of actual as well as imagined dreams: Lecture by Prof. Wohl, Boston University, 31st.oct. 2008, Vienna University Campus and Konrad Lorenz Institute Altenberg.
Subject: art / science – cognition: The world we see is a construction of the brain. The dual system of foreate and peripheral vision. The neural response to abstract and representational pictures. The function of mirror neurons in the apprehension of works of art.
Neurosciences replaced Freud's psychoanalytic, interpretative approach to dreams, regardless of their content. According to the neuroscientific model, dreams are the automatically generated product of brain activation in sleep, akin to delusions and hallucinations, which the brain accepts as real in spite of bizarreness, discontinuity and incongruiety! Dream theories before and after Freud. Dream pictures by Goya, Fuseli, Redon, Klimt, DeChirico, Dali & Magritte. According to the interdisciplinary field of vision science, a branch of cognitive science, vision is a kind of computation that occurs in the brain through complex neural information processing. Neurobiology has shown that the process of vision is subdivided in different parts such as line, colour, brightness and motion!

DIE GRAUE SUBSTANZ
liegt im ATOMMODELL – VERSUCH einer
DARSTELLUNG – Genre

DREAMS:
neuroscientific understanding
dreams and the light it sheds
pictures of actual as well as
imagined dreams:
Lecture by Prof. Wade
31st. oct. 2008
Vienna

the invited guest: Konrad Lorenz Institut, Wien 2008
Prof. Wade, 86 Jahre alt
Boston University, art/science – cognition

- The world we see is a construction of the brain.
- The dual system of foveate and peripheral vision.
- The neural response to abstract and representational pictures.

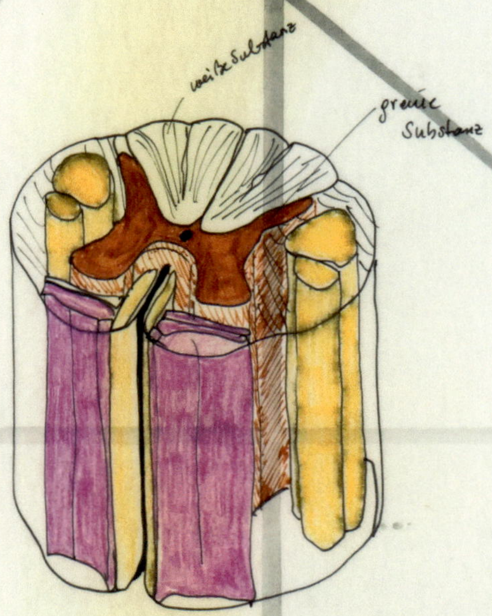

- The function of mirror neurons in the apprehension of works of art.

Neurosciences has replaced
FREUD's psychoanalytic, interpretative
approach to dreams, regardless of their
content. According to the neuroscientific
model, dreams are the automatically generated
product of brain activation in sleep, akin
to delusions and hallucinations, which the
brain accepts as real in spite of bizarreness, discontinuity
and incongruity!!

- Dream Theories before and after Freud
- Dreampictures by Goya, Fuseli, Redon, Klimt,
De Chirico, Dalí Magritte.

according to the interdisciplinary field
of vision science, a branch of cognitive
science, vision is a kind of computation
that occurs in the brain through
complex neural information processing.
Neurobiology has shown that the process
of vision is subdivided in different parts
such as line, color, brightness, and motion

I. Malz 2008

SP no 49

(DER) MACHTHABER MUSS
AUSGETAUSCHT WERDEN
VERANTWORTLICHKEIT
MOLECULE/CALCULUS

Physikalische Wechselwirkungen im Molekülgeschehen; durch Molscript erzeugte Darstellung des Molekülgeschehens können einzelne Enden des Moleküls genau bestimmt werden. Somit wird die Funktion im System klarer. Neue Molekülverbindungen entstehen oft an den Enden der Moleküle, räumliche Lage und elektrische Ladung sind von Bedeutung

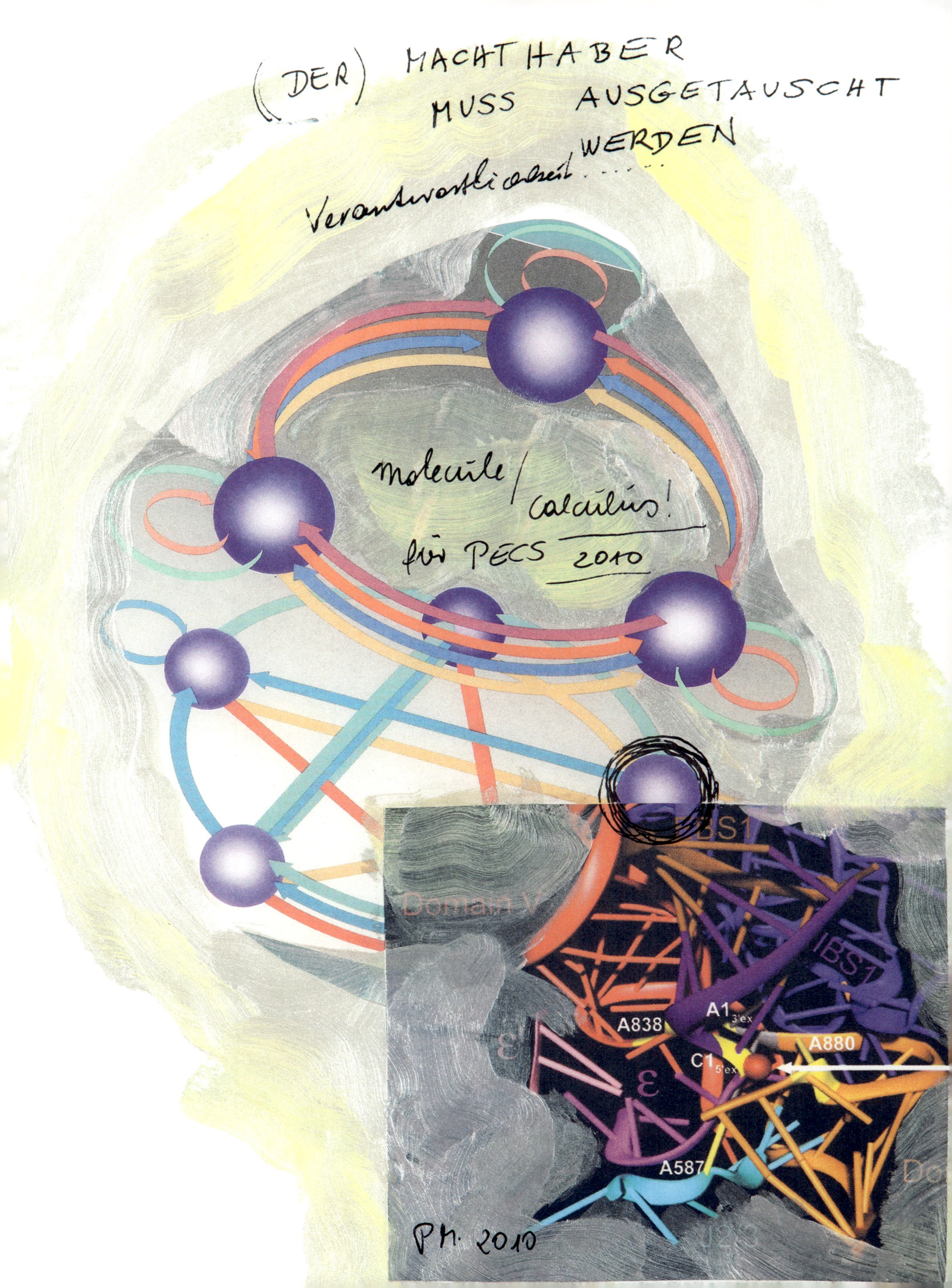
(DER) MACHTHABER
MUSS AUSGETAUSCHT
WERDEN
Verantwortlichkeit......
molecule/
calculus!
für PECS 2010
IBS1
Domain V
IBS1
A1 3'ex
A838
A880
C1 5'ex
ε
ε
A587
PM. 2010

SP no 50

THE MOLECULES WILL BE OUR
GOLD, HUMAN CAPITAL ???
Gold Baby

XX . o +

THE MOLECULES WILL BE OUR GOLD HUMAN CAPITAL

2 ? 3 ?

plex, cap the leucine-rich repeats. The NH_2-terminal sequence forms a 14-residue β hairpin delimited by a conserved disulfide bond between Cys^4 and Cys^{17}. The tip of the β hairpin, which we refer to as the β finger, protrudes from the protein surface and is disordered in one of the two molecules in the asymmetric unit. The COOH-terminal sequence, up to residue 267, contains a nine-residue α helix and four short 3_{10} helices. The anionic region beyond residue 267 was not visible in the electron density and was not modeled. Conserved disulfide bonds between Cys[illegible] and Cys^{248} and between Cys[illegible] and Cys^{264} stabilize the irregular fold of the COOH-terminal region. Residues 22[illegible] to 241

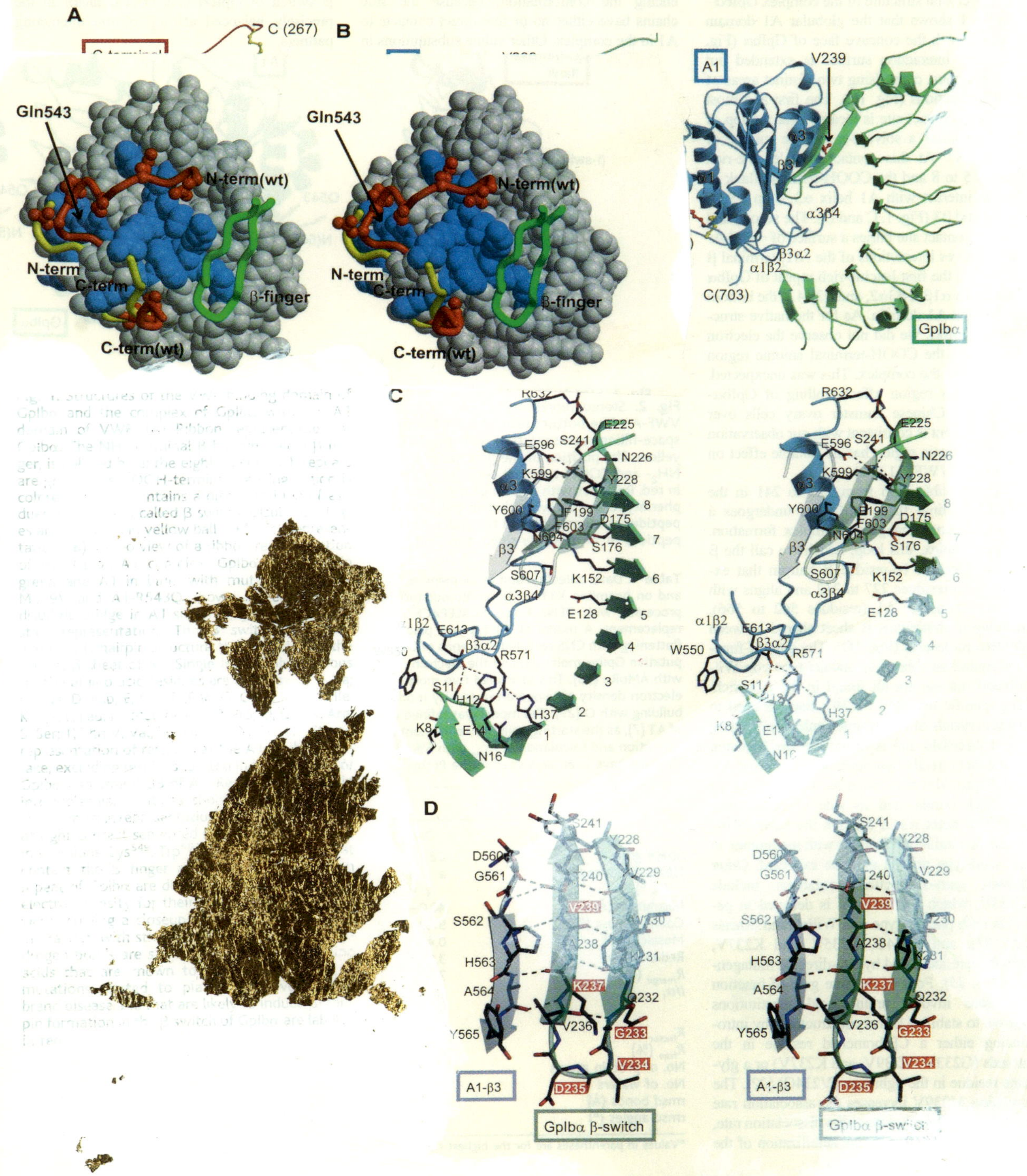

GOLD

BABY

XX · O +

PM 2010

SP no 51

RNA-INTERFERENZ

Sources and consequences of pheno-
typic and genotypic plasticity in
flowering plants. Not able to feel
anymore

RNA · INTERFERENCE

Gga Avn	TELGFQGFVV	SDWAATHSGV	ASIEAGLDM·	NMPG
Sel Tom	GELGFQGYVV	SDWYATHSGV	ESVNAGLDM·	TMPG
Trr Bgl1	DQLGFPGYVM	TDWNAQHTTV	QSANSGLDM·	SMPG
Sam Bgl1	EELGFQGFVV	SDWGAQLSGV	YSAISGLDM·	SMPG
Sam Bgl2	EELGFQGFVV	SDWAAQMSGA	YSAISGLDM·	SMPG
Cap Glucb	EELGFQGFVM	TDWGALYSGI	DAANAGLDM·	DMPC
Agt.Cbg1	EEWGFDGVVM	SDWFGSHSTA	ETINAGLDL·	EMPG
Asw Glua3	AZLGFZGFVM	SDWAAHHAGV	SGALAGLBMG	SMP·
Consensus	-ELGFQGFV-	SDW-A-HSGV	-SA-AGLDM-	-MPG

....not able to feel anymor.....

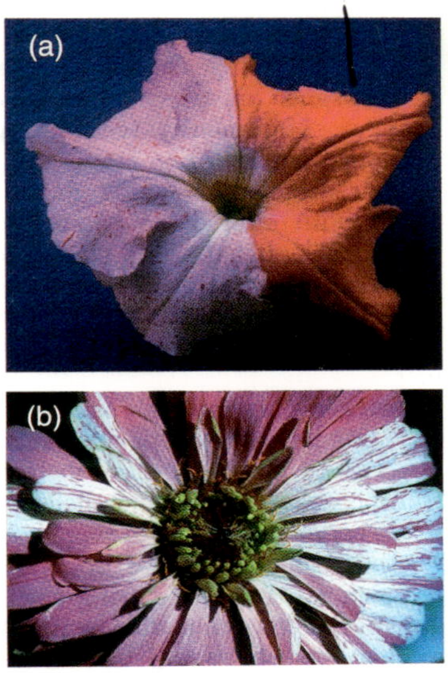

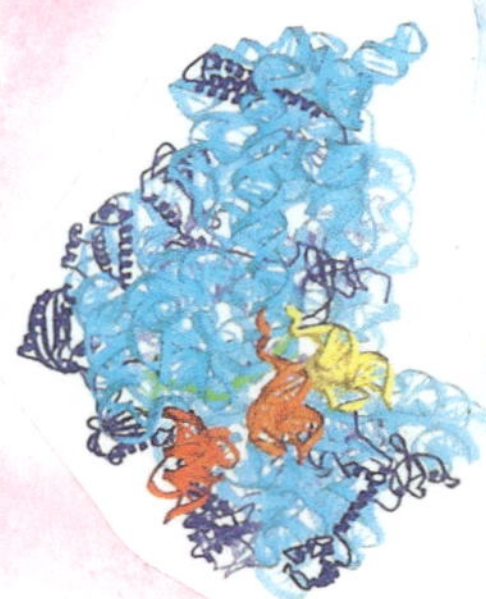

Sources and consequences of phenotypic and genotypic plasticity in flowering plants

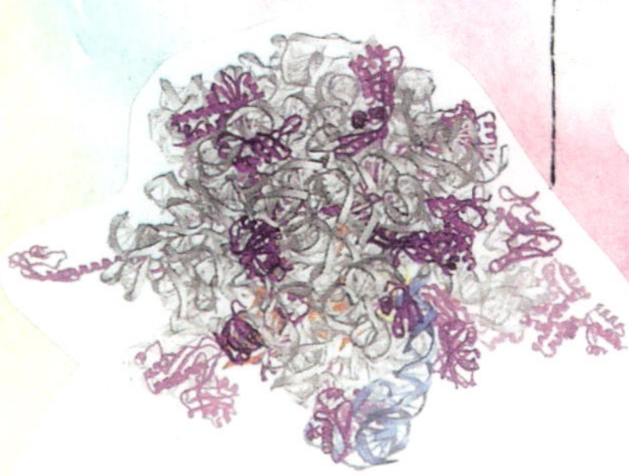

SP no 52

TRNA

The connection of Molecules and NEURONS – The Memories of the molecules, the body without consciousness?
Die TRNA ist das gefaltete Transporteiweißmolekül und auch Teil des Zyklus Proteinbiosynthese, der Transfer vom Zellkern in and out wird von ihm bewerkstelligt, aber vor allem das Hin- und Herbringen von kleinen Genabschnitten zum kodierten Aminosäureaufbau. Sie gehört zur Gruppe der ribosomalen RNAs, der Ursprungs-RNAs. Ihre spezielle Faltung bestimmt ihre Funktion. Sie ist wesentlich kürzer als die DNAs des Zellkerns. Sie ist wie ein T gefaltet. Die Maße beziehen sich auf ein Modell, das von einem technischen Assistenten erstellt wurde, der die TRNA in Eisen erarbeitete, 2009 für molecule / calculus Pécs, Hungary

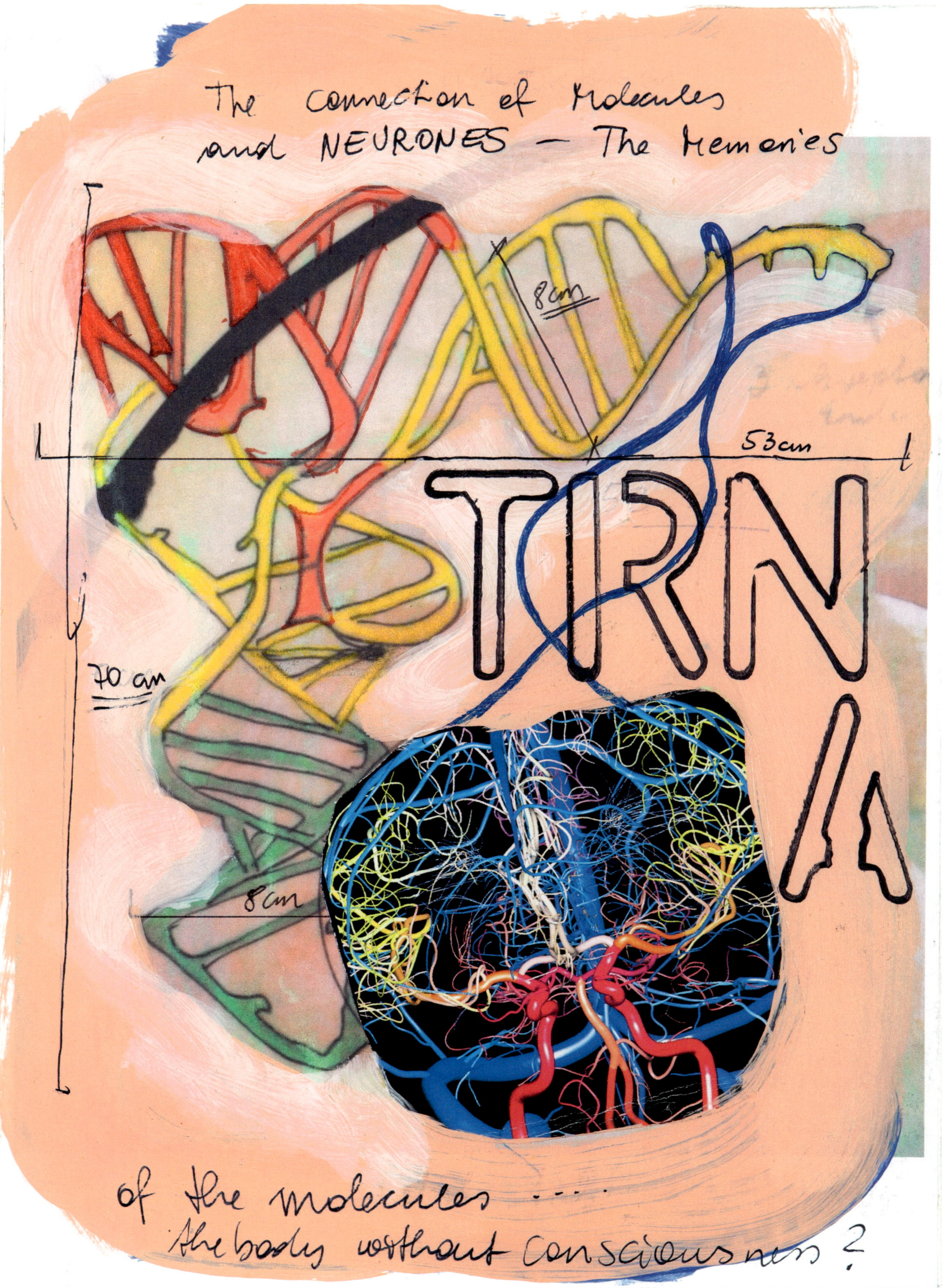
The connection of molecules
and NEURONES – The memories
8cm
53cm
TRNA
70 cm
8cm
of the molecules ....
the body without consciousness?

SP no 53

MELBOURNE / SINGAPORE / MELBOURNE / VIENNA

Right Brain, politically out of fashion painting on new brain atlas of Prof. Nowinksi Singapore (imaging lab A*Star). SEX ORGANISATION – immediate connection of both halves of brain. Corpus Callosum

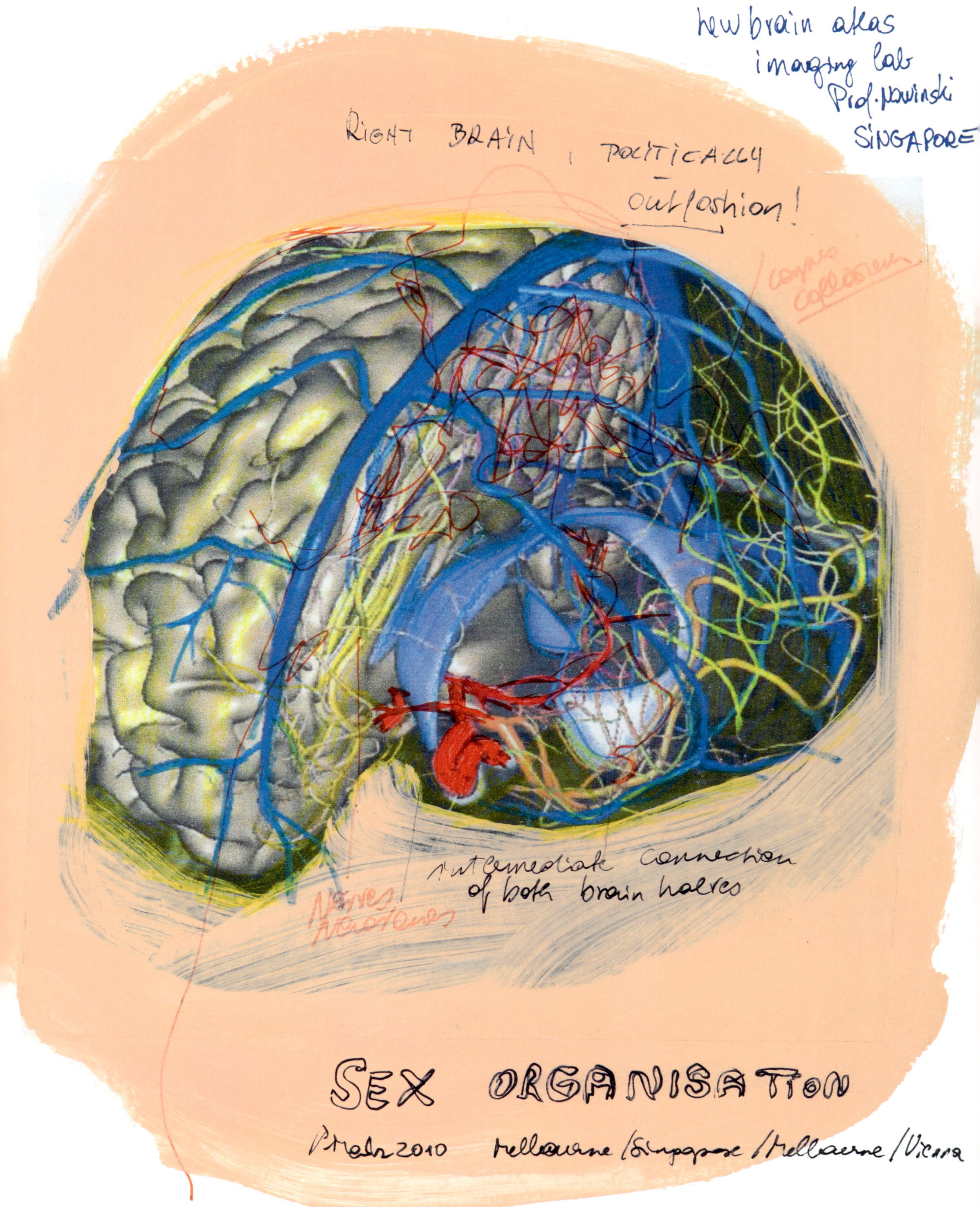

CORPUS CALLOSUM

SP no 54

3 LITER H_2O DAILY

no changes of my sadness since puberty, ohne Haut! Anatomieatlas-Seite der Gesichtsmuskulatur; karikiert wird der Augen-und Tränenmuskel und die Ohrmuschel. Ein Reisender muss viel trinken, um dem Tod zu entkommen. Der Kontext ist biographisch. Die Gesichtsmuskulatur ist also nicht bloß nur hautspannend sondern emotionsgesteuertes Drüsengewebe, Gesichter werden in der Schönheits-Chirurgie mit Botoxgift gespritzt, somit gelähmt und der menschliche Ausdruck erlahmt hiermit

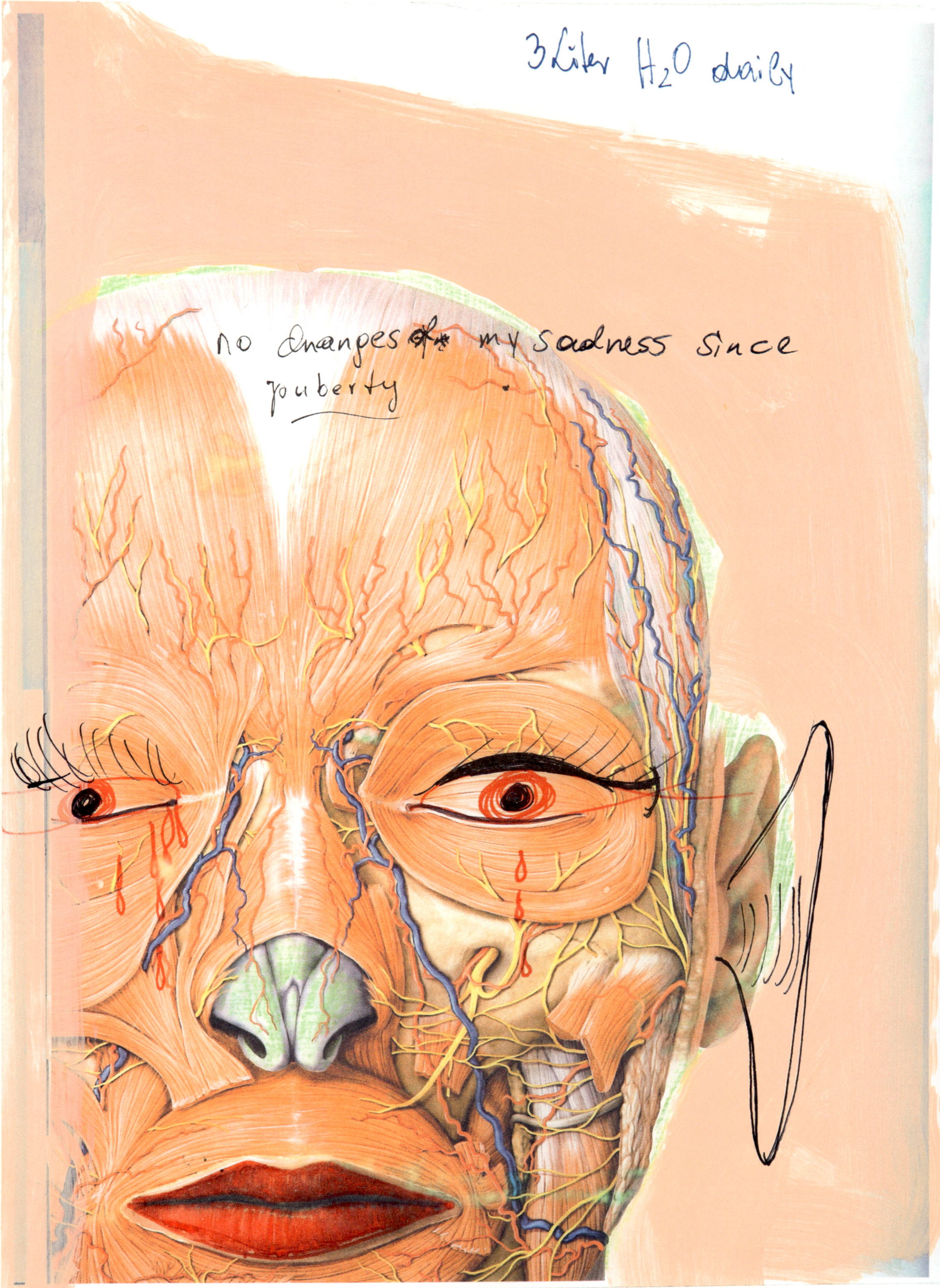
3 Liter H_2O daily
no changes my sadness since
puberty

SP no 55

THE HUMAN KIND THE MOST DIFFICULT RACE OF THE WORLD'S ANIMALS

In einer Übermalung einer Seite des Waldeyer Anatomieatlas, die Kopf- und Halsvenen darstellt, werden abfließende Blutbahnen mit zubringenden vertauscht. Nicht „wo" im Gehirn ist es wichtig Erkenntnisfähigkeit zu lokalisieren, sondern dass Erkenntnis durch Training überhaupt stattfindet

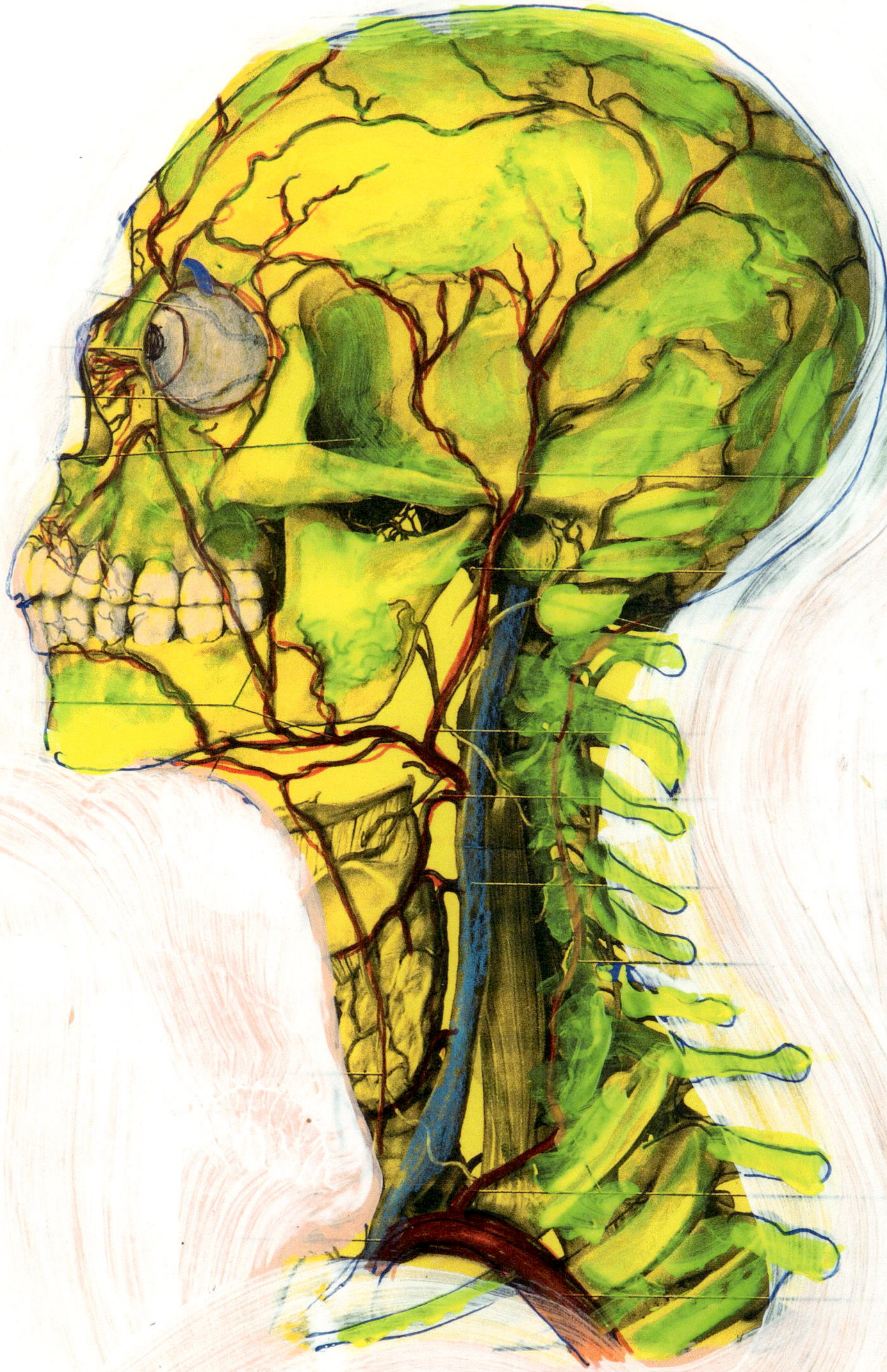

THE HUMAN KIND
MOST DIFFICULT RACE OF
THE WORLDS ANIMALS

SP no 56

BARBARA MCCLINTOCK 1983
NOBELPREIS MEDIZIN

Transpositionselemente mRNA + tRNA
Ein Genom kann sich selbst verändern, wenn es mit ungewohnten äußeren Bedingungen konfrontiert ist. Entwicklungsschübe der Evolution verursacht durch TE_5 (transposable element). Die Aktivität der Transpositionselemente unterliegt einer strikten, hemmenden Kontrolle durch die Zelle.
RNA Interference
Starkes biologisches Erscheinungsbild
Phänotyp
Barbara McClintock 1947

– TRANSPOSITIONSELEMENTE –

Vermittler: mRNA, t-RNA

1983: Nobelpreis f. Chemie (Biochemie) Physiologie od. Medizin BARBARA McClintock
(Mais)

Ein Genom kann sich selbst verändern, wenn es mit ungewohnten äußeren Bedingungen konfrontiert ist.

J.B. geb. 1951
Mediziner, Biochemie und Molekularbiologie, Neurobiologie. Schwerpunkt der Forschung: Entwicklungsschübe der Evolution des Genoms verursacht durch TEs, transposable Elements – Umbau des eigenen GENOMS.

Deutsche Forschungsgemeinschaft.

↓

EVOLUTION

1996: Forschungspreis der dt. Gesellschaft für biologische Psychiatrie

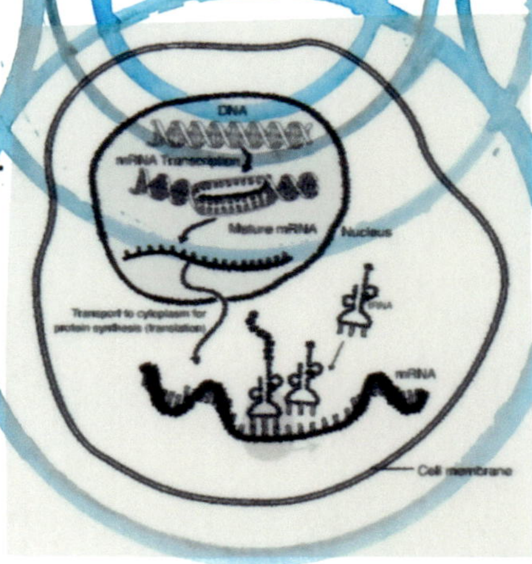

Die Aktivität der Transpositionselemente unterliegt einer strikten, hemmenden Kontrolle durch die Zelle.

↓

RNS-Interferenz

↓

Stabiles biologisches Erscheinungsbild
Phänotyp

Joachim Bauer: 2008
Lebende Organismen reagieren auf schwere und anhaltende Belastungen, denen sie durch ihre Umwelt ausgesetzt werden, mit einem kreativen Prozess der Selbstmodifikation ihres Genoms!

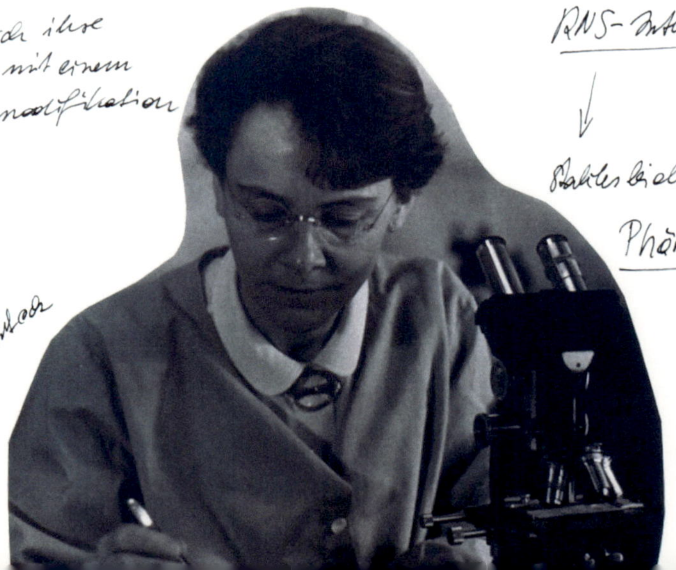

Barbara McClintock
1947

SP no 57

THE EYE OF EVOLUTION

Phyllopteryx taeniolatus = gemeiner Fetzenfisch, Bewohner der kalten Kelpwälder. Wissenschaftlich: aus der Gruppe der Solegnathinae und der Seenadeln und Seedrachen. Vorkommen: südaustralische Küste, Sydney, Tasmanien, Perth. Größe: 40–46 cm, Temperatur:
14–18°C. Durch ihre Körperform und Färbung erscheinen sie Räubern als vorbeitreibendes Algenbüschel. Gleichzeitig sind sie für den eigenen Beutefang gut getarnt. Unauffällig treiben Seedrachen zu einer Garnele, visieren die Beute an und saugen sie blitzschnell in die Mundöffnung am Ende des Röhrenmaules ein. Dieser Vorgang läuft so schnell ab, dass er mit bloßem Auge nur schwer wahrgenommen werden kann

Phyllopteryx taeniolatus
gemeiner Fetzenfisch
Bewohner der kalten kelpwälder

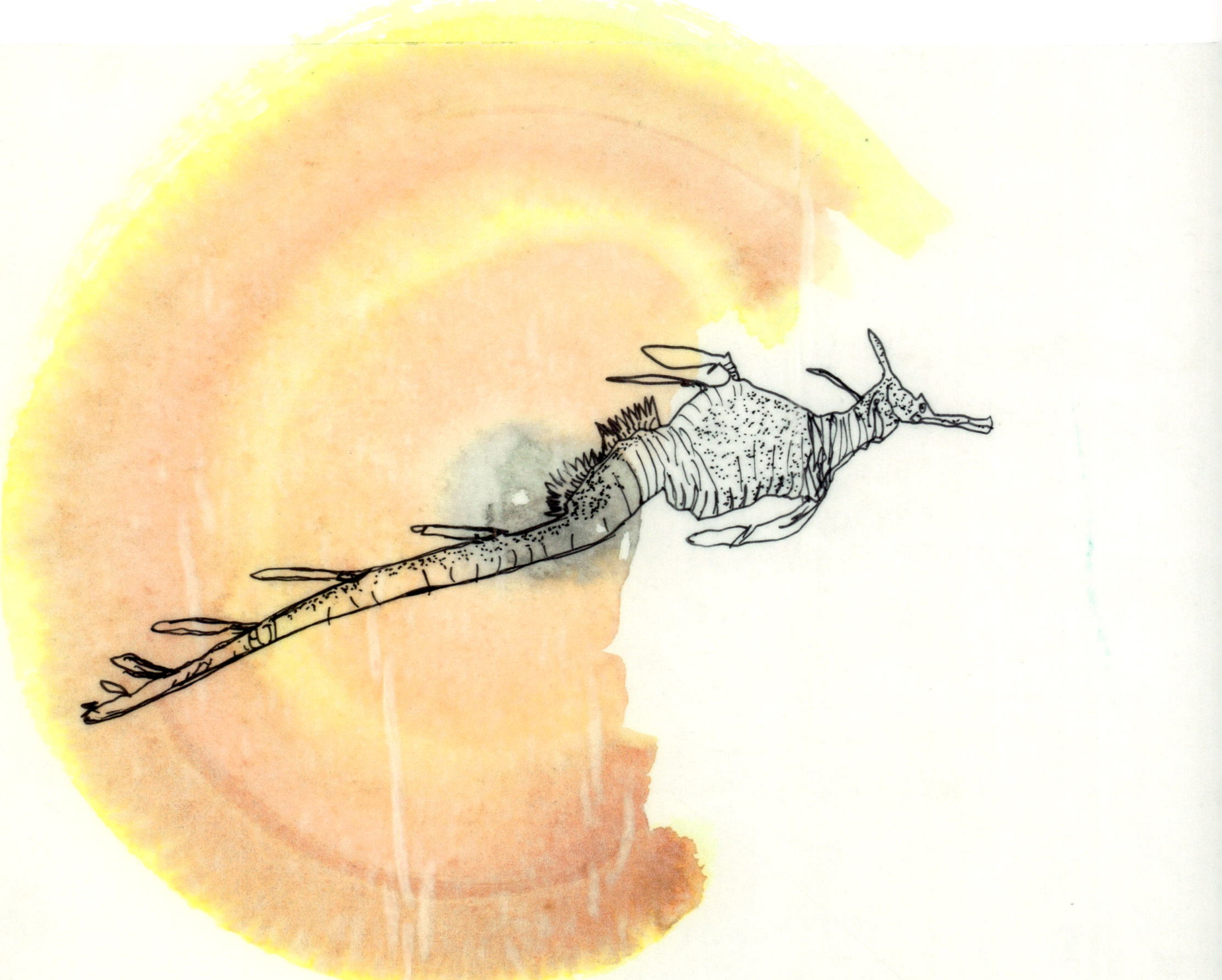

THE EYE OF
EVOLUTION

SP no 58

DUMBO TINTENFISCH
GRIMPOTEUTHIS Sp.

Größe: 20 cm. Tiefe: 300–5000 m. Schwebt frei mit geschlossenem Mantel in der Tiefsee, spannt seine Flügel am Boden aus. Es gibt ca. 14 Arten von Grimpoteuthis, sie sind noch unerforscht

DUMBO – Tintenfisch

Grimpoteuthis sp.

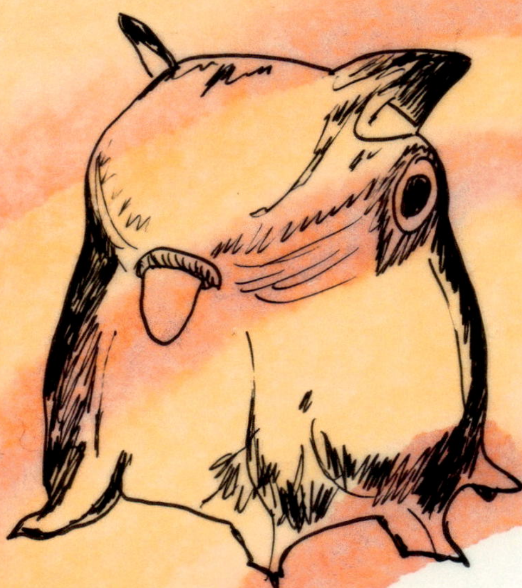

frei
schwebend
mit geschlossenem
Mantel in der
Tiefsee.
spannt sich, seine
Flügel am Boden
aus

Größe: 20 cm

Tiefe: 300 – 5000 m

14 Arten von Grimpoteuthis

Stati di aggregazione.

Noi abbiamo 3 stati di aggregazione: liquido, solido, aeriforme. Nei corpi solidi la forza di coesione è tanto grande che tutte le molecole sono strettamente unite.

Proprietà dei gas: Espansibilità, compressibilità.

Proprietà dei corpi: impenetrabilità, divisibilità.

Ogni corpo è fatto di molecole. Gli spazi tra molecole e molecole si chiamano spazi intermolecolari. Le molecole suddivise si chiamano atomi.

Le forze molecolari sono: di adesione e di coesione.

unerforscht!

SP no 59

CAREPROCTUS LONGIFILIS
SCHEIBENBAUCHFISCH

Größe ca. 15 cm. Tiefe: 1900–2997 m.
Von großen Sinnesporen durchlöchertes Gesicht. Urtümliches Aussehen.
Mythos Tiefsee. Anfänge der Zeit

Careproctus longifilis

SCHEIBENBAUCH

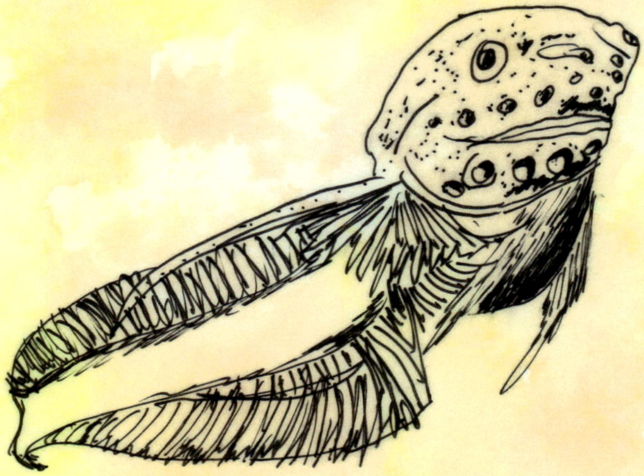

Größe ca. 15 cm.

Tiefe : 1900 - 2997 m

von großen Sinnesporen durchlöchertes Gesicht. urtümliches Aussehen – Mysterien TIEFSEE Anfänge der Zeit

SP no 60

PENIAGONE GRACILIS
SEEGURKE

Größe: 8,5 cm. Tiefe: 200 bis 2500 m. Benthische Tiefseefauna, geringe metabolische Anforderungen, biologisch erfolgreich

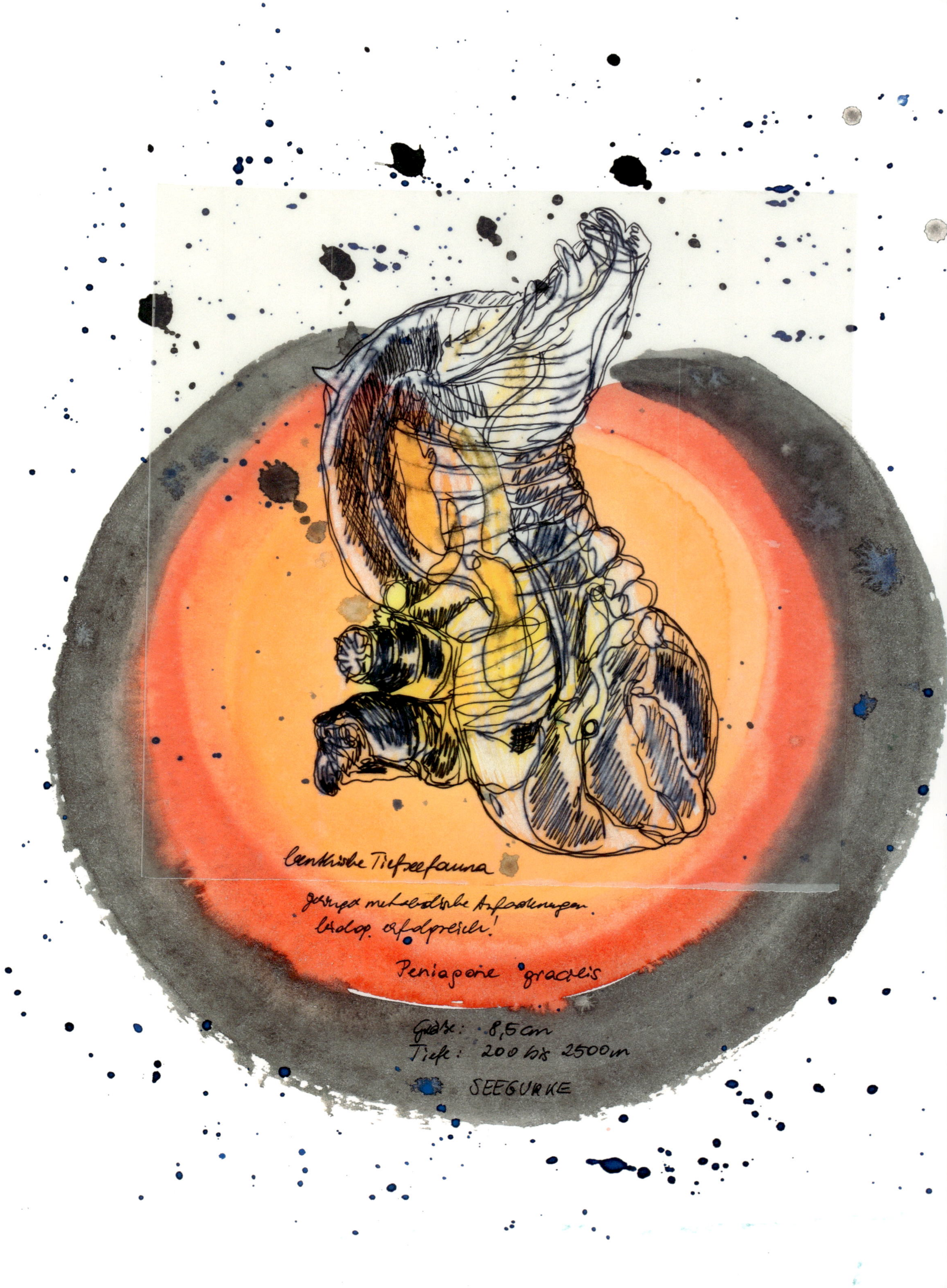
benthische Tiefseefauna
geringe metabolische Anforderungen
biolog. erfolgreich!
Peniagone gracilis
Größe: 8,5 cm
Tiefe: 200 bis 2500 m
SEEGURKE

SP no 61

HISTIOTEUTHIS Sp.
NACHTAUGENKALMAR

Größe: 25 cm, Tiefe: 400–1200 m. The right eye is normal-sized, round, blue and sunken, whereas the left eye is at least twice the diameter of the right eye. Er hat biolumineszente Leuchtorgane. Lichtabgabe wird durch Augenlider geregelt = Abblenden der Photophoren
MAN WITHOUT MAN I CANNOT SEE ANY

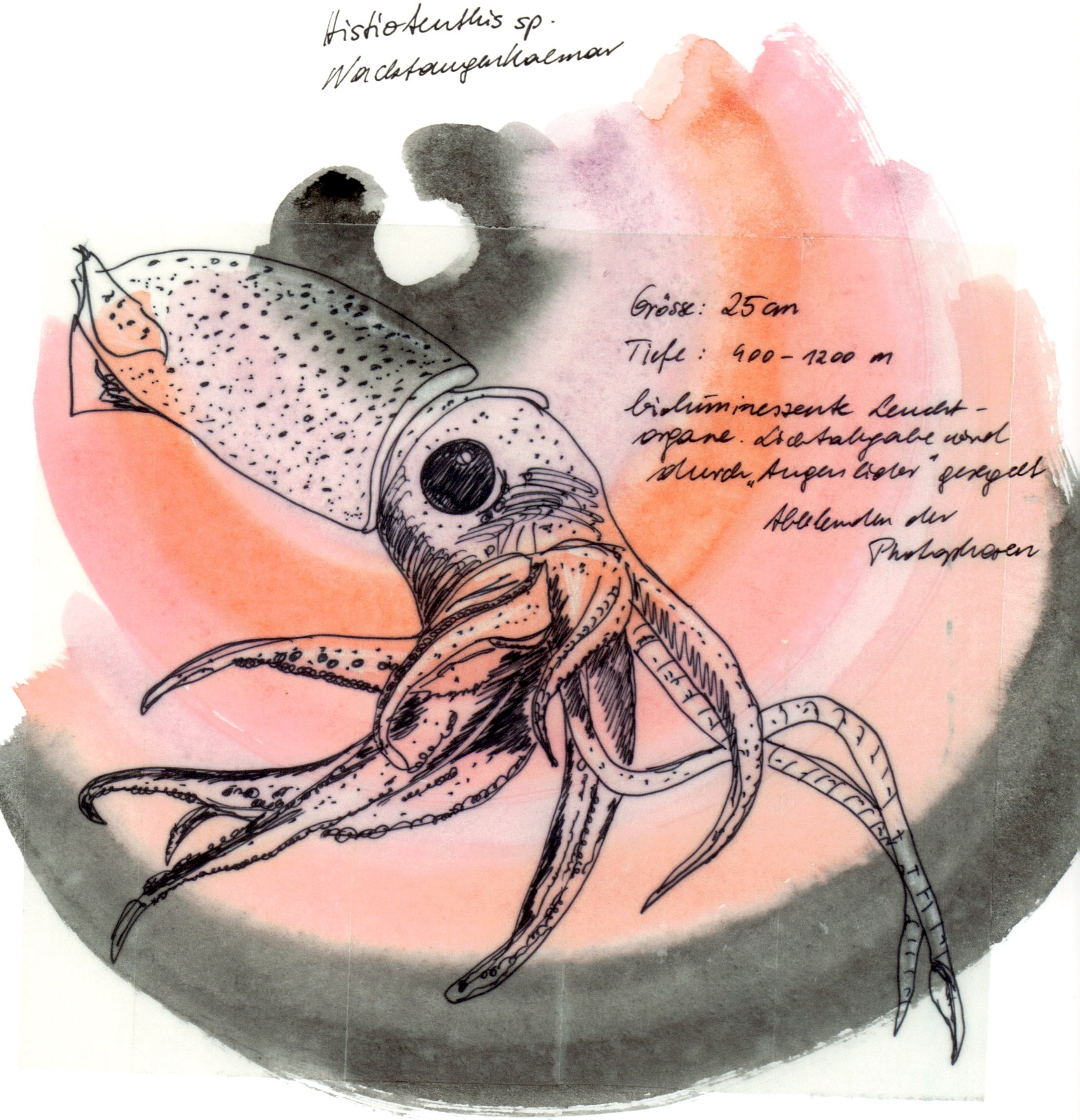

MAN WITHOUT MAN
I CANNOT SEE ANY

SP no 62

GRIMPOTEUTHIS Sp.
DUMBO-KRAKE

Größe: 1,5 Meter. Tiefe: 300–500 m.
Verhalten und Biologie weitgehend
unbekannt
I CANNOT UNDERSTAND THE SADO-
MASOCHISTIC WAY OF LIVING

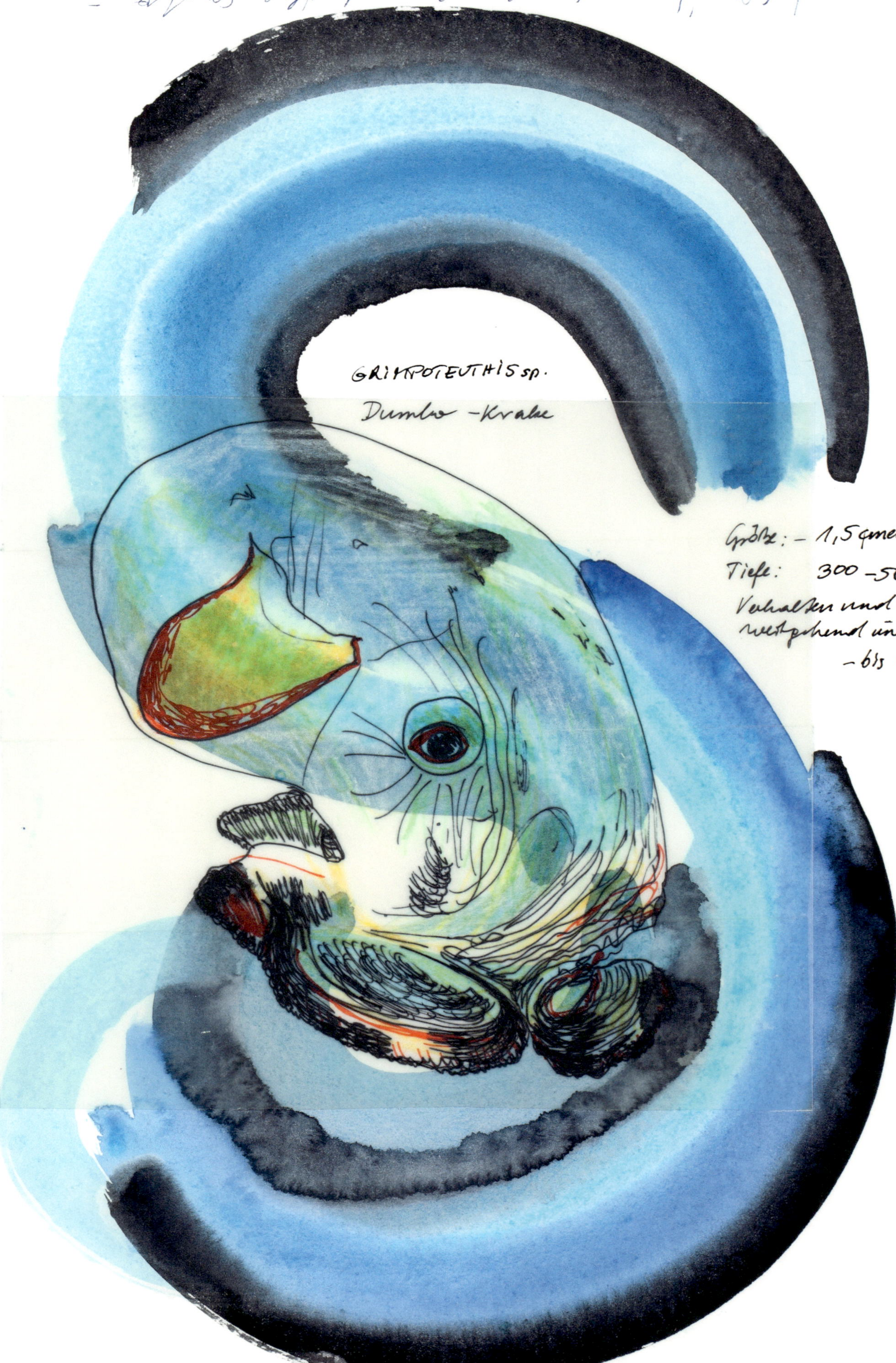
GRIMPOTEUTHIS sp.
Dumbo-Krake
Größe: – 1,5 qmeter
Tiefe: 300 – 5000 m
Verhalten und Biologie weitgehend unbekannt.
– bis 1,5 Meter groß

SP no 63

CHONDROCLADIA LAMPADIGLOBUS
FLEISCHFRESSENDER SCHWAMM

Thea. Tiefsee, the Deep. Größe 50 cm.
Tiefe 2600-3000 m. Lampadiglobus
Baumschwamm

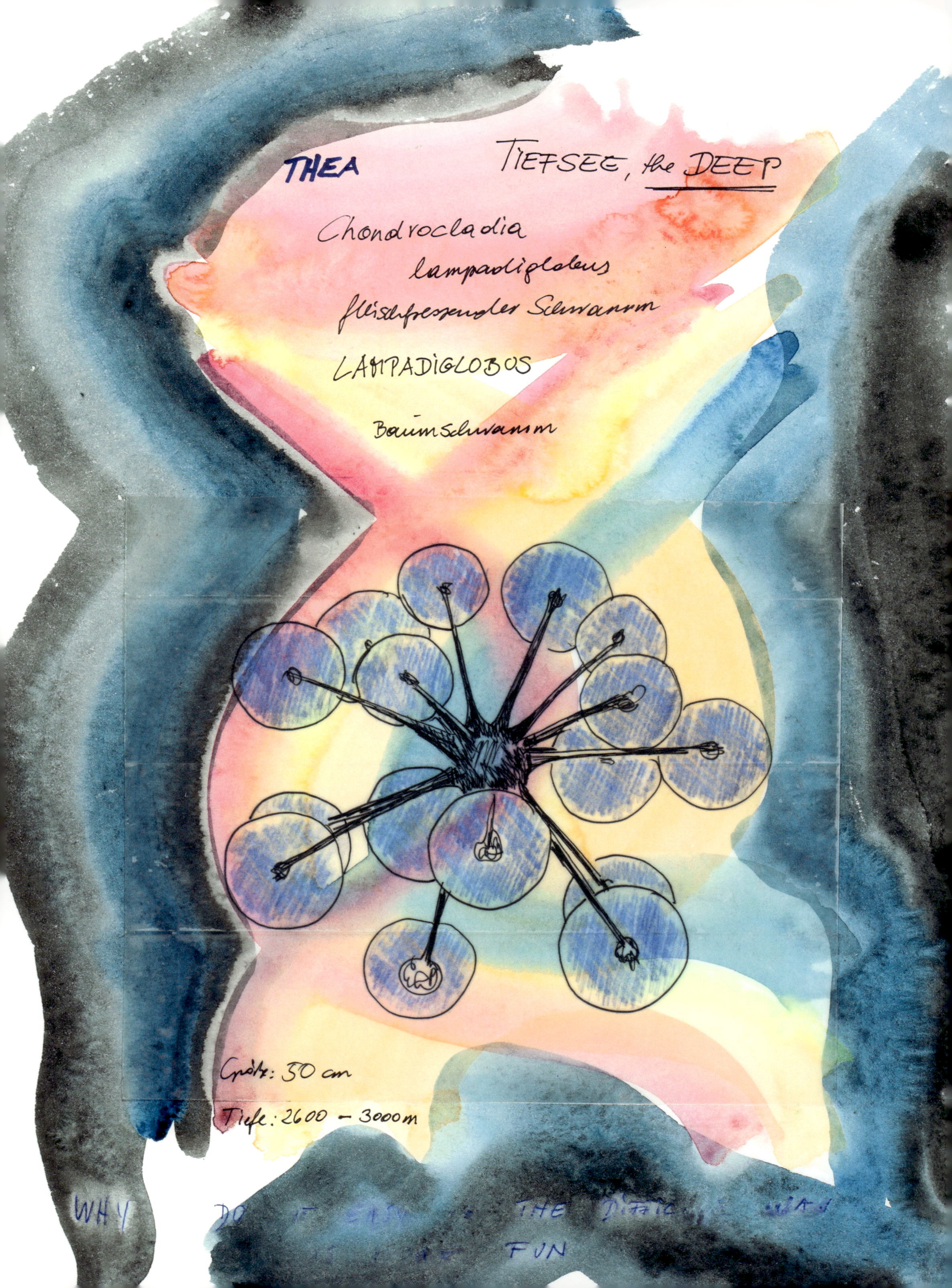
THEA
TIEFSEE, the DEEP
Chondrocladia
lampadiglobus
fleischfressender Schwamm
LAMPADIGLOBOS
Baumschwamm
Größe: 50 cm
Tiefe: 2600 – 3000m
WHY DO THE
FUN

SP no 64

MERTENSIA OVUM
RIPPENQUALLE

8 cm groß, lebt in 700–2500 Meter Tiefe. Ctenophoren. Tentakelklebezellen – Beutefang, kleine Tiere bleiben an ihnen kleben. Rote Tentakeln werden ausgestreckt und ziehen sich dann ein, um die Beute ans Maul zu führen!

MERTENSIA OVUM

8cm

Tiefe: 700 - 2500 Meter

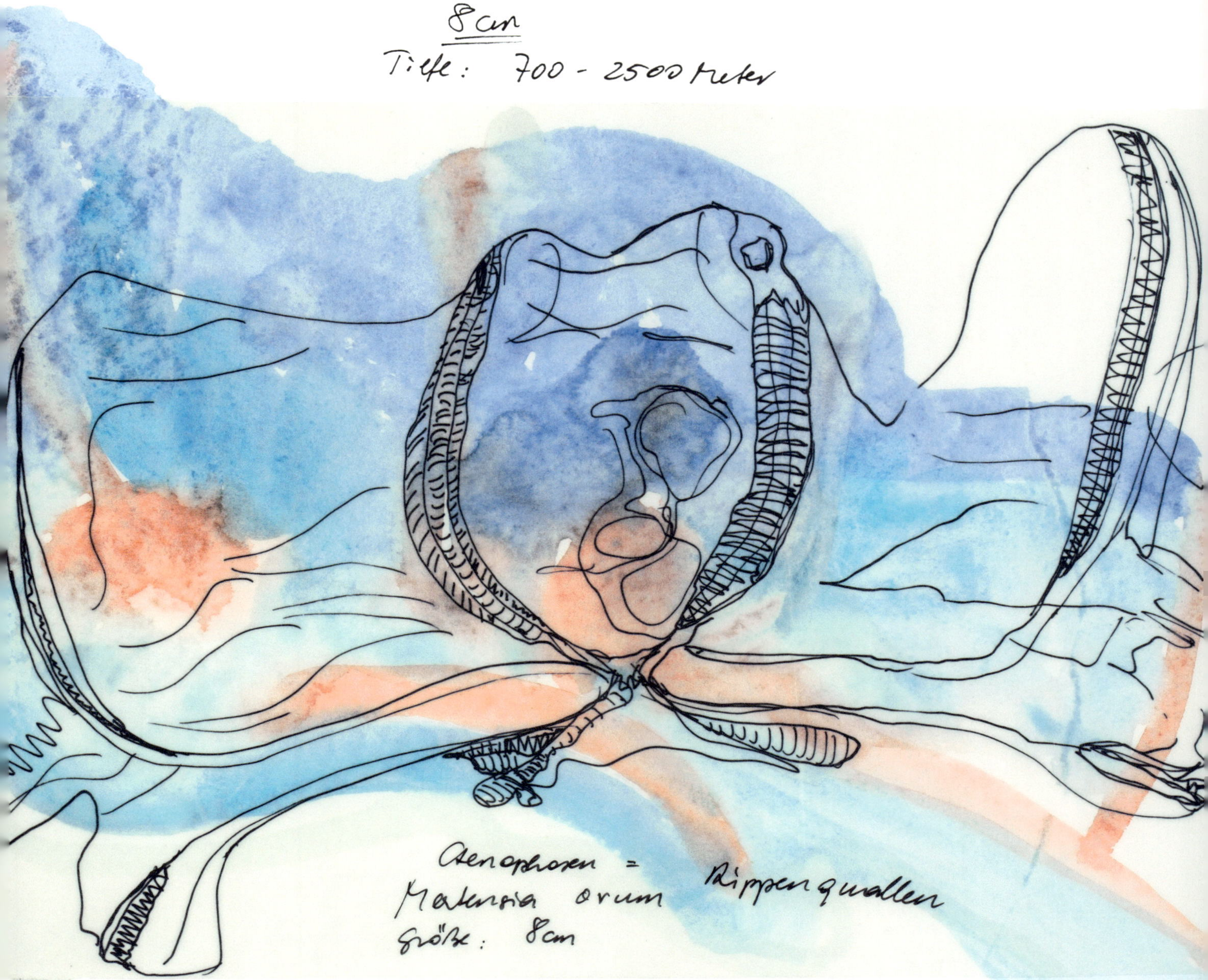

Tentakelklebezellen – Beutefang
kleine Tiere bleiben an ihren Zellen
rote Tentakeln werden
ausgestreckt und ziehen
sich dann ein, um die
Beute ans Maul
zu führen!

SP no 65

ALVINELLO POMPEJANA
POMPEJI-WURM

Größe: 15 cm. Tiefe: 2600–2850 m. Lebt bei 80°C an aktiven Schloten mit metallreichen Ablagerungen in hochgiftiger Umgebung an weißen Bakteriensäulen; sehen aus wie Haare!

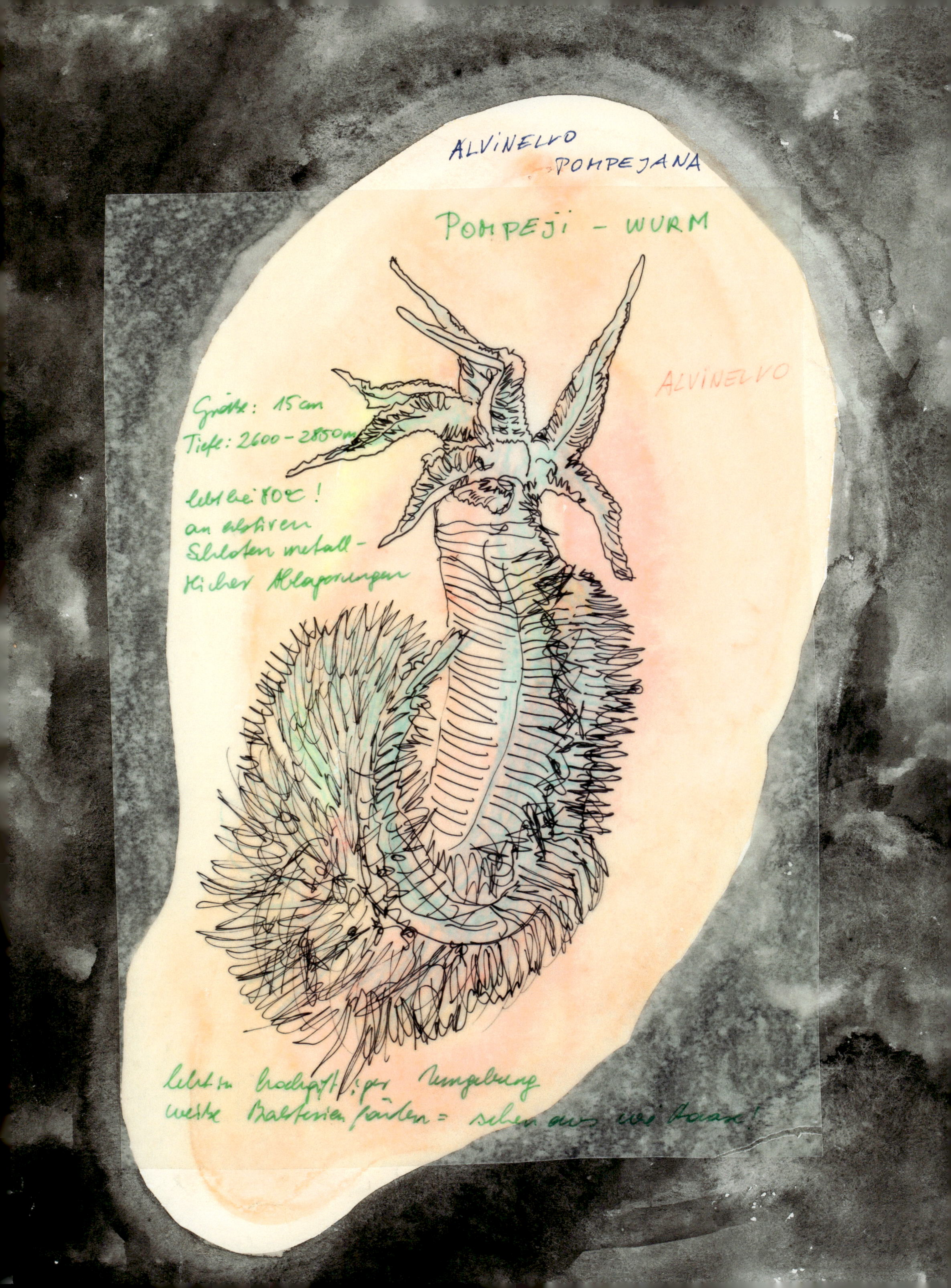
ALVINELLA POMPEJANA
POMPEJI - WURM
ALVINELLA
Größe: 15 cm
Tiefe: 2600 - 2850 m
lebt bei 80°C!
an aktiven
Schloten metall-
hältiger Ablagerungen
lebt in hochgiftiger Umgebung
weiße Bakterienfäden = sehen aus wie Haare!

II. MOLECULE / CALCULUS
Visualisations of Evolution

VORWORT UND DANK

Als ich im Jahre 2009 begann, regelmäßig die Brown Bag Lectures am Institute for Evolution and Cognition Research in Altenberg zu besuchen, war die Aussicht, mich in den Prozess einer Doktorarbeit zur transdisziplinären Überwindung bzw. Verbindung von zwei großen Leidenschaften, der Evolutionstheorie wie auch der Entwicklungsbiologie und der freien Kunst, zu begeben, in weiter Ferne. Ich wusste sozusagen nicht, dass letztere Leidenschaft nun für einige Jahre in den Hintergrund treten würde. Die Neugierde an ehemals verfeinert trainiertem medizinischem, histologischem wie biochemischem Wissen breitete sich unversehens wieder in mir aus und mir blieben wenige Stunden für die Verarbeitung dessen, was ich nach einer Pause von 20 Jahren – ich hatte von 1982 bis 1986 das Medizinstudium bis zur Pathologie absolviert – gierig wieder aufnahm. Diese paar Stunden waren oft an Orte des Transfers gebunden, kurzfristige Hotelzimmernächte, wenige Stunden in meiner Wiener Wohnung, ein paar Tage in Wohnungen von Freunden, in Triest, in Singapur und Sydney, in Paris, in Jouy-en-Josas, in Hamburg. Hier fand sich keine Ateliersituation, ich war aufs Zeichnen, Aquarellieren, Collagieren und auf Lehrbücher angewiesen, die zahlreichen Bibliotheken entnommen waren. Um der Flut an neuen Informationen der Evolutionsforschung Herr (Frau) zu werden, skizzierte ich farbig und lapidar, der Anspruch an ein fertiges Kunstprodukt war nicht gegeben. Diese anfängliche Übung und diese Art von „Verteidigung“ gegen zu viel Wissen hörte nach ca. zehn Monaten auf und ich begann mich schriftlich in etwas einzuleben, das fortan drei Jahre lang beinahe all meine Kunstproduktion unterbrach. So habe ich mich entschlossen, als Künstlerin – meine Ausbildung hatte in Hamburg bei dem Konzeptkünstler Stanley Brouwn und bei Franz Erhard Walther in den 1990er-Jahren stattgefunden – diesem Druck der unvereinbaren Leidenschaften nachzugeben und einen Versuch der Integration des medizinisch-biologischen Wissens in die philosophische Grundlage meines Denkens als Künstlerin zu unternehmen. Die skizzenhafte Annäherung dieses Untersuchungsgegenstandes „die Entwurfszeichnung“ ist Teil eines zeichnerischen Denkens. Dieses steht „vor“ der Sprache der Wissenschaft. Wenn es mir gelungen ist, nur dreißig Prozent dieser Intention sichtbar zu machen, und es funktioniert, dem Leser zu vermitteln, dass Naturbetrachtung nicht von wissendem, kognitivem Sehen und Handeln als Künstler zu trennen ist – Carl von Linné, Charles Darwin, Raoul Francé, Ernst Haeckel und Leonardo da Vinci zeichneten, bevor sie konstatierten und ihre wissenschaftlichen Ergebnisse veröffentlichten –, so habe ich den großen Arbeitsaufwand als Künstlerin für meine Leser sehr gern getan.

Dank gilt meiner lieben Freundin Jeanette Schulz und Christian Reder für seine Kritikfähigkeit und seinen skeptischen Ton und Alexandra Poiraud, die mich bei meinen Recherchen in Frankreich unterstützte. Meiner Cousine Christine Maitz danke ich für zahlreiche intensive Gespräche. Des Weiteren danke ich Sabine Brauckmann, Maria Nievoll, Marina Brandtner und Elmar Hermann, die in der Endphase hilfreich waren. Gerd Müller sei für seine toleranten, interdisziplinär geführten Debatten am Institute for Evolution and Cognition Research gedankt. Peter Weibel danke ich für seine aufmerksame Mitverfolgung des Projekts. Außerdem danke ich Sonja Ruß für ihre Unterstützung bei der Drucklegung des Buches.

Last but not least danke ich meinem Bruder Peter Maitz, der mir sein Labor am ANZAC Institute im Concord Campus an der University of Sydney geöffnet hat.

PREFACE AND ACKNOWLEDGEMENTS

When I began to attend the Brown Bag Lectures at the Institute for Evolution and Cognition Research in Altenberg regularly in 2009, I did not expect that I would start the process of writing a doctoral thesis on transdisciplinary overcoming or connection of two great passions so soon: evolution theory and developmental biology and art. I did not realise that my passion for the latter would recede for some years. My curiosity for formerly refined, trained medical, histological and biochemical knowledge suddenly came to the fore and thus I only had a few hours to eagerly absorb what I had learned about pathology from 1982 to 1986 in the course of my medical studies – after a period of 20 years. These few hours were often linked to places of transfer, short-term hotel sojourns, some hours in my Vienna apartment, a few days in friends' apartments in Trieste, Singapore and Sydney, in Paris, in Jouy-en-Josas and in Hamburg. There was no studio situation there, I was dependent on drawing, painting water colours, making collages and consulting textbooks which I borrowed from various libraries. In order to master the sheer endless flow of information from evolution research, I sketched colourfully and concisely, as it was not my intention to produce a perfect work of art. This initial exercise and kind of "defence" against too much knowledge ceased after about ten months and I started to involve myself in written work, which would continue to interrupt my art production for almost three years. So as an artist – I attended Hamburg University of Fine Arts in the 1990s with concept artist Stanley Brouwn and Franz Erhard Walther – I decided to give way to this pressure of incompatible passions and undertake an attempt to integrate medical-biological knowledge into the philosophical basis of my ideas as an artist.

The sketchy approach of this research object "preliminary design drawing" is a part of my drawing-thesis-concept. This is "prior" to the language of science. If I succeed in conveying only thirty percent of this intention, and if I am able to show the reader that observation of nature cannot be separated from knowledgeable and cognitive seeing and acting as an artist – Carl Linnaeus, Charles Darwin, Raoul Francé, Ernst Haeckel and Leonardo da Vinci drew before they ascertained and published their scientific findings – then as an artist, I will have accomplished my work for my readers with great pleasure.

I would like to thank my dear friends Jeannette Schulz as well as Alexandra Poiraud, who supported me during my research in France. Thanks to Christian Reder for his profound critical ability and sceptical comments while I was writing my thesis. Many thanks to Gerd Müller for his tolerant interdisciplinary debates at the Institute for Evolution and Cognition Research and I also thank Peter Weibel for his intellectual support. I would also like to thank my cousin Christine Maitz for the many intense discussions we had. Furthermore, I thank Sabine Brauckmann, Maria Nievoll, Marina Brandtner and Elmar Hermann who were very helpful in the final stage. Also I thank Sonja Ruß for her support in printing this book. Last but not least I would like to thank my brother Peter Maitz, who opened his laboratory at the ANZAC Institute in the Concord Campus of the University of Sydney for me.

DER URSPRUNG VON KOMPLEXITÄT

Kunst und Biologie versuchen eine Erklärung der Welt. Der künstlerische Zugang war dabei immer ganzheitlicher und form-orientierter als der klassisch reduktionistische Zugang der Naturwissenschaften. Die biologische Evolutionstheorie, die das Entstehen organismischer Vielfalt wissenschaftlich erklärt, hat sich über lange Zeit auf das Problem der Variation bestehender Strukturen konzentriert und dabei die Prozesse und Gesetzmäßigkeiten des Entstehens neuer, komplexer Merkmale umgangen. Der genzentrierte Erklärungsansatz für die Evolution organismischer Formen war über mehr als ein halbes Jahrhundert dominant. Gegenwärtig erleben die Biowissenschaften einen Paradigmenwechsel im Verständnis komplexer biologischer Strukturen. Epigenetische Vererbung, Mehrebenenselektion, Nischenkonstruktion, EvoDevo und viele andere neue Konzepte verändern die Forschungsfragen und Untersuchungsansätze und kehren zu einer ganzheitlichen, systemtheoretischen Erklärung zurück. Die Synthese der methodisch unterschiedlichen Zugänge führt zur Formulierung einer erweiterten Evolutionstheorie. Selten wurde ein so bedeutender Vorgang in der wissenschaftlichen Theoriendynamik zugleich in einem künstlerischen Konzept wahrgenommen und verarbeitet. Der vorliegende Band ist ein Beispiel dafür, wie die künstlerische Betrachtung eine ganzheitliche wissenschaftliche Konzeption sowohl vorwegnimmt als auch mit neuen Mitteln zu visualisieren vermag. Der gelungenen Verbindung zwischen wissenschaftlicher und künstlerischer Aufarbeitung der Analyse von Komplexität ist viel Aufmerksamkeit zu wünschen.

THE ORIGIN OF COMPLEXITY

Art and biology attempt to explain the world. The approach taken by art was always more holistic and geared to form than the classical reductionist approach of the natural sciences. For a long time, the biological theory of evolution, that explains the evolution of the diversity of organisms through science, concentrated on the problem of variation of existing structures, bypassing the processes and laws of the evolution of new, complex characteristics. The gene-centric approach to explaining the evolution of organismic forms dominated for more than half a century. Life sciences are currently undergoing a paradigm change in their understanding of complex biological structures. Epigenetic heredity, multi-level selection, niche construction, EvoDevo, and many other new concepts are changing research questions and study approaches, returning to a holistic, system-theoretical explanation. The synthesis of the different methodical approaches is leading to the formulation of an extended theory of evolution. Rarely has such an important process been perceived and processed simultaneously in the scientific dynamics of theories and in an artistic concept. This publication is an example of how the artistic view both anticipates and is capable of visualising a holistic scientific conception with the aid of new devices. The successful link between the scientific and artistic analysis of complexity will hopefully receive a great deal of attention.

Gerd B. Müller
Department of Theoretical Biology,
University of Vienna

GETTING TO KNOW

Timotheus Vermeulen

Dies ist ein wissenschaftliches Buch. Nicht nur der Text, auch die Bilder, sie sogar besonders, sind durch und durch wissenschaftlich. Nicht wissenschaftlich in dem Sinn, wie Biologen und Kartografen auf Universitäten es verstehen, obwohl das Buch natürlich auf diesen Disziplinen aufbaut. Doch es ist eine andere Art von Wissenschaft, die eine andere Art von Wissen produziert. Der Name dieser Wissenschaft ist Kunst. Das Wissen der Kunst nennt man manchmal Fantasie; in philosophischeren Zirkeln kursiert jedoch auch der Ausdruck „Diagramm" dafür: ein Info-Chart all dessen, was innerhalb der Parameter des Existierenden möglich ist; oder, wie Gilles Deleuze es ausdrückt: die Virtualität des Aktuellen. Immer wieder haben sich KünstlerInnen in den Wissenschaftsdiskurs eingeklinkt. Wie Petra Maitz eingangs in ihrem Buch anführt, haben in jüngerer Zeit Künstler wie Peter Fend und Olafur Eliasson ihre Installationen nach wissenschaftlichen Forschungen entworfen. Andere, wie Irving Geis, haben ihre Talente in den Dienst der Wissenschaft gestellt, um sonst schwer verstehbare Prozesse zu visualisieren. Maitz' faszinierendes Projekt *Visualisierung der Evolution* leitet sich zwar von diesen Praxen her, geht aber darüber hinaus: Es versucht, Wissen dort zu gewinnen, wo es anderen Formen der Wissenschaft versagt bleibt. Ihre Texte, Zeichnungen, Collagen und Häkelarbeiten sind weder von der Wissenschaft nur inspiriert, noch einfach Illustrationen derselben: Sie sind selbst Wissenschaft. Maitz' Kunst genannte Wissenschaft produziert Wissen auf dreierlei Art: 1) durch Dekonstruktion, 2) durch Imagination, 3) durch Affekt oder das, was sie weiter unten „Schönheit" nennt. Die erste Praxis, die Dekonstruktion, bedeutet zunächst zwei Dinge: erstens, die Vielfalt wissenschaftlicher Zugänge zur Evolution – das große, zentrale Rätsel in diesem Buch – zu verstehen; zweitens, die spezifischen Diskurse, die besonderen Sprachspiele, an denen jeder dieser Zugänge Anteil hat, zu verstehen. Das heißt: Ein Teil der Untersuchung von Maitz sollte als Wissenschaftsphilosophie gelesen werden, mit der die Prämissen und Regeln der Naturwissenschaften in Frage gestellt und ihre Codes entschlüsselt werden. Gleichzeitig aber sollte dieser Prozess auch im buchstäblichen Sinne des Wortes verstanden werden: De-Konstruktion, was nicht nur die kritische Praxis der Destruktion, sondern auch, ganz wichtig, der Konstruktion beinhaltet. Während Maitz' Texte und Zeichnungen mit der Ent-Deckung der Regeln der verschiedenen wissenschaftlichen Sprachspiele zu tun haben, folgen sie auch den Spuren der versteckten Tropen und Muster, die diese Spiele kreuzen. Tennis und Fußball mögen vollkommen unterschiedlich sein, haben aber trotzdem einiges gemeinsam. Bei beiden gibt es einen Sieger und einen Verlierer. In beiden Spielen ist ein Ball das zentrale spielerische Element. Das Grundmuster, das allen wissenschaftlichen Herangehensweisen an die Evolution zugrunde liegt, postuliert Maitz, ist die RNS, die Ribonukleinsäure, selbstreplizierende Urmoleküle, deren einziger Zweck und einzige Ontologie die Veränderung, Differenzierung und Diversifizierung ist. Was also all diesen Wissenschaften gemeinsam ist, was gegenwärtig der akademischen Welt als der rote Faden der Evolution gilt, ist somit genau etwas, dem es seiner Natur entsprechend an Kommonalität mangelt und das kein Faden, sondern ein Endlosgewinde ist: der Wandel. Maitz' Umgang mit diesem Wandel, der von nirgends und überall kommt, vollkommen offen und ungerichtet ist, ist die Fantasie. Im Versuch, diese Prozesse der Veränderung wiederzugeben, zeichnet, malt oder häkelt sie Ökosysteme, in denen Wandel – als Netzwerk oder als Rhizom – sichtbar wird: klimatologische Muster, Korallenriffe, Meereskreaturen in jeglicher Form, Größe und Farbe. Diese Repräsentationen von Ökosystemen sind das Ergebnis umfassender literarisch-bibliografischer und empirischer Forschungen. Ich gehe

GETTING TO KNOW

Timotheus Vermeulen

This is a science book. Not just in text. Its pictures, too, or perhaps especially, produce, and should be consumed as, science. That is not to say that this is science in the same sense that biologists and cartographers at universities produce science. It certainly draws from these disciplines. Yet it itself is another kind of science, producing another kind of knowledge. The name of this science is art. The knowledge it produces is sometimes called imagination, but in more philosophical circles also goes by the moniker of the diagram: an informative chart of what is possible within the parameters of the existing; or, to use the terms Gilles Deleuze uses: the virtuality of the actual.

Artists have long engaged with scientific discourses. As Petra Maitz notes early on in her book, recently artists like Peter Fend and Olafur Eliasson have modeled their installations after scientific research. Other artists, such as Irving Geis, have shared their talent with scientific studies, visualising processes that are otherwise difficult to grasp. Maitz's fascinating project *Visualisation of Evolution*, though related to these practices, does something else: it seeks to produce knowledge that other forms of science cannot produce. So her essays, drawings, paintings and crochets are neither merely inspired by science nor simply illustrations of science: they are themselves the science.

Maitz's science called art produces knowledge in three ways: 1. by way of deconstruction; 2. through imagination; 3. through affect, or what she herself somewhere calls 'beauty'. On the outset, the first practice, deconstruction, involves two things: first, it has to do with understanding the variety of scientific approaches to evolution, the grand theoretical conundrum at stake in this book; and second, it appertains to understanding the particular discourses, the particular language-games each of these approaches partakes in. That is to say: part of Maitz's study should be read as a philosophy of science, in which the assumptions and norms at the basis of science are questioned; its codes decoded.

At the same time, this process should also be taken in the more literal sense of the word: de-construction, which implies not only the critical practice of destruction but also, importantly, that of construction. If Maitz's essays and drawings deal with revealing the rules of the various scientific language-games, they are equally concerned with tracing the hidden tropes and patterns that run through these games. Tennis and football may be completely different games, for instance, but they nonetheless share certain resemblances. Both games imply a winner and a loser. In both games a ball is the central ludic element. The pattern crossing all scientific approaches to evolution, argues Maitz, is RNA: ribonucleic acids, primordial self-replicating molecules whose sole purpose and ontology is change, differentiation, diversification. What all these sciences have in common, thus, what, as far as academia is currently concerned is the guiding thread of evolution, is precisely that which lacks by its very nature commonality, which is not a thread but an infinite threading: change.

Maitz's way of dealing with this change, rootless yet coming from everywhere, going everywhere yet without single direction, is imagination. In an attempt to render these processes of change she draws, paints or crochets eco-systems in which change – as network, as rhizome – becomes visible: climatological patterns, coral reefs, sea creatures of all shapes, sizes and colours. These representations of eco-systems are drawn from extensive research, both literary and empirical. In that sense, I can only assume that they are accurate. Yet accuracy is not the only quality of these works. For Maitz's drawings and crochets are very much personal accounts of her findings, less concerned with translating the codes of science one on one to codes of art than with adapting these codes to heterogenous visualisations of

davon aus, dass sie genau sind. Genauigkeit ist aber nicht die einzige Eigenschaft dieser Arbeiten. Denn Maitz' Zeichnungen und Häkeleien sind sehr persönliche Befunde ihrer Forschungen. Sie widmen sich weniger der getreuen Übersetzung wissenschaftlicher Codes in jene der Kunst, sondern der Anpassung dieser Codes an heterogene Visualisierungen von Eventualitäten. Jede Logik des Wandels braucht eine wandlungsfähige Sprache. Die Sprachen der traditionellen Wissenschaft, die an die Linearität des Alphabets, die Kausalität der Vernunft, die Normativität des spezifischen Diskurses gebunden sind, sind nicht immer in der Lage, solchen Wandel zu bedienen. Maitz versucht, eine Sprache des Wandels vom Wandel, eine Sprache der Evolution von der Evolution zu entwickeln. Dafür ist die Zeichnung natürlich ein perfektes Medium: nichtlinear und für immer unvollendet, in dem Sinn, dass sie noch zu realisieren ist (wie Architekturzeichnungen oder die Vertragsentwürfe von Notaren). Wichtig für Maitz ist, dass Evolution nicht nur rational, sondern auch intuitiv verstanden werden kann, nicht nur abstrakt, sondern auch mit dem Körper. In einer unerwarteten, aber – zumindest vom Autor dieser Zeilen – sehr geschätzten Anspielung auf Kant postuliert sie Schönheit als Katalysator für solch eine Erfahrung. Das Zusammenspiel von Komposition, Farbe und Pinselstrich vermittelt also Erfahrungen, die vielleicht nicht logisch sind, aber affektiv, körperlich widerhallen. Genau das ist es schließlich, worum es bei der Kunst, seit Kant und Schiller bis herauf zu Deleuze, geht. Mit der Einbindung des Wissenschaftsdiskurses in jenen der Kunst versucht Maitz ein Verständnis für schwierige, aber elementare Prozesse zu schaffen, das die Vernunft miteinschließt, jedoch darüber hinausgeht. Man kann natürlich Maitz' Arbeit in Bezug zum gegenwartsphilosophischen Rahmenwerk des Neuen Materialismus oder des Spekulativen Realismus setzen. Obwohl Namen wie Harman, Braidotti und Bryant fehlen, wird auf Haraway und Latour verwiesen. Diesen Vergleich überlasse ich jedoch einem anderen Autor, zu einer anderen Zeit. Maitz' Projekt hat mich daran erinnert, dass Foucault zwischen *connaissance* und *savoir* unterschied. Für *connaissance* und *savoir* gibt es im Englischen nur einen Begriff: *knowledge*. Im Französischen jedoch sind ihre Bedeutungen ganz unterschiedlich. *Savoir* bedeutet so etwas wie ein abstraktes, diskursives, spezifisches Wissen, wie es die Naturwissenschaften hervorbringen, vor allem ein Wissen des Geistes. Anders verhält es sich mit *connaissance*. *Connaissance* ist Wissen im Sinne persönlicher, verkörperter Erfahrung. Ersteres ist, wie Michel de Certeau es ausdrückte, das illusorische, totalitäre, entkörperlichte Wissen des Voyeurs auf einem Wolkenkratzer, letzteres das fragmentierte, körperliche Wissen des Flaneurs in den Straßen der Großstadt. Indem sie einer Vielfalt von Netzwerken und Rhizomen der RNS – als Klimakarten, Kartierungen von Korallenriffen, Meereskreaturen – nachspürt, produziert Maitz körperlich Wissen. Ganz im Gegensatz zu digitaler Simulation, die durch die Anwendung von Codes und Algorithmen funktioniert, sind Zeichnen und Häkeln extrahierende Methoden. Beim Zeichnen mit einem Stift auf Papier, beim Häkeln mit Nadeln und Garn beschreibt man nicht einfach Felder und Gestalten. Jean-Luc Nancy folgend: Wenn man zeichnet, extrahiert man Affekte aus seinem Körper, man schreibt sich buchstäblich aus sich heraus, schreibt seine körperliche Subjektivität auf das externe Objekt in einer kontinuierlichen Bewegung und bejaht und verneint dabei den Unterschied zwischen Innen und Außen, Objekt und Subjekt. Vernunft ist immer bereits an den Körper gekoppelt. Auf das kommt es Maitz an. Sie zieht eine Linie, d.h. sie arbeitet sich durch den Wandel, indem sie seine Grenzen und Potenziale, Verläufe und Umwege austestet. Sie schafft tatsächlich eine Sprache des Wandels vom Wandel, der Evolution von der Evolution. Dies ist ein wissenschaftliches Buch. Die Wissenschaft der Kunst, der Imagination, der *Connaissance*, der Exskription. In diesem Sinn ist es mehr als ein Buch der Wissenschaft, der Erkenntnis: Hier geht es um Wissensproduktion.

contingency. A logic of change requires a language that allows for change. The languages of traditional science – tied to the linearity of the alphabet, to the causality of reason, the normativity of a particular discourse – are not necessarily able to cater for such change. Maitz seeks to create a language of change about change, of evolution about evolution. The drawing, of course, is a fitting medium: non-linear and forever unfinished, in the sense that is yet to be realized (think of architectural drawings, or of the notary drawing up a contract).

What is important for Maitz is that evolution is not simply understandable on a rational level, but can also be understood intuitively; not simply in abstract terms but in the terms of the body. In an unexpected but – at least by this author – much appreciated nod to Kant, beauty, for her, enables such an understanding. The play of composition, colour and strokes has the ability to allow for experiences that may not be logical but do resonate affectively, bodily. That is, after all, what art, all the way back to Kant and Schiller through to Deleuze today, is about. By integrating the discourse of science with that of art, Maitz seeks to create an understanding of difficult but elementary processes that incorporates, but is more than, reason.

One may, of course, situate Maitz's work within the recent philosophical framework of new materialism, or speculative realism. Indeed, though the names of Harman, Braidotti and Bryant are missing, those of Haraway and Latour do get references. I will leave this comparison for another writer, for another time, however. What Maitz's project reminded me of was the distinction Michel Foucault once made between *connaissance* and *savoir*. In English, *connaissance* and *savoir* both translate as knowledge. In the French language, however, their meanings are significantly different. *Savoir* means something along the lines of abstract, discursive knowledge. It is the kind of specific knowledge produced by science: a knowledge, above all, of the mind. Contrasting with *savoir* is *connaissance*. *Connaissance* is knowledge acquired through personal, embodied experience. The first, as Michel de Certeau put it, is the illusory, totalitarian, disembodied knowledge of the voyeur standing on a skyscraper; the second is the fragmented, bodily knowledge of the walker strolling through the streets of the city.

By tracing a multiplicity of networks and rhizomes of RNA – as climatological charts, maps of coral reefs, sea creatures – by hand, Maitz seeks to produce knowledge bodily. In stark contrast to digital simulation, which functions through the implementation of codes and algorithms, drawing and crocheting are methods of extraction. Drawing with a pen on a piece of paper, crocheting with needles and cotton yarn, you are not simply delineating fields and figures. As Jean-Luc Nancy argued, when you draw, you extract affects from your body, literally ex-scribing yourself, your embodied subjectivity, onto the external object in one continuous movement, thereby both affirming and negating the distinction between inside and outside, object and subject. Reason is always already coupled to the body. This is what Maitz does. She traces, that is to say, she works through change, testing its limits and potentials, its routes and diversions. Indeed, she is creating a language of change about change, of evolution about evolution.

This is a book of science. It is the science of art, of imagination, of *connaissance*, of ex-scription. In that sense, this is more than a book of science, of knowledge: it is a book of getting to know.

Timotheus Vermeulen
Assistant Professor Cultural Theory Radboud University Nijmegen

EINLEITUNG

EINE THEORIE DES LEBENDIGEN IN NATURFORSCHUNG, PHILOSOPHIE UND KUNST

„Wie oft waren die Künste den Wissenschaften voraus und komplex gewordene Wissenschaft kann ohne Cross-over mit den Künsten in deren Drang zum Singulären keinen Schritt mehr tun.“[1]
Burghart Schmidt

Dieses Buch untersucht zwei Sprachsphären, die der bildenden Kunst und die der Naturwissenschaft. Die Arbeit zeigt, wie sich eine Person der Naturwissenschaft der Sprache der Kunst und vice versa sich der Künstler der Sprache der Naturwissenschaft bedient. Die Beobachtung der Natur durch Biologen ist visuell geprägt, Fundamente der Wissensvermittlung waren immer abhängig von der verwendeten Technik. Die organische Welt und ihre Nachahmung zum Zweck des Erkenntnisgewinns werden heute mittels großer Datenmengen in Visualisierungsmodellen dargestellt. In der Biomedizin sind es tägliche Praktiken, die der Interpretation des Menschen unterliegen. Die Einbettung in den intendierten Kontext ist von entscheidender Bedeutung. Im Methodenvergleich der beiden Wissensgebiete Naturwissenschaft bzw. Kunst gibt es ein gemeinsames Motiv, das des Lebendigen. Aus Beispielen der bildenden Kunst wird eine Skizze der evolutiven Kooperation von Subjekt, Technik und der Vision des Künstlers entworfen. Aus neuen epigenetischen Forschungen lernen wir, dass der genetische Determinismus des letzten Jahrhunderts keineswegs als richtig gilt. Die RNA-Welt-Hypothese basiert stattdessen auf einer weitaus komplexeren Interpretation des Ursprungs des Lebens. Ausgehend von der generellen Systemtheorie (GST) Ludwig von Bertalanffys (Theorie des Lebendigen) wird die naturwissenschaftliche mit der intuitiven Methode der Kunst verglichen. Im letzten Kapitel zeigt sich so etwas wie ein Versuch der skizzierenden Annäherungen von zwei auseinander driftenden Wissensgebieten. Die „neue-alte“ Evolutionstheorie bewirkt einen kulturellen Wandel. Diese Ganzheitswende vollzieht sich sowohl medial in elektronischen Netzwerken als auch in alternativen Gesellschaftsentwürfen wie der Ökologiebewegung, wo tradierte Konzepte abgelöst wurden. Am Anfang stand die Entwurfszeichnung, darauf baut der Text auf; im Versuch, nicht bloß zu beschreiben, hat der Text durch die Beispiele ein Gewebe der Selbstorganisation angenommen. Die Sprache der Biologie und der Lebewesen scheint nur oberflächlich so verschieden von der Sprache visueller Künste zu sein und viele Missverständnisse in den Wissenschaften haben den Graben der unüberbrückbaren Vertrauensverluste noch tiefer werden lassen. Hat nicht Darwin zuerst eine kleine Skizze über das Korallenwachstum erstellt, bevor er mit seiner Theorie *On the Origin of Species* die Welt des 19. Jahrhunderts ziemlich verwirrte?[2] So dient die Zeichnung in der Kunst und in der Naturwissenschaft dem Erkenntnisgewinn und anhand von Beispielen wird die Identifikationssymbolik in speziellen Arbeiten von Künstlern und Philosophen zum interdisziplinären Forschungsfeld. Das eingebrachte Bildmaterial, Zeichnungen, Grafiken und die hier mit *Science Piction* bezeichneten Skizzen der Autorin haben den Text als wissenschaftliche Arbeit inspiriert und die Methode, viele Stimmen zum Thema sprechen zu lassen, ist beabsichtigt. Die sich selbst replizierende und sich selbst organisierende RNA, die eine Vorstufe der DNA ist, gilt zwar als sehr instabil, hat aber das gesamte

INTRODUCTION

A THEORY OF THE LIVING IN SCIENTIFIC RESEARCH, PHILOSOPHY AND ART

"How often were arts ahead of science, and science in its complexity can make no further progress without a cross-over with the arts and their urge to the singular."[1]
Burghart Schmidt

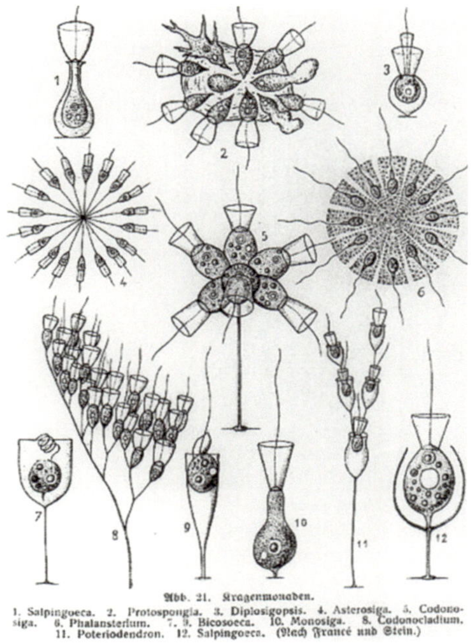

Raoul Francé, Craspedo monades, 1909

This book explores two language spheres, that of fine arts and natural science. The work shows how a scientist uses the language of art and vice versa; how the artist uses the language of natural science. Observation of nature through biologists is shaped by vision. The principles of knowledge transfer have always been dependant on the relevant technique. The organic world and its imitation for the purpose of gaining knowledge are today represented by means of visualising models based on ever-increasing amounts of data. In biomedicine, it is a daily practice that is subject to human interpretation. The embedding into the intended context is of decisive significance. In comparative methodology of both natural science and art, there is a common motif – that of the living. A sketch of the evolutive cooperation of the artist's subject, technique and vision is created from examples of fine art. From the latest epigenetic research we know that genetic determinism of the last century is anything but true. Instead, the RNA world hypothesis is based on a much more complex interpretation of the origin of life. Based on Ludwig von Bertalanffy's General System Theory (GST, Theory of Life), scientific methodology is compared to the intuitive methodology of art. The last chapter shows something like an attempt to sketch approaches of two scientific areas that are drifting apart. The "new old" evolution theory triggers cultural change. This holistic change happens both in the media within electronic networks and in alternative societal concepts such as the ecologist movement, where imparted concepts have been replaced. In the beginning there was the preliminary design drawing, upon which the text builds; in an attempt to not only describe, the text has adopted a fabric of self-organisation from various examples.The language of biology and living creatures only differs completely from the language of visual arts at first sight. Many misunderstandings in science have insurmountably widened the gap of lost confidence. Did Darwin not draw a small sketch on the growth of corals before he confused the 19th-century world with his theory *On the Origin of Species*?[2]

In that way, drawing in the field of art and science allows for knowledge to be gained and based on examples, identification symbolics in specific artistic and philosophical works become an interdisciplinary field of research. The author's included image material, drawings, charts and the sketches described here as *Science Piction* inspired the text as a scientific work. The method of allowing many voices to talk about the subject is intended. Although self-replicating and self-organising, RNA, which is a preliminary stage of DNA, is considered to be very unstable, it has changed the whole concept of natural science, above all it has changed evolution theory, and due to its dual function (protein and information memory), has been often quoted as a basic figure of new, flexible, co-evolutionary parallel action[3], thinking and working, in the frame of new philosophical formulations in

Denken in der Naturwissenschaft vor allem in der Evolutionstheorie verändert und ist durch ihre Doppelfunktion (Protein und Informationsspeicher) für die philosophischen Neuformulierungen des Lebens im 21. Jahrhundert als Grundfigur eines neuen, flexiblen, ko-evolutionären[3] Parallelhandelns und Denkens und Arbeitens sehr oft zitiert worden. Fast alle kybernetischen Denkmodelle bauen darauf auf. Was bedeutet Kunst im Kontext des naturwissenschaftlich geprägten 21. Jahrhunderts, das offensichtlich sehr an der Neugestaltung der Natur interessiert ist? Wollen wir nicht in ein linguistisch epistemologisches Labyrinth geraten, müssen wir versuchen, einfache Worte für die große Komplexität der Gegenwart zu finden. Komplexe Systeme wurden 1949 von Ludwig von Bertalanffy in seiner General System Theory (GST – Biologia Generalis – organismische Systemtheorie) definiert.[4] Als Philosoph und Biologe brachte er vor allem der Physiologie, der Biophysik offener Systeme, im weitesten Sinne der Komplexitätsforschung Interesse entgegen. Hier sind die Arbeiten des amerikanischen Künstlers Mark Lombardi zu erwähnen, die die Komplexität der ökonomisch-politischen Verwicklungen in Korruptionsfällen bei der Bekämpfung des internationalen Terrors und deren Geldflüsse in großformatigen Diagrammen und Karteikartensammlungen thematisieren. Das Philosophieren über den Gang der chemischen und biochemischen wie laborchemischen Weltveränderung spiegelt sich in der Kooperation von Wissenschaften. Es ist eine künstlerische Perspektive, daran mitzuarbeiten und einen philosophischen, kritischen Beitrag zu leisten. Wir wollen hier nichts mehr als dem computersimulierten Bildwissen (in Medizin, Physik und Chemie) auch ein ästhetisches Wissen an die Seite stellen und die Korrekturen durch unsere Fantasie zulassen. Kann ein Fehler im System erkannt werden, kann auch der Fehler behoben werden, solange das System beobachtet wird. Kultur ist immer auch ein aggressives, provokatorisches Vorgehen („Occupy"-Bewegung). In Evelyn Fox Kellers wissenschaftstheoretischem Ansatz eines Mensch/Maschine-Vergleichs heißt es: „Der Körper der modernen Biologie ist wie das DNA-Molekül – und wie ein modernes politisches Gebilde oder ein Unternehmen – einfach zu einem weiteren Teil eines Informationswerkes geworden, jetzt Maschine, dann Botschaft, immer bereit, das eine mit dem anderen zu vertauschen. [...] Heute ist die große Vorstellungskraft im Computer!"[5] Ob nun all die möglichen Erfindungen und Visualisierungen der naturwissenschaftlichen Formulierungen als sinnvolle Entwicklung unserer Kultur anerkannt werden sollen, diese Frage bleibt bestehen.
Es dauerte schließlich eine lange Lebenszeit des Ludwig Wittgenstein, bis er seinem „[...] wovon man nicht reden kann, darüber muss man schweigen"[6] hinzufügte, „[...] ohne den Gebrauch der Rede und der Schrift könnten sich Menschen nicht verständigen."[7]

1. Burghart Schmidt: Wie stehen die Künste zum Wesen des Forschens, in: Wespennest 158, Wien, Mai 2010, S. 15, 18

2. Vgl. Horst Bredekamp: Darwins Korallen. Frühe Evolutionsmodelle und die Tradition der Naturgeschichte, Berlin: Klaus Wagenbach 2005, S. 50 ff

3. Manfred Faßler: Kampf der Habitate. Neuerfindungen des Lebens im 21. Jahrhundert, Edition Transfer, Wien-New York: Springer 2011, S. 66

4. Vgl. Sabine Brauckmann, Eine Theorie für Lebendes? Die synthetische Antwort Ludwig von Bertalanffys, Frankfurt/Main, München/New York: Hänsel-Hohenhausen 2000 (Deutsche Hochschulschriften 2682), S. 175; Ludwig von Bertalanffy (1901–1972), Erfinder der General System Theory GST (Biologia Generalis) 1949, österreichischer Biologe und Philosoph, später Systemtheoretiker an der State University of New York in Buffalo (Anmerkung der Autorin). Brauckmann: „Eine methodologisch formalisierte GST kann deshalb in allen wissenschaftlichen Gebieten, gleichgültig, ob es nun Natur- oder Sozialwissenschaften sind, erfolgreich angewandt werden. In Erweiterung der organismischen Systemtheorie will sie nicht mehr nur die Merkmale des Lebens, sondern auch die des menschlichen Verhaltens und der Gesellschaft im allgemeinen erforschen."

5. Evelyn Fox Keller: Das Leben neu denken, München: Antje Kaufmann Verlag 1998, S. 147

6. Ludwig Wittgenstein: Logisch-Philosophische Abhandlung (Tractatus Logico-Philosophicus, 1921), Suhrkamp: Frankfurt am Main 1984, S. 174

7. Vgl. Ludwig Wittgenstein: Philosophische Untersuchungen. Spätwerk, 1936–1946, Bibliothek Suhrkamp: Frankfurt a. M. 2003, S. 222 f, Bemerkung 491

the 21st century. Almost all cybernetic concepts build upon it. What is the meaning of art in the context of the 21st century, as determined by natural sciences, which is evidently very interested in re-shaping nature? If we want to avoid getting caught up in a linguistic epistemologic labyrinth, we will have to try to find simple words for today's enormous complexity. Ludwig von Bertalanffy defined complex systems in 1949 in his General System Theory (GST – Biologia Generalis – organic system theory).[4] As a philosopher and biologist, he was especially interested in physiology, biophysics of open systems and in a broader sense, in complexity research. American artist Mark Lombardi's works deserve to be mentioned in this respect. He focuses on the complexity of economical and political involvement in cases of corruption, in the so called fight against international terror and its flows of capital represented in large-format charts and index card collections. The philosophising on the course of chemical, biochemical and laboratory-related change of the world is reflected in the cooperation between sciences. To collaborate and to make a philosophical critical contribution is an artistic perspective. What we want here is nothing more than to add aesthetical knowledge to computer-simulated imaging knowledge (in medicine, physics and chemistry), and allow our imagination to make corrections. If an error is detected in the system, it can be corrected as long as the system is under observation. Culture also always implies aggressive, provocative action ("Occupy" movement).

In Evelyn Fox Keller's epistemological approach to the human/machine comparison, she notes: "The body of modern biology, like the DNA molecule – and also like the modern corporate or political body – has become just another part of an informational network, now machine, now message, always ready for exchange, each for the other. [...] In the late twentieth century, it is the computer that dominates our imagination."[5] Whether all possible inventions and visualisations of scientific formulations can be acknowledged as a meaningful development of our culture, remains to be seen.

It took Ludwig Wittgenstein's whole life to add to "[...] whereof one cannot speak, thereof one must be silent"[6] „[...] without the use of speech and writing, human beings could not communicate."[7]

1. Burghart Schmidt: Wie stehen die Künste zum Wesen des Forschens, in: Wespennest 158, Vienna, May 2010, pp 15 and 18

2. Cf. Horst Bredekamp: Darwins Korallen. Frühe Evolutionsmodelle und die Tradition der Naturgeschichte, Berlin: Klaus Wagenbach 2005, p 50 et seq.

3. Manfred Faßler: Kampf der Habitate, Neuerfindungen des Lebens im 21. Jahrhundert, Edition Transfer, Vienna-New York: Springer 2011, p 66

4. Cf. Sabine Brauckmann: Eine Theorie für Lebendes? Die synthetische Antwort Ludwig von Bertalanffys, Frankfurt/M.-Munich-New York: Hänsel-Hohenhausen 2000 (Deutsche Hochschulschriften 2682), p 175; Ludwig von Bertalanffy (1901–1972), inventor of the General System Theory GST (Biologia Generalis) 1949, Austrian biologist and philosopher, later system theorist at the State University of New York in Buffalo. Brauckmann: "A methodologically formalised GST can thus be successfully applied to all scientific areas, be it in natural or social sciences. In extensio, the system theory of organisms no longer wishes to investigate the characteristics of life, but also those of human behaviour and society in general."

5. Evelyn Fox Keller: Refiguring Life: Metaphors of Twentieth-Century Biology, New York–Chichester: Columbia University Press 1995, p 118

6. Ludwig Wittgenstein: Tractatus Logico-Philosophicus, 1921, Suhrkamp: Frankfurt/M. 1984, p 174

7. Cf. Ludwig Wittgenstein: Philosophical Investigations, Wiley Blackwell Publishing Ltd., p 145e, PI 491

DIE ZEICHNUNG ALS ERKENNTNIS GEWINNENDE ERWEITERUNG

„Mit künstlerischen Denkweisen kann sich die Wissenschaft im Rahmen ihrer Methodenzwänge in uneingrenzbarer Weise Fragen stellen, [...] darstellerisch Antworten suchen, Antworten finden oder Beantwortbarkeit ad absurdum führen", so Burghart Schmidt, „[...] als Interesse an den dadurch gewonnenen Erkenntnissen ist künstlerisches Forschen für solche Problemstellungen wichtig geworden, im Singulären, im Individuellen."[1]
Christian Reder

Die Zeichnung als Visualisierungsmethode der Imagination ist eine uralte Form und wird immer noch trotz vieler anderer heutiger Darstellungsweisen von Ideen gezielt verwendet. Die Handzeichnung bekommt auch heute noch viel Beachtung. In der Architektur zum Beispiel erfährt sie neue Aufmerksamkeit, obschon die technischen animationsähnlichen Entwürfe häufig an erster Stelle der Vorstellung eines dreidimensionalen Raumes stehen. In der Differenzierung, was gezeigt werden soll, also worin die erweiterte Erkenntnis der Zeichnung im wissenschaftlichen Denken liegen kann, gibt es verschiedene Zugangsweisen. „Zaha Hadid hat in ihrem Plädoyer für die Handzeichnung konstatiert: ‚Die Computertechnologie hat viele positive Seiten, vor allem heutzutage, wegen der Herstellungsmöglichkeiten, die sie veranschaulicht, und der Leichtigkeit, Information zu übermitteln. Das hat vieles stark verändert. Was aber das Wissen betrifft, im Sinne dessen, dass Menschen in unterschiedlichen Disziplinen Bescheid wissen, so wurde hier etwas regelrecht abgeschnitten. Zur ohne weiteres selbst erfahrbaren Sinnlichkeit des Zeichnens, zur Mitwirkung von Körperlichkeit, der motorischen Aktivität der Hand, zu mentalen Konstellationen, Tastempfindungen, Fingerspitzengefühl, Emotionalität liefern auch die Wissenschaften laufend Erkenntnisse, indem sie einem solchen Zusammenwirken auf der Spur sind."[2]
Der Neurologe Antonio Damasio[3] etwa verneint eine abgrundtiefe Trennung von Körper und Geist, in Wahrheit sei die Situierung des Verstandes ein Teil eines hochkomplexen interaktiven Systems. Denken vollziehe sich weitgehend in Bildern, denn auch Wörter, Symbole und Schriftzeichen beruhten auf topografisch organisierten Repräsentationen und könnten zu Vorstellungsbildern werden.[4] Es bedeute somit, dass zum umfassenden Verständnis des menschlichen Geistes eine organische Perspektive notwendig sei, dass der Geist zu einem ganzen Organismus in Beziehung gesetzt und in seiner Gesamtbeziehung zur Umwelt interagierend betrachtet werden solle.[5]
In Arthur Bentleys *The Human Skin. Philosophy's Last Line of Defense* von 1941 wird die Verortung des menschlichen Denkens, des Geistes, eben auch physiologisch, also in einem Ganzheitssystem des universellen, kosmischen Eingebundenseins des Menschen gesehen. Die Entwurfsarbeit, die bei Zaha Hadid nach wie vor ein wichtiges Instrument der Realisation ihrer Ideen als Architektin ist, scheint auch bei anderen Künstlern ein wesentliches existenzielles Merkmal bei der Erstzeichnung und der Erstannäherung an einen Themenkomplex zu sein. Manfred Faßler spricht in diesem Zusammenhang von der „medialen Selbstbefähigung" des Menschen, von der Fähigkeit, etwas zu entwerfen und für andere sichtbar zu machen, nicht kategorisch beurteilend, sondern dies erst mal als Mitteilung zu sehen.[6]
„All human societies contain inventive people"[7] und in der auf geografische und klimatische Konstellationen konzentrierten Kulturgeschichte der Normalverteilung von Fähigkeiten der Menschen konstatiert Jared Diamond, dass diese mehr mit „visueller Intelligenz" zu tun hat als mit anderen Unterschieden der Individuen. Insofern ist

THE DRAWING AS KNOWLEDGE-BUILDING EXTENSION

"With the help of artistic concepts, science can ask unlimited questions in the frame of its methodological constraints, [...] seek and find representational answers, or lead answerability *ad absurdum*", according to Burghard Schmidt; "[...] artistic research into such problems has become important as an interest in knowledge gained in that manner – on a singular or individual level."[1]
Christian Reder

The drawing as a method of visualisation of the imagination is an ancient form still specifically used today in spite of many other ways of representing ideas. Even today, the hand drawing earns appreciation. In architecture, for example, it has aroused attention again, although technical animation-like designs come first when imagining three-dimensional space. There are different approaches when differentiating between what to show, i.e. where the extended knowledge of the drawing can lie within scientific thought. "In her plea for the hand drawing, Zaha Hadid states: 'Computer technology has many positive aspects, especially today, due to its many possibilities regarding production, which it visualises, and its ease in conveying information. This has greatly changed many things. However, as far as knowledge is concerned, in the sense of people being informed in different disciplines, something has been cut off completely. Science supplies knowledge in addition to the self-experienced sensibility of drawing, participation of bodiliness, the hand movement, to mental constellations, tactile sensations, fingertip sensations, intuition and emotionality, in that it traces such interaction.'"[2] Neurologist Antonio Damasio[3] e.g. negates the profound separation of body and mind, thinking that the seat of the mind is part of a highly complex interactive system. Thinking happens mostly in images, since words, symbols and characters are based on topographically organised representations that can become imagined images.[4] This would mean then, that a comprehensive understanding of the human mind would require an organic perspective, that the mind would have to be related to the whole organism and would have to be seen as interacting in its overall relation to the environment.[5]
In his book of 1941, *The Human Skin. Philosophy's Last Line of Defense*, Arthur Bentley regards the localisation of human thought and mind as being physiological, i.e. within an overall system of universal and cosmic integration of the human being. Preliminary design work, that Zaha Hadid still regards as an important tool for realising her ideas as an architect, seems to be an essential existential characteristic of other artists when they draft their initial drawing and initial approach to a certain subject field. In this context, Manfred Faßler also speaks of "media-related self-empowerment" of the human being, of their ability to design something and make it visible to other people, avoiding categorical assessment, but rather seeing it initially as a message.[6]
"All human societies contain inventive people".[7] With regard to the cultural history of the Gaussian distribution of human abilities as being focused on geographical and climatic constellations, Jared Diamond states that they have more to do with "visual intelligence" than with other differences of individuals. Insofar, in ancient cultures and cultures such as those in south-east Asia, the drawing is an indication for an independent cultural ability. In anthropological terms, showing pictorial messages shapes other connections than speaking or writing.[8] In this context, Manfred Faßler explains that in this case, you could speak of the "phenomenal in-between, of [the] artificial second WORLD, to which the individual relates in order to localise themselves in the world"[9]. In his pictorial representation of DNA,

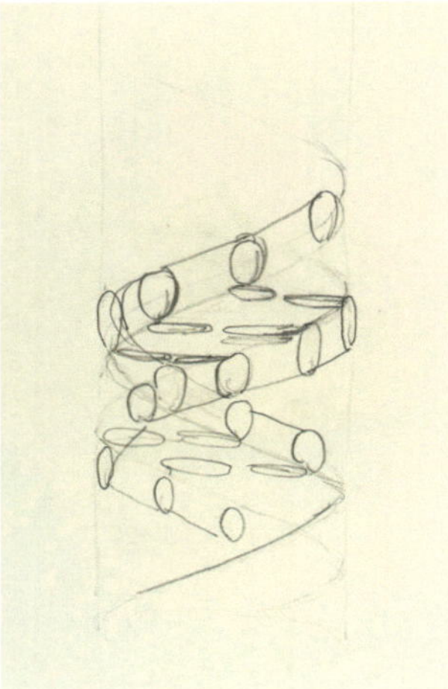

Crick's first sketch of the helical structure of DNA

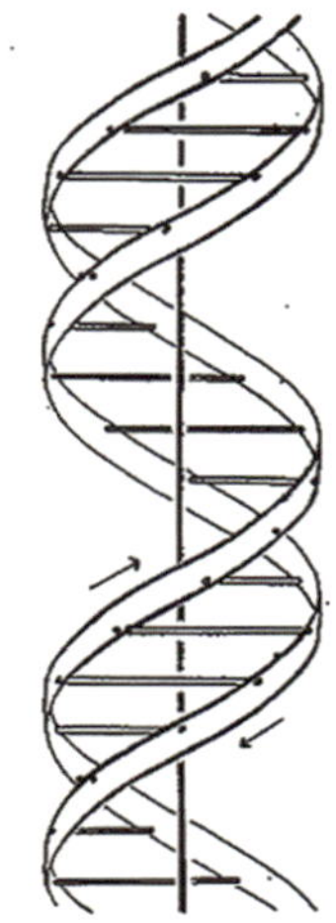

Watson and Crick's double helix from their original NATURE "discovery" paper of 25 April 1953

auch in alten und anderen wie südostasiatischen Kulturen die Zeichnung ein Indiz für eine eigenständige Kulturfähigkeit. In anthropologischer Hinsicht formen sich durch das Zeigen der zeichnerischen Mitteilungen andere Zusammenhänge als durch das Sprechen oder durch die Schrift.[8] Manfred Faßler erklärt in diesem Zusammenhang, dass man in diesem Fall von dem „phänomenalen Dazwischen, [der] künstliche[n] zweite[n] WELT, auf die sich der einzelne Mensch bezieht, um sich in der Welt zu verorten"[9] sprechen kann. In der zeichnerischen Darstellung der DNA, Desoxyribonukleinsäure, zeichnete Francis Crick[10], wie er sich die DNA-Struktur räumlich vorstellte. „There is no hope for global consensus. But ask scientists for the molecule of the millennium and there will be no uncertainties at all. There is only one winner. Deoxyribonucleic acid – or 'DNA', as it is always known in public – is the most important molecule of all. [...] The impact of DNA on our conception of life has been incalculable. Around the world there are sculptures and artworks in different media that celebrate its discovery and symbolic meaning. It showed us how elegant the self-replication process can be at a molecular level, and how much information and diversity can be packed into something so small. Over the past half-century, we have seen DNA become an almost foolproof way of identifying individuals with very high probability of uniqueness. [...] More than 99 per cent of the 3 billion base patterns present in each person's DNA are shared by all people. As long as there is life on Earth, the double helix will be its unique and instantly recognizable signature."[11]
1953 war also das Jahr, in dem Watson und Crick zeichnerisch ein Molekül darstellten, das bis heute Forschungen nach sich zieht. Ihr Modell der Doppelhelix war ein Extrakt aus Intuition und einer neuen Technik der Röntgenbeugung sowie Erwin Chargaffs vorangegangener Entdeckung der vier Basen A, C, T, G. Das entscheidende Bild der Röntgenbeugung von der DNA lieferte aber Rosalind Franklin[12], die mit Maurice Wilkins an der Entdeckung der Struktur des Erbmaterials arbeitete. Sie war es, die das Foto Nr. 51 aufnahm, welches klar die Struktur der Helix und die nach außen gelagerten Zuckermoleküle und Phosphatmoleküle zeigte.

Als Crick sein Modell zeichnete, war das Foto den Forschern schon bekannt. Hiervon ist das Beispiel des zeichnenden Wissenschaftlers Francis Crick abzuleiten. Unweigerlich stellt sich die Frage, was die Zeichnung im heutigen Wissenschaftskontext sein kann. Im Beispiel der zeichnerischen Imagination des Kartografen Philippe Rekacewicz[13] werden Zeichnungen zu aufklärenden Dokumenten von geografisch-politisch-ökonomischen Zusammenhängen oder besser Vernetzungen. „Weltbilder immer weiter differenzieren, Unsichtbares sichtbar machen."[14] Die Landkarte wird neu interpretiert und der Versuch einer individuellen Übersetzung von großen Datenmengen an Wissen über Geografie und ökonomische Zusammenhänge wird durch zeichnerische Eingriffe auf das Bild der Landkarte ausgeführt. „Beides, Text und Bilder, sind mir zentrale Kategorien. Lange dachte ich, mit Schreiben und Beschreiben sei mehr subtile Flexibilität möglich, weil sich sehr spezifische Vorstellungen entwickeln lassen, bis hin zu völligen Fiktionen. Kartografie hingegen bindet sich an Orte, an Landschaften, an Topografie. Um dabei genau zu sein, sind Recherchen notwendig, nachvollziehbare Bezüge zum Realen. In der Literatur kann viel behauptet werden, um einprägsam zu sein [...] Bilder allerdings können viel kraftvoller, unmittelbarer wirken. Bilder liefern zeichnerische, farbige, symbolische, die Sinne ansprechende Konkretisierungen. [...] Filme, Videos, Bilder, Texte, in abgestufter Intensität, Grafiken, Karten, Mapping, Tonbandaufnahmen, Theater, Vorlesungen, Seminare ... Immer geht es um geeignete Komprimierung von Komplexität. [...]

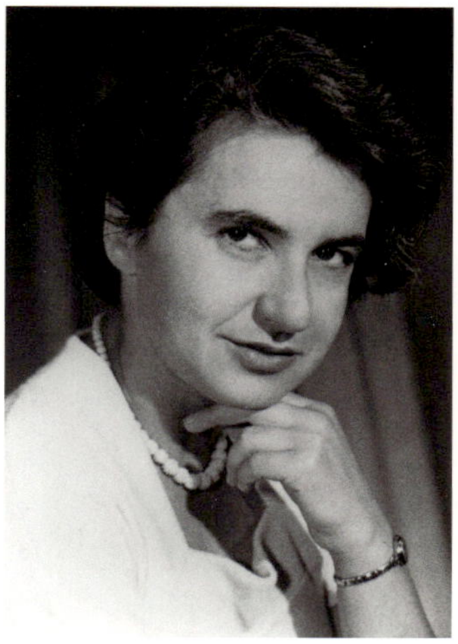

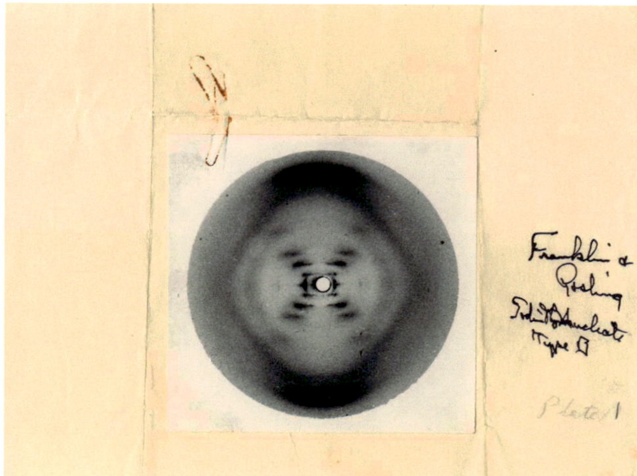

Rosalind Franklin and her photo no. 51

deoxyribonucleic acid, Francis Crick[10] showed how he imagined the spatial structure of DNA. "There is no hope for global consensus. But ask scientists for the molecule of the millennium and there will be no uncertainties at all. There is only one winner. Deoxyribonucleic acid – or 'DNA', as it is always known in public – is the most important molecule of all. [...] The impact of DNA on our conception of life has been incalculable. Around the world there are sculptures and artworks in different media that celebrate its discovery and symbolic meaning. It showed us how elegant the self-replication process can be at a molecular level, and how much information and diversity can be packed into something so small. Over the past half-century, we have seen DNA become an almost foolproof way of identifying individuals with very high probability of uniqueness. [...] More than 99 per cent of the 3 billion base patterns present in each person's DNA are shared by all people. As long as there is life on Earth, the double helix will be its unique and instantly recognizable signature."[11]
Thus 1953 was the year in which Watson and Crick first drew a molecule, which has triggered research up until today. Their model of the double helix emerged from their intuition and the new technology of X-ray diffraction, as well as Erwin Chargaff's previous discovery of the four bases A, C, T and G. However, Rosalind Franklin[12], who worked together with Maurice Wilkins on the discovery of the structure of genetic material, delivered the decisive image of X-ray diffraction of DNA. It was she who took the photo no. 51, which clearly showed the structure of the helix and the externally located sugar and phosphate molecules.
When Crick drew his model, the researchers already knew the photo. The example of the drawing scientist Francis Crick can be derived from this. Inevitably the question arises in which context the drawing can be seen in today's scientific context. As another example, in cartographer Philippe Rekacewicz's imagination,[13] drawings become enlightening documents of geographical, political and economic interaction or rather networks. "World views should be further differentiated, and the invisible made visible."[14] The map is re-interpreted and the attempt to individually translate large amounts of data to science via geography and economic interaction happens through drawn interventions to the picture of the map. "Both, text and images, are crucial categories for me. For a long time I thought, writing and describing would enable me to acquire more subtle flexibility, because they allow me to develop more specific ideas, even complete fiction. Cartography on the other hand, is bound to places, landscapes and topography. In order to be accurate, you have to do research and find plausible connections to reality. In literature, much

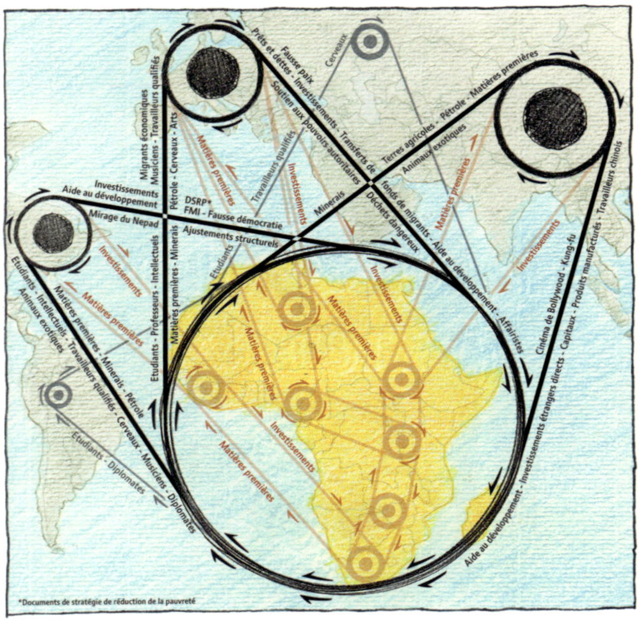

Philippe Rekacewicz, Plunder-machine, 2009, in: Atlas of globalisation, Le Monde diplomatique

Kommunikationsmöglichkeiten weiten sich ungeahnt aus, werden immer schneller, flexibler, mit Zugriffen auf unglaubliche Speicherkapazitäten. Die derzeitige Medienrevolution bedeutet auch eine Befreiung der Daten. Sie wurden, wie alle Statistiken, unvergleichlich zugänglicher, Satelliten vermessen die Welt millimetergenau. Jeder Mensch kann heute eigene digitale Weltkarten erzeugen, seinen Wohnort aus Satellitenperspektive betrachten. Das hat es noch nie gegeben. Noch vor kurzem sind viele Landkarten als Staatsgeheimnisse behandelt worden, wie zu Zeiten der frühen Entdeckungen. Heute noch Geheimnisse zu wahren wird immer schwieriger, siehe WikiLeaks. Für jedwede Selbstorganisation stellen solche Informationsmengen enorme Herausforderungen dar, um damit tatsächlich etwas anfangen zu können, das die Zivilgesellschaft stärkt. Ob wir keine Daten haben, wie in einer Diktatur, oder sie uferlos greifbar sind, wir sie aber nicht nutzen können, bleibt sich letztlich gleich."[15] Wir stehen vor einem Orientierungsproblem, vergleichbar den Datenmengen der Bioinformatik, wo es eben nicht egal ist, was mitgeteilt wird, was molekular mitgeteilt wird. „Möglichst viele Menschen müssen die Kompetenz erwerben, aus diesen Informationsmengen Essentielles zu synthetisieren, das sich in ihrer Arbeit und ihren Interessen gemäß nutzen lässt und Handlungsmöglichkeiten fundiert. [...] Wir müssen viel genauer hinschauen und viel aufmerksamer zuhören."[16]

Von den vier Visualisierungsvarianten, die hier beispielhaft erläutert wurden (1. strikt wissenschaftlich; 2. Kooperation: wissenschaftlich/grafisch: handwerkliche Zusammenarbeit; 3. Kooperation wissenschaftlich/künstlerisch: zusätzliche imaginative Impulse; 4. unabhängig künstlerisch: Umsetzung von Imaginativen auf wissenschaftlicher Basis) ist Philippe Rekacewicz' Arbeit eine wissenschaftlich grafische. Er beherrscht das Handwerk des Grafikers und Kartografen und orientiert sich an der Kunst in seinen Zeichnungen, er studiert Meisterwerke der bildenden Kunst wie Werke von Picasso und Mondrian, um zu Bildlösungen zu kommen.

Die Zeichnung in ihrem jeweiligen Kontext ist somit universelle Ausdruckskraft im Singulären. In der Historie der wissenschaftlichen Zeichner sehen wir das gesamte Spektrum an Möglichkeiten, zeichnend zu visualisieren. In der *Philosophia Botanica* zeigt Carl von Linné[17] zum Beispiel auf der ersten der insgesamt elf Tafeln 62 verschiedene Blattformen, die in der Legende durch Attribute wie rundlich, gezähnt oder abgerundet beschrieben werden. Linné zeigt eine bildliche Erläuterung der von ihm eingeführten und verbindlich definierten botanischen Terminologie. Trotz der Skepsis am Einsatz von Bildern nutzte er die Vorteile der grafischen Repräsentation.

Carl von Linné gelang es, der nicht mehr zu bändigenden Überfülle von Formen mit einer überzeugenden Taxonomie zu begegnen, für die Herstellung der Zeichnungen beschäftigte er spezielle Fachkräfte. Man erkennt die große Zurückhaltung gegenüber dem Geschmack der Verschnörkelung in dieser Zeit und die Intention der aufklärenden Ordnungssystematik in den abstrahierenden Formen der Pflanzentypen. Die Typisierung war darin eben sein vorrangiges Interesse, so war es auch einleuchtend, dass er nicht alles selbst zeichnete.[18]

can be claimed in order to make a name [...], however, pictures can have much more powerful, immediate effects. Pictures deliver pictorial, colourful, symbolic concrete images that address the senses. [...] Movies, videos, images and texts on different levels of intensity; charts, maps, mapping, tape recordings, theatre, lectures, seminars... It is always about suitably reducing complexity. [...] Communication possibilities expand enormously, becoming quicker and quicker and more flexible, with access to incredible memory capacities. The current media revolution also means the liberation of data. As is the case with all statistics, they have become more accessible than ever, with satellites measuring the world by the millimetre. Today, every single person can produce their own digital map of the world and watch their own residence from the satellite's perspective. This has never been the case before. Until recently, many maps were treated as state secrets, just as in the times when early discoveries were made. However, today it is becoming increasingly difficult to maintain any secrets at all; see WikiLeaks. It is difficult for any self-organised body to use such huge amounts of information for the benefit of civil society. Whether no data is available, such as in a dictatorship, or they are endlessly accessible, but of no use to us, is the same in the end."[15] We are confronted with a problem of orientation similar to the mass of data in bio-informatics, where it is important what is communicated, and communicated on a molecular level. "As many people as possible should acquire the competency to synthesise the essentials from this mass of data, which can be utilised in their work according to their interests, establishing their possible course of actions. [...] We will have to watch and listen much more carefully."[16]

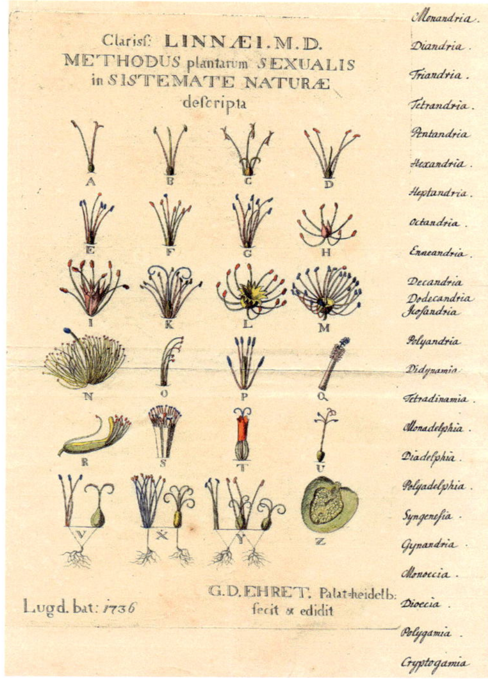

Carl von Linné, Philosophia Botanica, drawing by G.D. Ehret (1708-1770)

Of the four variants of visualisations explained here as examples (1. strictly scientific; 2. cooperation: scientific/graphic: manual collaboration; 3. cooperation scientific/artistic: additional imaginative impulses; 4. independent artistic: implementation of the imaginative on a scientific basis), Rekacewicz's work is scientifically graphical. Philippe Rekacewicz is a professional graphic artist and cartographer, focussing on art in the course of his work; he studies masterpieces of the fine arts such as the works of Picasso and Mondrian, to find image solutions.

The drawing in its respective context thus expresses the universal through the singular. In the history of scientific drawing artists, we are able to see the whole range of possibilities of visualisation through drawing. In his *Philosophia Botanica*, Carl Linnaeus[17], for example, shows, on the first of a total of eleven frames, 62 different types of leaves which in the key are described as being round, dentated or rounded. Linnaeus presents a pictorial description of his self-defined valid botanical terminology. Despite scepticism regarding the use of pictures, he made use of the advantages of graphical representation. Carl Linnaeus succeeded in taming the overabundance of forms by developing a convincing taxonomy. For the drawing process, he employed specialists. It is easy to see how Linnaeus strove to avoid the ornamental taste of the time, and his intention to create an enlightening systematics via the abstract shape of different types of plants. Since he focused on this standardisation, it is clear that he was not interested in drawing everything himself.[18]

The purpose of 18th century drawing was also to record world regions in images, to which most people in Europe had no access. Thus English seafarer James Cook's second expedition (1772–1775)[19] enabled the young German natural scientist and ethnologist Georg Forster[20] to prove his talent as a drawing artist: he depicted birds and plants from foreign

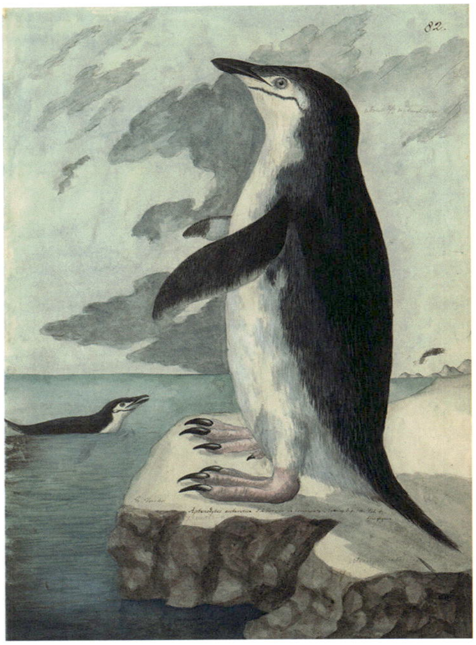

Georg Forster, Aptenodytes antarctica
Watercolour painting by Georg Forster during James Cook's second voyage to explore the southern continent (1772–1775)

Die Zeichnung im 18. Jahrhundert hatte auch den Zweck der bildlichen Erfassung von Weltregionen, in die die meisten Menschen Europas nicht Einblick hatten, so war die zweite Entdeckungsreise (1772–1775) von James Cook[19], dem englischen Seefahrer, für den jungen deutschen Naturforscher und Ethnologen Georg Forster[20] die Gelegenheit, sein zeichnerisches Talent unter Beweis zu stellen; er zeichnete Vögel und Pflanzen der fremden Länder und erstellte darüber einen Reisebericht. Er nahm entscheidend am Schicksal von Kapitän Cook teil. Er bedauerte, dass dieser bei seiner 3. Weltumseglung ums Leben kam, und in seiner Schrift *James Cook, der Entdecker* beschreibt er ein Persönlichkeitsbild des großen Kapitäns. „Forster lenkte den Blick vielmehr auf einen herausragenden Charakterzug des Briten, der angesichts der sprichwörtlichen Neigung vieler Seeleute zum Aberglauben umso mehr überrascht: Cooks Bereitschaft nämlich, Vorurteile in Frage zu stellen, alte Weisheiten über Bord zu werfen und, wann immer möglich, den Dingen durch eigene Experimente auf den Grund zu gehen."[21] Forsters Zeichnungen sind alle nach dem Modell des lebendigen Vorbildes entstanden. Forster war sozusagen der Chronist von James Cook, er berichtete in aller Ausführlichkeit über den Verlauf der zweiten Weltreise und zeichnete alles, was ihm neu, anders und zeigenswert für den alten Kontinent Europa erschien. Dieses Meisterwerk an Reisebericht ist 2008 als großes Zeichnungsbuch in einer wunderschönen Ausgabe bei Eichborn erschienen und zeigt, dass auch heute das Interesse an Forsters Bericht und an den naturalistischen farbigen Aquarellzeichnungen von Vögeln und der Flora der Südsee besteht. Er nannte sich selbst einen wahrhaftigen Abbilder nach dem Vorbild der Natur. Auch für Darwins Forschungen waren eigene Skizzen und jene mitreisender Zeichner wichtige Notationen für weitere Überlegungen.[22]

Die hier gezeigten Handzeichnungen und Collagen der Autorin über die Nordostküste Australiens und das dort befindliche große Barriere-Riff sind von den Entdeckungsreisenden und deren Berichten inspiriert. Eine unabhängige künstlerische Übersetzung von wissenschaftlichen Inhalten als Zeichnung ist derzeit bei vielen zeitgenössischen Künstlern zu beobachten. Das Observieren von spezifischen außerkünstlerischen Fachgebieten beschäftigt die Kunst von heute in diesem 21. Jahrhundert ganz entscheidend. Man nennt diese Kunstströmung, die am Ende des 20. Jahrhunderts begann, Kontext-Kunst. Besonders Peter Weibel[23] hat sich um die korrekte Darlegung im wissenschaftlich-kunsttheoretischen Umfeld bemüht und ist unweigerlich dabei selbst zum Wissenschaftler geworden. Künstler wie Peter Fend und Olafur Eliasson wurden maßgeblich von ihm gefördert. Peter Fend hat große Zeichnungen auf Folien erstellt, es sind teilweise kartografische Skizzen mit fiktionalen Territoriumsbestimmungen für ökologische Neuerungen und Projekte zur Sauerstofferzeugung aus Algenzuchtbecken. Die Grenzziehungen zwischen den Disziplinen verwischen sich auch in persönlichen Biografien. Jeanette Schulz zum Beispiel ist bildende Künstlerin und im medizinischen Kontext als Zeichnerin für die Medizinverlage Thieme und Springer tätig, wo ihre Arbeiten wegen der künstlerischen Prägung geschätzt werden.

Ihre künstlerische Strategie sind Erklärungsmuster mit Lehrangebot, die eigentliche Grundlage des Künstlerischen sind die Interpretation der technischen Zeichnung und die damit verbundenen humorvollen Handlungsanweisungen. Die Entdeckung

countries and compiled a travel report about them. He regretted that Captain Cook died on his 3rd sailing tour around the world, portraying the grand captain in his book *Cook, the Discoverer*. "Forster focuses especially on an outstanding characteristic of the Briton, who in the face of many sailors' tendency to superstition, surprises us all the more: i.e. Cook's willingness to challenge prejudice, to discard ancient beliefs and to investigate things thoroughly by conducting his own experiments whenever possible."[21] Forster drew all of his drawings using real-life models. He was, as it were, James Cook's chronicler, he reported on the course of the second world sailing tour in great detail and drew everything that seemed new, different and interesting for Europe, the Old Continent. This masterpiece of a travel report was published in 2008 as a great drawing book in a beautifully illustrated edition by Eichborn and shows that, even today, the interest in Forster's report and in naturalistic coloured watercolour drawings of birds and flora of the South Seas still flourishes. He called himself a true image maker following the example of nature. For Darwin's research, too, proper sketches and sketches of artists travelling with him represented important information for further study.[22]

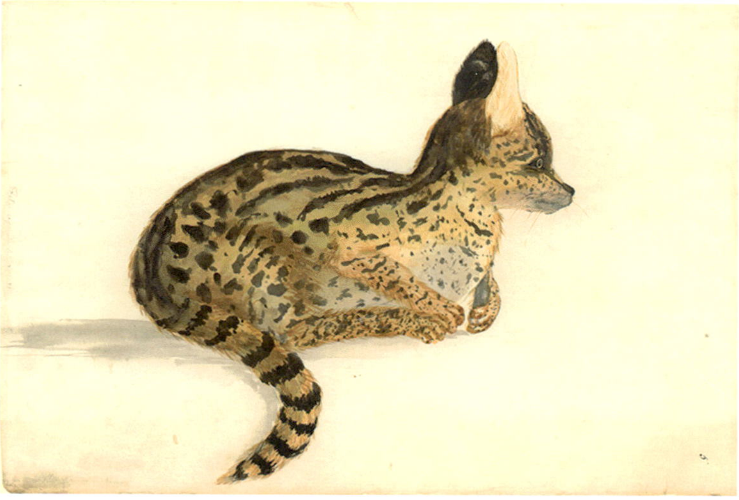

Georg Forster, Leptailurus Serval, 1772–1775
© The Trustees of the Natural History Museum, London

The author's hand drawings and collages of the north-east coast of Australia and the Great Barrier Reef, shown here, were inspired by the discoverers and their reports. Today, many contemporary artists "translate" scientific content into drawings again. Observing specific extra-artistic specialist areas is of particular importance for 21st century art. This artistic trend, which began at the end of the 20th century, is called context art. Peter Weibel[23] in particular has focused on the correct analysis in the scientific and art-theoretical community, inevitably becoming a scientist himself. Artists such as Peter Fend and Olafur Eliasson enjoyed his significant support. Peter Fend created large drawings on foils, some of which are cartographic sketches with fictional territorial definitions for ecological innovation and projects to produce oxygen from algae breeding basins. Borderlines between disciplines also become fuzzy in personal life stories. Jeanette Schulz, for example, is a fine artist and works as an illustrator in the medical context for the medical publishers Thieme and Springer, where the artistic style of her work is very much appreciated. Her artistic strategy is based on explanatory didactic patterns; the actual basis of the artistic is the interpretation of the technical drawing and its associated humorous instructions on how to act. Discovery and gain of knowledge for onlooker and producer alike emerge during interdisciplinary discourse: her work becomes similar to a doctor's diagnosis at a hospital. This can be attributed to the visualisation variant "scientific/artistic" with additional imaginative impulses. Wolfgang Schoppmann's comments: "the dispassionate negotiation of expert interests is increasingly becoming one of the few mandatory and binding characteristics of that discipline, which today is still attributed to the fuzzy concept of science. That state-of-the-art research was considered a hypothesis yesterday and tomorrow, will already be considered to be obsolete, is the daily fate of the 'young' generations of researchers. Jeanette Schulz compares serious 'emotion research' to a gambling table and is considered as an impetuous user of refined mnemotechniques, of a method involving 'auxiliary images' by using 'special home-made' objects in a perfect manner. Full of comical, grotesque and hip

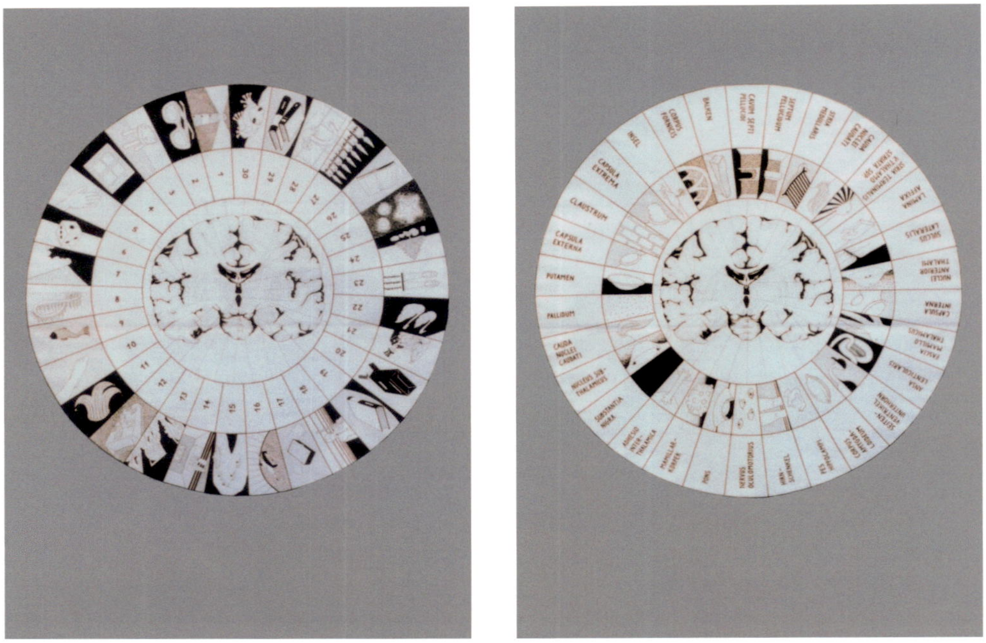

Jeanette Schulz, Memory Brain Fruits, wall panels

und der Zugewinn an Erkenntnis für den Betrachter wie auch für den Produzenten entsteht im Diskurs zwischen den Disziplinen: Ihre Arbeit entsteht wie eine Diagnose im Krankenzimmer durch den Arzt. Dies ist der Visualisierungsmodalität „wissenschaftlich/künstlerisch“ mit zusätzlichen imaginativen Impulsen zuzurechnen. Dazu Wolfgang Schoppmann: „Das leidenschaftslose Aushandeln von Experteninteressen ist zunehmend eine der wenigen verbindlichen und verbindenden Eigenschaften jener Disziplin geworden, die sich heute noch dem unscharfen Begriff von Wissenschaft als science zuordnen lassen. Daß der State of the Art, der letzte Stand der Forschung, gestern noch als Hypothese und morgen bereits als überholt gelten darf, ist tagtägliches Schicksal der ‚jungen' Forschergenerationen. Jeannette Schulz kommentiert die seriöse ‚Emotionsforschung' mit einem Spieltisch und gilt als ungestüme Anwenderin einer ausgefeilten Mnemotechnik, einer ‚Hilfsbildmethode' unter Verwendung von in vollendeter Manier ‚selbst-gebastelten' Objekten der ganz besonderen Art. Komisch, grotesk, hip und voller Überraschungen bewegen sich ihre anatomischen Studien als Comic-Fortsetzungsserie State of the Art seit 1994 in täglicher Übung, dem Lachen, dem Erinnern und der Einbildungskraft auf der Spur zu bleiben. Ob mentale Arbeit wirklich Früchte trägt oder ob in den an internationalen ‚Klassikern' geschulten Comics Bild und Schrift herzhaft witzig und ideenhalber (weil die Idee ebenso nah war!) verknüpft werden, den Betrachter soll keinesfalls das Gefühl der Langeweile überfallen.“[24]

Die in diesem Buch versammelten Skizzen, die Korallenanatomie-Zeichnungen und die kartografischen Versuche für das Projekt *Lady Musgrave Reef*[25] waren der Anfang der Forschung zum Meeresökologie-Denken. Daraus entwickelte sich ein sozialaktivistisches Projekt durch eine oben beschriebene vorsichtige Annäherung an ein Thema mittels Zeichnung. Das System Korallenriff als eigenständiges Ökosystem zu denken und somit vergleichbar dem humanen Sozialsystem zu visualisieren ermöglichte die Entwurfszeichnung ohne beurteilende Kategorisierung. Diese Blätter sind als Denk- und Forschungsblätter zu sehen. Die sich selbst erklärende schnelle

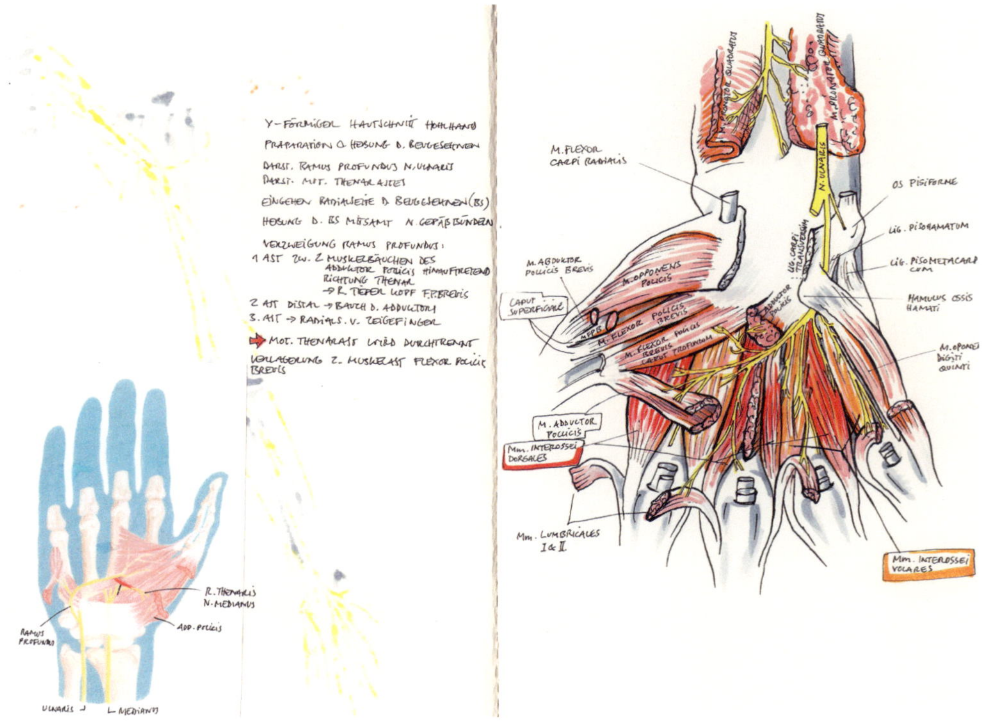

Jeanette Schulz, Y-skin cutout, anatomical drawing, 2007

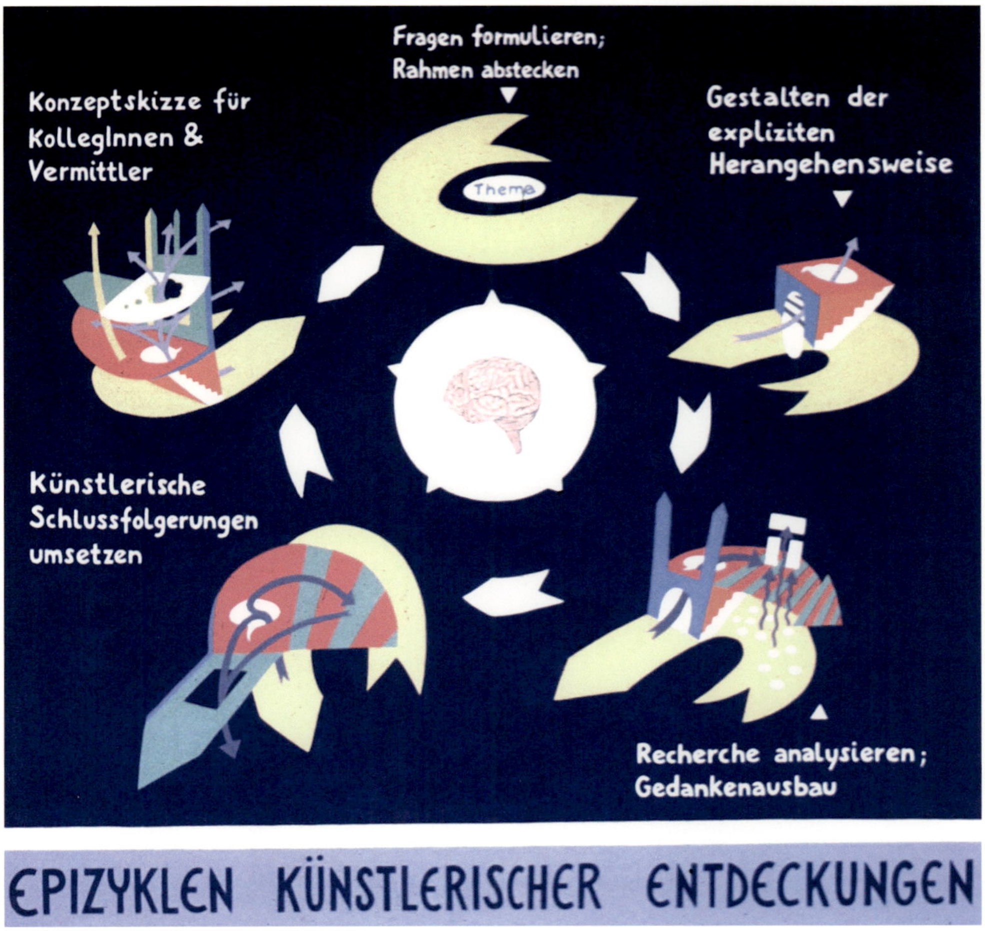

Jeanette Schulz, Epicyclic artistic discoveries, 1995

„Schriftlichkeit" am Zeichenblatt erfüllt nicht die Funktion der Wissensvermittlung für den Betrachter, sondern eher den Zweck, hinter anatomischen und topografischen, kartografischen Erklärungsmustern anderer Forscher oder wissenschaftlicher Illustratoren eine andere oder erweiternde Bedeutung zu suchen. Es beginnt mit einer Suche und daraus folgt eine kritische Stellungnahme, die zu einem partizipativen Konzept führt. Das wissenschaftliche Vokabular wird zitiert und in ein individuelles Bildprogramm integriert. Die daraus folgende Handlungs-Konsequenz, in der mehrere Autoren zu Wort kommen, entwickelte sich dann zum Kunstprojekt. Das *Lady Musgrave Reef* ist ein epistemisches Modell und die Akteure darin sind häkelnde Mitarbeiter. Viele der hier gezeigten Zeichnungen beziehen sich auf ein Modell der Molekularbiologie. In der RNA-Welt-Hypothese ist das Nebeneinander verschiedener Konfigurationen eines Moleküls dafür verantwortlich, mit welchem anderen Molekül sich dieses weiter verbinden wird. Diese These besagt, unter welchen komplexen und dynamischen Bedingungen sich ein chemischer Zustand in einen anderen verwandelt und dadurch neue „Konditionen" des Lebens entstehen. Evolution der Evolution ist die Basisthese der heutigen Forschung. Richard Dawkins in *The Ancestor's Tale*: „Die Vorstellung, die ganze Evolution sei auf das Ziel Homo sapiens hinausgelaufen, ist mit Sicherheit widerlegt, und nichts, was wir in unserer Reise in die Vergangenheit gesehen haben, macht sie wieder glaubwürdig."[26]
Bilder der Evolution sind Bilder der Wissenschaft, die wir auf Grund unseres Wissens oder unserer Ahnung vom Ursprung des Lebens erstellen. Derzeit glauben die meisten Biochemiker und Evolutionsforscher an einen chemischen Erstbeginn, sowohl in der Astronomie wie auch in der Biologie wird die Zusammenkunft von Boraten und der ersten Informationsspeicher des Lebens, der RNAs, und Sternenstaub möglicherweise als der Anfang des Lebens auf der Erde erachtet.

BILDGEBUNG ALS PRODUKTION ODER BILDGEBUNG ALS KUNST

„Scientia sine arte nihil est; ars sine scientia nihil est."
Jean Mignot 1392

„Die Darstellung der Welt, wie die Welt selbst, ist ein Werk der Menschen, das sie mit der absoluten Wahrheit verwechseln."
Simone de Beauvoir, Das andere Geschlecht 1949

Die experimentellen Techniken zur Bilderzeugung von lebenden Zellen müssen in Hinblick auf die verwendeten Computerbilddarstellungen von der biologischen Wissenschaft neu diskutiert werden, „Visualisation Intelligence" ist der neue Begriff dieses Diskurses (new four-dimensional computer imaging is able to watch the growth of living cells). Im nächsten Schritt wird dies als Basis vorausgesetzt und die Erkenntnisse aus den Bildern durch modellhaftes Simulieren einer Lebenswelt im Nanobereich werden untersucht und hinterfragt.
Hinsichtlich des Erkenntnisgewinns bei der Betrachtung von heutigen Bilddarstellungen der Natur, vor allem in medizinischen Diagnosebildern, muss zuerst einmal der Referenzrahmen geklärt werden. Die historisch-grafische Kernfrage besteht in der Bestimmung des Einzugsgebietes. Ist es eine neue Kunstgeschichte der

surprises, her anatomic studies have been in motion as a state-of-the-art cartoon series since 1994, as a daily exercise for maintaining laughter, memory and the ability to keep track of one's imagination. Whether mental effort really yields fruit or whether image and text are linked to each other in a delightfully comical manner or just for the sake of the idea (because the idea was what came next!) in cartoons based on international 'classical literature' – the beholder should never have the feeling that he is doomed to boredom."[24]
The collection of sketches in this book, anatomic drawings of the corals and the cartographic exercises for the *Lady Musgrave Reef* project[25] were the beginning of marine biology studies. From these, a social-activist project developed as a cautious approach to the subject by means of drawing. Seeing the coral reef system as an independent ecosystem, thus comparable to the visualisation of human social systems, enabled the preliminary drawing to emerge without appraising or categorising it. These sheets are to be regarded as notes and research documents. The rapid, self-explanatory writing on the drawing sheet does not fulfil the function of knowledge transfer for the onlooker, but rather the purpose of seeking a different or extended meaning behind anatomic, topographic and cartographic patterns of explanation of other scientists or scientific illustrators. It begins with a search and continues with a critical statement leading to a participative concept. The scientific vocabulary is quoted and integrated into an individual image program. The resulting implications for further action, in which several authors have their say, then developed into an art project. The *Lady Musgrave Reef* is an epistemic model consisting of crocheting actors. Many of the drawings shown here relate to a model of molecular biology. In the RNA world hypothesis, the juxtaposition of different configurations of a molecule is responsible for how the former will connect to a certain other molecule. This thesis determines under which complex and dynamic conditions a chemical state is transformed into another, thus creating new "conditions" of life. Evolution of evolution is the basic thesis for current research. Richard Dawkins' *The Ancestor's Tale*: "The idea that all evolution was aimed at producing Homo sapiens was certainly well rejected, and nothing we have seen on our backwards journey reinstates it."[26]
Pictures of evolution are pictures of science, which we create on the basis of our knowledge and our idea of the origin of life. Currently, most biochemists and evolution researchers believe in a chemical starting point. Both in astronomy and biology the convergence of borates and the first information storage of life, the RNAs, and star dust is considered as the beginning of life on earth.

IMAGING AS PRODUCTION OR IMAGING AS ART

"Scientia sine arte nihil est; ars sine scientia nihil est..
Jean Mignot 1392

"Representation of the world, like the world itself, is the work of men; they describe it from their own point of view, which they confuse with absolute truth."
Simone de Beauvoir, The Second Sex 1949

The experimental techniques for generating images of living cells should be rediscussed in the light of computer images used in biological science. "Visualisation intelligence" is the new concept of this discourse (new four-dimensional computer imaging is able to watch

Wissenschaften? Es ist jedenfalls die Beschäftigung mit den Formen des wissenschaftlichen Denkens und eine eigene Form der Wissenschaftsgeschichte.[27]

Das technische Bild in der Medizin, Röntgenbilder und andere diagnostische Bilder werden nach Prüfung ihres Status befragt: Sind sie schon Kunst an der Grenzlinie zwischen Kunst und Wissenschaft oder immer noch „nur" Lern- und Beschreibungsinhalt? „Das technische Bild ist auf Grund seiner formalen wie medialen und funktionalen Eigenart ernst zu nehmen, als wäre es ein autonomes Kunstwerk. Es formt Kommunikation und produziert Wissen, wie auch das Andachtsbild oder das politische Flugblatt."[28]

Wissensproduktion in dieser Hinsicht bedeutet nicht gleich einen ästhetischen Erkenntnisgewinn und darin unterscheiden sich künstlerisch-wissenschaftliche Bilder von technischen Bildern. Wissensvermittlung durch zeichnerische Darstellung wie im Beispiel des Crick'schen Spiralgebildes kommt dem Künstlerischen nahe.

Das technische Bild ist Erfahrungs- und Austragungsort für die systemischen Konflikte, die sich aus seiner Herstellung ergeben, und das Produkt einer Evolution, welche quer zu wissenschaftlichen Disziplinen und sozialen Systemen verläuft.

Die Entwicklung der Genetik ohne die Existenz von Bildern wie des Modells der Doppelhelix ist kaum denkbar. „Die Art und Weise, wie Forscher Bilder produzieren und einsetzen, repräsentiert damit mehr als ihre bewussten Intentionen, zumindest mehr als sich in Texten und Formeln niederschlägt."[29]

„Die Zielsetzung der Untersuchung des technischen Bildes besteht darin, Bilder nicht als illustrierende Repräsentationen, sondern in ihrer produktiven Kraft als eigenständiges Element des Erkenntnisgewinns zu begreifen. Als Ausdruck und Präger von Wahrnehmungen, Beobachtungen und Erkenntnissen sind Bilder, wie es die kunsthistorische Ikonologie verlangt, interdisziplinär zu untersuchen."[30] Wissenschaftliche Bilder sind Formen der nicht-schriftlichen Wissensvermittlung – in welchem Kontext der Wissensvermittlung sie gelesen werden, muss im Vorhinein bestimmt werden. Der vorherrschende Anspruch an naturwissenschaftliche Bilder ist, dass sie keine reinen Schöpfungen des menschlichen Geistes sind, sondern auf Naturerkenntnis in der Naturbeobachtung verweisen. „Von ihnen wird eine begründete Referenz auf eine Theorie, eine experimentelle Praxis, eine Technik oder Technologie auf einen Wissensdiskurs erwartet, weil naturwissenschaftlichen Bildern und Objekten Evidenz unterstellt wird. Diese Bilder befinden sich in einem argumentativen Raum, es handelt sich um ein Wechselspiel von Visualität, Apparat, Institution, Diskurs, Körper und Figurativität. Diese technischen Bilder erhalten Macht, ein so verstandenes Subjekt der Anrufung sagt uns, was dahinter ist oder was im Körper ist, wie ich es interpretieren kann, um so über das Bild zu sprechen, dass es Wahrheiten sichtbar macht. Sichtbarkeit ist Zuwachs an Sein!"[31]

Es geht um eine klare Wahrnehmungskompetenz, denn als nicht geschulter Wissenschaftsbildleser kann ich womöglich wissenschaftliche Bilder wie Ultraschallbilder nicht interpretieren, nicht lesen. Bildverstehen wird bei wissenschaftlichen Bildern in ihrer Lesart auch als Sprachverstehen analogisiert, diese technischen Bilder werden mit der Funktion eines Wissenschaftsgegenstandes veranschaulicht, die Qualität des Urteilens wird vorausgesetzt und sie müssen eine Aussage erfüllen, wie es etwa beim Atommodell oder bei der Darstellung der Doppelhelix der Fall war.

Die wissenschaftliche Zeichnung mit ihren Möglichkeiten des intentionalen oder beurteilenden Eingreifens, wie sie in Medizin und Biologie gebräuchlich sind, gehört zu dieser Bildgattung, die manipuliert, um „wahr" zu sein, damit man etwas erklären

the growth of living cells). In the next step, this is taken for granted, and knowledge gained from the images by modelling and simulating a habitat on a nano-scale is investigated and questioned.

As far as knowledge gained from the observation of modern images of nature is concerned, especially in medical diagnostic images, the reference framework has to be clarified first. The historic-graphic key questions lies in the determination of their catchment area. Is this a new art history of science? In any case, it deals with forms of scientific thought and its own form of history of science.[27]

The technical image in medicine, X-ray images and other diagnostic images are checked according to their status: Are they already art on the border between art and science, or are they still "only" learning and descriptive content? "The technical image is to be taken seriously because of its formal and media-based functional property, as if it were an autonomous artwork. It shapes communication and produces knowledge such as devotional images or political pamphlets."[28]

In this respect, science production does not automatically mean gaining aesthetical knowledge, and this distinguishes artistic-scientific images from technical images. Communicating science through drawings, such as Crick's spiral, comes close to art.

The technical image is a place of experience and practice for systemic conflicts, which result from its production, and the result of an evolution which runs transversally to scientific disciplines and social systems.

The development of genetics without images such as the double helix model is hardly conceivable. "The way scientists produce and use images represents more than what they originally intended, at least more than appears in texts and formulae."[29] "The target of the investigation of the technical image consists of seeing images not just as illustrated representations, but as an independent element of knowledge gain with productive power. Images should be understood in an interdisciplinary manner as an expression and determining element of perception, observations and knowledge, such as required for art-historical iconology."[30] Scientific images are forms of non-written knowledge transfer.

The context of knowledge transfer in which they are read has to be determined a priori. The predominant claim regarding scientific images is that they are not purely creations of the human mind, but refer to knowledge of nature as part of observing nature. "They are expected to provide a proven reference to a theory, an experimental practice, a technique or technology related to scientific discourse, because scientific images and objects are expected to be true. These images exist within argumentative space, it is about interplay of visuality, apparatus, institution, discourse, body and figurativity. These technical images maintain power; the subject of invocation understood as such tells us what is behind it or what is in the body, how I may interpret it, in order to speak of the image to enable it to reveal truths. Visibility is growth of being!"[31]

It is about clear perceptive competence, for as a layman in reading scientific images I may possibly not be able to interpret, i.e. to read, scientific images like sonographs. Understanding scientific images means linguistic understanding. Technical images are exemplified with the function of a scientific object. Their quality of appraisal is taken for granted and they have to fulfil an assertion, as was the case for the atomic model or for the representation of the double helix.

The scientific drawing with all its possibilities of intentional or assessing intervention, such as is usual in medicine and biology, also belongs to this type of imaging, which manipulates, in order to be "true", so that one can explain something. Therein also lies the danger of representing truth. Charts can be drawn up for the purpose of representing untruth.

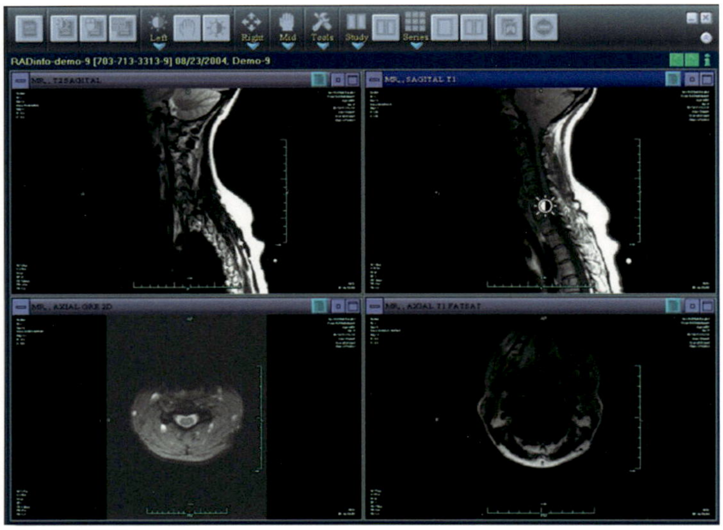

Computer tomography of upper cervical spine

kann. Darin liegt auch die Gefahr der Wahrheitsdarstellung. Es können Diagramme erstellt werden, die den Zweck der Unwahrheitsdarstellung verfolgen. Der Wissenschaftsdiskurs und die repräsentativen Methoden sind leicht nachzuahmen, darin sind Werbefachleute der Pharmaindustrie besonders gut! Für das naturwissenschaftliche Bild wiederum ist seine Entstehung im diskursiven und kommunikativen Prozess der Produktionsbedingungen, die zum Bild führen, unbedingt mit zu bedenken, da sie einen inhaltlich bestimmten Gegenstand darstellen, dessen Evidenz objektivierbar oder wahrheitsfähig nicht nur dem historischen Wandel untersteht, sondern auch dem Prozess wissenschaftlicher Versprachlichung von kommunizierbarem Wissen. Bilder bestimmen nicht nur unser Denken, sie leiten auch die Forschung.

Insofern ist es von Bedeutung, die Bildtechniken als Erkenntnisgewinn genau zu studieren. Auf der Grundlage von Bildern, mit Hilfe von unsichtbaren Emissionen, künstlichen Wahrnehmungssystemen, die eben durch computergestützte Kognition zustande kommen und anschließend Gegenstand der diagnostischen, komplexen Analyse werden, werden Entscheidungen über Lebendiges getroffen. Ein gutes Beispiel dafür ist die Komplexität der Lesbarkeit eines Röntgen-Mammogramms. Je schwerer es ist, ein klares Bild zu bekommen, umso größer ist die Bedeutung des bildgebenden Verfahrens. Das Röntgen-Mammogramm liefert viele Missverständnisse erzeugende Fleckendiagramme und die interpretative Fähigkeit, dieses Bild zu lesen, muss grundsätzlich erlernt werden. Michael Brady und Ralph Highnam vom Department of Engineering Science der Universität Oxford bilden die Physik des Röntgenstrahls, der durch das Brustgewebe dringt, nach. Durch dauernde Verzerrungen hatte man ausschlaggebende Ungenauigkeiten durch das Quetschen der Brust bei der Aufnahme immer als Unsicherheitsfaktor tolerieren müssen und oft keine richtige Diagnose abgeben können. Durch die Simulation und das darüber gelegte Original erreicht man eine genaue Analyse der Geräusche beim Durchstrahlen und so durch diese algorithmischen Modellierungen eine Nachbearbeitung des Mammogramms, das in seiner Genauigkeit nichts zu wünschen übrig lässt, obschon man in Kauf nimmt, dass die übergenaue Durchschau in solch einem „postprocessing" die Gefahren einer Manipulation in sich birgt. Das letzte Wort hat der Fachmann, der Arzt, der das Kunstwerk Mammogramm untersucht. Dies lässt erkennen, wie persönlich doch jeder Spezialistenblick letztendlich bleibt und dass in der hochtechnisierten Handhabung doch immer ein Wort der Interpretation des Gutachters notwendig ist. Und was von ihm gesehen wird, ist durch und durch subtil persönlich. Kognition und Interpretation von Mensch und Maschine sind zugleich erforderlich. In der Computertomografie werden Absorptionsprofile des Objekts aus vielen Richtungen erstellt und daraus wird die Volumenstruktur rekonstruiert. Im Gegensatz zum klassischen Röntgen bestehen die gemessenen Daten nicht aus einem zweidimensionalen Bild, sondern sind ein eindimensionales Absorptionsprofil. (In heutigen Geräten werden bei einem Röhrenumlauf jedoch mehrere, bis zu 320 derartige Zeilen ausgelesen.)

Erst die computergestützte Bildrekonstruktion, die heute mit dem Algorithmus der

Scientific discourse and representative methods are easy to imitate – advertisement experts of the pharmaceutical industry are especially proficient in doing so! As far as the scientific image is concerned, however, its origin in the discursive and communicative process of production conditions leading to the image must be considered, because they determine a semantic object whose evidence is measurable or capable of truth and thus not only subject to historical change, but also to the process of scientific verbalisation of communicable knowledge. Images not only determine our thought, but also guide research.
It is therefore of certain significance to closely study imaging techniques as knowledge gain. On the basis of images – with the aid of invisible emissions, artificial perception systems emerging by means of computer-supported cognition and then becoming subject of diagnostic, complex analysis – decisions are taken on the living. A good example of this is the complexity of the readability of an X-ray mammogram. The more difficult it is to obtain a clear image, the greater is the significance of the imaging method. The X-ray mammogram delivers spot diagrams that can cause many misunderstandings, and the ability to interpret this picture has to be learned thoroughly. Michael Brady and Ralph Highnam from the Department of Engineering Science at Oxford University replicate the physics of the X-ray which penetrates mammary tissue. Due to permanent distortions, they had to tolerate major inaccuracies caused by compressing the breast – a factor of uncertainty during imaging which often led to an inaccurate diagnosis. An accurate analysis of noises can be achieved during radiographing by means of simulation and the overlaid original, thus enabling algorithmic modelling and a re-processing of the mammogram. The result is no less than perfect, although one accepts that the risks of an overaccurate interpretation during such "postprocessing" could lead to manipulation. The expert, i.e. physician who analyses the mammogram as an artwork, has the final say. This shows how personal each specialist's view is, and that even in high-tech handling, the expert's opinion is still essential in the end. What he sees is thoroughly subtle and personal. Cognition and interpretation by man and machine are both required. In computer tomography, absorption profiles of the object are created from many angles and volume structure is reconstructed on that basis. As opposed to classical X-rays, the measured data do not yield a 2D-image, but are a 1D absorption profile. (In modern devices, up to 320 such lines are read during one run of the X-ray tube). Only the computer-assisted image reconstruction, based today on the algorithm of filtered backprojection, can determine the absorption rate of each volume element of the object and the image can be calculated. The calculated image is a cross-section of the examined object. Adjacent sections can be produced with several successive tube runs. Volume charts consist of several dozens, even several hundreds of single sections. A large memory computer is required for imaging in computer tomography, for the image does not develop immediately as with classical X-ray technique, but first has to be calculated from the measured data. Projections which cover at least a 180° rotation around the object to be represented, are required for a CT image. The mathematical basis of today's computer tomography was developed by the Austrian mathematician Johann Radon in 1917.[32] Radon transform is the basis for calculating spatial images of an object and its inner structure is penetrated by means of X-rays and filtered backprojection. This is also an example of visualisation in a strictly scientific form, CT images developing on the basis of mathematically calculated data.
In Gerhard Vollmer's *Biophilosophy*[33], perceptive and interpretative performance of reading 4D images is coupled with the concept of the projective cognition model. The two following examples explain this briefly: 1. Initially, the Tesseract[34] triggers sufficient knowledge for a cube in the interpreting person, for recognising the phenomenon of the simple cube. As

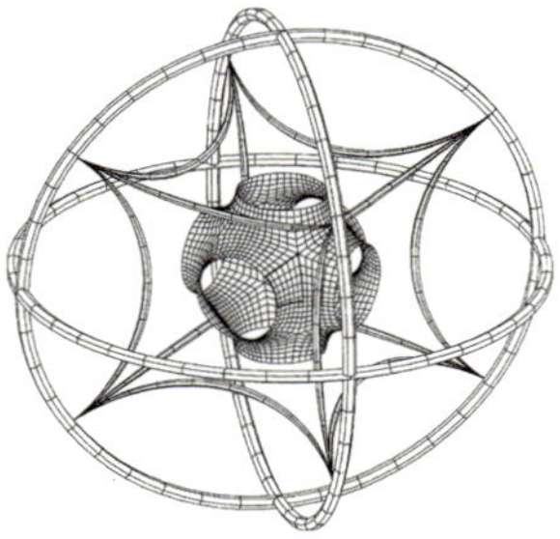

3D Hyperbolic cube by Polthier 1993

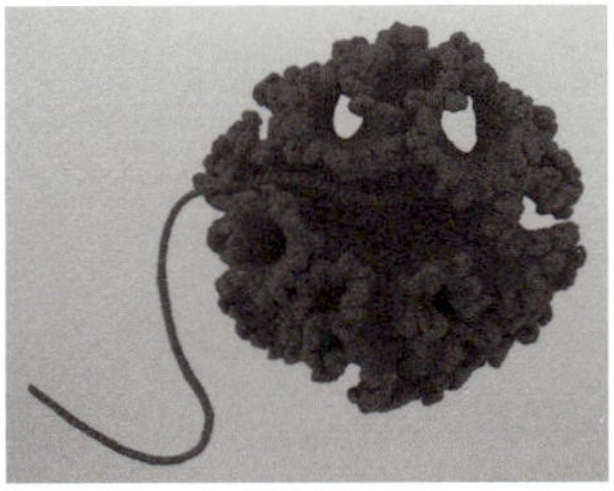

Hyperbolic crocheted form by IFF

gefilterten Rückprojektion erfolgt, kann für jedes Volumenelement des Objektes den Absorptionsgrad ermitteln und das Bild kann errechnet werden. Das errechnete Bild ist ein Transversalschnitt durch das Untersuchungsobjekt. Mit mehreren aufeinander folgenden Röhrenumläufen lassen sich angrenzende Schnitte erzeugen. Volumengrafiken setzen sich aus mehreren Dutzend bis zu mehreren hundert Einzelschnitten zusammen. Für die Bildentstehung bei der Computertomografie ist ein Rechner unbedingt Voraussetzung, da das Bild nicht wie beim klassischen Röntgenverfahren unmittelbar entsteht, sondern erst aus den gemessenen Daten errechnet werden muss. Für die Berechnung eines CT-Bildes sind Projektionen nötig, die mindestens eine 180°-Rotation um das abzubildende Objekt abdecken. Die mathematischen Grundlagen der heute genutzten Computertomografie wurden 1917 durch den österreichischen Mathematiker Johann Radon entwickelt.[32] Die Radontransformation bildet die Grundlage zur Berechnung räumlicher Aufnahmen eines Objektes und seiner von Röntgenstrahlen mithilfe der gefilterten Rückprojektion durchdringbaren Innenstruktur. Dies ist auch ein Beispiel von Visualisierung in strikt wissenschaftlicher Form, die CT-Bilder entstehen auf Grund mathematisch errechneter Daten.

In Gerhard Vollmers *Biophilosophie*[33] sind die Wahrnehmungsleistung und die Interpretationsleistung des Lesens von vierdimensionalen Bildern mit dem Begriff des projektiven Erkenntnismodells gekoppelt. Zwei Beispiele mögen das kurz erläutern. 1. Der Tesserakt[34] löst zuerst einmal ein genügendes Verständnis für einen Würfel, nämlich das Erkennen des Phänomens des einfachen Würfels, im Interpreten aus. Sobald wir aber auf die innere Ebene des aufgehängten Würfels gehen, fehlt uns die räumliche Vorstellung. Man kann die Rekonstruktion im Geiste nachvollziehen und die Zeichnung als Darstellung eines vierdimensionalen Würfels in Zentralprojektion deuten. Zwischen Würfel und Tesserakt besteht aber ein quantitativer Unterschied in der Dimensionszahl. Einen dreidimensionalen Würfel können wir uns anschaulich vorstellen, aber für einen vierdimensionalen Würfel reicht unser Anschauungsvermögen nicht. „Die Rekonstruktion des Würfels kann aber sehr wohl in unserer Anschauung erfolgen; die des Tesserakts gelingt nur mit Hilfe logischer, mathematischer, intellektueller Hilfsmittel“[35], erklärt Gerhard Vollmer. Wie beim Würfel müssen wir das Verhältnis von realer Welt, erkennendem Subjekt und der tatsächlichen Erkenntnis projektiv abschätzen lernen. Das ist es, was man im Studium von technischen Bildern in der Medizin für eine lange Zeit trainiert. Dieses projektive Erkenntnismodell ist wesentlich für die Einschätzung der bei der Diagnose von Krankheiten mittels Computertomografie hergestellten technischen Bilder. Die realen Objekte werden durch Licht, Wärmestrahlen oder Gravitationsfelder auf unsere Sinnesorgane, die an der Körperoberfläche liegen, projiziert. Im Erkenntnisprozess versuchen wir dann, die Objekte aus ihren Projektionen herauszuholen und in der Rekonstruktion den Informationsverlust wieder zurückzugewinnen, was natürlich ein höchst hypothetischer Vorgang ist, aber so spiegelt jedes Modell ein wichtiges Ergebnis der Erkenntnis- und Wissenschaftstheorie: „Alles Tatsachenwissen ist hypothetisch.“[36] So wird Wahrnehmung zur Interpretationsleistung. 2. Die hyperbolische Figur des Institute For Figuring zeigt eine einfache Form als hyperbolische geometrische Figur. Es handelt sich um eine negative Kreisform, eine Minuskugel. Durch Häkelarbeit entsteht im Minusraum eine Form, die sich unendlich weiterspinnen lässt. Demgegenüber produziert die hyperbolische Form des *Lady Musgrave Reefs* ein Bild des Wachstums im organischen/lebendigen Sinn als Positivform. In Kooperation zwischen den Wissenschaften Mathematik und Biologie einerseits und dem sozialen Aspekt der

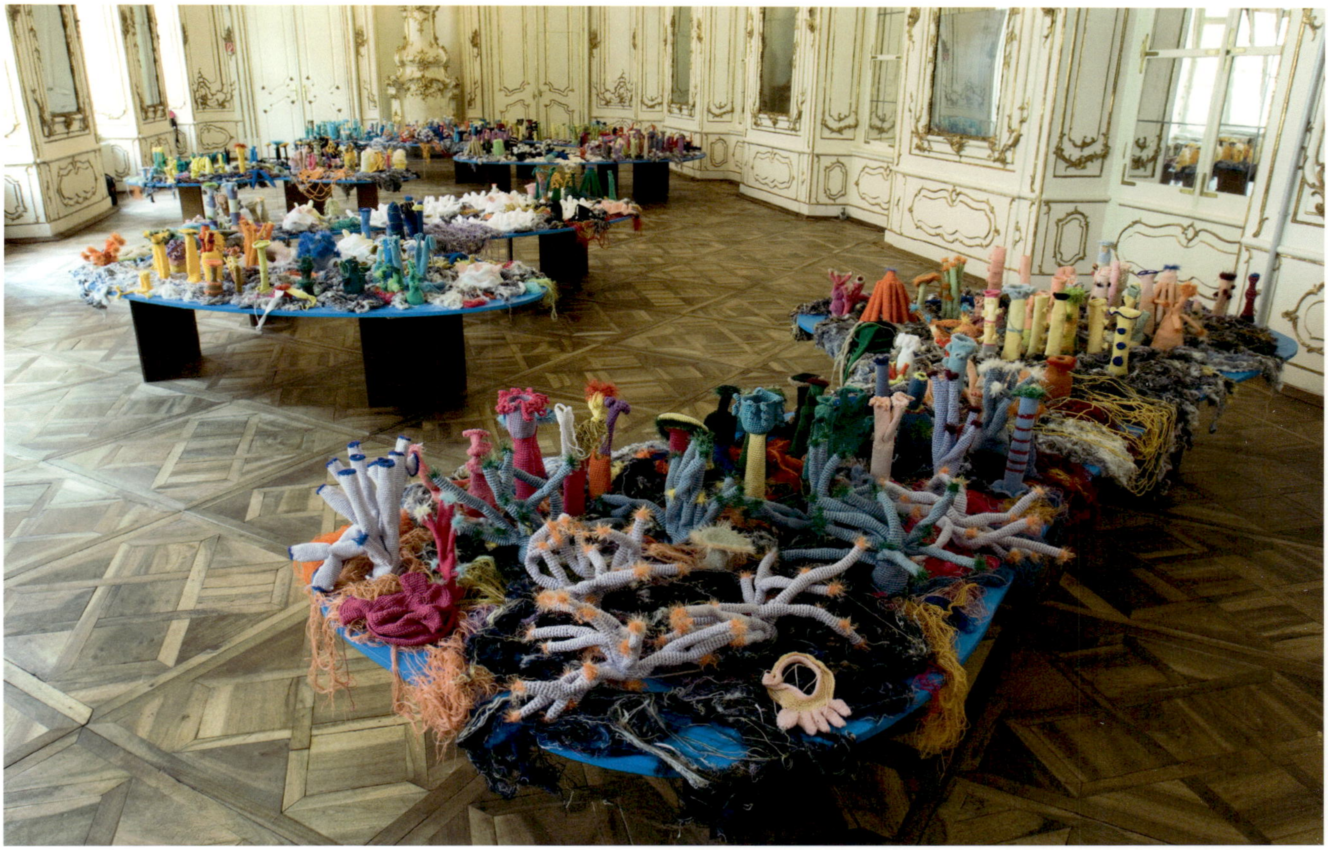

Lady Musgrave Reef, Petra Maitz, installation view, Neue Galerie Graz, 2007

soon as we move to the inner level of the suspended cube, we have no spatial idea. We can comprehend the reconstruction and interpret the drawing as a representation of a 4D cube in central projection. However, there is a quantitative difference regarding the number of dimensions between the cube and Tesseract. We can very well imagine a three-dimensional cube, but our imaginative capacity is not capable of comprehending a four-dimensional cube. "Cube reconstruction can certainly happen in our imagination; that of the Tesseract is only achieved with the help of logical, mathematical and intellectual aids"[35], explains Gerhard Vollmer. Just as with the cube, we have to learn to projectively assess the relationship between the real world, the knowing subject and factual cognition. It is that what needs to be thoroughly trained when studying technical imaging in medicine. This projective cognitive model is essential for the interpretation of technical images from the computer tomograph during the diagnosis of diseases. The real objects are projected by means of light, heat rays or fields of gravity onto our sense organs (the eyes) which lie on the surface of the body. In the cognitive process, we then attempt to extract objects from their projections and to regain the loss of information during reconstruction, which is naturally a highly hypothetical process, but every model thus reflects an important result in epistemology and the philosophy of science: "All factual knowledge is hypothetical."[36] Thus, perception becomes interpretative performance. 2. The hyperbole of the Institute for Figuring shows a simple form as a hyperbolic geometric figure. It is about a negative circle, a minus sphere. A form takes shape in the minus space through crocheting, which can be spun off endlessly. By contrast, the hyperbolic form of the *Lady Musgrave Reef* produces a picture of growth in the organic/living sense as a "positive mould" or positive shape. In cooperation between mathematics and biology on the one hand and the social aspect of job-creating measures in

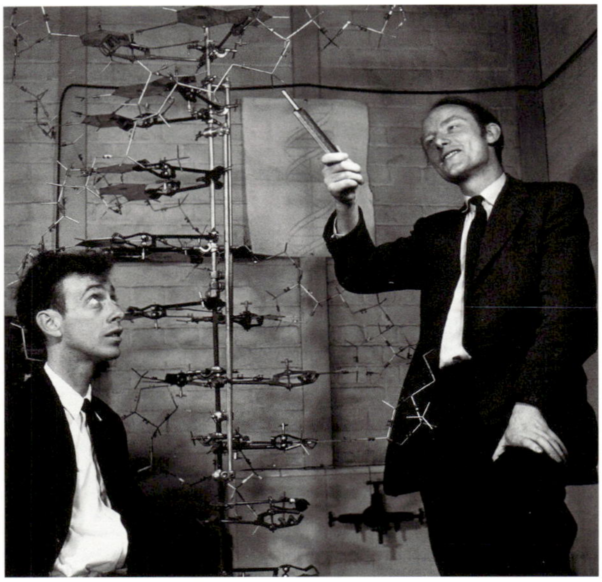

Watson & Crick with their lattice model 1953

Arbeitsbeschaffungsmaßnahme in schlechten wirtschaftlichen Zeiten andererseits entstand das Kunstprojekt *Lady Musgrave Reef*, eine Ansammlung von unzähligen gehäkelten Korallenmodellen. Der modellhaften Nachahmung eines Naturentwurfs gingen lange Recherchen zur Ökologie des Riffs voraus, zahlreiche Zeichnungen und Karten wurden zum Thema erstellt, bevor die Auftragsarbeit an mehrere Häkler/innen erging. Die Nähe zur natürlichen Mathematik in Korallen-Rosetten und anderen Formen, die man in den Meeren findet, ist darin bereits mitgedacht. Die Parallelität der Handarbeit zum Naturentwurf ist keine zufällige. Das *Lady Musgrave Reef* ist urheberrechtlich das erste Werk zur hyperbolischen Formerfindung mittels Handarbeit, die ersten Modelle wurden bereits in den 1990er-Jahren von der Autorin entwickelt. Das *Lady Musgrave Reef* fungiert im Kunstbetrieb als Wissens- und Transfer-Oeuvre. Die Verknüpfung von Handwerk, Wissenschaft und Kunst und inwiefern sich die Disziplinen bereits gegenseitig vernetzt haben, wird augenscheinlich. Über das *Lady Musgrave Reef* und dessen Entstehungsdynamik wird im letzten Kapitel ausführlich gesprochen.

POSTGENOMIK – GENOMVERÄNDERUNGEN

Bezüglich des „Bildseins" von Molekülen im Nanobereich muss man erst bestimmen, was man warum sehen will. Man könnte die Änderungen in der neuen Molekularbiologie phänomenotechnisch nennen. Ein komplexer organischer Vorgang, der Vererbungsmechanismus, wird zu einem technisch manipulierbaren Kopiervorgang, was heute Synthetische Biologie heißt.
In mikroskopischen Dimensionen der Molekül- und RNA-Welt werden ebenfalls Techniken der Visualisierung, die strikt wissenschaftliche Visualisierungsmöglichkeit, verwendet. Weil dies für unsere Augen unsichtbar bleibt, sind Analogien, Modelle zur Darstellung wichtig. Roger Hayward nannte dieses erste Modellbuch der Moleküle *The Architecture of Molecules* (1964).[37] Max F. Perutz[38] versuchte die neuen Proteinketten-Strukturen auf mathematischem Weg aus Röntgenbeugungsmessungen sichtbar zu machen und herzuleiten, was ihm beim Unterricht lediglich einen leeren Seminarraum bescherte. Danach entwickelte er anschaulichere Modelle, die räumlich viel besser zu erfassen waren. Vom filigranen Gitterwerk bis zum klobigen Plastikscheiben-Modell waren die Versuche, das komplexe Molekülgeschehen darzustellen, eine große mathematische Aufgabe für die Forscher. Die Arbeit wurde am Hämoglobinmolekül verfeinert. Interessant ist, dass die verschiedenen Modelle zeitbedingte Stile aufweisen. Das Myoglobin-Protein des Pferdes, von Max Perutz aus Plastikscheiben zusammengesetzt, sieht eben klobig aus, während das Drahtgitter von Watson und Crick sehr leicht und schwingend wirkt. Die Modellvorstellung war an das vorherrschende Geschmacksgefühl der Zeit angepasst.
Durch Zufall erhielt Max Perutz von einem Freund aus Frankreich eine Figur, die zur selben Zeit wie sein Modell entstand, eine Arbeit eines Künstlers, *L'Anémone*, sie sah dem Modell des aus Plastikscheiben gebauten Pferdemyoglobins sehr ähnlich, er sah

poor economic times on the other hand, the art project *Lady Musgrave Reef* emerged from a collection of countless crocheted coral models. Simulation of a natural design by modelling was preceded by tedious research on reef ecology including numerous drawings and maps on the subject, before the handwork was commissioned to several needle workers.
Proximity to natural mathematics within coral rosettes and other shapes found in the ocean, was already considered from the beginning. Parallelism of needlework and natural design is not random. The *Lady Musgrave Reef* is the first patented work relating to hyperbolic shape-invention by means of needlework. The author had already developed the first models in the 1990s. The *Lady Musgrave Reef* works as a knowledge and transfer oeuvre in the art establishment. The connection of needlework, science and art and the way in which disciplines have already interconnected, becomes apparent. The last chapter of this book substantially deals with the *Lady Musgrave Reef* and how it came into being.

POST-GENOMICS – GENOMIC CHANGES

As far as "being-an-image" of molecules on the nano scale is concerned, one has to first determine what one wants to see and why. One could call changes in the new molecular biology phenomenotechnical a complex organic process – the mechanism of inheritance – becomes a technically manipulable copying process which today is called synthetic biology. Visualisation techniques – strictly scientific visualisation possibilities – are also used in the microscopical dimensions of the molecular and RNA world. Since these remain invisible for our eyes, we need analogy and models of representation. Roger Hayward called this first model book of molecules *The Architecture of Molecules* (1964).[37] Max F. Perutz[38] tried to make visible and to derive the new protein chain structures by way of mathematics from X-ray diffraction measurements, which earned him an empty lecture room when teaching. Afterwards he developed more plausible models which could be better grasped on a spatial level. From the filigree meshwork to the clumsy plastic disc model, attempts to represent the complex molecular activities were a huge mathematical challenge for researchers. Work was refined with the aid of the haemoglobin molecule. It is interesting to note that various different models show different styles according to when they were created. The myoglobin protein of the horse, which Max Perutz assembled using plastic discs, looks quite clumsy, whereas Watson and Crick's wire lattice model appears to be very light and swinging. This model idea corresponded to predominant contemporary taste.
By coincidence, Max Perutz received a figure from a friend in France, which was developed at the same time as his model: *l'Anémone* was the work of an artist that closely resembled the plastic disc model of the horse myoglobin. For Perutz, it proved that the artist's imaginative power anticipated the patterns that scientists discover in nature.[39]
Watson and Crick developed the wire lattice model in the British style of the 1950s, whereas the haemoglobin sculpture of 2005 designed from steel by American artist Julian Voss-Andreae[40], represents American bioengineering of that time in its heaviness. The well-known ball-and-stick model was invented in 1865 by the German chemist August Wilhelm von Hofmann[41]. He used this model for his lecture at the Royal Institution of Great Britain.
The ribosome, above all, has come to the centre of attention in all recent visualisation trials, because it is there that RNA synthesis and RNA interference take place. In the meantime, three different groups are competing for visualisation models in the form of computer animations, which demonstrate atomic activity around the ribosome. Numerous American companies have already published their results on the Internet, however, not all scientific

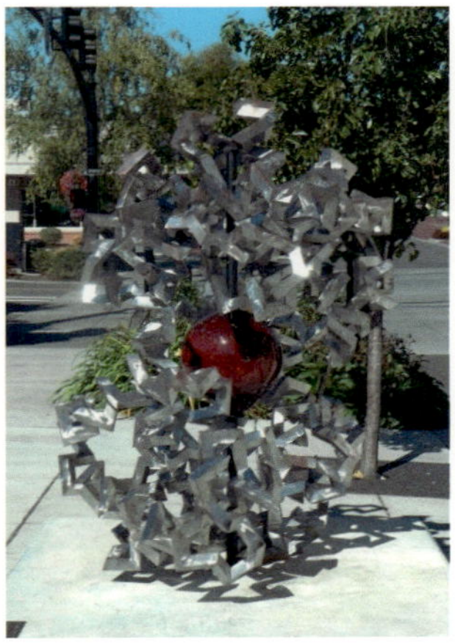

Julian Voss-Andreae, Haemoglobin model "Heart of Steel", 2005

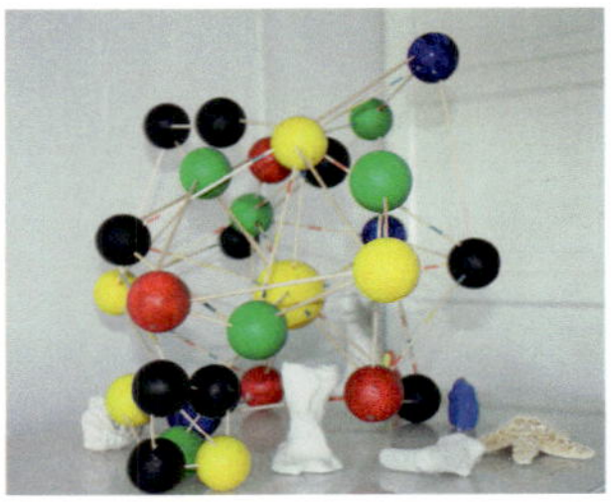

Petra Maitz, molecule / calculus, ball-and-stick model, 2009

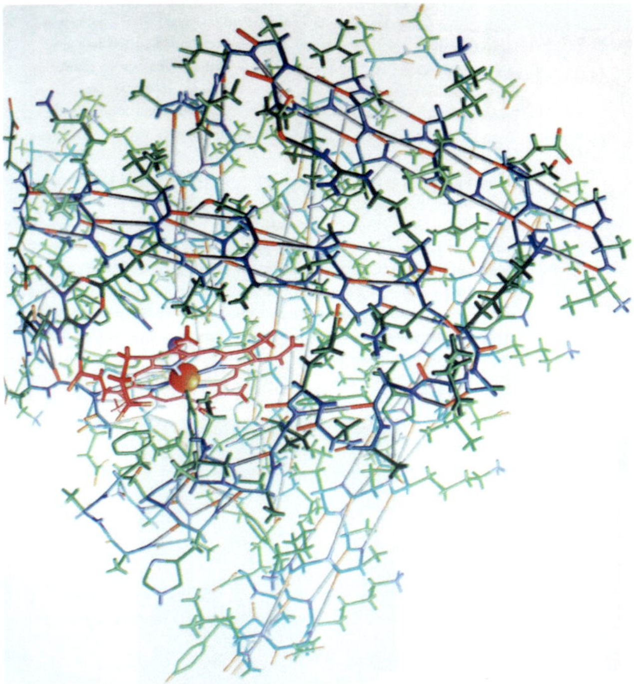

Irvin Geis, Myoglobin, watercolour, 1961

darin den Beleg, dass die Vorstellungskraft des Künstlers die Muster, die der Wissenschaftler in der Natur entdeckt, antizipiert.[39]

Watson und Crick haben das Gittermodell nach dem britischen Stil der 1950er-Jahre entwickelt, während das Hämoglobin von 2005 des amerikanischen Künstlers Julian Voss-Andreae[40] skulptural schwer aus Stahl, die Bioengineering-Zeit in den USA verdeutlicht. Das bekannte Ball-and-Stick-Modell wurde erstmals 1865 vom deutschen Chemiker August Wilhelm von Hofmann[41] bei seiner Vorlesung am Royal Institute of Great Britain gezeigt.

Vor allem das Ribosom ist bei allen jüngeren Visualisierungsversuchen ins Zentrum gerückt, da dort die RNA-Synthese und die Wirkungsweise der RNA-Interferenz stattfinden. Inzwischen wetteifern drei verschiedene Gruppen um die Visualisierungsmodelle in Form von Computeranimationen, die die Darstellung von atomarem Geschehen rund um das Ribosom zeigen. Zahlreiche amerikanische Firmen haben ja bereits ihre Ergebnisse im Internet veröffentlicht, wobei noch nicht alle wissenschaftlichen, molekularbiologischen Parameter diesbezüglich eindeutig klar sind. Hier ist das Beispiel der errechneten Daten zur Bildgebung, die Visualisierungsvariante – strikt wissenschaftlich – zu nennen. Das heute am meisten verwendete Molekülarchitektur darstellende Computerprogramm ist Molscript. In John Barrows *Key Images in the History of Science* wird die komplizierte zeichnerisch und computertechnisch hergestellte Dreidimensionalität der Molekülwelten erklärt. „Sometimes scientists want to represent things in three (or even more) dimensions in ways that require the skills of a professional artist.“[42]

Einer der bekanntesten Zeichner und Architekten war Irving Geis[43], er studierte Kunst und Architektur und wurde wegen seines großen Talents zur Darstellung von molekularen Architekturen einer der wichtigsten Zeichner nach dem Zweiten Weltkrieg in den USA. Er stellte mittels einfacher Aquarelltechnik das räumliche Phänomen des Myoglobin-Proteins dar, nachdem er zahlreiche Röntgenbeugungsbilder des Myoglobins studiert hatte.

„Geis' image contains accurate representations of interatomic spacings, constituent atoms, and bond angles and types, and manages to create a three-dimensional feel by variations in colour and clever use of distortion. Today, this would be done by moving computer graphic which would create three-dimensional perspective by having the viewer orbit around the molecule. The eye and the brain do the rest.“[44] Geis inspirierte viele nachfolgende Molekül-Künstler. Es etablierte sich eine Gruppe von Spezialisten für die Visualisierung von Molekülgeschehen der Chemie und Biochemie. Eigene Visualisierungsprogramme für Chemiker und Biochemiker wurden konstruiert. Das bekannteste Programm ist Molscript, das von Per Kraulis[45] 1991 geschrieben wurde. Damit wurde auch Menschen, die keine Vorstellung von Chemie hatten, eine Ahnung vermittelt, was in der Molekularbiologie und in der Biochemie gerade stattfindet.

Die Größendimensionen der in den Computerdarstellungen gezeigten Moleküle bewegen sich im Ångströmbereich und die Gruppe um das Max-Planck-Institut für

molecular biological parameters have become clear yet. In this context, the following example of data calculated for imaging, the visualisation variant – in the strictly scientific sense – should be mentioned. Today's most commonly used computer programme for the representation of molecular architecture is Molscript. In John Barrows *Key Images in the History of Science*, he explains how complicated the 3-dimensionality of the molecular world is when created by drawing and by means of computer technology. "Sometimes scientists want to represent things in three (or even more) dimensions in ways that require the skills of a professional artist."[42]

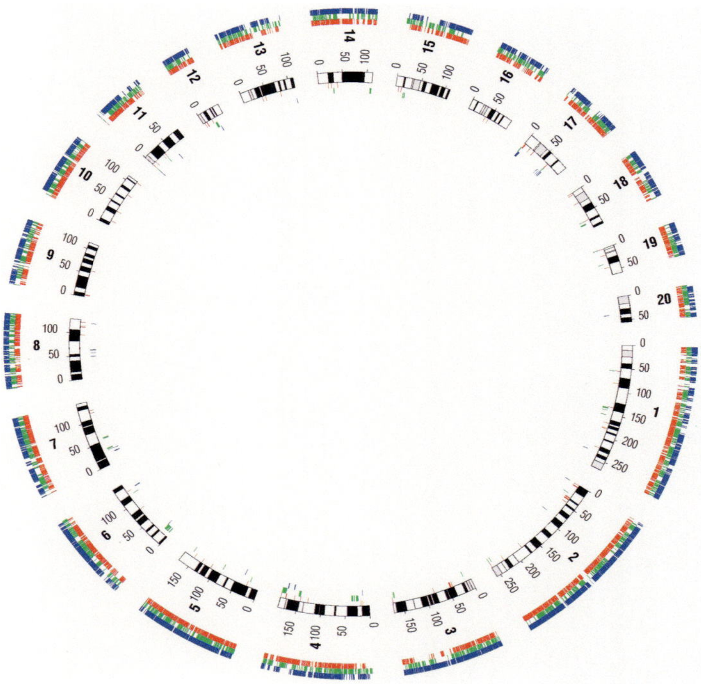
Gene mapping of a species

Irving Geis was one of the most well-known drawers and architects.[43] He studied art and architecture and became one of America's most important post-war illustrators because of his gift for representing molecular architecture. With the help of a simple water-colour technique, he was able to depict the spatial phenomenon of myoglobin protein after studying many X-ray diffraction images of myoglobin.

"Geis' image contains accurate representations of interatomic spacings, constituent atoms, and bond angles and types, and manages to create a three-dimensional feel by variations in colour and clever use of distortion.

Today, this would be done by moving computer graphic which would create three-dimensional perspective by allowing the viewer to orbit around the molecule. The eye and the brain do the rest."[44] Geis inspired many later molecule artists. A group of specialists was established for the visualisation of molecular activity in chemistry and biochemistry. Special visualisation programmes for chemists and biochemists were designed. The most well-known programme is Molscript, which was written by Per Kraulis[45] in 1991. In that way, people who had no idea of chemistry were able to get an idea of what is going on in molecular biology and biochemistry.

The dimensions of the molecules shown by the computer range were within the Ångström zone and the Max-Planck-Institute's Group for molecular genetics in Berlin headed by Ada Yonath, as well as the group in Salt Lake City headed by Venkatraman Ramakrishnan and Thomas Seitz in New Haven, refined their models constantly using computer-based data quantities. Within 10 years, they all worked on a substantially higher resolution through greater processing capacities and together they received the Nobel Prize in Chemistry 2009, as Hans-Jörg Rheinberger explains in the exhibition catalogue *Weltwissen*.[46]

In recent computer-based analysis of the mammal-related donor, genome mappings represent the latest method for forecasting a possible genetic disease and are used in the USA on a regular basis, just as the DNA test is common for private patients.

Genes provide the blueprint for life; or, as a "spirit of the cell", do they rather trigger the process of life? Is the RNA world hypothesis to be seen as a spirit, because it is equal to the spirit and the spirit itself, being dually present, continually changing identity, once as an enzyme then as an information memory which is able to let both functions happen in a possible self-fertilisation? The development of cybernetics and molecular biology took place almost simultaneously as a parallel development. In comparison to cybernetics, however,

molekulare Genetik in Berlin unter Ada Yonath sowie die Gruppe in Salt Lake City unter Venkatraman Ramakrishnan und Thomas Seitz in New Haven verfeinerten ihre Modelle laufend mittels computerbasierter Datenmengen. Innerhalb von 10 Jahren arbeiteten sie alle an einer wesentlich höheren Auflösung durch größere Rechenleistungen und zusammen erhielten sie 2009 den Nobelpreis für Chemie, erläutert Hans-Jörg Rheinberger im Ausstellungskatalog *Weltwissen*.[46]
Genomkartenbilder sind in der jungen computerbasierten Analyse des mammalischen Spenders die neueste Methode eines möglichen genetischen Prognostizierens eines Krankheitsbildes und werden in den USA ganz selbstverständlich angewendet, wie auch der DNA-Test für Privatpatienten weit verbreitet ist.
Gene liefern den Bauplan für das Leben oder setzen sie als eine Art „Geist der Zelle" selbst den Lebensprozess in Gang? Ist die RNA-Welt-Hypothese schon als Geist zu sehen, weil sie gleich dem Geist ist und der Geist selbst ist, dieser selbst als zweifach vorliegend, die Identität dauernd wechselnd, einmal Enzym, dann Informationsspeicher, befähigt ist, beide Funktionen in einer möglichen Selbstbefruchtung stattfinden zu lassen?
Die Entwicklung der Kybernetik fand fast zeitgleich mit der Molekularbiologie statt, eine Parallelentwicklung. Maschine/Rechner/Systeme/biologische Systeme sind aber im Vergleich zur Kybernetik nasse Systeme, nicht trockene, virtuelle. Und in der Molekularbiologie ist es immer relevant, was mitgeteilt wird. Beim Informationsaustausch in Maschinen wird kommuniziert und es spielt keine Rolle, was mitgeteilt wird. In der Zelle hat die DNA Befehlsgewalt, die Codierung wird auf die RNA übertragen. Dann sind da Ribosomen, an denen mithilfe der T-RNA die Sequenz in Aminosäuren übersetzt wird. Dies gibt Anlass zu intervenieren, wie es Tom Tuschl[47] tut. Gene werden aktiviert und deaktiviert durch Einschleusung von bestimmten Genabschnitten, die künstlich extern erzeugt worden sind und danach in die Zelle eingebracht werden, wo sie dann bestimmte Genabschnitte blockieren. Diese Forschung ist an der Rockefeller Universität New York im Entwicklungsstadium und Tom Tuschl ist zusammen mit Kollegen aus vielen Ländern mit der Visualisierung seiner RNA-Interferenz-Technik beschäftigt. Amerikanische Visualisierungsstätten übertrumpfen sich gegenseitig mit schönen Bildern und schönen netzbasierten Videoclips[48]. Das Internet ist eine Quelle der Aufregung: Wenn man „RNA-Interferenz" in eine Suchmaschine eingibt, erhält man eine unglaubliche Masse an Bildverfahren, Simulationsverfahren für Ideen, Modelle, die interaktiv dargestellt leicht an die faszinierenden Flugmodellzeichnungen im 15. Jahrhundert von Leonardo da Vinci herankommen.[49] Die große Vorstellungskraft ist heute im Computer, sagt Evelyn Fox Keller.[50]
Jacob und Monod entdeckten 1961, dass es eine Steuerung der Gene (Operongen) und eine Aktivierung geben muss.[51] Es funktionierte bei Bakteriengenen, aber nicht bei humanoiden Genen. Die Entdeckung steuernder und ausführender Gene und der hemmenden Steuerung der Aktivität struktureller Gene 1961 enthüllt, dass das Genom nicht nur eine Reihe von Blaupausen enthält, sondern ein abgestimmtes Programm sowie Mittel, dessen Durchführung zu kontrollieren. Das war neu, denn auch in der Kybernetik waren Versuche gemacht worden, das System des Ab- und Anschaltens von Informationsaustausch zu testen, nur im Gegensatz zur Maschine war lebende Information nicht an- und abzuschalten, sondern entweder lebendig oder tot. Maschine und Organismus sind nicht vergleichbar, insofern ist die heutige Realität der dauernden Vermischung von Computer- und Lebensdaten von

machine/computer/systems/biological systems are wet systems, not dry and virtual. And in molecular biology that which is communicated it is always relevant. Information exchange in machines means communication regardless of what is conveyed. In the cell, DNA has commanding power and coding is passed on to the RNA. Then there are the ribosomes, upon which the sequence is translated into amino acids with the help of the T-RNA. This gives cause to intervene, like Tom Tuschl[47]. Genes are activated and deactivated by introducing certain gene sequences which are artificially and externally created and then introduced into the cell, where they block certain gene sequences. At the moment, this research is *in statu nascendi* at the Rockefeller University New York, and Tom Tuschl is working together with colleagues from around the world on the visualisation of his RNA interference technique. American visualisation sites compete with another focusing on lovely images and beautiful net-based video clips.[48] The Internet is a source of excitement: If you enter "RNA interference" into a search engine, you obtain an incredible quantity of imaging processes, simulation processes for ideas and models that are interactively represented and closely resemble in popularity Leonardo da Vinci's 15th century airplane model sketches.[49] Evelyn Fox Keller says that today it is the computer that dominates our imagination.[50]

In 1961, Jacob and Monod discovered that genes were controlled and activated by a cluster of genes (operon).[51] This was true for bacteria genes, but not for humanoid ones. The discovery of controlling and executing genes and the inhibiting control of activity of structural genes in 1961 reveals that the genome not only contains a series of blueprints, but also a harmonised programme as well as a means to control its implementation. This was new, since in cybernetics, too, trials had already been conducted to test the system of deactivation and activation of information exchange; in contrast to the machine, however, DNA information was not able to be activated and deactivated, but was either alive or dead. Machines and organisms are not comparable; insofar today's reality of permanent hybridisation of computer and life data of organisms in the bio-informatics of the present has come especially close to the clash of cultures (co-evolutionary parallel worlds).

The concept of information has a completely different meaning for biologists than for physicists. Seen in an evolutionary perspective, it is not so easy to explain how biodiversity came into being; with his theory, Darwin made a first step. The genes have mutated, have changed over millions of years, today we speak of a horizontal gene flow and not of a vertical one. Synthetic biology is presently investigating morphological criteria of developmental biology. However, biotechnology is faced with organic boundaries. In that way, the evolutionary gene pool of life as such has become a tool box. Today's tools are the molecules themselves, which are continually re-configured. Boundary transgressions and their new descriptions such as re-combinant, trans-genetic, chimeric or hybrid can hardly be assessed in their effects on further human-induced biological evolution and to be understood in their dimensions.

In the last 10 years, molecular biology has developed so rapidly and become so manifold that new departments were established at the main universities. A battle is going on for research resources, and knowledge generated by scientific research, which is still very much virtual, has been sharply criticised by sociologists and philosophers, because: how can success in research be achieved in the anthropological sense? It is spoken of "reinventions of life in the 21st century", according to the subtitle of Manfred Faßler's new book *Kampf der Habitate*.[52]

As in molecular biology, we humans are also caught in a vast mass of data which is permanently monitored; Google, facebook etc. dominate our Internet activities and woe betide them who have not updated their programmes! We are under the rule of a few

Organismen in den Bioinformatiken unserer Gegenwart besonders nahe an einem Clash der Kulturen (koevolutionäre Parallelwelten). Der Begriff der Information hat für den Biologen eine andere Bedeutung als für den Physiker. Evolutionär gesehen ist es nicht so leicht zu erklären, wie die Biodiversität entstand, Darwin hat mit seiner Theorie den Anfang gemacht. Die Gene sind mutiert, haben sich in Millionen Jahren verändert, man spricht heute von horizontalem Genaustausch, nicht mehr von vertikalem. Die synthetische Biologie erforscht gerade morphologische Kriterien der Entwicklungsbiologie. Es sind der Biotechnologie auch organische Grenzen gesetzt. Der evolutionär entstandene Genpool des Lebens insgesamt wird so zu einem Werkzeugkasten. Die Geräte sind heute die Moleküle selbst und diese werden fortwährend umgebastelt. Die neuen Namen der mit den Ausdrücken „rekombinant" und „transgenetisch" und „chimärisch" oder „hybrid" angedeuteten Grenzüberschreitungen sind in ihren Auswirkungen für die weitere, vom Menschen induzierte biologische Evolution heute schwer abzuschätzen und in ihren Dimensionen zu begreifen.
Die Molekularbiologie hat sich in den letzten 10 Jahren so vielfältig weiterentwickelt, dass in den großen Universitäten neue Institute dafür eingerichtet wurden. Es tobt ein Kampf um Forschungsmittel und das derzeit noch sehr virtuelle Wissen der naturwissenschaftlichen Forschungen ist bei den Soziologen und Philosophen auf starke Kritik gestoßen, denn worin wird vornehmlich ein Forschungserfolg im anthropologischen Sinn erzielt? Man spricht von „Neuerfindungen des Lebens im 21. Jahrhundert", so der Untertitel von Manfred Faßlers neuem Buch, *Kampf der Habitate*.[52] Wie in der Molekularbiologie befinden auch wir Menschen uns in einer unüberschaubaren Datenmenge, die stets kontrolliert wird, Google, facebook und Co. dominieren unseren Internetgebrauch und wehe dem, der seine Programme nicht updatet. Wir sind unter der Herrschaft von wenigen Weltfirmen, Gefangene des statistisch vermessenen und kontrollierten Massenkonsums von „www" (world wide web), Browsern und E-Mail-Adressen. Die Rolle, die uns als Verbrauchern zukommt, ist höchst fragwürdig. Für die Molekularbiologie sind die Fakten viel zu wenig bekannt, als dass darüber ein gesellschaftlicher Konsens eingefordert werden kann.
In Labors erfolgen Experimente, die zwar den Zweck der Erkenntnis innehaben, aber es ist nicht sicher, was dabei rauskommt. Es wird am lebenden Miniorganismus geforscht. Molekulargenetisch kann das manipulierte Erbmaterial mittels Vektoren in die Zelle eingebracht werden. Somit erfolgt die Erzeugung von hybridem Erbmaterial, eine rekombinante Nukleinsäuresequenz ist das Ergebnis.
Diese Methode beruht nicht mehr auf schwerem Gerät, das nach physikalischen Prinzipien aufgebaut ist. Die Matrize, mit denen man Gene kopiert, die Scheren und die Nadeln, mit denen man sie schneidet und spaltet, und die Vektoren, mit denen man sie transportiert, sind selbst in der Größenordnung von Makromolekülen.[53] „Die Sichelzellenanämie zeigt exemplarisch, dass die Beherrschung einzelner Krankheiten, deren genetische Ursache bekannt ist, auf dem Feld der Therapie auf weit komplexere Situationen trifft. Man muss also wohl weniger eine neue, molekulargenetisch begründete Eugenik befürchten, sondern wir sind Zeugen eines Prozesses, in dem der Diskurs über Vererbung nicht mehr durch eine die Biologie beherrschende Disziplin, die Genetik, gesteuert wird, sondern „Trade-offs" viel komplexerer Natur Platz macht, sowohl auf der Ebene der individuellen Körper wie auch auf der Ebene ihrer sozialen Interaktion."[54] Heute haben wir die Zeit der Postgenomik.
Man will wieder Lebewesen als Ganzheit begreifen, wie auch im ausgehenden 19. Jahrhundert. Schon Anfang des 20. Jahrhunderts wollte man die kritisierte

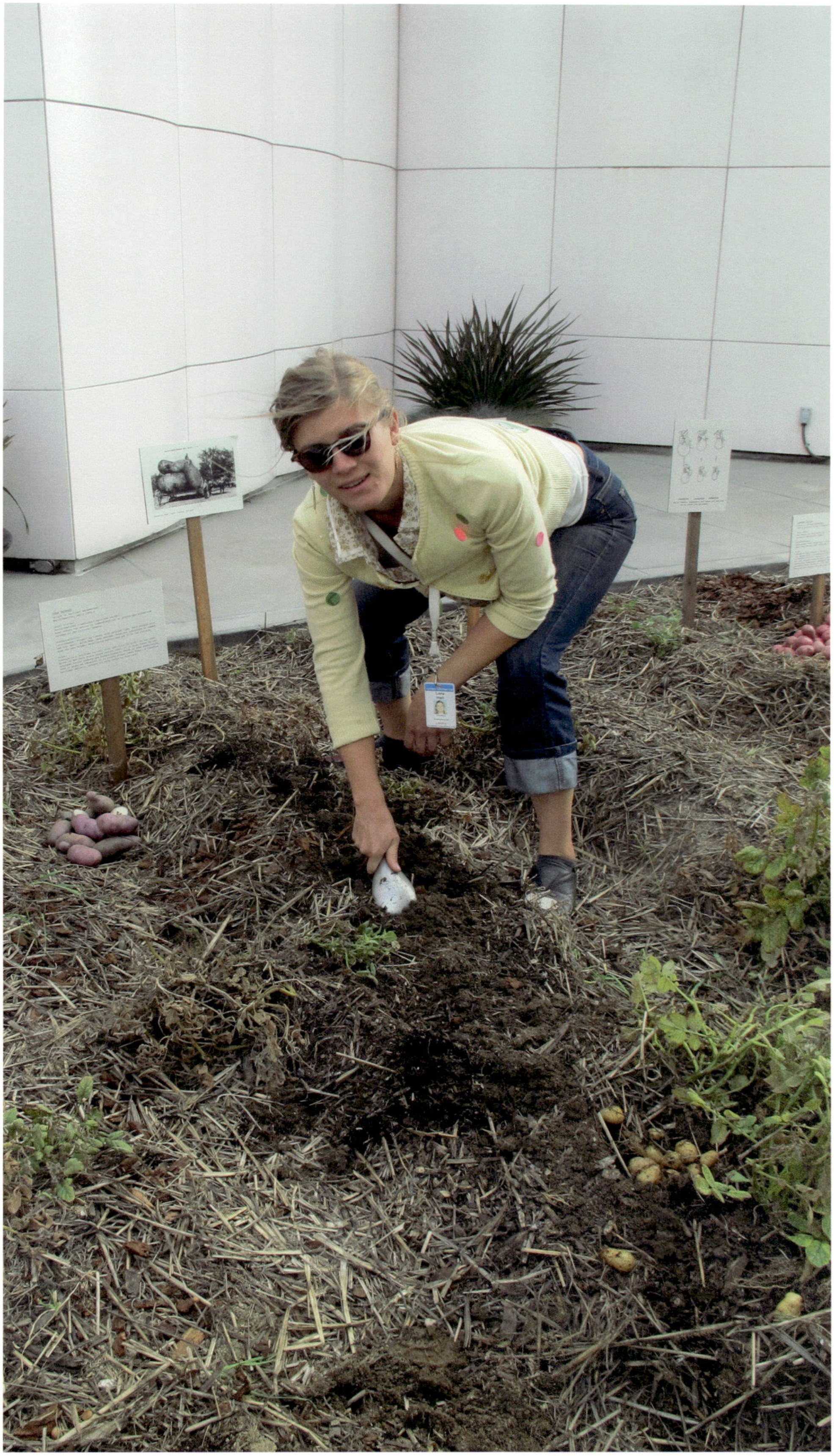

Åsa Sonjasdotter, working on "The Order of Potatoes", EATLACMA, Los Angeles County Museum, 2010

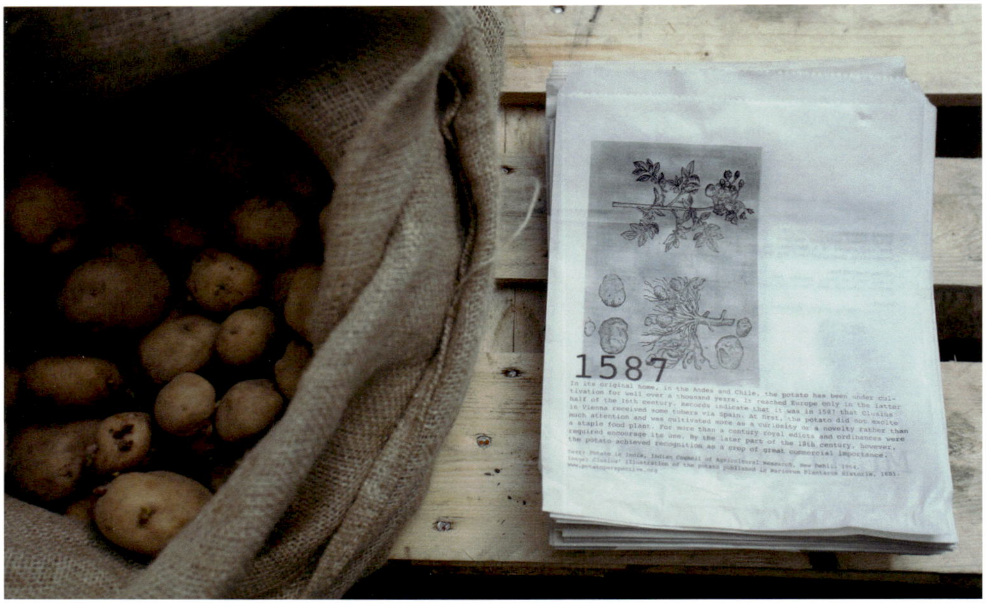

Åsa Sonjasdotter, The Order of Potatoes, 2009

Entwicklungsmechanik von Gregor Mendel hinter sich lassen. Was in der Agrarwissenschaft derzeit Usus ist, nämlich die Saatgutherstellung, die von Mendelgesetzen abgeleitet werden kann, hat heute eher eine Verarmung von zu wenig genetischer Variation zur Folge. Diese nach Patenten geschützt von großen Weltfirmen dominant vertriebenen Saatprodukte werden nicht wie einst in freier Piraterie sozusagen hergestellt, sondern künstlich erzeugt. Dies ist Gegenstand zahlreicher kritischer Debatten über Monopolstellungen einiger bekannter Lebensmittelindustrieunternehmen.

Åsa Sonjasdotter ist eine junge Künstlerin, die in Berlin lebt. In ihrer künstlerischen Praxis konzentriert sich Åsa Sonjasdotter auf Fragen von Differenz, Macht und Wissen. In ihrem Langzeitprojekt *A Potato-Perspective* untersucht sie kulturelle, politische und wirtschaftliche Beziehungen, indem sie die Spuren der Kartoffel als migrierender Kulturpflanze verfolgt. In der Arbeit von Åsa Sonjasdotter ist der künstlerische Effekt der Aufklärung durch die Erfahrung der experimentellen Versuchsanordnung entstanden, der Wissensgewinn resultiert aus der Geschichte eines Naturprodukts und dem Prozess des Experiments. Die Kunst ist ein Nebenprodukt eines lebenserhaltenden Handelns, nämlich das des Ackerbaus und der Nahrungssicherung. Es wird durch Gesetzesübertretung ein analytischer Fragekanon generiert, der dokumentarisch den Zustand der europäischen Richtlinien für Ackerbau befragt.

Wiederum kann man hier einen ineinander geschachtelten Strukturwandel im Umgang mit genetischem Material sichtbar machen. Die Kontrolle, die hieraus erwächst, ist nicht mehr nur eine theoretische, es sind politische Fakten, die Menschen zwingen, einen bestimmten Gentypus zu verwenden, wenn sie Ackerbau betreiben, ansonsten werden sie mit Strafen belegt, weil diese Sorten von „potatoes" patentrechtlich geschützt von großen Multikonzernen verwaltet werden und nicht gezüchtet werden dürfen.[55]

Interessant ist, dass das Prinzip einer verallgemeinerten Evolutionstheorie auf keine Gegenbewegung trifft, ausgenommen die Versuche einiger amerikanischer Extremisten, die sich Kreationisten nennen und die wieder das „Gottgeschaffene" in die Evolutionsgeschichte einführen wollen, wogegen Richard Dawkins[56] militant wettert. Die ganzheitliche Medizin ist ebenfalls durch ein Gemisch von neuen und alternativen

global players and prisoners of statistically measured and monitored mass consumption of "www" (world wide web), browsers and email addresses. Our role as consumers is extremely questionable. Facts relating to molecular biology are far from being well known enough for us to claim societal consensus on it.

Although experiments are conducted in labs with the purpose of gaining knowledge, we are never sure of their outcome. Research is being done on the living mini-organism. Seen on the molecular-genetic level, manipulated genetic material can be introduced to the cell using vectors. In that way, hybrid genetic material is produced, the result of which is a recombinant nucleic acid sequence.

This method is no longer based on heavy equipment built according to physical principles. The matrix with which genes are copied, the scissors and the needles with which they are cut and separated, and the vectors with which they are moved, are of macro-molecular dimensions themselves.[53] "Sickle-cell disease shows exemplarily that the control of individual diseases whose genetic cause is known, is faced with far more complex situations in the therapeutic field. Thus there is less danger of new molecular-genetically justified eugenics emerging, we are rather witnesses of a process in which discourse about genetics is no longer controlled by one discipline that dominates biology, i.e. genetics, but in which trade-offs give way to a far more complex nature, both on the level of the individual body and on the level of social interaction."[54] Today, we live in a post-genomic world.

Just as during the 19th century, living beings should be understood as a whole again. In the early 20th century, people wanted to overcome Gregor Mendel's much criticised development mechanics. The status quo in agricultural science, namely seed production, which can be derived from Mendel's laws of inheritance, has led to an impoverishment in the sense of poor genetic variation. These seed products, protected by patents of global players and dominantly distributed, are no longer produced in free piracy, as it were, but artificially. This has become subject of much critical debate on the monopoly of several well-known food industries.

Åsa Sonjasdotter is a young artist who lives in Berlin. In her artistic practice, she focuses on questions of difference, power and knowledge. In her long-term project *A Potato-Perspective*, she explores cultural, political and economic relations as she traces the potato's origin as a migrating cultivated plant. In Åsa Sonjasdotter's work, the cultural effect of enlightenment is due to her experience with the experimental set-up; knowledge gain is the result of the history of a natural product and experimental process. Art is a by-product of life-maintaining action, namely of agriculture and the safeguarding of a food supply. An analytic canon of questions is generated by transgressing laws. This canon documents the state of European agricultural directives. Here again, one can visualise an interwoven structural change when dealing with genetic material. The control accruing from it, is no longer merely theoretical; it is political facts that force people to use a certain genotype, when involved in agriculture, otherwise they are fined, because those sorts of potatoes are patented and managed by multinational companies and are not allowed to be bred.[55]

It is interesting that the principle of generalised evolution theory does not encounter any opposition, except for attempts of some American extremists, who call themselves "creationists" and strive to reintroduce "God's creation" into the history of evolution, which is adamantly opposed by Richard Dawkins[56]. Similarly, holistic medicine is marked by a mixture of new and alternative methods, offering the possibility of selecting the mode of therapy, such as yoga lessons provided by German national insurance institutions, which also promote soft forms of therapy. Traditional Chinese Medicine (TCM) is just as important and vital for many patients as antibiotics used for treating pneumonia or Lyme disease.

Methoden geprägt und es ist zwischen den Behandlungsarten zu wählen, wie zum Beispiel derzeit von deutschen Krankenkassen Yogastunden und weiche Therapieformen gefördert werden. Traditionelle chinesische Medizin (TCM) ist genauso wichtig und für viele Patienten zielführend wie andererseits selbstverständlich Antibiotikakuren bei akuter Lungenentzündung oder Borreliose.

1. Vgl. Christian Reder: Forschende Denkweisen (Nachwort), in: Christian Reder (Hg.), The Moderns. Wie sich das 20. Jahrhundert in Kunst und Wissenschaft erfunden hat, Edition Transfer, Wien-New York: Springer 2012, S. 324

2. Christian Reder: Die Fähigkeit zeichnend zu visualisieren, in: Zeichnung als universelle Sprache. Werke aus Südostasien und Melanesien, Hugo Bernatzik Sammlung 1932–1937, hg. von Christian Reder, Edition Transfer, Wien/New York: Springer 2011, S. 337 ff

3. Antonio Damasio: Neurobiologe und Bewusstseinsforscher, geb. 1944 in Lissabon, Damasio ist Mitarbeiter des Mind and Life Institute; in seinen Abhandlungen „Descartes' Irrtum: Fühlen, Denken und das menschliche Gehirn" untersucht er vor allem die Wechselwirkungen zwischen Körper und Bewusstsein.

4. Vgl. Christian Reder: Die Fähigkeit zeichnend zu visualisieren, op.cit., S. 339

5. Ebenda, S. 339

6. Vgl. Manfred Faßler: Schöne zweite Welt. Anthropologische Anmerkungen zu Händen, Modellen und visuellen Improvisationen, in: Christian Reder (Hg.), Zeichnung als universelle Sprache, op.cit., S. 315

7. Jared Diamond, geb. 1937 in Boston, ist Professor für Physiologie an der Universität von Kalifornien in Los Angeles. Sein Hauptforschungsgebiet ist die Evolutionsbiologie. In den letzten 25 Jahren hat er rund ein Dutzend Expeditionen in entlegene Gebiete von Neuguinea geleitet. Seine Forschungen werden der Populärwissenschaft zugesprochen.

8. Vgl. Christian Reder: Die Fähigkeit zeichnend zu visualisieren, op.cit., S. 343

9. Manfred Faßler, zitiert nach Christian Reder, ebenda, S. 343

10. John D. Barrows: Cosmic Imagery. Key Images in the History of Science, London: Random House 2008, S. 474, 476

11. John D. Barrows: Like a Circle in a Spiral. DNA, The Coil of Life, in: Cosmic Imagery, op.cit., S. 475–477

12. Rosalind Franklin (1920–1958), Mitentdeckerin der DNA-Struktur, arbeitete mit Maurice Wilkins an Röntgenbeugungsbildern der DNA in den 1950er-Jahren in England, Cambridge

13. Philippe Rekacewicz, geb. 1960 in Paris, Kartograf, Geograf und Journalist, arbeitet seit 1988 als Leiter der kartografischen Produktion bei Le Monde diplomatique, 2009 Atlas der Globalisierung und zahlreiche Editionen zur kritischen Kartografie

14. Philippe Rekacewicz: Weltbilder immer weiter differenzieren, Unsichtbares sichtbar machen, Interview mit Christian Reder, in Christian Reder (Hg.), Kartographisches Denken, Edition Transfer, Wien-New York: Springer 2012, S. 15

15. Ebenda, S. 21

16. Ebenda, S. 25

17. Carl von Linné (1707–1778), schwedischer Naturforscher, entwickelte die erste moderne botanische und zoologische Taxonomie, er beschäftigte hierfür Zeichner wie Georg Dionysius Ehret und Jan Wandelaar.

18. Vgl. Angela Fischel und Michael Lailach: Freie Schönheit, in: Von mehr als einer Welt. Die Künste der Aufklärung, Kunstbibliothek Staatliche Museen zu Berlin, Berlin: Michael Imhof Verlag 2012, S. 114 ff.

19. James Cook (1728–1779), engl. Kapitän und Weltreisender. Entdecker zahlreicher Inseln, befasste sich mit deren Vermessung. Er erreichte Australien bei Agnes Water 1770 während seiner ersten Südseereise und entdeckte die Terra Australis incognita.

20. Georg Forster (1754–1794) war ein deutscher Naturforscher, Ethnologe, Reiseschriftsteller, Journalist, Essayist und Revolutionär in der Zeit der Aufklärung. Er nahm an der zweiten Weltumsegelung James Cooks teil und lieferte wichtige Beiträge zur vergleichenden Länder- und Völkerkunde der Südsee. Er gilt als einer der ersten Vertreter der wissenschaftlichen Reiseliteratur.

21. Frank Vorpahl: Der Seefahrer, sein Chronist und die Entdeckung der Natur des Menschen. Ein Nachwort, in: Georg Forster, James Cook, der Entdecker, Berlin: Eichborn 2008, S. 162

22. Vgl. Horst Bredekamp: Darwins Korallen. Frühe Evolutionsmodelle & die Tradition der Naturgeschichte, Berlin: Wagenbach 2005

23. Peter Weibel, geboren 1944 in Odessa, heutige Ukraine, Künstler, Ausstellungsmacher und Kurator, Medientheoretiker und Direktor des ZKM – Zentrum für Kunst und Medien, in Karlsruhe seit 1999

24. Wolfgang Schoppmann: in der Plattform 20.21 Galerie Edition Kunsthandel Essen, Eröffnungsrede zur Ausstellung Jeanette Schulz/John Isaacs 1998

25. Petra Maitz. Lady Musgrave Reef, Katalog zur gleichnamigen Ausstellung 2006/2007 in Krems und Graz, Neue Galerie Graz am Landesmuseum Joanneum, Christa Steinle (Hg.), Köln: Verlag der Buchhandlung Walther König 2007

26. Vgl. Richard Dawkins: Geschichten vom Ursprung des Lebens, Berlin: Ullstein 2008, S. 776, 834, 847; zitiert nach: Christian Reder, Orientierungslinien durch Raum und Zeit, Kartographisches Denken, Wien-New York: Springer 2012, S. 186f

27. Vgl. Gabriele Werner: Bilddiskurse. Überlegungen zur Frage, ob es eine allgemeine Bildtheorie des naturwissenschaftlichen Bildes geben kann, in: Horst Bredekamp, Birgit Schneider, Vera Dünkel (Hg.): Das Technische Bild, Berlin: Akademie Verlag 2008, S. 30

28. Ebenda, S. 30

29. Ebenda, S. 31 ff

30. Vgl. Horst Bredekamp, Birgit Schneider, Vera Dünkel: Das Technische Bild, op.cit., S. 8 und 9

31. Lambert Wiesing: Artifizielle Präsenz. Studien zur Philosophie des Bildes, in Gabriele Werner: Bilddiskurse, op. cit., S. 32

32. http://www.ricam.oeaw.ac.at/; Johann Radon (1887–1956, österreichischer Mathematiker und Rektor der Wiener Universität, Mitbegründer der Computertomographie) Institute for Computational and Applied Mathematics (RICAM), Österreichische Akademie der Wissenschaften

33. Vgl. Gerhard Vollmer, Biophilosophie, Stuttgart: Reclam 2010, S. 110

34. Der Tesserakt ist eine Verallgemeinerung des klassischen Würfels auf vier Dimensionen. Man spricht auch von einem vierdimensionalen Hyperwürfel. http://www.mathematische-basteleien.de/hyperkubus.htm

35. Vgl. Gerhard Vollmer: Biophilosophie, op.cit., S. 111

1. Cf. Christian Reder: Epilogue: Research concepts in: The Moderns, Wie sich das 20. Jahrhundert in Kunst und Wissenschaft erfunden hat, edited by Christian Reder, Edition Transfer, Vienna/New York: Springer 2012, p 324.

2. Christian Reder: Die Fähigkeit zeichnend zu visualisieren, Zeichnung als universelle Sprache, Werke aus Südostasien und Melanesien, Hugo Bernatzik Collection 1932–1937, edited by Christian Reder, Edition Transfer, Vienna/New York: Springer 2011, p. 337 et seq.

3. Antonio Damasio: neurobiologist and cognition researcher, born 1944 in Lisbon, works at the Mind and Life Institute; in his treatises "Descartes' Error: Emotion, Reason, and the Human Brain", he investigates interaction between body and mind, amongst others.

4. Cf. Christian Reder: Die Fähigkeit zeichnend zu visualisieren, op.cit., p 339

5. Cf. ibid., p 339

6. Cf. Manfred Faßler: Schöne zweite Welt. Anthropologische Anmerkungen zu Händen, Modellen und visuellen Improvisationen, in: Zeichnung als universelle Sprache, Werke aus Südostasien und Melanesien, Hugo Bernatzik Collection 1932–1937, ed. Christian Reder, Edition Transfer, Vienna/New York: Springer 2011, p 315.

7. Jared Diamond, born 1937 in Boston, is professor of physiology at the University of California in Los Angeles. His main research area is evolutionary biology. In the course of the last 25 years, he has conducted a dozen expeditions in isolated areas of New Guinea. His research is considered as belonging to popular science.

8. Cf. Christian Reder: Die Fähigkeit zeichnend zu visualisieren, p 343

9. Manfred Faßler, quoted in Christian Reder: ibid., p 343

10. quoted by John D. Barrows: Cosmic Imagery. Key Images in the History of Science, London: Random House 2008, p 474, 476

11. John D. Barrows: Like a Circle in a Spiral, DNA, The Coil of Life, in: Cosmic Imagery, op.cit., p 475–477

12. Rosalind Franklin (1920–1958), co-discoverer of the DNA structure, worked together with Maurice Wilkins on X-ray diffraction images of DNA in the 1950s in Cambridge, England.

13. Philippe Rekacewicz, born 1960 in Paris, cartographer, geographer and journalist, has worked since 1988 as head of the cartographic production for Le Monde diplomatique, 2009 Atlas of globalisation, and many other editions on critical cartography.

14. Philippe Rekacewicz, Weltbilder immer weiter differenzieren, Unsichtbares sichtbar machen. Interview mit Christian Reder, in: Christian Reder (ed.), Kartographisches Denken, Edition Transfer, Vienna/New York: Springer 2012, p 15

15. Ibid., p 21

16. Ibid., p 25

17. Carl Linnaeus (1707–1778), Swedish natural scientist, developed the first modern botanical and zoological taxonomy, for which he employed artists such as Georg Dionysius Ehret and Jan Wandelaar.

18. Cf. Angela Fischel and Michael Lailach: Freie Schönheit, in: Von mehr als einer Welt. Die Künste der Aufklärung, Kunstbibliothek Staatliche Museen zu Berlin, Berlin: Imhof Verlag 2012, p 114 et seq.

19. James Cook (1728–1779), British captain and great explorer. Discoverer and surveyor of numerous islands. He reached Australia near Agnes Water in 1770 during his first voyage to the South Seas and discovered Terra Australis incognita.

20. Georg Forster (1754–1794) was a German naturalist, ethnologist, travel reporter, journalist, writer of essays and revolutionary during the Age of Enlightenment. He participated in the James Cook's second sailing tour around the world and made important contributions to comparative geography and ethnology of the Sourth Seas. He is regarded as one of the first representatives of scientific travel literature.

21. Frank Vorpahl: Der Seefahrer, sein Chronist und die Entdeckung der Natur des Menschen, Ein Nachwort, in: Georg Forster, Cook, the Discoverer, Berlin: Eichborn 2008, p 162

22. Cf. Horst Bredekamp: Darwins Korallen. Frühe Evolutionsmodelle und die Tradition der Naturgeschichte, Berlin: Wagenbach 2005

23. Peter Weibel, born 1944 in Odessa, today's Ukraine, artist, exhibition maker and curator, media theorist and director of the Karlsruhe-based ZKM, Center for Art and Media, since 1999

24. Wolfgang Schoppmann: in Plattform 20.21 Galerie Edition Kunsthandel Essen, opening speech at the exhibition Jeanette Schulz/John Isaacs 1998

25. Petra Maitz. Lady Musgrave Reef, catalogue for the exhibitions 2006/2007 in Krems and Graz, Neue Galerie Graz am Landesmuseum Joanneum, Christa Steinle (ed.), Cologne: Verlag der Buchhandlung Walther König 2007

26. Cf. Richard Dawkins: The Ancestor's Tale. A Pilgrimage to the Dawn of Life, London: Weidenfeld & Nicolson 2004, p 493

27. Cf. Gabriele Werner: Bilddiskurse. Überlegungen zur Frage, ob es eine allgemeine Bildtheorie des naturwissenschaftlichen Bildes geben kann, in: Horst Bredekamp, Birgit Schneider, Vera Dünkel (eds.): Das Technische Bild, Berlin: Akademie Verlag 2008, p 30

28. Ibid., p 30

29. Ibid., p 31 et seq.

30. Cf. Horst Bredekamp, Birgit Schnieder, Vera Dünkel: Das Technische Bild, op.cit., p 8 and 9

31. Lambert Wiesing: Artifizielle Präsenz. Studien zur Philosophie des Bildes, in Gabriele Werner: Bilddiskurse, op. cit., p 32

32. http://www.ricam.oeaw.ac.at/; Johann Radon (1887-1956, Austrian mathematician and rector of Vienna University, co-founder of computer tomography), Institute for Computational and Applied Mathematics (RICAM), Austrian Academy of Sciences

33. Cf.Gerhard Vollmer, Biophilosophie, Stuttgart: Reclam 2010, p 110

34. The Tesseract is a generalisation of the classical cube to 4 dimensions. One also refers to a four-dimensional hypercube. http://www.mathematische-basteleien.de/hyperkubus.htm

35. Cf. Gerhard Vollmer: Biophilosophie, op.cit., p 111

36. Ibid., p 111

37. Martin Kemp: Bilderwissen. Die Anschaulichkeit naturwissenschaftlicher Phänomene. Perutz' Plastikscheiben, Köln: Dumont 2003, p 183 et seq.

38. Max Ferdinand Perutz, Nobel prize for chemistry in 1962, British chemist of Austrian origin.

39. Cf. Martin Kemp: Bilderwissen, op.cit., p 185

40. Julian Voss Andreae, born 1970 in Hamburg is a sculptor based in Portland, US. He studied Quantum Physics in England and Vienna, before becoming a sculptor of molecule structures.

41. August Wilhelm von Hofmann was a german chemist born in 1818 in Giessen, his father was an architect who constructed the Lab for Justus von Liebig, he was member of the Royal Society since 1854.

42. John D. Barrow: All Join Hands. Molecular Architectures in: Cosmic Imagery, op.cit., p 479 et seq.

43. Irving Geis (1908–1997), graphic designer and architect, USA

36. Ebenda, S. 111

37. Martin Kemp: Bilderwissen. Die Anschaulichkeit naturwissenschaftlicher Phänomene, Perutz' Plastikscheiben, Köln: Dumont 2003, S. 183 ff

38. Max Ferdinand Perutz, Nobelpreis für Chemie 1962, britischer Chemiker österreichischer Herkunft

39. Vgl. Martin Kemp: Bilderwissen, op.cit., S. 185

40. Julian Voss-Andraea, 1970 geboren in Hamburg, ist Bildhauer, wohnhaft in Portland, USA. Er studierte Quantenphysik in England und Wien, bevor er Künstler wurde und sich der skulpturalen Konstruktion von Molekülstrukturen zuwandte.

41. August Wilhelm von Hofmann war deutscher Chemiker, geboren 1818 in Giessen. Er war Mitglied der Royal Society seit 1854. Sein Vater war Architekt und baute für Justus von Liebig das chemische Labor um.

42. John D. Barrows: All Join Hands. Molecular Architectures, in: Cosmic Imagery, op.cit., S. 479ff

43. Irving Geis (1908–1997), Grafiker und Architekt, USA

44. John D. Barrows: All Join Hands. Molecular Architectures in: Cosmic Imagery, op.cit., S. 478, 483

45. Per Kraulis: MOLSCRIPT: A Program to Produce Both Detailed and Schematic Plots of Protein Structures (1991), J. Appl. Cryst. 24, 946–950, http://www.avatar.se/molscript/

46. H.J. Rheinberger: Molekulare Modelle als epistemische Objekte. Ribosomen im Spiegel von 50 Jahren Forschung, in: Jochen Hennig, Udo Andraschke (Hg.): Weltwissen. 300 Jahre Wissenschaften in Berlin, Ausstellungskatalog, München: Hirmer Verlag 2011, S. 79, Ausstellung im Martin-Gropius Bau Berlin 2011.

47. http://www.rockefeller.edu/labheads/tuschl/ Tom Tuschl ist ein deutscher Biochemiker und Molekularbiologe, der auf dem Gebiet der RNA-Forschung tätig ist.

48. http://www.nature.com/nrg/multimedia/rnai/animation/index.html

49. Frank Zöllner, Johannes Nathan: Leonardo da Vinci. Das zeichnerische Werk. Studien zu Flugmaschinen und Vogelflug, Taschen Verlag 2011/2003, S. 648 ff.

50. Vgl. Evelyn Fox Keller: Das Leben neu denken, München: Antje Kunstmann Verlag 1998, S. 147

51. Ebenda, S. 123

52. Manfred Faßler: Kampf der Habitate. Neuerfindungen des Lebens im 21. Jahrhundert, Wien-New York: Springer Verlag, 2011

53. Vgl. Steffan Müller-Wille, Hans-Jörg Rheinberger: Das Gen im Zeitalter der Postgenomik. Eine wissenschaftshistorische Bestandsaufnahme, edition unseld 25, SV (Suhrkamp Verlag) Frankfurt am Main 2009, S. 93 ff.

54. Hans-Jörg Rheinberger: Gene, Zellen und Moleküle, in Lettre Internationale auf Seite 197 Sommer 2008, http://www.lettre.de/content/hans-jörg-rheinberger_gene-zellen-moleküle. Hans Jörg Rheinberger war Direktor des Max-Planck-Institutes für Wissenschaftsgeschichte an der TU Berlin, 1997–2012.

55. Eine dieser global agierenden Firmen ist Monsanto, eine in den USA ansässige Firma, die gentechnisch verändertes Saatgut produziert und börsennotiert ist. NK603-Mais enthält eine spezielle Version eines Enzyms, wodurch er unempfindlich gegen das Herbizid Glyphosat ist. Dieses Mittel wirkt unspezifisch gegen alle grünen Pflanzen, da es einen Stoffwechselweg blockiert, über den Pflanzen (und Bakterien) verfügen, Tiere aber nicht. NK603 stellt neben der herkömmlichen Variante des Enzyms zusätzlich eine her, die ursprünglich aus einem Bakterium stammt. Der Mais wird von Monsanto vertrieben, der Konzern verkauft zudem Glyphosat unter dem Markennamen Roundup. Dies soll Krebs verursachen, laut einer Studie, die derzeit geprüft wird vom Bundesinstitut für Lebensmittelsicherheit. Quelle: der Spiegel Online Wissenschaft, http://www.spiegel.de/wissenschaft/natur/genmais-bfr-zweifelt-an-umstrittener-ratten-studie-von-seralini-a-859107.html

56. Richard Dawkins: Der Gotteswahn, Berlin: Ullstein 2008

44. John D. Barrow: All Join Hands, Molecular Architectures in: Cosmic Imagery, op.cit., p 478 and 483

45. Per Kraulis: MOLSCRIPT: A Program to Produce Both Detailed and Schematic Plots of Protein Structures (1991), J. Appl. Cryst. 24, 946-950 http://www.avatar.se/molscript/

46. H.J. Rheinberger: Molekulare Modelle als epistemische Objekte. Ribosomen im Spiegel von 50 Jahren Forschung, in: Jochen Hennig, Udo Andraschke (eds.): Weltwissen. 300 Jahre Wissenschaften in Berlin, exhibition catalogue, Munich: Hirmer Verlag Munich 2011, p 79, exhibition at Martin-Gropius Bau in Berlin, 2011.

47. http://www.rockefeller.edu/labheads/tuschl/ Tom Tuschl is a German biochemist and molecular biologist, who works in the field of RNA research.

48. http://www.nature.com/nrg/multimedia/rnai/animation/index.html

49. Frank Zöllner, Johannes Nathan: Leonardo da Vinci. Das zeichnerische Werk. Studien zu Flugmaschinen und Vogelflug. Taschen Verlag 2011/2003, p 648 et seq.

50. Cf. Evelyn Fox Keller: Refiguring Life: Metaphors of Twentieth-Century Biology, New York–Chichester: Columbia University Press 1995, p 118

51. Ibid., p 96 et seq.

52. Manfred Faßler: Kampf der Habitate. Neuerfindungen des Lebens im 21. Jahrhundert, Vienna/New York: Springer 2011

53. Cf. Steffan Müller-Wille, Hans-Jörg Rheinberger: Das Gen im Zeitalter der Postgenomik. Eine wissenschaftshistorische Bestandsaufnahme, Frankfurt/M.: Suhrkamp 2009, p 93 et seq.

54. Hans-Jörg Rheinberger: Gene, Zellen und Moleküle, in: Lettre Internationale, Summer 2008, p 197, http://www.lettre.de/content/hans-jörg-rheinberger_gene-zellen-moleküle. Hans Jörg Rheinberger was director of the Max-Planck-Institut für Wissenschaftsgeschichte at TU Berlin, 1997–2012.

55. One of these globally operating companies is Monsanto, a US-based company which produces genetically modified seed and is listed on the stock exchange. NK603 maize contains a special variant of an enzyme, which makes it resistant against the herbicide glyphosate. This herbicide acts unspecifically against all green plants, since it blocks a certain route of metabolism inherent to plants (and bacteria), but not to animals. Apart from the conventional variant of the enzyme, NK603 produces an additional variant that originated from a bacterium. Monsanto sells this maize, as well as glyphosate under the brand name of Roundup. According to a survey, which is currently being checked by the Federal Institute for Food Safety, this maize is responsible for causing cancer. Source: der Spiegel Online Wissenschaft, http://www.spiegel.de/wissenschaft/natur/genmais-bfr-zweifelt-an-umstrittener-ratten-studie-von-seralini-a-859107.html

56. Richard Dawkins: The God Delusion, Boston: Houghton Mifflin 2006

GENETIK

„Die Zelltheorie ist sehr gut geeignet, die philosophischen Gemüter hinsichtlich des Wesens der biologischen Wissenschaft zu verunsichern: Ist sie rational oder experimentell? Es sind Augen der Vernunft, die die Lichtwellen sehen, aber es scheint doch so, als wären es die Augen, also Sinnesorgane, die die Zellen in einem Pflanzenquerschnitt identifizieren. Die Zelltheorie wäre demnach eine Ansammlung von Beobachtungsprotokollen."[1]
Georges Canguilhem

ZUR ENTSTEHUNG DES LEBENS IST DIE RNA-WELT-HYPOTHESE DER PROMINENTESTE ERKLÄRUNGSVERSUCH

Die neue Systems Biology zeichnet sich dadurch aus, dass sie zugleich empirisch gestützt ist und theoretisch modelliert wird. Das unterscheidet sie von Systemansätzen der Vergangenheit.
Wir sprechen auch nicht mehr von Tiermodellen, sondern wir haben eher einen Konflikt mit uns selbst, denn wir müssen über die Grenzen des Humanexperiments nachdenken. Modell-Organismen, wie wir sie derzeit erzeugen, sind immer auch modifizierte Organismen. Zum Modell seiner selbst gemacht, nimmt die Bedeutung des Modellierens, der Human-modifikation zu. Das Weltbild der Genetik nimmt an Einfluss ab. Die damit verbundenen Techniken werden interessanter, wie Hans-Jörg Rheinberger es interpretiert.[2]
„Die Landschaft der vor Information überquellenden Daten zu sinnvollen Gebilden zu ordnen ist die derzeitige Herausforderung. Sowie der epistemische Raum, den Reproduktion und Vererbung im 19. Jahrhundert absteckten, die danach zu Objekten der Genetik kondensierten, so falten sich diese zu Beginn des 21. Jahrhunderts in flächenartige, netzartige Formen wieder aus, nur nicht mehr auf der Ebene von Populationen, sondern auf der Ebene von Zellen und Molekülen."[3]

VORGESCHICHTE

Vor ca. 10 Jahren enträtselten Biologen die DNA-Sequenz des menschlichen Genoms – den Strukturcode unseres Körpers. Seit April 2003 gilt das menschliche Genom offiziell als vollständig entschlüsselt (Human Genome Project, erst in den USA, dann in Deutschland, Deutsches Humangenomprojekt (DHGP)). Zwar ist die Bedeutung aller Gene noch nicht bekannt, diese werden jedoch seit 2003 in Folgeprojekten des HGP erforscht.
Im Cavendish Laboratory der Cambridge-Universität in England arbeiten vor über 50 Jahren James Watson und Francis Crick, die Entdecker der Doppelhelix. Der Amerikaner James Watson hat ein Stipendium für die Cambridge University, ist ehrgeizig und will nichts weniger als die chemische Struktur der Erbinformation entschlüsseln. Als James Watson auf Francis Crick trifft, tun sie sich zusammen und forschen gemeinsam am menschlichen Erbgut. Crick und Watson haben es nach zwei Jahren geschafft. 1953 quasi nebenbei in der Teepause am Nachmittag bastelten sie das erste Modell der Doppelhelix aus Draht und Karton zusammen. Es war das erste korrekte Bild davon, wie die Erbsubstanz räumlich angeordnet tatsächlich aussieht. Das Crick/Watson-Modell ist der wichtigste Grundstein für den Einblick in die Raumstruktur der Biomoleküle, der Nukleotide. Bis zu 3,2 Milliarden Basenpaare gehören zu

GENETICS

"The cell theory is very well suited to challenge philosophical minds regarding the essence of biological science: is it rational or experimental? It is the eyes of reason that see light waves, but it seems as if it were the eyes, i.e. a sensory organ, that identify the cells in a plant cross-section. Cell theory would thus be a compilation of observation records."[1]
Georges Canguilhem

ON THE ORIGIN OF LIFE, RNA WORLD HYPOTHESIS IS THE MOST PROMINENT EXPLANATION

The new Systems Biology is characterised by being empirically supported and theoretically modelled, distinguishing it from systemic approaches in the past.
We are no longer referring to animal models, but rather are in conflict with ourselves, since we have to reflect on the boundaries of the human experiment. Model organisms as we produce today are always also modified organisms. Being your own model, the significance of modelling, of human modification is on the increase. The genetic system is on the decrease. According to Hans-Jörg Rheinberger, related techniques are becoming more interesting.[2]
"Now we are faced with the challenge of meaningfully restructuring the landscape that is overflowing with information. In the same way as the epistemic space, which reproduction and inheritance pegged out in the 19th century, then boiled down to subjects of genetics, they unfold now, at the beginning of the 21st century, into extensive, netlike forms, but not on the level of populations, but on that of cells and molecules."[3]

HISTORY

Approx. 10 years ago, biologists disentangled the DNA sequence of the human genome, the structural code of our body. Since April 2003, the human genome is officially considered as being completely decoded (Human Genome Project, first in the USA, then in Germany, Deutsches Humangenomprojekt (DHGP)). Although the function of all genes is not yet known, they have been investigated since 2003 in follow-up project to HGP.
More than 50 years ago, James Watson and Francis Crick, the discoverers of the double helix, were already working at the Cavendish Laboratory, Cambridge University, England. American James Watson received a grant for the Cambridge University, was ambitious and wanted no less than to decode the chemical structure of genetic information. When James Watson met Francis Crick, they got together to investigate the human genome. Crick and Watson were successful after two years of work. In 1953, in their afternoon tea break, they built the first double helix model using wire and cardboard. It was the first true representation of the spatially structured genetic makeup. The Crick/Watson model provides the most important insight into the spatial design of biomolecules, the nucleotides. Up to 3.2 billion base pairs belong to one single DNA. In the course of a 20-hour cell division, over 44,000 base pairs per second have to be located correctly. Currently, bioscientists are experiencing a revolution, the Big Bang of genetic research. How do the four different bases – adenine, thymine, guanine and cytosine work? In the nucleus lie the chromosomes, the deoxyribonucleic acid, the DNA, which represents the total genetic makeup of one person. DNA looks like an intertwined rope-ladder; the four elements adenine, thymine, guanine and cytosine, for short ATGC, being its rungs.

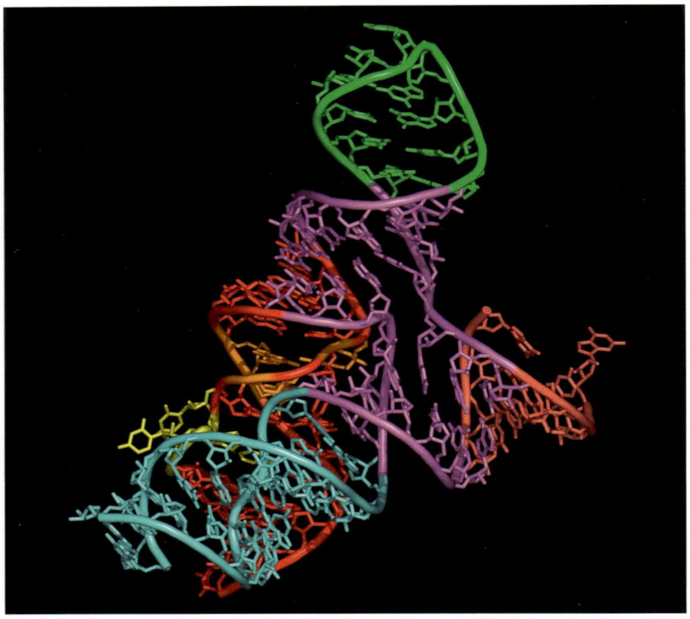

RNA Molecule, Hairpin Ribozyme organism, shown by Pymolscript

einer einzigen DNA. Während einer 20-stündigen Zellteilung müssen also über 44.000 Basenpaare pro Sekunde am genau richtigen Ort platziert werden. Die Biowissenschaftler erleben derzeit eine Revolution, den Big Bang der Genforschung. Wie funktionieren sie, die „four different bases“ Adenin, Thymin, Guanin, Cytosin? Im Zellkern liegen die Chromosomen, die Desoxyribonukleinsäure, die DNA, sie ist das gesamte Erbgut eines Menschen. Die DNA sieht aus wie eine ineinander gedrehte Strickleiter, die Sprossen bilden die vier Elemente, Adenin und Thymin sowie Guanin und Cytosin, abgekürzt ATGC.

Das sind die Basenpaare, die in allen möglichen Kombinationen die gesamten Informationen über den Organismus in einer Art Buchstabencode gespeichert haben. Es ist die universelle Sprache des Lebens. Gene sind Streckenabschnitte auf dem langen DNA-Strang. Sie enthalten Baupläne für die Eiweiße, die wiederum die Arbeit jeder einzelnen Körperzelle steuern. Um die Zelle mit diesem Bauplan zu beliefern, muss die DNA abgelesen werden. Moleküle docken am DNA-Strang an und markieren so den Startpunkt für das Ablesen. Das Ablesen selbst übernimmt dann ein spezielles Molekül: Es wandert die DNA entlang, trennt sie auf und kopiert die eine Hälfte des Strangs. Diese Kopie ist die so genannte RNA. Sie trägt den Bauplan des Gens als Buchstabencode. Also eine Kombination aus ATCG. Ist das Gen abgelesen, verlässt die Boten-RNA (Transfer-RNA)[4] den Zellkern und trägt die Botschaft in den Zellkörper. Um die RNA bildet sich eine Art Molekularmaschine aus verschiedenen Teilchen, das so genannte Ribosom. Das Ribosom ist ein Übersetzungsapparat, es liest den codierten Bauplan auf der RNA und wandelt ihn in ein Eiweiß um, dieses Eiweiß wiederum erfüllt unzählige wichtige Aufgaben zur Steuerung und Existenz der Zelle. Wie viele solcher Gene hat der Mensch? Zu Beginn des „Human Genome Project“ glaubten die Forscher noch, dass der Mensch etwa 100.000 Gene hat. Aus dem Genschrott (Junk-RNA) werden aber mehr Informationen an die Zellen weitergeleitet als bisher angenommen und die RNA, die eigentlich nur als Bote angesehen wurde, scheint eine sehr wichtige Rolle zu spielen. Alles ist weit komplizierter, als man sich das vorgestellt hatte, und führt zu heftigen Diskussionen, denn es gibt noch eine zweite überraschende Erkenntnis. Die Gene liegen nicht feinsäuberlich aufgereiht wie an einer Perlenkette nebeneinander, sondern sie können sich überlappen. Die verschiedensten Teile wirken offenbar zusammen. Damit ist ein Rätsel unseres Erbgutes gelöst: Der Mensch kann Gene auf viele verschiedene Weisen nutzen. Die ursprüngliche Annahme, ein Gen = eine Botschaft, ist nicht haltbar. Wo in unserem genetischen Code steckt das Geheimnis unserer Evolution? Diese kleine RNA kann die Zelle wie ein Sicherheitsdienst vor falschen Informationen schützen. Aus diesen winzigen RNA-Stückchen entwickelte Tom Tuschl[5] die Methode, mit der er kürzlich berühmt geworden ist: die RNA-Interferenz. Er schleust künstlich hergestellte kurze RNA-Stränge in die Zelle ein, um unerwünschte Genbotschaften zu zerstören. Diese kleinen RNAs neutralisieren gezielt die Boten-RNA (TRNA). Die TRNA kann die Botschaft nicht mehr an die Zelle weitergeben. Die Wirkung des

These are the base pairs, which have stored all possible information about the organism in all possible combinations, in a kind of alphabetic code. It is the universal language of life. Genes are sections of the long DNA strand. They contain blueprints for proteins, which in turn control the work of every single body cell. DNA has to be read, in order to provide the cell with this blueprint. Molecules dock onto the DNA strand, thus marking the starting point for reading. A special molecule then reads the information. It moves along the DNA, disentangles it and copies one half of the strand. This copy is the so-called RNA. It contains the blueprint of the gene as an alphabetic code. In other words, it is a combination of ATCG. As soon as the gene has been read, the RNA messenger (transfer RNA)[4] leaves the nucleus and brings the message into the cell body. A kind of molecular machine consisting of various elements, the so-called ribosome, forms around the RNA. The ribosome is a translation device that can read the encoded blueprint of the RNA and change it into a protein, which in turn fulfils numerous important tasks related to the control and existence of the cell. How many such genes does a person have? At the start of the Human Genome Project, researchers thought that a person had approx. 100,000 genes. However, more information is transferred from the gene trash (junk RNA) than had been assumed up to then, and the RNA which was originally only considered a messenger, seems to play a much more important role. Everything is much more complicated than one had imagined, which led to lively discussions, because there is a second surprising discovery. The genes are not arranged in a neat row like pearls on a string, but can overlap. Apparently, the most different parts interact with one another. Thus, one puzzle of our genetic makeup has been solved: Man can use genes in many different ways. The original assumption that a gene = a message, can no longer be maintained. In which section of our genetic code is the secret of our evolution hidden? This little RNA can protect the cell against wrong information just like a security service. From these tiny RNA pieces, Tom Tuschl[5] developed a method for which he has recently become famous: RNA interference. He introduces artificially produced short RNA strands into the cell, in order to destroy unwanted genetic messages. These little RNAs specifically neutralise the messenger RNA (TRNA). The TRNA can no longer pass on the message to the cell. The effect of this gene on the cell is thus blocked. Laboratory experiments show such a structure for the first time.

For a long time, scientists were trying to make micro RNA visible. Now, with the help of X-ray structure analysis, the positions of the RNAs can be accurately represented for the first time. New research methods show that every chromosome locates itself to a clearly defined site in the nucleus, also when on its own. Researchers speak of territories. The spatial arrangement of DNA strands reflects the functional state, thus showing which tasks the cell fulfils at a certain point in time. It is not clear how exactly genes migrate to and fro within the nucleus; it could

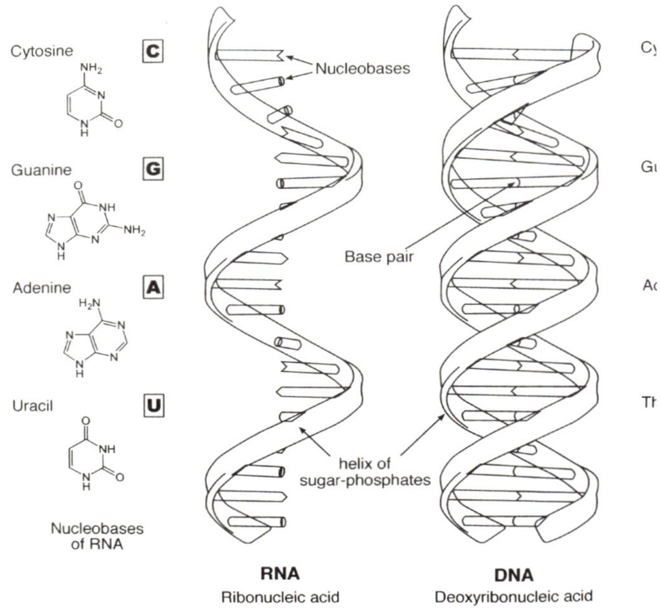

Ribonucleic acid left, Deoxyribonucleic acid as double helix (DNA) right

SP No. 52, TRNA, Petra Maitz

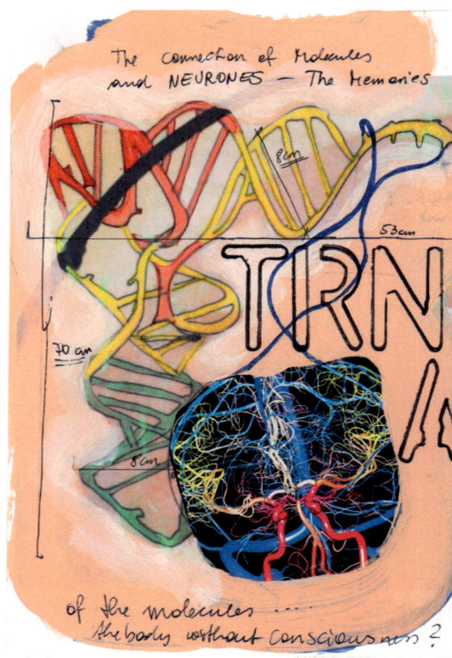

Gens auf die Zelle ist damit abgeschaltet. Experimente im Labor zeigen erstmals eine solche Struktur.

Lange hatte man versucht, die Mikro-RNA sichtbar zu machen. Jetzt können mit Hilfe der Röntgenstrukturanalyse zum ersten Mal die Positionen der RNAs exakt abgebildet werden. Neue Untersuchungsmethoden zeigen, dass jedes Chromosom auch in losem Zustand einen klar definierten Ort im Zellkern einnimmt. Forscher sprechen von Territorien. Die räumliche Anordnung der DNA-Stränge spiegelt den Funktionszustand wider und zeigt somit, welche Aufgabe die Zelle zu einem konkreten Zeitpunkt erfüllt. Der genaue Mechanismus, wie Gene im Zellkern hin und her wandern, ist unklar, es könnte ein sich selbst organisierender Prozess sein, der gar keine molekularen Maschinen benötigt.

Durch die Erkenntnis, dass die RNA regulierende Funktion auf den DNA-Strang ausüben kann, können wir heute sagen, dass das genetische Material in unseren Zellen auch einem selbstorganisierenden Prinzip unterliegt.

EVOLUTIONSTHEORETISCHE PROBLEME

Nach Joachim Bauer, Professor für psychosomatische Medizin am Uniklinikum Freiberg, verfügt das System der Gene eines Organismus, das Genom, über Werkzeuge, mit denen es sich selbst zunehmend komplex verändern kann. „Darwins zentrale Erkenntnis, dass alles Leben aus einer evolutionären Entwicklung hervorgegangen und durch einen gemeinsamen Stammbaum verbunden ist, ist unumstößlich. Einige Teile der Evolutionstheorie Darwins – auch in der modernsten Version der ‚New Synthesis'-Theorie – haben sich angesichts neuer Erkenntnisse jedoch schlicht als zu ungenau erwiesen. Sie zu entwickeln ist dem Versuch vorzuziehen, ein nicht lebensfähiges, weil unbrauchbares Konzept, wie es die Evolutionstheorie Darwins inzwischen darstellt, zu reanimieren."[6]

Nach Bauer gibt es generelle Ansätze dafür wie folgt: Biologische Systeme sind immer mehr als die Summe ihrer anorganischen und organischen Bestandteile. Es findet eine fortwährende molekulare Kooperation und Kommunikation nach innen und außen statt.[7] Am Anfang des Lebens waren RNA-Zellbausteine (Nukleotide) vorhanden und die aus ihnen gebildeten Aminosäuren und die daraus erzeugten Proteine.

Die DNA ist ein vor ca. 3 Milliarden Jahren aufgetretenes Produkt der RNA-Welt. Dieser Prozess ist noch nicht abgeschlossen, er ist immer noch im Gange.

Ein als „horizontaler Gentransfer" bezeichneter Vorgang bedeutet einen spielerischen, kreativen rekombinatorischen Suchprozess der Evolution auf dem Weg zu lebensfähigen Systemen. Weil Gene nicht autonom sind, schon gar nicht egoistisch[8], sondern sich in der Biosynthese ihrer selbst dem Bauplan der kontrollierenden RNA der Zelle und des Gesamtorganismus fügen, handelt es sich um ein sich selbst regulierendes System.

So war die Entstehung der „body plans", eines Systems von hintereinander geschalteten Genen, die als kooperierendes Ganzes wirkten, eine Errungenschaft der DNA-Welt. Es war dies kein langsam-kontinuierlicher Zufallsprozess, sondern erfolgte in evolutionären Maßstäben der kambrischen Explosion vor etwa 600 bis 350 Millionen Jahren.

Genome sind keine statischen, sondern dynamische Systeme. Die Zelle kann durch Umwandlung von RNA in DNA Werkzeuge herstellen und dem Genom hinzufügen.

be a self-organised process which requires no molecular mechanisms at all.

Thanks to the fact that RNA regulates the DNA strand, we can say that the genetic material in our cells is subject to the principle of self-organisation.

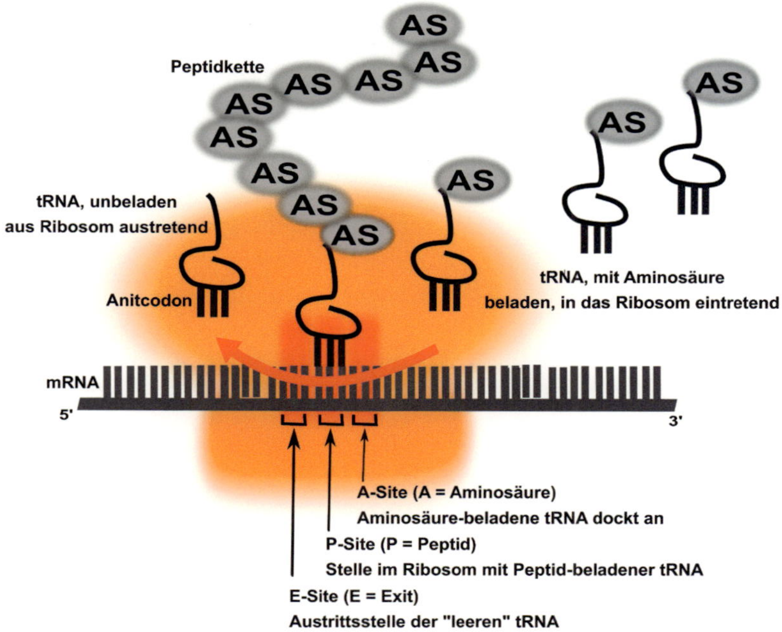

Protein biosynthesis, Translation from mRNA to proteins via tRNA.

PROBLEMS RELATED TO EVOLUTION THEORY

According to Joachim Bauer, professor of psychosomatic medicine at the Freiberg University Clinic, the system of genes in an organism, the genome, has tools with which it can change itself in an ever more complex manner. "Darwin's key finding that all life emerged from an evolutionary development and is connected through a common phylogenetic tree, is irrevocable. However, some parts of Darwin's evolution theory – even in its latest version, i.e. the New Synthesis theory – have turned out to simply be inaccurate in the face of new findings. Instead of trying to reanimate a moribund, useless concept such as Darwin's evolution theory has turned out to be, it would be better to develop the aforesaid.[6]

According to Bauer, some general approaches would be: biological systems are always more than the sum of their anorganic and organic components; continuous molecular cooperation and communication takes place inwardly and outwardly.[7] At the beginning of life, RNA nucleotides were already there, as well as amino acids and the proteins produced by them. The DNA is a product of the RNA world which developed 3 billion years ago. This process has not yet finished and is still underway. A process known as "horizontal gene transfer" means a playful creative recombinatory search process of evolution on the way to vital systems. Since genes are not autonomous and not at all egoistic[8], but, through their biosynthesis with themselves, rather comply with the blueprint of the controlling RNA of the cell and its overall organism, they represent a self-regulating system. Thus, the origin of "body plans", a system of serial genes working as a cooperating whole, is an achievement of the DNA world. However, it was not a slow and continuous coincidental process, but took place on an evolutionary scale, during the Cambrian explosion approx. 600 to 350 million years ago.

Genomes are not static, but dynamic systems. Through transformation of RNA into DNA, the cell can make tools and add them to the genome. Just like the genome as a whole, these changes are subject to control (probably through RNA interference). The cell provides transposition elements, which are already in the genome, in its plasma.

Moreover, today we know that stressors from the environment affecting living systems are able to make organisms or their cells to release transposition elements." This happens either by reformation and subsequent integration of the transposition elements into the genome or by activating already existing genes. The activity of the transposition elements is not subject to pure coincidence, but follows biological principles. It has proved useful that such genes, which the organism has especially stressed, are preferably doubled and

Wie das Genom im Ganzen unterliegen auch diese Veränderungen der Kontrolle (vermutlich durch RNA-Interferenz). Die Zelle hält Transpositionselemente, die sich bereits im Genom befinden, im Zellplasma bereit.
Weiters weiß man heute, dass aus der Umwelt auf lebende Systeme einwirkende Stressoren Organismen bzw. deren Zellen veranlassen können, Transpositionselemente „von der Leine zu lassen". Dies geschieht entweder durch Neubildung und anschließende Integration der Transpositionselemente ins Genom oder durch Aktivierung von bereits vorhandenen Genen. Die Tätigkeit der Transpositionselemente unterliegt nicht dem reinen Zufall, sondern erfolgt nach biologischen Regeln. Bevorzugt solche Gene werden verdoppelt und aktiviert, die vom Organismus bisher besonders in Anspruch genommen wurden, was sich als nützlich erwiesen hat. Grundsätzlich beruht die Entstehung neuer Spezies auf Entwicklungsschüben des Genoms, die durch die eruptive Aktivierung der Transpositionselemente ausgelöst wurden. Punktmutationen werden ebenfalls angepasst und sind nicht dem Zufall überlassen, sie werden ebenso kontrolliert im Sinne der Stabilität und Entwicklung des Organismus.
Die Artenbildungen sind das Werk einer inhärenten, in den jeweiligen Genomen selbst angelegten Dynamik. Lebende Systeme sind daher nicht nur Betroffene, sondern Akteure der Evolution. Neue Spezies entstehen vermutlich durch schwere klimatische Stressoren, die auf das Genom einwirken, und nur in Schüben, denen lange Phasen der Stabilität folgen. Selektion ist nach wie vor eine biologische Tatsache, jedoch anders als im darwinistischen Dogma. Zum Untergang zahlloser Spezies kam es wahrscheinlich nicht auf Grund von Selektion, sondern im Zuge von Massenauslöschungen, von denen vor 500 Millionen Jahren sicher fünf auffallend waren.
Schlussendlich unterliegen lebende Systeme den Gesetzen der Physik und Chemie, dennoch ist ihr Verhalten nicht ursächlich mit physikalischen oder chemischen Einflüssen zu erklären. „Die Biologie ist keine zweite Physik" (Ernst Mayr)[9]. Das Verhalten lebender Systeme funktioniert ausschließlich durch Signale, die vom Organismus wahrgenommen werden können. Lebende Systeme sind auf allen Ebenen der Körperorganisation Kommunikatoren, somit findet Interaktion auf allen Ebenen der Synthese statt.[10]

BIOLOGISCHE SYSTEMTHEORIE

„Unbefangen betrachtet, gleicht die Natur nicht einem rechnenden Kaufmann, sondern eher einer launischen Künstlerin, in bizzarem Spiel aus überschwenglicher Phantasie und mit romantischer Ironie ihr eigenes Werk zerstörend."[11]
Ludwig von Bertalanffy

Die verallgemeinerte Evolutionstheorie basiert auf drei Faktoren: Reproduktion, relevante Einheiten und Selektion der attraktiven Einheiten. Aus diesen drei Faktoren ergibt sich ein geregelter Entwicklungsprozess.
Zeitgenössisch formulierte Evolutionstheorien zu studieren führt fast immer über einen Pionier der modernen Systemtheorie. Ludwig von Bertalanffy war einer der bedeutendsten philosophischen Biologen des 20. Jahrhunderts. In der Dissertation *Eine Theorie für Lebendes? Die synthetische Antwort Ludwig Bertalanffys*[12] von Sabine Brauckmann eröffnet sich die Sicht der Philosophin auf die Geschichte der Biologie

activated. Principally, the origin of new species is based on developmental "thrusts" of the genome, which were triggered by the eruptive activation of the transposition elements. Point mutations are also adapted and are no product of coincidence; they are also controlled in terms of their stability and development of the organism.
Formation of species is the result of self-generated dynamics inherent to the respective genome. Living systems are therefore not only victims, but also actors of evolution. New species probably originate through serious climatic stressors affecting the genome, but only in waves interrupted by longer periods of stability. Selection is still a biological fact, but different to Darwinist dogma. Numerous species were not wiped out through selection, but in the course of mass extinction, of which five struck 500 million years ago.

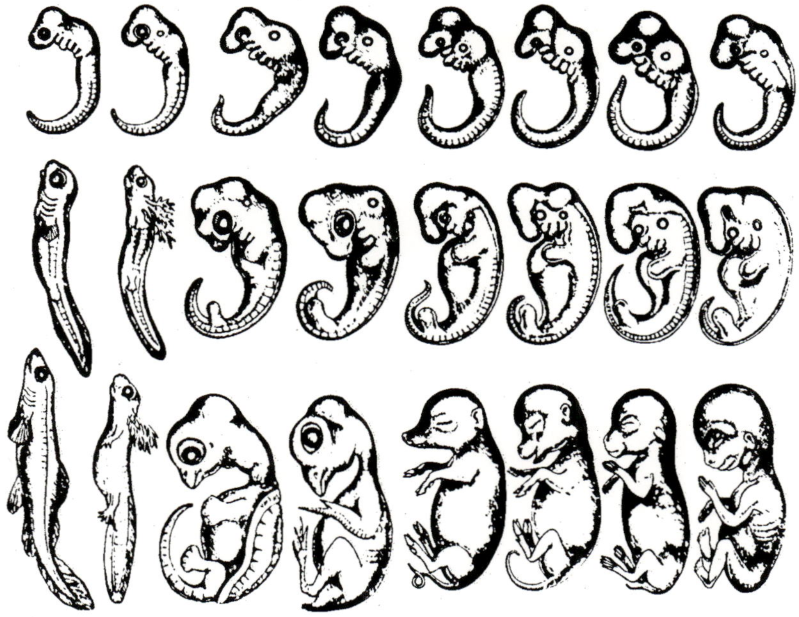

Embryo development, a comparison of vertebrae embryos, drawing by Ernst Haeckel, 1868

Finally, although living systems are subject to the laws of physics and chemistry, their behaviour cannot be explained by physical or chemical effects. "Biology is not a second physics" (Ernst Mayr)[9]. The behaviour of living systems responds exclusively to signals that can be perceived by the organism. Living systems are communicators on all levels of body organisation, whereby interaction takes place on all levels of synthesis.[10]

BIOLOGICAL SYSTEM THEORY

"A priori, Nature does not resemble a thrifty shopkeeper, but rather a capricious artist destroying her own work in a bizarre mood of excessive imagination and romantic irony."[11]
Ludwig von Bertalanffy

Generalised evolution theory is based on three factors: Reproduction, relevant units and selection of attractive units. From these three factors emerges a regulated developmental process.
Studying contemporarily formulated evolution theories often involves a pioneer of modern system theory. Ludwig von Bertalanffy was one of the most renowned philosophical biologists of the 20th century. In Sabine Brauckmann's dissertation *Eine Theorie für Lebendes? Die synthetische Antwort Ludwig Bertalanffys*[12], the philosopher's view opens up to the history of biology and, above all, to the problem of the concrete development cycles of different species (developmental biology) and their stages of concrete development as an epistemological approach to the systems of Nature. The chapter "Die Streitfrage der Evolution" (the decisive question of evolution) refers to exactly this problem. Bertalanffy, who, during his whole life in research, criticised the coincidential factor of selection in every Darwinist evolution theory, describes Darwinism as a legitimate child of the Victorian age and of the Manchester School of National Economy. He justified his criticism by stating that

und vor allem auf das Problem der Formgebung in Entwicklungszyklen der verschiedenen Spezies (Entwicklungsbiologie) und deren Formgebungsphasen als erkenntnistheoretisches Denken über Systeme der Natur. Im Kapitel *Die Streitfrage der Evolution* wird auf genau diese Problematik verwiesen. Bertalanffy, der während seines gesamten Forscherlebens an jeder darwinistischen Evolutionstheorie den Zufallsfaktor Selektion kritisiert, bezeichnet den Darwinismus als legitimes Kind des viktorianischen Zeitalters und der Nationalökonomie der Schule Manchesters. Die begründet er damit, dass die Formenvielfalt auf den Begriff der Konkurrenz reduziert wird. Sie ist die Projektion der soziologischen Situation des 19. und 20. Jahrhunderts auf dreizehn Milliarden Jahre Erdgeschichte. Die organische Mannigfaltigkeit, die in der klassischen Morphologie typologisch charakterisiert worden war, wird im Darwinismus auf die Bedingung der Nützlichkeit reduziert, um die Finalität der evolutionären Perspektive in naturwissenschaftlich verstandene Kausalität zu konvertieren. In dieser Sprache wird die organische Zweckmäßigkeit von einem Universalprinzip auf eine linearkausale Beziehung zwischen biologischen Systemen und deren Umgebung eingeschränkt. Allein aus einem verabsolutierten Nützlichkeitsgedanken lässt sich jedoch z. B. der Situationsvorteil des Organismus nicht nachvollziehen, durch den dieser am Leben erhalten wird. Bertalanffy folgert daraus, dass die organischen Bildungen nachweisbar zweckmäßig, sprunghaft und epigenetisch in enger Korrelation ihrer Teile entstanden sind.[13]
Bertalanffy formuliert vier entscheidende Fragen zur Problematik der Evolution. Er subsummiert diese vier Fragestellungen unter die Problematik der organischen Formgebung bzw. Formenmannigfaltigkeit. Parallel zum Katastrophenmodell von Otto Heinrich Schindewolf, welches darauf hinweist, dass ohne Fossilfunde nicht eindeutig von der Gegenwart auf die Vergangenheit geschlossen werden kann, erarbeitet Bertalanffy den Evolutionsentwurf und formuliert ein Drei-Phasen-Modell. Zuerst entwickle sich ein Typus, der zu einer Artbildung führe, welche danach in der zweiten Phase zu einer stark richtungsorientierten Anpassung innerhalb der Gruppe führe. In der Dekadenz, der dritten Phase, kippe die Entwicklung schnell in eine Katastrophe um, und eine neue Formenmannigfaltigkeit tauche auf, so Schindewolf.[14]
Da in Bertalanffys organismischem Modell die Entwicklung zu höheren Organisationsformen von innen gesteuert wird, kann Evolution nicht auf externe Anpassung reduziert werden. Auch die modifizierte Fassung der synthetischen Evolutionstheorie wird abgelehnt, weil sie den Zufall und die Außensteuerung als Wirkungsursache für ungerichtete Mutationen verdinglicht. Solange die Evolutionstheorie diese Thesen vertritt, bleibt ungeklärt, wie die komplizierten und geordneten Gebilde der lebenden Systeme entstehen (1956, L. v. Bertalanffy). Die Theorie fehlte damals, weil eine molekularreduktionistische Ideologie und ein genetischer Essentialismus übermächtig waren. Damit wird implizit auch erklärt, warum sich eine organismische Theorie zu diesem Zeitpunkt nicht durchsetzen konnte. Im Gegensatz zur makroskopischen Evolution läuft die natürliche Selektion auf molekularer Ebene einfacher.[15]

„In biology, the basic physics and chemistry of elementary life processes as they exist on earth is well-developed. However, our knowledge of the semiotic controls and interactions within and between organisms and in some cases even in single cells is far from complete. In evolution theory it is still not clear that blind variation in a virtually infinite semiotic search space is adequate to explain so many successful species.“[16]
Howard H. Pattee, ca. 1995

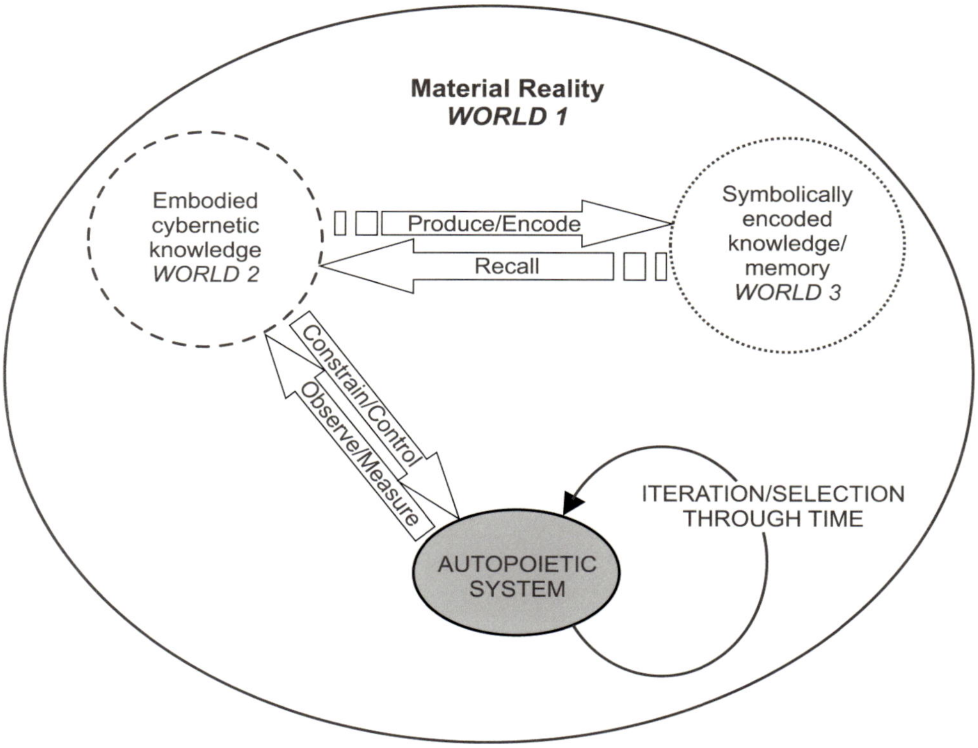

Autopoietic system, Material Reality WORLD 1

the variety of shapes was reduced to the concept of competiton. It is rather the projection of the sociological situation during the 19th and 20th centuries onto 13 billion years of Earth history. Organic variety, such as typologically classified in classical morphology, was reduced in Darwinism to the condition of utility, in order to convert the finality of the evolutionary perspective to causality understood in scientific terms. In this language, organic utility is confined by a universal principle to a linear, causal relationship between biological systems and their environment. However, from the perspective of the idea of absolute utility, the situational advantage of the organism by which it is maintained alive, for example, is not plausible. Bertalanffy thus concludes that organic structures have formed in an evidently useful and erratic manner, and epigenetically, in close correlation with their parts.[13]

Bertalanffy formulates four essential questions relating to the problem of evolution. He subsumes these four questions under the problem of organic shaping and the variety of shape. In analogy to Otto Heinrich Schindewolf's catastrophe model, which indicates that one cannot draw clear conclusions about the past from the present without fossile findings, Bertalanffy formulated his evolution model and a three-phase-model. First, a type leading to the formation of species would develop, which in a second phase, would lead to a strong directional adaptation within the group. During a third phase of decadence, development would turn into a catastrophe, thus causing new varieties of shape to emerge.[14]

Since in Bertalanffy's organismic model, development of higher organisational forms is controlled from within, evolution cannot be reduced to external adaptation. He even rejects the modified version of synthetic evolution theory, because it reifies coincidence and external control as an effective cause of undirected mutations. As long as evolution theory represents these theses, it will remain unclear as to how the complex and structured forms of living systems emerged (1956, L. v. Bertalanffy). At the time, the theory was not formulated, because the ideology of molecular reduction and genetic essentialism was overriding. This implicitly explains why an organismic theory was not able to assert itself at that

Was Howard Pattee formuliert, ist ein Komplexitätsbegriff, der erst in der Biophysik unserer Zeit und in der Philosophie und der zeitgenössischen Kunst[17] und Medientheorie diskutiert wird. Komplexe Systeme in Wirtschaft, Management und Biologie sind Forschungsgebiete, die ohne Interdisziplinarität und Transdisziplinarität nicht mehr zu denken sind.
Die Prämissen der Morphologie waren schon bei Goethe aussagekräftig, wenn er die Formen eines Organismus in seinen Erscheinungen und die Dynamiken der zu Grunde liegenden formativen Geste zu verstehen glaubte. Häufig lässt sich die morphodynamische Geste einer biologischen Form an der die Form bildenden Geste der embryonalen Entwicklung und/oder an der Art, wie eine definitive Form eines Organs oder Körperteils im erwachsenen Organismus erreicht wird, erkennen. Das Wachstum repräsentiert im organistischen Forschungsprogramm der Systemtheorie Bertalanffys den empirisch-experimentellen Schnittpunkt von Morphologie und Physiologie, weil die morphologischen Formen aus einem Wachstumsprozess resultieren.[18] Goethe verstand seine Lehre von der Gestalt, der Bildung und der Umbildung der organischen Körper als eigenständige Wissenschaft und nicht als Anhängsel der Physiologie. Der Archetyp Organismus ist nach Goethe ein Mikrokosmos, eine Einheit in der Vielheit, die vom Gesetz der Harmonie beherrscht wird. Der Organismus lebt durch seine Beziehungen zur Umwelt, welche die internen Strukturen transformieren.

„Faust: Der du die weite Welt umschweifst, Geschäftiger Geist, wie nah fühl ich mich dir!
Geist: Du gleichst dem Geist, den du begreifst, nicht mir!“[19]
Goethe, Faust, 1808

Goethe setzt voraus, dass die Formgebung in der Natur sinnvoll ist.
Der behütete Charakter des Schädels, mit dem er seinen Inhalt beschützt und gegenüber der Außenwelt abschirmt, steht im Gegensatz zu der „Offenheit“, mit der eine Extremität mit der Außenwelt interagiert. Die Geste der Form ist in diesem Fall offensichtlich. Die psychologische Umdeutung der zu Grunde liegenden Bewegung, welche in der Form zum Ausdruck kommt, lässt die Geste erkennen, welche durch die Form erscheint. Auf diese Weise kann die Geste der Form als innere Bewegung erkannt werden, d. h. psychologisch verstanden und grundsätzlich nachgeahmt werden. Goethe bezog sich auf die Wahrnehmung und das Verstehen der so genannten transzendentalen oder supersensiblen Qualität in allen Formen. In der Goetheschen Wissenschaft ist die Attitüde immer teilhabend und nicht wie in der analytischen Wissenschaft passiv, wo wir nur die Rolle des Zuschauers einnehmen. Er nimmt bewusst am morphologischen Prozess teil, was durch genaue und intensive Betrachtung gelingt und bei Bertalanffy als moderne Fassung des scholastischen Universalproblems der Ganzheit bezeichnet wird. Wie Goethe wurde auch Bertalanffy von Leibniz' Monadologie[20] beeinflusst, was im Vergleich der Morphetypen mit Welten, die in sich geschlossen sind, deutlich wird.[21]
Im Laufe der letzten Jahre hat sich mit neuen Forschungsergebnissen immer mehr eine These, eine Prämisse durchgesetzt, in der Epigenetik und Morphologie sowie die Developmental Biology berücksichtigt werden, die „Extended Synthesis“. Sie besagt mehr über die Entwicklung der embryonalen Formen und setzt dabei auf High-Tech-Abbildungen durch MicroCT[22] und erlaubt einen neuen Maßstab bei der Beobachtung von Organismen.

time. In contrast to macroscopic evolution, natural selection takes place more easily on the molecular level.[15]

"In biology, the basic physics and chemistry of elementary life processes as they exist on earth is well-developed. However, our knowledge of the semiotic controls and interactions within and between organisms and in some cases even in single cells is far from complete. In evolution theory it is still not clear that blind variation in a virtually infinite semiotic search space is adequate to explain so many successful species."[16]
Howard H. Pattee, ca. 1995

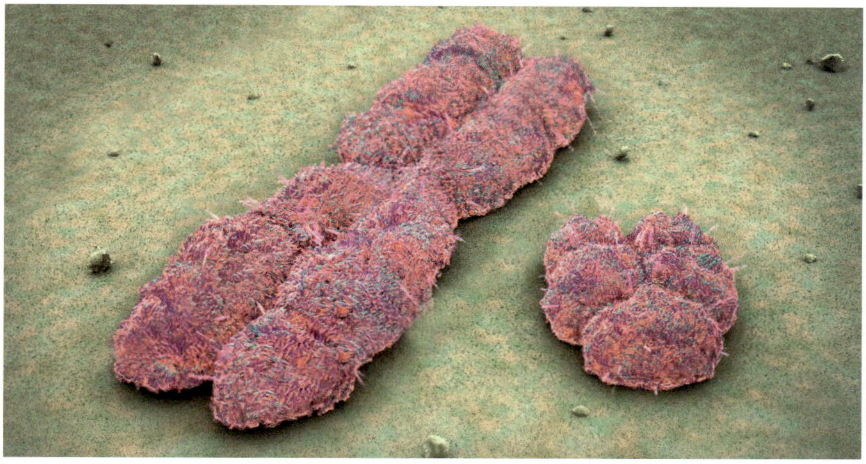

Female X- and male Y-chromosome, electromicroscopical image

What Howard Pattee formulated, was a concept of complexity, which people have only started to discuss in modern biophysics, philosophy, contemporary art and[17] media studies. Complex systems in the economy, management and biology are areas of research which are not thinkable without interdisciplinarity and transdisciplinarity.
The premises of morphology were already significant in Goethe's work, when he thought he understood the forms of an organism as phenomena and dynamics based on the formative gesture. Often the morphodynamic gesture of a biological form can be read from the formative gesture of the embryonic development and/or the manner in which a definite form of an organ or body part is achieved in the adult organism. In the organistic research programme of Bertalanffy's system theory, growth represents the empiristec experimental intersection of morphology and physiology, because morphological forms result from a growth process.[18] Goethe understood his theory of shape, forming and transforming of the organic body as an independent science and not as an appendix of physiology. According to Goethe, the archetype "organism" is a microcosm, an entity in multeity governed by the Law of Harmony. The organism lives from its relations to the environment which transform its internal structures.

"Faust: You who wander the world, on every hand, active Spirit, how close to you I feel!
Spirit: You're like the Spirit that you understand, not me!"[19]
Goethe, Faust, 1808

Goethe presumes that the shapes taken in nature make sense.
The protective character of the skull, which provides its contents with shelter and protects it against the outer world, is the opposite to the "openness", with which limbs interact with the outer world. In this case, the gesture of form is apparent. The psychological reinterpretation of the basic movement is expressed through the shape, allowing this gesture to manifest itself. In this way, the gesture of the form is recognised as an internal movement, i.e. psychologically understood and can, on principle, be imitated.
Goethe referred to perception and comprehension of this so-called transcendental or super-sensitive quality in all shapes. In Goethe's science, the attitude is always participative and not passive as in analytical science, where we only adopt the role of the onlooker. He consciously participates in the morphological process, which succeeds through accurate and intensive observation, which Bertalanffy describes as a modern version of the

In der *Rational Morphology*[23] werden ähnliche Thesen zur Morphologie wie diejenigen Ludwig v. Bertalanffys vertreten. Es existieren allgemeine Gesetze der Biologie. Weiterhin gibt es allgemeine Formen in der Morphologie und der Ontogenie. Der Organismus wird als ein einheitliches Ganzes betrachtet und Gene besitzen keinerlei kausale Vormachtstellung für die ontogenetische Morphologie oder der stammesgeschichtlichen Entwicklung.[24]
Die Geordnetheiten der begrenzt vorhandenen, realisierbaren Biostrukturen, so sagt dieses alte und zugleich neue Modell, sind durch physikalisch-chemische Verhaltensweisen, was Lebewesen und diese bedingt, in der Evolution manifestiert worden. Die Visualisierung der Nanostrukturen ist die zentrale Aufgabe der zeitgenössischen naturwissenschaftlichen Forschung. Aber Zweifel bleibt, weil nicht alles bis ins letzte Detail sichtbar gemacht werden kann.
Nicht allein die Genetik sollten seine Söhne lernen und deswegen zitiert Gregory Bateson seinen Vater:
„Mein Vater, der Genetiker William Bateson, las uns beim Frühstück immer aus der Bibel vor – damit wir nicht als *hirnlose* Atheisten aufwuchsen.“[25]

EPIGENETISCHE EVOLUTION, ERWEITERTE SYNTHESE

„Wissenschaft war Morphologie. Heute findet man in den Vordrucken der Forschungs-Fonds unter einer Hundertschaft von Gebieten Morphologie überhaupt nicht mehr.“[26]
Rupert Riedl

Epigenetik geht als neuer Begriff auf den britischen Biologen Conrad Hal Waddington[27] zurück, der ihn vor 60 Jahren geprägt hat. Epigenetik ist demnach das Studium der Gene während der Entwicklung eines Organismus und verknüpft somit das Problem der Vererbung mit den Problemen der Entwicklungsbiologie und der Formenmannigfaltigkeit. Das Institut für Humanökologie, eine Schnittstelle zwischen Sozialwissenschaften und Naturwissenschaften („soziale Tatsachen nur durch soziale Tatsachen zu erklären“[28]) ist noch heute aktiv und in Verbindung mit der University of Strathclyde, England, zu einer renommierten Ausbildungsstätte geworden und wurde eben 1972 von Conrad Hal Waddington gegründet. Dieses Institut stellt sich auf seiner Webseite mit folgendem Zitat dar:
„Human ecology gives meaning to my work because it highlights the creative tension involved in integrating different ways of engaging with the world: analysis and action; science and spirituality; ecology and creativity; matter and meaning. I seem to be able to combine Marxism, ecology, Christianity and feminism and still be a human ecologist.“
Epigenetik, wie Waddington sie verstand, kann mit derzeitigem Wissen als die Weitergabe bestimmter Eigenschaften auf die Nachkommen gesehen werden, die nicht oder nicht ausschließlich auf Veränderungen der Genregulation und Genexpression in der Entwicklung zurückzuführen sind. Er erklärte seine These in seinem Aufsatz *Strategy of the Genes* mit der Grafik der Täler und Hügel.[29] Der Ball repräsentiert den Verlauf der Entwicklung. Am höchsten Punkt ist die Befruchtung anzunehmen, also in all den Tälern werden Wege eingeschlagen, die schon einmal betreten worden sind, es sind Pfade und man nennt dieses Wege-Suchen Kanalisierung. Wegen der hohen Talwände kann der Weg nicht so leicht geändert werden, aber durch eine starke Bewegung gelingt es doch und die Talwand in dieser epigenetischen Landschaft kann

scholastic problem of universals relating to wholeness. Like Goethe, Bertalanffy was also influenced by Leibniz's Monadology[20], which becomes clear when comparing morphetypes with self-contained worlds.[21]

In the course of the last few years, the thesis or premise has come to the fore, together with new research results, in which epigenetics and morphology as well as Developmental Biology are accounted for: Extended Synthesis. It says more about the development of embryonic forms, relying on high-tech images through microCT[22] and producing a new scale for observing organisms.

In *Rational Morphology*[23] similar theses on morphology like those of Ludwig v. Bertalanffy are represented. There are general laws of biology. Furthermore, there are general forms in morphology and ontogeny. The organism is seen as a complete whole and genes possess no causal predominance for ontogenetic morphology or phylogenetic development.[24]

According to this both old and new model, the orders of limited existing realisable bio-structures become manifest in evolution through physical and chemical behaviour, which conditions living creatures and the former. Visualisation of nanostructures is the key task of contemporary scientific research. However, it is still doubtful whether every single tiny detail can be made visible.

Because his sons should not only learn genetics, Gregory Bateson quotes his father as follows:

"My father, the geneticist William Bateson, used to read to us passages of the Bible at breakfast – lest we grow up to be *empty-headed* atheists."[25]

EPIGENETIC EVOLUTION, EXTENDED SYNTHESIS

"Science meant morphology. Today, morphology is no longer found in any of the research funds' application forms at all, although there are hundreds of scientific fields listed."[26]
Rupert Riedl

The new term, epigenetics, can be traced back to British biologist Conrad Hal Waddington[27], who coined it 60 years ago. Accordingly, epigenetics represents the study of genes during the development of an organism and thus links the problems of inheritance with the problems of developmental biology and the diversity of forms. The Centre for Human Ecology, an interface between social sciences and natural sciences ("social facts can only be explained by social facts"[28]) is still active today and connected to the University of Strathclyde, Scotland. Established in 1972 by Conrad Hal Waddington, it has become a distinguished place of teaching and learning. This centre introduces itself on the Internet with the following quote:

"Human ecology gives meaning to our work because it highlights the creative tension involved in integrating different ways of engaging with the world: analysis and action; science and spirituality; ecology and creativity; matter and meaning. We seem to be able to combine Marxism, ecology, Christianity and feminism and still be a human ecologist."

Given today's knowledge, epigenetics, as Waddington understood it, can be seen as the

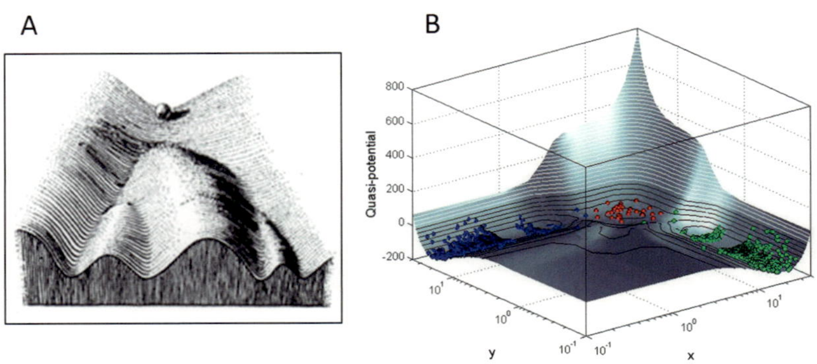

H.C. Waddington, The Strategy of the Genes 1957, the epigenetic landscape that restricts and constrains the fate of a cell as development time proceeds

überwunden werden. In der Folge kann der Stimulus unwichtig werden. Es findet eine genetische Assimilation statt. Empirische Belege für diese epigenetischen Erbgutänderungen in verschiedenen Spezies gibt es bis heute genügend. Der russische Genetiker Dmitry Belyaev bewies 1950 nach langjähriger Kreuzung von Silberfüchsen, dass durch eine gezielte Auswahl der Faktor „aggressiv, wild" ausgemerzt werden kann. Somit kann nachgewiesen werden, was man als epigenetische Veränderung, genetische Assimilation bezeichnete. Nach etwa zehn bis zwanzig Generationen kontrollierter Zucht zeigten die Füchse keine Furcht mehr vor Menschen und begrüßten die Pfleger mit Schwanzwedeln und Zuneigungslecken. Äußerliche Veränderungen waren eine gefleckte Fellzeichnung, Schlappohren und gekräuselte Schwänze.
Während dieser Zeit versuchten Biologen noch herauszufinden, warum bestimmte Hunde andere Fellzeichnungen aufweisen als Wölfe. Belyaev sah in seiner Forschung mit Füchsen die Möglichkeit, diese Frage zu beantworten. Mit seinen Mitarbeitern untersuchte er auch biochemische Parameter und fand, dass die Adrenalin-Werte der domestizierten Füchse deutlich niedriger lagen als die der wilden Füchse. Dadurch konnte das handzahme Verhalten der Füchse erklärt werden, nicht aber die Vielfarbigkeit der Felle.
Die Wissenschaftler stellten die Theorie auf, dass durch die molekulare Ähnlichkeit von Adrenalin und Melanin ein Zusammenhang bezüglich der Pigmentproduktion bestehen könne und dass verminderte Adrenalinwerte die Expression von genetischen Varianten zum Vorschein bringen könnten, die im Wildtier durch hohe Adrenalinkonzentrationen unterdrückt blieben. Damit war auch eine Funktion von Stress (erhöhte Adrenalinwerte) als regulatorisches Element in der Genexpression und damit der Evolution erkannt. Conrad Hal Waddington wurde zum Wegbereiter der modernen Evolutionstheorie, zum Urvater von EvoDevo.[30] In mehreren neuen Schriften seit 2005 wird immer wieder neu betont, dass Waddington der erste Forscher war, der bereits 1957 diverse Interaktionen zwischen Genen in Erwägung gezogen hatte, bevor noch moderne Konzepte der Genomkartenerstellung oder das Analysieren von Gennetzwerken in Mode gekommen waren. Auch in der Publikation *Ecological Developmental Biology – Integrating Epigenetics, Medicine and Evolution*[31] wird C. H. Waddington als einer der Urheber der Epigenetik zugleich mit dem russischen Forscher Ivan Schmalhausen erwähnt.[32]
In *Extended Synthesis*, herausgegeben von Gerd Müller und Massimo Pigliucci, wird im Aufsatz *Epigenetic Innovation Theory* von Gerd Müller ein systemtheoretischer Zugang in sieben Punkten empfohlen:
Die epigenetische Innovationstheorie ist eine systemorientierte Annäherung. Es bedeutet, dass genetische Variation, natürliche Auslese und umweltabhängige Einflüsse das integrative Entwicklungssystem beeinflussen, das wiederum bestimmte phänotypische Reaktionen generiert, wenn die kanalisierte Plastizität/Dynamik seine Grenzen erreicht hat.
Es gelten hierin gewisse Gesetze und Regelmäßigkeiten. Die durchsetzenden Bedingungen für phänotypische Evolution sind in Entwicklungssystemen verkörpert, eingebettet, die durch Selbstorganisation, Rückkoppelungs-Regulierung und als umweltbedingt charakterisiert sind. Chemisch und mechanisch leicht erregbare Zellanhäufungen haben aufstrebende morphologische Leitmotive (Merkmale) vom ersten Mehrzellorganismus bereitgestellt, die dann morphogenetische Matrizen für die folgende phänotypische Evolution wurden. Komplexe Entwicklungssysteme können in unlinearer Fasson auf veränderte Anfangsbedingungen reagieren. Jegliche

transfer of certain features to descendants, which are not, or not completely, due to changes of gene regulation and gene expression in development. He explained his thesis in his essay *Strategy of the Genes* with the chart of valleys and hills.[29] The ball represents the course of development. The peak can be seen to represent fertilisation and, in the valleys, paths are pursued that have already been taken. This process of seeking paths is called channelling. However, because of the steep valley slopes, the path cannot be changed so easily although, energetic movements can finally succeed in overcoming this slope in the epigenetic landscape. Subsequently, the stimulus can become insignificant. A genetic assimilation takes place. Today, there is enough empirical evidence for these epigenetic mutations of the genome in different species. After years of crossbreeding silver foxes, Russian geneticist Dmitry Belyaev discovered in 1950 that by specifically selecting them, the factor "aggressive, wild" was able to be eliminated. Thus it can be proved that what is called epigenetic change or genetic assimilation, really exists. After some ten to twenty generations of controlled breeding, the foxes did not show any fear of human beings any more and greeted their keepers by wagging their tails and licking them. Exterior changes included a spotted coat of fur, lop ears and curly tails.

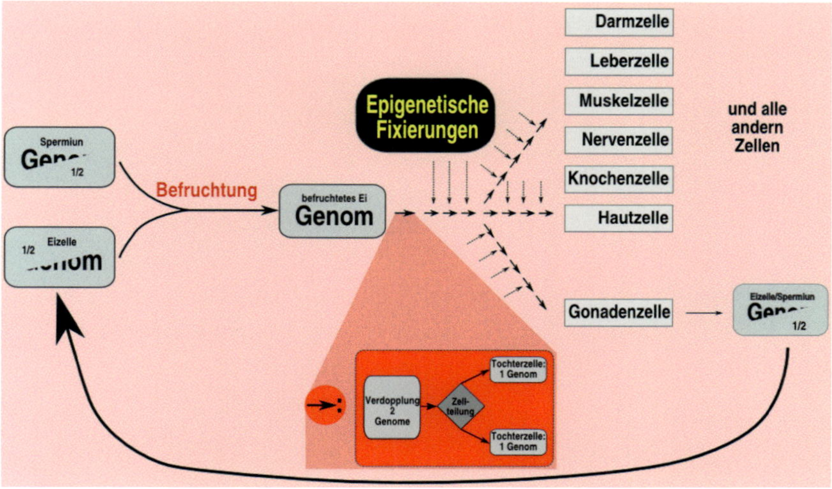

Epigenetic Fixations, each arrow indicates a cell division, these cells are changed, the changes are passed onto the genome to daughter cells. This is not about changes in DNA sequence. Cf: Epigenetic Hitec 3

During this time, biologists attempted to find out why certain dogs' fur markings differed from wolves. According to Belyaev, his research on foxes enabled him to answer this question. Together with his colleagues, he also investigated biochemical parameters and found out that the domesticated foxes' adrenalin rates were much lower than those of wild foxes. It was therefore possible to explain why the foxes became so tame, but it did not explain their fur pattern variety.

Scientists developed the theory that, due to molecular similarity of adrenalin and melanin, there could be a connection to pigment production and that reduced adrenalin rates could lead to the expression of genetic variants, that would be suppressed in the wild animal by high levels of adrenalin. Thus, one function of stress (increased adrenalin levels) was identified as a regulatory element in gene expression and thus also in evolution. Conrad Hal Waddington became a pioneer of modern evolution theory and the founding father of EvoDevo.[30] In several new papers published since 2005, it has been repeatedly emphasised that Waddington was the first scientist who had, in 1957, already been considering various interactions between genes before modern concepts of genome mapping or analysing genetic networks had become standard practice. In the paper *Ecological Developmental Biology – Integrating Epigenetics, Medicine and Evolution*[31] C.H. Waddington is also mentioned as one of the originators of epigenetics together with the Russian scientist Ivan Schmalhausen.[32]

In *Extended Synthesis*, edited by Gerd Müller and Massimo Pigliucci, Gerd Müller in his paper on *Epigenetic Innovation Theory* recommends a system-theory approach in seven steps.

"Epigenetic innovation theory represents a system-oriented approach. It argues that genetic variation, natural selection, and environmental induction affect integrated developmental

Störung in einem oder mehreren Parametern ruft das selbstorganisierende System auf den Plan. Kleine Störungen werden von den plastischen Dynamiken/Beschaffenheiten des Systems gepuffert, jedoch weitere Störungen kann das System an seine Grenze bringen (z. B. Zellanzahl, Geschwulstgröße, induktive Kapazität etc.) und Grenzschwellen-Antworten folgen. Schrittweise und auch nicht abgestufte Ordnungen der evolutionären Veränderungen können ebenfalls in diskontinuierliche Phänotpyen umgewandelt werden. Dies mag als Verlust von Eigenschaften angesehen werden, oder als Kombination von ehemals unabhängigen Eigenschaften oder als Kern neuer Eigenschaften, die in den Zuständen der Vorfahren nicht gegenwärtig sind. Diese morphogenetischen Produkte sind der natürlichen Auslese ausgesetzt und können durch normale Variationsmechanismen verfeinert und vervollkommnet werden. Während Innovation passiert, erfüllt genetische Evolution mehr eine verfestigende als eine generierende Aufgabe beim Betreten eingeschlagener genetischer Pfade.[33]

RNA-INTERFERENZ

Die Entdeckung der RNA-Interferenz fand Ende der 1990er-Jahre statt. Dieses Modell besagt, dass theoretische Vermutungen zur Stilllegung bestimmter Genabschnitte in eukaryotischen Zellen (genetic silencing) verifiziert werden konnten. Für diese Entdeckung wurden 2006 den amerikanischen Biochemikern und Biologen Craig Mello und Andrew Fire die Nobelpreise für Physiologie bzw. Medizin in Stockholm verliehen. Es handelt sich um eine wichtige Methode in der biomedizinischen Forschung zur Untersuchung der Funktion einzelner Gene. Darüber hinaus gibt es bereits Versuche zur Anwendung der RNA-Interferenz für therapeutische Zwecke. Zahlreiche Konferenzen, die sich auf die Produktion und Verteilung für Forschungszwecke solcher nanometrisch kleiner chemischer Reagenzien konzentrieren, werden vermehrt organisiert. 1998, nachdem Craig und Fire ihre Entdeckungen in *Nature*[34] veröffentlicht hatten, zog man in einem deutschen Universitätskolleg den Schluss, dass man nun die RNA-Interferenz in menschlichen, eben nicht nur in Fadenwürmer-Zellen ausprobieren könne, natürlich zuerst im Labor.

Network of genes, concepts and people in the Gene Wiki. Martin Krzywinski/Genome Science Center, Vancouver/CAN, Benjamin Good/The Scripps Research Institute, La Jolla/USA

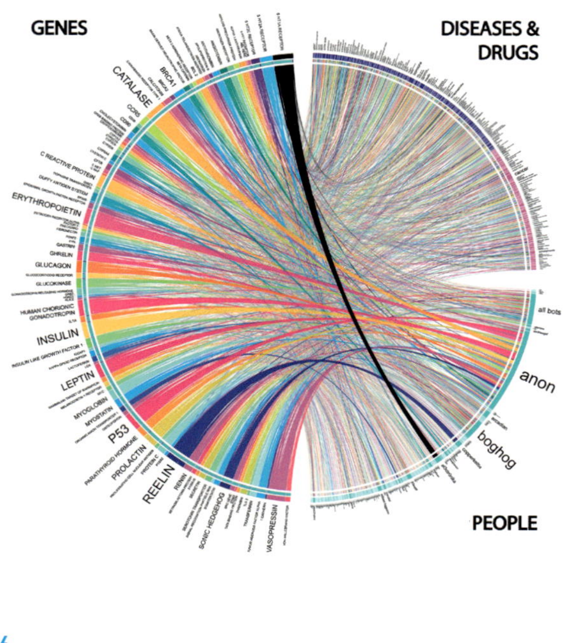

Roland Kreutzer und sein Kollege Stefan Limmer testeten die Technik an menschlichen Zellen in Bayreuth und fanden als Erste einen Weg, mit kurzen doppelsträngigen RNA-Molekülen beliebige Gene abzuschalten, also auch schädliche. Manche Krankheiten könne man somit behandeln, es war eine wirklich gute Idee, auf Grund von genetischen Veränderungen der Zelle eine richtungsweisende Heilmethode auf den Weg bringen zu können. Kreutzer und Limmer meldeten 1999 das weltweit erste Patent auf RNA-Interferenz bei menschlichen Zellen an. 2001 bewies Tom Tuschl, inzwischen an der Rockefeller University in New York, dass RNA-Stücke bestehend aus 21–23 Bausteinen tatsächlich Gene im menschlichen Gen-Code stilllegen. Auf wirtschaftliche Auswirkungen dieser Erfindung wird an anderer Stelle eingegangen. Hier soll nur erklärt sein – und die Grafik weist darauf hin: Die Produktionen und die ins Netz gestellten Forschungsergebnisse zur synthetisch hergestellten RNA-Produktion und RNA-Literatur, die dann klinisch eingesetzt

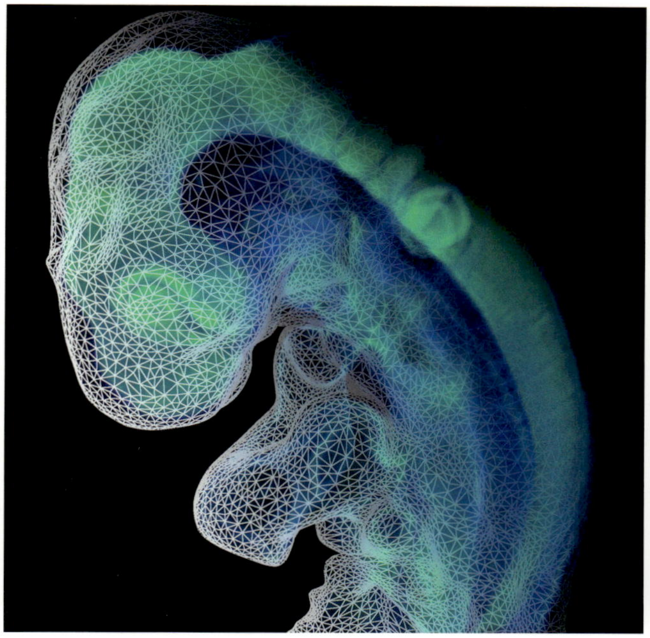

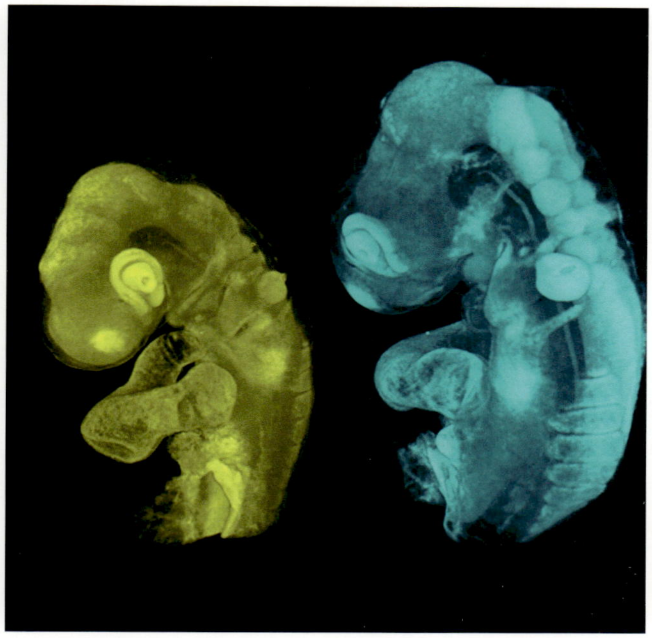

3D reconstruction of a microCT of a chicken embryo on the third day of development with transparent rendering and network coordinates.
Brian Metscher/Gerd Müller

MicroCT scan of a chicken embryo.
Brian Metscher/Gerd Müller

systems that generate specific phenotypic reactions when canalized plasticity has reached its limits. In other words, a developmental system falls into a new steady-state interaction among its components. [...] The realizing conditions for phenotypic evolution are embodied in developmental systems that are characterized by cellular self-organization, feedback regulation, and environment dependence. Chemically and mechanically excitable cell aggregates provided emergent morphological motifs of the first multicellular organisms, which then became morphogenetic templates for further phenotypic evolution. Complex developmental systems can react in nonlinear fashions to changing initiating conditions. Any disturbance in one, or several, of a system's parameters mobilizes its self-organizing qualities. Minor disturbances will be buffered by the plastic dynamics of the system, but more substantial disturbances can take it to its limits (e.g. in cell numbers, blastema size, inductive capacity, etc.), and threshold responses ensue.
Gradual or nongradual regimes of evolutionary change can be developmentally transformed into discontinuous phenotypic outcomes. These may appear as losses of traits, or as combinations of previously independent traits, or as kernels of new traits not present in the ancestral conditions. These morphogenetic products will be exposed to natural selection, and can be elaborated and refined through standard variational mechanisms. Genetic evolution, while facilitating innovation, serves a consolidating role rather than a generative one, capturing and routinizing morphogenetic templates."[33]

RNA INTERFERENCE

RNA interference was discovered in the late 1990s. This model shows that theoretical assumptions regarding the shutdown of certain gene sequences in eukaryotic cells (genetic silencing) were able to be verified. American biochemists and biologists Craig Mello and Andrew Fire were awarded the 2006 Nobel prize for physiology or medicine respectively in Stockholm for this discovery. It represents an important method in biomedical research for analysing the function of individual genes. Moreover, attempts have been made to apply

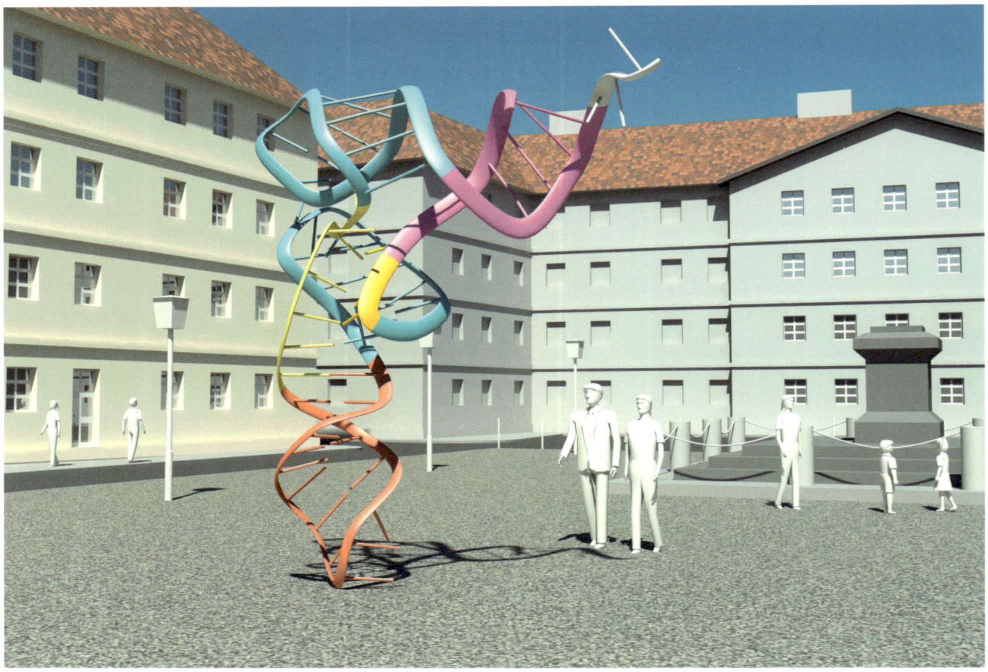

TRNA-model, proposition for a sculpture in public space, Petra Maitz, Graz 2009

werden könnten, sind vielfältig und können leider nicht alle als wissenschaftlich ernsthaft bezeichnet werden. Es tobt ein Kampf um Patente, um klinisch anwendbare Lösungen und um förderbare Konzepte.

Das komplexe Gebilde um die RNA-Interferenz ist bislang das interessanteste Thema der Biologie der letzten 10 Jahre und dies bringt selbstverständlich große Entwicklungschancen für die moderne Medizin und weckt große Erwartungen an die Pharmazie. Die hohe Effektivität der RNA-Interferenzmethode besteht in der Qualität der Selbstreplikation der einzelsträngigen RNA. Eben diese Entdeckung ist auch für die Evolutionsforschung von Bedeutung und wird in vielen Gebieten wie in der Chemie und der Physik als Neuanfang für die Idee, woher Leben eigentlich kommt, stark einbezogen.

Ein daraus erfolgter Modellversuch heißt heute *LUCA, the Last Universal Common Ancestor* (der letzte universelle gemeinsame Ahne)[35]. Dem geht voran, dass viele Bereiche des Lebendigen philosophisch betrachtet auf eine Feinstofflichkeitsbeobachtung angewiesen sind. Denn mit der RNA-Interferenz sind die Dimensionen der möglichen Manipulationen, der Eingriffe ins Erbgut, ins Innerste der Organismen, also auch des menschlichen Organismus, groß geworden, sie sind stark abhängig von technischem Gerät, computergestützten Rechenvorgängen, aus denen visuelle Bilder, Karten und Diagramme entstehen, die interpretiert werden müssen. Bildtheoretisches Wissen muss in diagnostischen Anwendungen zum Beispiel in der Medizin jahrelang erlernt werden. In ökonomischen und kommerziellen Strategien werden oft Probleme geschaffen, wie Obsoleszenz-Produkte in der Industrie es beweisen, um neue Handelsmärkte zu eröffnen. Das wird schließlich auch in den Finanzmärkten so gehandhabt.

Zynisch-kritisch singt Laurie Anderson in ihrem neuen Album *Homeland* genau darüber.

„But you wanna go on the show, So you need a problem, So you invent a problem ... and only an expert can deal with the problem ..."

RNA interference for therapeutic purposes. An increasing number of conferences, focusing on production and distribution for research purposes of such nanometric tiny chemical reagents, are being organised. In 1998, after Craig and Fire had published their discoveries in *Nature*[34], a German university department came to the conclusion that RNA interference could not only be tested in threadworm cells, but also in human cells, starting of course in a laboratory. After testing this technique on human cells in Bayreuth, Roland Kreutzer and his colleague Stefan Limmer were the first to find a way to shut down any genes they liked, thus also harmful ones, with the help of short double-stranded RNA molecules. Some diseases could be treated in this way; it was a really good idea to develop a groundbreaking treatment method based on genetic cell change. In 1999, Kreutzer and Limmer filed the first ever patent relating to RNA interference of human cells. In 2001, Tom Tuschl, meanwhile working at the Rockefeller University, New York, succeeded in proving that RNA segments consisting of 21–23 elements can actually shut down genes within the human genetic code. Economic effects of this discovery will be dealt with elsewhere. The aim is simply to explain and the chart demonstrates this: The findings and the research results put online relating to synthetically manufactured RNA, as well as RNA literature, which could be used clinically, are manifold, but not all of them can be considered as seriously scientific. At the moment, a fight for patents, for clinically viable solutions and subsidisable schemes is going on.

The complex structures around RNA interference have, over the last 10 years, been the most interesting subject-matter in the field of biology, yielding great potential for modern medicine and raising great expectations in the field of pharmacy. The high efficiency of the RNA interference method lies in the quality of self-replication of single-stranded RNA. It is this discovery that is also significant for evolution research and is strongly accounted for in many areas such as in chemistry and physics – as a new starting point for ideas about where life actually comes from.

One of the emerging model tests is *LUCA, the Last Universal Common Ancestor*[35]. One condition is that many areas of the living depend on the observation of the fine-grain level. With RNA interference, the dimensions of possible manipulation, of interventions in the genome, in the innermost of organisms, thus also in the human organism, have increased, but this is greatly dependent on technical devices and computer-assisted calculation processes, from which visual images, maps and charts emerge, which have to be interpreted. Knowledge about imaging theory takes a number of years to acquire, in the field of medicine for instance, before it can be used in diagnostics. In economic and commercial strategies, problems are often created, as industrial obsolescence products prove, in order to open new retail markets. The same is true for financial markets.

In her new album *Homeland*, singer Laurie Anderson takes a challenging and cynical position towards this.

"But you wanna go on the show, So you need a problem, So you invent a problem ... and only an expert can deal with the problem ..."

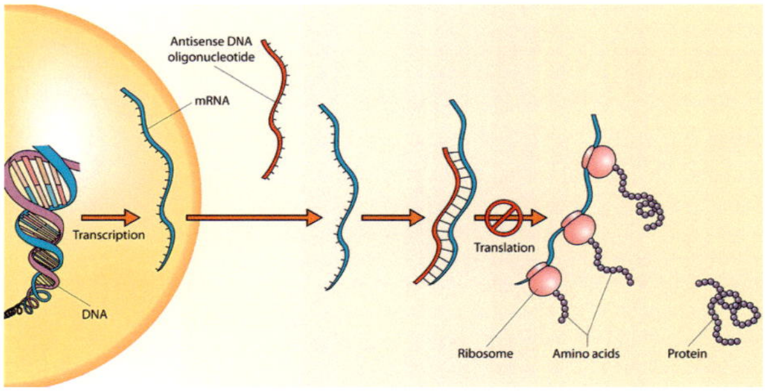

Transcription process, from inside the cell mRNA serves as a copy of DNA, not reversible

DIE RNA-WELT-HYPOTHESE, CHEMISCHE EVOLUTION

„Ein Organismus erscheint deswegen so rätselhaft, weil er sich dem raschen Verfall in einen unbewegten ‚Gleichgewichtszustand' entzieht, und dieses Rätsel hat der Menschheit so viel zu schaffen gemacht, dass sie seit den frühesten Zeiten des philosophischen Denkens und teilweise auch heute noch behauptet, im Organismus sei eine unkörperliche, übernatürliche Kraft wirksam."[36]
Erwin Schrödinger

Die Frage nach der Entstehung des Lebens hat Generationen von Wissenschaftlern beschäftigt. Da es nur wenige gesicherte Fakten über die Umwelt und die Vorgänge der vorgeschichtlichen Welt gibt, beruht unser Bild zu dieser Fragestellung hauptsächlich auf Annahmen und Hypothesen. Dies gilt zumindest für den chemischen Abschnitt der Evolution. Zahlreiche Arbeiten haben die Möglichkeiten aufgezeigt, wie sich aus einfachsten Molekülen wie Ammoniak, Methan, Blausäure, Schwefelwasserstoff oder Wasser die chemischen Bausteine heutigen Lebens, Aminosäuren, Nukleinsäuren und Fette sowie Derivate dieser Substanzen bilden können. Ausgehend von diesen Bausteinen wurden Entstehungsmöglichkeiten für die Makromoleküle des heutigen Lebens, die Proteine und Nukleinsäuren, sowie für Zellvorläufer, die aus Lipidmehrfachschichten aufgebaut sind, demonstriert. Das erste theoretische Denken zur Ursuppensimulation geht in die Zwanzigerjahre auf einen russischen und einen britischen Forscher, Alexander Oparin (Biochemiker, 1894 bis 1980) und J. B. S. Haldane (britischer Genetiker und theoretischer Biologe, 1892 bis 1964), zurück. Diese haben als erste formuliert, dass vor vier Milliarden Jahren die chemischen Bedingungen in der Atmosphäre der Erde schon so beschaffen waren, dass durch Anreicherung von bestimmten Gasen und anorganischen Stoffen wie Boraten eine Synthese zu organischen Stoffen spontan erfolgen konnte. Diese Untersuchungen nahmen sich wiederum zwei amerikanische Forscher 1953 in Chicago, Illinois, als „Kochrezept" und erprobten in vielen Durchgängen eine Simulation der Ursuppe im Labor: Sie erbrachten tatsächlich ein Ergebnis zur Spontanentstehung von organischem Material. Die Geburtsstunde der Basenentstehung, vielleicht die der RNA. Es war ein Durchbruch, ein Ergebnis mit weit reichenden Folgen. Es bedeutete eben, dass es doch keinen göttlichen Schöpfer gab, sondern sich laut Darwin vermutlich sehr komplexe chemische Systeme durch das Vorhandensein vieler chemischer Veränderungen und atmosphärischer Bedingungen fortentwickeln. Die Entstehung der Erde und der darauf folgende Schub zur Lebensentwicklung ist auch eine philosophische Frage und diese wurde bei Demokrit[37] im griechischen Altertum nach seinem Lehrer Leukipp, aus dessen Schriften *Das große Weltsystem* und *Über den Geist* der Satz „Kein Ding entsteht planlos, sondern aus Sinn und unter Notwendigkeit" stammt, zum Materialismus, zum Atomismus weiterentwickelt. Demokrit: „Nur scheinbar hat ein Ding eine Farbe, nur scheinbar ist es süß oder bitter; in Wirklichkeit gibt es nur Atome im leeren Raum."[38] Die Idee einer RNA-Welt scheint als Weltentstehungs-Hypothese überzeugender als die der Genesis, obwohl die Idee einer Schöpfungsgeschichte des Lebens einen versöhnlichen Blick zurück aus unserem Jahrhundert der Bioinformatikwelt in die Vergangenheit zu werfen vermag.

Im westlichen Denken hat sich die Versachlichung der Problemwelten allerdings längst durchgesetzt, die von Gott geschaffene Welt ist eine durchaus narrativ schöne im Vergleich zu den Biodatenbanken, die uns nun auf ein Molekül reduzieren. Ein RNA-Molekül besteht aus einer Base, einem Zucker, der Ribose im Gegensatz zur

RNA WORLD HYPOTHESIS, CHEMICAL EVOLUTION

"It is by avoiding the rapid decay into the inert state of 'equilibrium' that an organism appears so enigmatic; so much so, that from the earliest times of human thought some special non-physical or supernatural force was claimed to be operative in the organism, and in some quarters is still claimed."[36]
Erwin Schrödinger

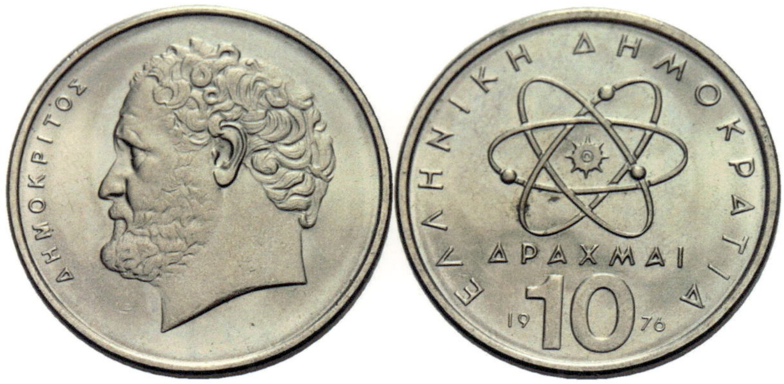

Ten Drachma with Democritus' head for invention of atomic hypothesis (400 b.c.) Since 1832 Greek coins before the Euro was introduced in 2001

The question about the origin of life has fascinated generations of scientists. Since there are only a few proven facts about the environment and the phenomena of the prehistoric world, our ideas about this problem are chiefly based on assumptions and hypotheses. This applies, at least, to the chemical part of evolution. As many papers have shown, simple molecules, such as ammonia, methane, HCN, hydrogen sulphide or water, are able to form the chemical elements of life: amino acids, nucleic acids and fats, as well as derivatives of those substances. On the basis of these elements, they have demonstrated how macromolecules of modern life could develop, and how they were structured: proteins and nucleic acids, as well as protocells, which consist of multilayered lipids. The initial theoretic concept regarding primeval soup simulation dates back to the 1920s, to a Russian and a British researcher, Alexander Oparin (biochemist, 1894–1980) and J. B. S. Haldane (British geneticist and theoretical biologist, 1892–1964). They were the first to postulate that four billion years ago, chemical conditions in the Earth's atmosphere had already evolved in such a way that, due to the accumulation of certain gases and anorganic substances such as borates, a synthesis with organic matter could spontaneously occur. In 1953, two American researchers in Chicago, Illinois, used these investigations as a recipe, testing and simulating the primeval soup in many trials in the laboratory: They actually succeeded. Organic matter formed spontaneously. A base had come into being, probably even RNA. It was a breakthrough, a result with far-reaching consequences. It meant that there was no divine Creator, but that there existed – as Darwin had said – probably very complex chemical systems that were able to further develop due to the existence of many chemical changes and atmospheric conditions. The origin of the Earth and subsequent thrust towards the development of life is also a philosophical problem, which ancient Greek philosopher Democritus[37] developed into materialism and then to atomism, according to his teacher Leucippus and his treatises *The Big World-System* (or *Great Cosmology*) and *On Mind*, referring to the spirit of the following sentence he had written: "Nothing occurs at random, but everything for a reason and by necessity." Democritus: "A thing is only hot or cold, sweet or bitter, hard or soft by convention; the only things that exist in reality are the atoms and the void."[38] As a hypothesis of world origin, the idea of an RNA world would seem to be more convincing than the idea of Genesis, although the idea of a history of creation allows for a conciliatory view back from our century of bioinformatics into the past.

Although, in western thought, the objectification of problematic worlds has long asserted itself, the world as God created it is beautiful in its narrative, compared with biodatabases, which reduce us to molecules. An RNA molecule consists of a base, sugar, ribose

Desoxyribonukleinsäure, die ein Sauerstoffatom weniger hat, und einem Phosphatatom ganz außen. Weil die RNA ein Sauerstoffatom mehr hat, kann sie sich anders falten und ist deswegen viel instabiler als Informationsspeicher, gleichzeitig viel virulenter als die DNS. Die Faltung erlaubt es, dass RNA sowohl Henne als auch Ei im hypothetisch angenommenen Syntheseprozess am Anfang des Lebens auf der Erde sein könnte. Die Faltung erlaubt andere chemische Durchlässigkeiten und Bindungen, so ist es durch Wasserstoffbrückenbindungen für die RNA möglich, ganz andere Konfigurationen einzunehmen. Renée Schröder[39] hat ein ganzes Buch darüber verfasst, was die Leistungen der RNA sind, und ihre eigene Philosophie davon abgeleitet. Auch die Rolle der Zuckermoleküle wurde im Sinne der chemischen Evolution erforscht. Die Ribose ist in Nukleinsäuren vorhanden. Geht man davon aus, dass sich auf der frühen Erde die Moleküle des Lebens unter den damaligen Bedingungen in einer Art Ursuppe gebildet haben, wie soeben erläutert, so stellt sich sogleich die Frage nach der Menge an Ribose, die sich gebildet haben könnte. Analysiert man die Zuckerbestandteile (nach Carrell Group[40]), die sich in Ursuppen-Simulationsexperimenten bilden, so stellt man fest, dass Ribose in geringen Mengen entsteht.
Der Ausgangspunkt der Synthese unterschiedlicher Zucker könnte z. B. die Formose-Reaktion gewesen sein. Die Zucker liegen bei 40° C als Gemisch der verschiedenen Konstitutionsisomere vor. Die Frage ist, warum die natürlichen Zucker die so vorliegenden Oligonukleotide (10 bis 100 Nukleotideinheiten) bevorzugen. Deswegen wird der Synthesevorgang simuliert, um herauszufinden, was das Geheimnis der spezifischen Bindungen der Zuckermoleküle ist. Diese Sachzusammenhänge führten zu dem Wunsch, neuartige Oligonukleotide darzustellen, in denen die Ribose durch einen der oben genannten Zucker ausgetauscht würde. Können derartige auf anderen Zuckern basierende Oligonukleotide auch stabile Doppelstränge mit der Möglichkeit zur Informationsspeicherung liefern? Wenn ja, welche Kriterien haben dazu geführt, dass Oligonukleotide zu Trägern der genetischen Erbinformation wurden, deren konstituierende Zuckereinheit die Ribofuranose ist? In einem präbiotischen Zusammenhang müssen neue Oligonukleotidstrukturen nach der Fähigkeit des Systems zur Ausbildung informationsspeichernder Basenpaarungen und der Ausbildung eines chemischen Phänotyps untersucht werden.[41]
Das umfasst die Gesamtheit möglicher, in der Sequenz gespeicherter und somit vererbbarer Reaktivitäten und katalytischer Eigenschaften. Nur diese können entlang eines am Gradienten zunehmenden Selektionsdruckes durch Darwinsche Evolution optimiert werden.
Was auch immer die Natur veranlasst haben könnte, RNA auszuwählen, es war sicher nicht Paarungsstärke und maximale Paarungsselektivität, so Thomas Carrell. „Das heißt, wir glauben, dass unser DNA-Informationssystem durch Selektion aus einer kombinatorischen Vielfalt heraus entstanden ist. Dieser Hypothese steht die alternative These vom ‚frozen accident' gegenüber“[42], erklärt die Carrell-Gruppe. Man kann sogar drei oder mehr „Replikatoren“ miteinander und/oder gegeneinander replizieren lassen. Vielleicht konkurrieren sie ja sogar um Ausgangsstoffe und nur der „fitteste“ Replikator setzt sich im Sinn einer Darwinschen Evolution durch. Diese Experimente werden derzeit in vielen Forschungslaboratorien durchgeführt. Ziel ist der Aufbau eines molekularen Ökosystems und das In-Gang-Setzen einer Evolution von Molekülen, experimentell, im Labor, also artifiziell. Es sind die Chemiker, die untersuchen müssen, inwieweit unter den diversen Weltvermengungen eben auch die spontan auftretende RNA-Interferenz schon in allen Lebens- und Entwicklungsbereichen

as opposed to deoxyribonucleic acid, which contains one oxygen atom less, and a phosphate atom on its far edge. Since RNA has one extra oxygen atom, it can fold up differently and is thus much less stable as an information memory, but at the same time, it is much more virulent than DNA. The folding allows RNA to become both chicken and egg in a hypothetical synthesising process at the beginning of life on Earth. It also allows other chemical permeabilities and connections; thus hydrogen bridging allows RNA to adopt completely different configurations. Renée Schröder[39] has written a book about RNA's performances, and developed her own philosophy based on this. Even the role of sugar molecules has been researched in the sense of chemical evolution. Ribose is present in nucleic acids. Presuming that the molecules of life developed in a kind of primeval soup under the conditions prevailing in Earth's early history, as just explained, the question immediately arises as to how much ribose could have developed. If sugar components forming in the primeval soup during simulation experiments are analysed (according to Carrel Group[40]), we find that minor quantities of ribose have developed.

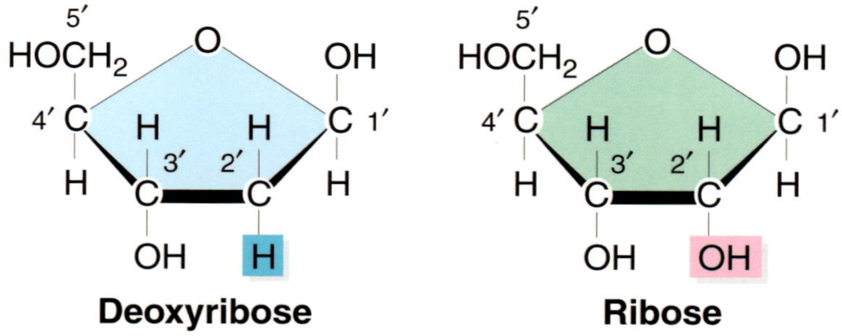

Chemical diagram of Deoxyribose versus Ribose

The starting point of the synthesis of different sugars could for example have been the Formose reaction. At 40° C, sugar is a mixture of different constitutional isomers. The question is, why natural sugar prefers oligonucleotides existing in this form (10 to 100 nucleotide units). For this reason, the synthesis process is simulated, in order to find out the secret behind the specific bonding of sugar molecules. These objective conclusions triggered the desire to represent new kinds of oligonucleotides, in which ribose was replaced by one of the above-mentioned sugars. Can such oligonucleotides based on other sugars also deliver stable double strands which are able to store information? If so, which criteria have enabled oligonucleotides to become carriers of genetic information, whose constituent sugar unit is ribofuranos? In a prebiotic context, new oligonucleotide structures have to be investigated according to the ability of the system to form information storing base pairs and to form a chemical phenotype.[41]

This includes all possible reactivities that are stored in the sequence and thus inheritable, as well as catalytic properties. Only these can be optimised through Darwinist evolution in accordance with selection pressure increasing on a gradient.

Whatever could have caused Nature to select RNA, it was undoubtedly neither pairing strength nor maximum pairing selectivity, according to Thomas Carrell. "This means that we believe that our DNA information system originated from selection through combinatory variation. This hypothesis is opposed to the alternative thesis of the 'frozen accident'"[42], explains the Carrell-Group. You can even have three or more "replicators" replicated with or against one another. Maybe they compete with one another for source materials and only the "fittest" replicator can assert itself in the sense of Darwinist evolution. Currently, these experiments are being carried out in many research laboratories. The aim is to build a molecular ecosystem and to trigger an evolution of molecules experimentally, i.e. artificially, in the laboratory. The chemists are the ones that have to investigate to what extent – amongst diverse spontaneous phenomena – RNA interference exists in any areas of life and development of organic material. During the last 20 years, RNA interference has raised basic philosophical questions in the fields of biology, medicine and chemistry. This discovery (in the 1950s, regarding the DNA structure, and in the 21st century, regarding RNA

von Organischem vorkommt. Die RNA-Interferenz hat in den letzten 20 Jahren in der Biologie, in der Medizin und der Chemie grundsätzliche Fragen der Philosophie aufgeworfen, weil dies notwendig schien. Diese Entdeckung (in den 1950er-Jahren die DNA-Struktur und nun im 21. Jahrhundert die RNA-Interferenz und deren Relevanz im chemischen, natürlichen und synthetischen Leben) revolutioniert unser gesamtes Weltbild und die meisten Menschen können es noch nicht sehen, weil die Visualisierungsmethoden ein derzeitiger Forschungsgegenstand sind. Man kann auch sagen, dass wir in einem dauernden Aufschreiben der Logarithmen gefangen sind und uns dem Informationsfluss aussetzen. Wie auch die Internetuser zu unsichtbaren Akteuren geworden sind, ist heute beinahe jeder evolutive Lebens- und Arbeitsbereich in ein stilles Fließen von Informationen umgewandelt.[43]

DOPPELFUNKTION DER RNA

„Wenn ich uns mit dem atomaren Auge genauer betrachte, dann kann ich Leben definieren als das Ergebnis der Wechselwirkungen einer enorm hohen Anzahl von Atomen und Molekülen, die sich selbst organisieren."[44]
Renée Schröder

Die RNA ist eine Frage und eine Lösung zugleich. Zwischen Nukleinsäuren und den Proteinen gibt es eine räumliche Qualität, die über die Funktion als Nukleinsäure oder enzymatischen Katalysator entscheidet. Sie ist das Henne/Ei-Problem, und wenn diese Doppelfunktion endlich als Qualität gesehen wird, dann hat man es geschafft, der Naturthese wirklich auf die Spur zu kommen. Es waren also mindestens zwei Moleküle, die sich am Beginn des Lebens gegenseitig abwechselten. Sobald das Nukleinsäuremolekül sich mittels seiner Wasserstoffbrücken H-O bindet, faltet sich das Molekül ein, so könnte es in dieser Form als Protein bzw. auch als Enzym zum Einsatz kommen. Diese Faltung ist auch für heutige Laborexperimente von besonderem Interesse. Aus den Erkenntnissen der Faltungen der lebendigen Moleküle werden derzeit zahlreiche computersimulierte Animationen erstellt.
Die Basen-Replikation, die Informationsablesung findet nur statt, wenn es entfaltet ist – so könnte es abgelaufen sein, sagt Reneé Schröder in ihrem Buch *Die Henne und das Ei.*[45] In der RNA-Welt-Hypothese wird davon ausgegangen, dass es zu Beginn des Lebens sich selbst replizierende RNA-Moleküle gegeben hat, woraus sich sodann durch molekulare Evolution komplexe Systeme entwickelt haben könnten. Die Prämisse dafür ist, dass sich aus einer Ursuppe aus angereicherten Molekülen spontan RNA bildet. Die Nukleotide verknüpfen sich zu Strängen und aus der Vielfalt der unterschiedlichen RNA-Stränge entstehen solche mit der Fähigkeit zur Selbstreplikation. Sie vermehren sich und setzen sich durch. Weiters kommt durch molekulare Evolution ein Evolutionsprozess in Gang. Die Suche nach präbiotischen Reaktionsbedingungen, die zur spontanen RNA-Bildung führen könnten, ist bis heute leider erfolglos geblieben, dennoch deuten die vielen Experimente sehr wohl die Richtigkeit der RNA-Welt-Hypothese an.
Die RNA übt die Rolle des Vermittlers zwischen der DNA und den Proteinen in Form der ribosomalen RNA, der Messenger-RNA und der Transfer-RNA aus, ebenso wie wichtige genregulatorische Funktionen mittels der miRNA und siRNA. Eine Ausnahme bei der Wahl des biologischen Informationsträgers bilden zum

interference and its relevance in chemical, natural and synthetic life) has revolutionised our entire world view. Most people do not realise this, because visualisation methods are still the subject of research. One can also say that we are still involved in permanently recording logarithms and are constantly exposing ourselves to a flow of information. Just like Internet users have become invisible actors, today, almost all evolutive life and work areas have changed into a quiet flow of information.[43]

DUAL FUNCTION OF RNA

"When looking at us more closely with the nuclear eye, I can then define life as the result of the interaction of a huge amount of self-organised atoms and molecules."[44]
Renée Schröder

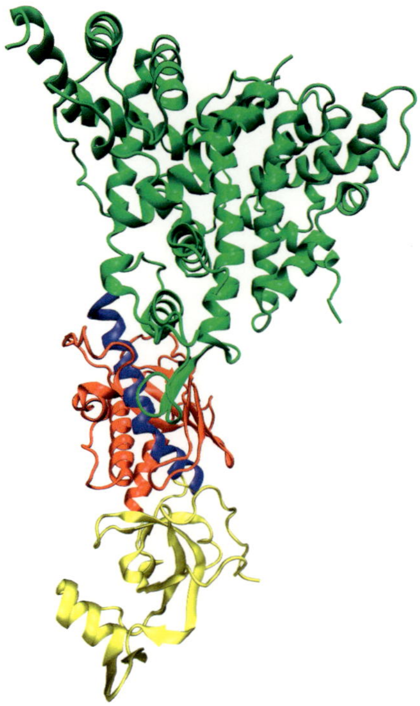

RNA interference, one molecule of the Dicer-homolog protein from the parasite Giardia intestinalis by molscript animation

RNA is both a question and solution. There is a spatial quality between nucleic acids and proteins which decides on the function as a nucleic acid or an enzymatic catalyst. This is the hen-or-egg problem, and if this dual function is considered as a quality, then one will have succeeded in tracking down the thesis of Nature. There were at least two molecules then, that alternated at the beginning of life. As soon as the nucleic acid molecule bonds via its hydrogen H-O bridges, the molecule folds up, so that in this form it works either as a protein or as an enzyme. This folding process is especially significant for today's laboratory experiments. Today, various computer-simulated animations can be created on the basis of knowledge derived from folding processes of living molecules.

The base replication, i.e. the information reading, only takes place when unfolded – this is how it could have happened, says Renée Schröder in her book *Die Henne und das Ei*.[45]

According to the RNA world hypothesis, self-replicating molecules existed at the beginning of life, from which complex systems could have developed through molecular evolution. The premise from this is that RNA spontaneously formed from enriched molecules within a primeval soup. Nucleotides join together to form strands, and from this variety of different RNA strands, strands developed which were able to self-replicate. They multiplied and asserted themselves. Moreover, molecular evolution triggered an evolution process. The search for pre-biotic reaction conditions, which could lead to spontaneous RNA formation, has remained unsuccessful; nevertheless, many experiments suggest that the RNA world hypothesis is correct.

RNA adopts the role of the mediator between DNA and proteins in the form of ribosomal RNA, the messenger RNA and transfer RNA and also has important gene regulatory functions through miRNA and siRNA. RNA viruses, for example, are an exception during the selection of the biological information carrier. However, once they are introduced into the target organism, they have to rewrite their information in DNA. The protein synthesis in the ribosome represents the most important exception relating to catalyst phenomena, which

Beispiel RNA-Viren. Diese müssen jedoch ihre Information, einmal in den Zielorganismus eingeschleust, auch letztendlich wieder in DNA umschreiben. Die wichtigste Ausnahme bei katalytischen Vorgängen, welche nicht durch Proteine, sondern von Ribonukleinsäuren durchgeführt werden, ist die Proteinsynthese im Ribosom, womit wir wieder beim „Henne-oder-Ei"-Problem angelangt sind, das im Speziellen die Chemiker der Welt herausfordert.

Allgemein gesagt und besonders betont sei Folgendes aus der Chemieperspektive: Die Fakten, dass Ribonukleinsäuren sowohl zur Übertragung genetischer Information als auch zur Katalyse fähig sind und dass Ribonukleinsäuren mit mRNA, tRNA und rRNA den größten Teil der Schnittstelle zwischen DNA und Proteinen darstellen, lassen die RNA-Welt-Hypothese plausibel erscheinen. Ribonukleinsäuren wären somit ein Stück Erbe der RNA-Welt, das sich in die heutige Zeit gerettet hat. Das derzeitige Fehlen einer allseits anerkannten naturwissenschaftlichen Definition für den Begriff „Leben" macht es schwierig, eine Aussage zu treffen, ab welchem Zeitpunkt eine komplette Rekonstruktion eines möglichen Weges zur Entstehung des Lebens gelungen ist. Die gängigsten genannten Voraussetzungen für ein lebendiges System sind die Fortpflanzung mit der Befähigung zur Evolution, der Stoffwechsel, eine äußere Begrenzung bzw. Kompartimentierung und die Fähigkeit der Reaktion auf äußere Reize. Eine vorgeschlagene minimalistische Definition ist, dass Leben ein selbsterhaltendes chemisches System mit der Fähigkeit zur Darwinschen Evolution ist.[46]

Ein anderer Zugang zum Problem der Stofflichkeit in der Biochemie und der Chemie im Allgemeinen ist aus philosophischer Sicht schwierig. Man müsste zuerst klarstellen, worum es sich in der Betrachtung der Stofflichkeit handelt. Entitäten sind ja oft erst dann zu benennen, wenn sie eine zusammenhängende Referenztheorie versprechen, also von innen heraus zu definieren sind. Das ist aber in der Chemie auf Grund von teilnehmenden Reagenzien schwer zu sagen, da ein Stoff in den anderen übergeht, somit ist alles offen und gleichzeitig sind innere und äußere Bedingungen immanent.

Joachim Schummer, Chemiker und Philosoph, zeigt, wie schwer philosophische Kriterien in die Chemie einzuführen sind.[47]

Wenn man dem Chemiker solche Fragen stellt wie „Was ist Leben?", wird er keine eindeutige Erklärung wissen, sondern nur diese Antwort geben: „Veränderung!" Weil eine philosophische Auseinandersetzung mit den stofflichen Neuigkeiten, die in die Welt getragen werden, kaum stattfindet, werden zunächst die Ursachen der Fragestellungen untersucht. Man befragt vorerst einmal die Realität der Stoffe, die sich heute im Nanobereich archiviert in den Labors der Universitäten gefriergetrocknet befinden, und formuliert dann ihre Existenzberechtigung. Dies führt in Anbetracht der Tatsachen nicht sehr schnell zu Antworten.

Joachim Schummer empfiehlt eine Anpassung der chemischen Fragestellungen an die Fragestellungen der Elementarteilchenphysik. Er warnt ausdrücklich vor Verabsolutierungen bzw. ausschließlicher Reservierung ontologischer Kategorieanwendung auf einen bestimmten Bereich der Materie und vor Blindheit gegenüber anderen Bereichen und Problemlagen.

„Das läßt sich z. B. eindrucksvoll am Begriff des Experiments illustrieren. Die meisten Wissenschaftstheoretiker pflegen bis heute die Ansicht, das klassische naturwissenschaftliche Experiment bestehe in der distanzierten Vermessung eines Gegenstandes, der dabei ganz ungestört bleibe. Setzt man voraus, daß auch Wissenschaftstheoretiker

are carried out by ribonucleic acids instead of proteins. Thus, we are faced again with the hen-or-egg problem, a particular challenge for chemists throughout the world.

The following is of general and particular importance from the chemical perspective: The fact that ribonucleic acids are capable of both transmitting genetic information and of catalysis, and that ribonucleic acids, together with mRNA, tRNA and rRNA represent most of the interfaces between DNA and proteins, suggests that the RNA world hypothesis is plausible. Ribonucleic acids would thus be an inheritance of the RNA world which was handed down to us. The lack of a generally recognised scientific definition of Life makes it difficult to state at which point in time a complete reconstruction of how life could have originated will be possible. Commonly recognised prerequisites for a living system are reproduction including the ability of evolution, metabolism, an outer limitation or compartmentation as well as the ability to react to external stimuli. One proposed minimalist definition is that life is a self-maintaining chemical system with the ability of Darwinist evolution.[46] From a philosophical point of view, it is difficult to find any other approach to the problem of materiality in biochemistry and chemistry. One would first have to clarify what is meant by analysing materiality. Entities can often only be identified when associated with a coherent reference theory, i.e. are identifiable from within. However, due to participating reagents, this is difficult to specify in chemistry, where one substance becomes another, where everything is open and where inner and outer conditions are immanent.

Joachim Schummer, chemist and philosopher, shows how difficult it is to introduce philosophical criteria into chemistry.[47]

When confronted with questions like "What is life?", the chemist will have no clearly defined explanation; he will merely reply as follows: "Change." Since philosophical discourse on material innovation as introduced to the world hardly ever occurs, the causes of the problems are first investigated. First of all, we question the reality of materials, which, freeze-dried on the nano level, are today archived in the laboratories of universities; only then do we formulate their right to exist. Given these facts, we have no quick and easy answers.

Joachim Schummer recommends we adapt chemical problems to the level of elementary particles. He warns expressly against absolutisations or exclusively reserving ontological category applications to a certain area of matter and against blindness to other areas and problems.

"The following experiment e.g. illustrates this clearly. Most of today's philosophers of science adhere to the opinion that the classical scientific experiment consists of objectively measuring an object, which remains untouched. Assuming that even philosophers of science once witnessed a chemical reaction experiment, we can conclude that they regard the transformation of material in the experiment neither as an intervention, nor as change, let alone as substantial change. If chemical reactions – which sometimes occur violently and explosively – are not perceived as change, then that which I understand to be a chemical world change, will all the more remain hidden.

This explains that philosophical findings in an age of technical "world creation" mostly refer back to physical creation of new elementary particles or atomic nuclei (with a mean life of some milliseconds) in particle accelerators, while persistent and almost uninterrupted equipping of our daily world with new chemical substances remains unnoticed. Change of gene material appears all

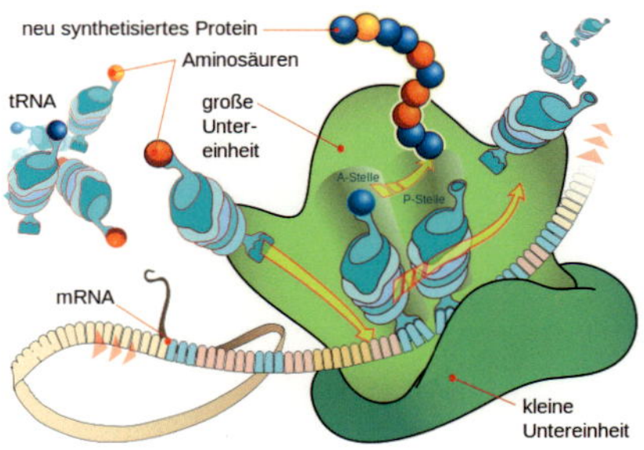

Ribosome functions as translation machine within the Peptid Synthesis in every living cell

einmal einem chemischen Reaktionsexperiment beigewohnt haben, dann ist zu schließen, daß sie die im Experiment erzwungene Stoffumwandlung weder als Eingriff noch als Veränderung, geschweige denn als substantielle Veränderung betrachten. Wenn chemische Reaktionen – die manchmal sehr heftig und explosiv ablaufen – nicht als Veränderung wahrgenommen werden, dann dürfte erst recht das, was ich unter chemischer Weltveränderung verstehe, verborgen bleiben. Daraus wird verständlich, daß philosophische Konstatierungen eines Zeitalters technischer ‚Welterzeugung' meistens auf die physikalische Erzeugung neuer Elementarteilchen oder Atomkerne (mit Lebensdauer im Millisekundenbereich) in Teilchenbeschleunigern zurückgreifen, während die persistente und fast durchgängige Ausgestaltung unserer Alltagswelt mit neuen chemischen Stoffen unbemerkt bleibt. Umso rätselhafter und mysteriöser muß die Veränderung von Genmaterial erscheinen, die ja eine spezielle biochemische Methode der Stoffveränderung darstellt."[48]

Das Wissen über Stoffe ist begrenzt und unser Nicht-Wissen ist unbegrenzt. Das heißt, dass Stoffe immer neu synthetisiert werden können, in neuen Kontexten der Umgang mit Stoffen eben neu gedacht werden soll, da man auch stets mit Überraschungen neuer Reaktionsweisen rechnen muss, da für viele neue Stoffe Eigenschaftspotenziale meistens unbekannt sind. Die Rolle der Modellvorstellung ist in diesem Sinne an allgemein verständliche Sachzusammenhänge gebunden, um einen Sachverhalt so darzustellen, dass er auch außerhalb des Fachgebiets verständlich transportiert wird.

„Zwar ist tatsächlich jede Realwissenschaft bemüht, die Anwendungsmöglichkeiten ihrer einzelnen Modelle durch Reflexion auf idealisierende Modellannahmen abzustecken, aber damit ist die Aufgabe noch lange nicht erfüllt. Zu den traditionellen Aufgaben der Erkenntnis- und Wissenschaftstheorie gehört ja gerade die Reflexion auf viel allgemeinere Bedingungen, die z. B. bei jeder Art von Modellbildung stets implizit vorausgesetzt sind. Erst aus der Explizierung solcher allgemeinen Erkenntnisbedingungen ergeben sich *prinzipielle Wissensgrenzen*, die den Einzelwissenschaften gar nicht bewußt sein müssen. Einer Stofferkenntnistheorie in praktischer Absicht käme daher die Aufgabe zu, aus der Reflexion auf allgemeine Bedingungen der Stofferkenntnis solche prinzipiellen Wissensgrenzen herauszuarbeiten, um damit den äußeren Rahmen abzustecken für einen verantwortbaren Umgang mit Stoffen, wozu insbesondere auch der Prozeß der chemischen Weltveränderung gehört."[49]

In diesem Kontext wird auf Bruno Latour verwiesen, der ganz wesentlich von einem interdisziplinären Wissenschaftsbegriff spricht und zu einer analytischen Betrachtung seiner Tätigkeit als Beobachter der Wissenschaften kommentierend sagt, dass es nämlich um *zirkulierende Referenz* entlang der möglichen Betrachtungsweisen eines Forschungsproblems geht.[50]

the more enigmatic and mysterious, because it represents a special biochemical method of material change."[48]

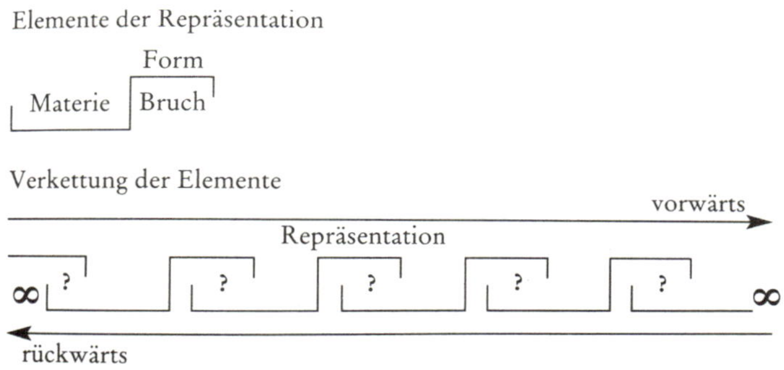

Bruno Latour's "circulating reference", in: "Die Hoffnung der Pandora"

Knowledge about matter is limited and our ignorance is unlimited. This means that matter can always be re-synthesised and re-thought in new contexts of treating matter, because we have to be prepared for new surprises posed by new manners of reaction, since property potentials of many new substances are mostly unknown. In this sense, the role of the idea of a model is bound to generally understandable factual connections, in order to represent the facts so that they can be rendered understandable for people who are not involved in this particular field.

"Although it is true that natural science strives to delimit application possibilities of its individual models by means of reflecting idealising model approaches, its tasks are far from being fulfilled. Amongst traditional tasks of epistemology and philosophy of science, reflection on much more general conditions, that are implicitly assumed e.g. in every kind of modelling, is essential. Principal limits of knowledge of which the individual sciences need not be aware, emerge only when such general conditions of cognition are explained. Any practically orientated epistemology regarding matter would require that such *principal limits of knowledge* be identified from reflection on the general conditions of the cognition of matter, in order to delimit the outer frame for a responsible approach to matter, to which the process of chemical world change especially belongs."[49]

Bruno Latour, who in this context emphasises an interdisciplinary scientific concept, comments on an analytical view of his activity as an observer of the sciences as follows: that it is about a *circulating reference* along possible conceptions of a research problem.[50]

1. Georges Canguilhem: Die Erkenntnis des Lebens, Berlin: August Verlag 2009, S. 83; Originalzitat in: La connaissance de la vie, Librairie Philosophique J. Vrin, Paris 1965

2. Vgl. Hans-Jörg Rheinberger: Gene, Zellen und Moleküle, in: Lettre Internationale, Sommer 2008, S. 197, http://www.lettre.de/content/hans-jörg-rheinberger_gene-zellen-moleküle

3. Ebenda, S. 197

4. TRNA, lat. transferre: „hinübertragen". Genau diesen Transfer meint Stanislaw Lem in seinem Roman *Transfer (Rückkehr von den Sternen)* von 1961. Lem beschreibt eine futuristische Gesellschaft, in der alle Menschen durch eine Behandlung bei der Geburt keine aggressiven Instinkte mehr haben.

5. Vgl. Joachim Bauer: Das kooperative Gen. Abschied vom Darwinismus, Hamburg: Hoffmann und Campe, 2008, S. 42.
Tom Tuschl, geb. 1966, deutscher Biochemiker und Molekularbiologe, seit 2003 an der Rockefeller University in New York

6. Ebenda, S. 183

7. Nach Carl Woese tauschten zu Beginn des Lebens die Organismen ihre Gene in einem gemeinsamen Genpool frei aus, dies nennt man horizontalen Gentransfer, ohne dass es zu einer Artbildung gekommen wäre. Dieser freie Austausch genetischer Innovationen war die treibende Kraft der frühen Zellevolution. Mit wachsender Komplexität der Organismen wurde dieser horizontale Gentransfer immer schwieriger und die Gene wurden nicht mehr an die in der Nachbarschaft lebenden Organismen weitergegeben, sondern vorwiegend an ihre Nachkommen (vertikaler Gentransfer). Die Grenze, bei der die Evolution über Mutationen und Selektion vorherrscht, hat Carl Woese die „Darwin'sche Schwelle" genannt. Damit nimmt Woese Abschied von Darwins „Prinzip der gemeinsamen Abstammung", welches besagt, dass das Leben mit einer Urzelle begann.

8. Joachim Bauer kritisiert Richard Dawkins. Dawkins ist Evolutionsbiologe und hat den Lehrstuhl für Public Understanding of Science an der University of Oxford inne. (vgl. Richard Dawkins: Das egoistische Gen, Rowohlt 1996)

9. Ernst Mayr in einem Interview mit dem Spiegel, Heft 28, 2004. Ernst Mayr war zuletzt Professor emeritus am Museum of Comparative Zoology in Harvard.

10. Vgl. Joachim Bauer: Das kooperative Gen, op.cit., S. 183–189, Punkt 1.–10.

11. Ludwig von Bertalanffy, zitiert nach Sabine Brauckmann: Eine Theorie für Lebendes? Die synthetische Antwort Ludwig von Bertalanffys, Frankfurt a. M.-München-New York: Hänsel-Hohenhausen 2000 (Deutsche Hochschulschriften 2682), S. 262. Ludwig von Bertalanffy (1901–1972), Erfinder der General System Theory GST (Biologia Generalis) 1949, österreichischer Biologe und Philosoph, später Systemtheoretiker an der State University of New York in Buffalo

12. Vgl. Sabine Brauckmann: Eine Theorie für Lebendes?, op.cit.

13. Ebenda, S. 101 ff

14. Vgl. ebenda, S. 104

15. Vgl. ebenda, S. 114

16. Howard H. Pattee, in: Special Issue of Bio-Systems on the Physics and Evolution of Symbols and Codes. Reflections on the Work of Howard Pattee, Wayne State University, Los Alamos, USA. Howard H. Pattee ist Professor für Philosophie der Biologie und theoretische Biologie.

17. Auf der dOCUMENTA (13) in Kassel wurden Arbeiten des Amerikaners Mark Lombardi vorgestellt, der die Komplexität der wirtschaftlich-politischen Verwicklungen in Korruptionsfällen und Protokolle von Geldflüssen zum Thema seiner großformatigen Diagramme und Karteikartensammlung machte.

18. Vgl. Sabine Brauckmann: Eine Theorie für Lebendes?, op.cit., S. 115

19. Johann Wolfgang von Goethe: Faust, eine Tragödie, 1808; Faust (voller Fernweh zu einem beschworenen Geist), 510–513, Tübingen: Cotta'sche Verlagsbuchhandlung, in digitalem Format.

20. „§ 91. Man kann auch sagen / daß Gott als ein Erbauer und Verfasser der Welt / sich als einem Gesetzgeber und Regenten ein völliges Genügen tue / und daß also die Laster nach der Ordnung der Natur und vermöge der mechanischen Struktur der Dinge ihre Strafen auf dem Rücken mit sich führen; daß auch die guten actionen [sic] ihre Belohnung auf mechanische Manier in Absicht auf den Körper sich zuziehen; obgleich beides nicht allezeit also fort darauf weder geschehen kann noch muß." (Monadologie von Gottfried Wilhelm Leibniz, 1714)

21. Vgl. Sabine Brauckmann, Eine Theorie für Lebendes?, op.cit., S. 116 ff.

22. Vgl. Gerd Müller, Brian Metscher, Departement of Theoretical Biology, Universität Wien; Evolution, The Extended Synthesis, Massimo Pigliucci, Gerd Müller (Hg.), Cambridge-London: MIT Press 2010

23. Vgl. Sabine Brauckmann: Eine Theorie für Lebendes?, op.cit., S. 118 und Sekundärliteratur [527], S. 300: David Resnik, in: The Rebirth of Rational Morphology, Netherlands Kluwer Academic Publishers 1994

24. Bertalanffy, zitiert nach Sabine Brauckmann, Eine Theorie für Lebendes?, ebenda, S. 118

25. Gregory Bateson: Ökologie des Geistes. Anthropologische, psychologische, biologische und epistemologische Perspektiven, Frankfurt: Suhrkamp 1985, S. 252

26. Rupert Riedl, geboren am 22. Februar 1925 in Wien, Evolutionsforscher, Wien, ehemals Head of KLI (Konrad Lorenz Institute), Center for Evolution and Cognition Research

27. Conrad Hal Waddington war ein führender Embryologe und Genetiker aus den 1930er- bis 1950er-Jahren. Er ist vor allem für seine Konzepte der „epigenetischen Landschaft" und der „genetischen Assimilation" bekannt und war Vertreter einer interdisziplinären Wissenschaftsauffassung. Er ist Begründer des Center for Human Ecology. Der Ausdruck „Man-Made Future" ist von ihm.

28. Niclas Luhmann: Einführung in die Systemtheorie, Dirk Baecker, (Hg.) Heidelberg: Carl-Auer Verlag 2008, S. 262

29. S. J. Counce, in: Strategy of the Genes. Conrad Hal Waddington, in: Yale Journal Of Biology and Medicine, June 1958, 30(6): 470–471, Übersetzung der Autorin

30. EvoDevo ist die Abkürzung für Evolutionäre Entwicklungsbiologie (evolutionary developmental biology) und ist eine Forschungsrichtung der theoretischen Biologie, die sich mit der Embryologie und der phylogenetischen Auswirkung auf die Evolution der Organismen beschäftigt.

31. Scott F. Gilbert und David Epel: "When the molecular processes of epigenetics meet the ecological processes of phenotypic plasticity, the result is a revolutionary new field: ecological developmental biology, or 'eco-devo'. This new science studies development in the 'real world' of predators, pathogens, competitors, symbionts, toxic compounds, temperature changes, and nutritional differences."

32. Der andere war der russische Forscher Ivan Ivanovich Schmalhausen (1884–1963).

33. Vgl. Gerd Müller: Epigenetic Innovation, in: Massimo Pigliucci, Gerd B. Müller (Hg.): Evolution. The Extended Synthesis, London-Cambridge: MIT Press 2010, S. 322–323 Übersetzung der Autorin

1. Georges Canguilhem: Die Erkenntnis des Lebens, August Verlag Berlin 2009, p 83; original quote in: La connaissance de la vie, Librairie Philosophique J. Vrin, Paris 1965

2. Cf.: Hans-Jörg Rheinberger: Gene, Zellen und Moleküle, in: Lettre Internationale, summer 2008, p 197, http://www.lettre.de/content/hans-jörg-rheinberger_gene-zellen-moleküle

3. Ibid., p 197

4. TRNA, Lat. transferre: "carry over". It is exactly this transfer Stanislaw Lem refers to in his novel "Return from the Stars" of 1961. Lem describes a futuristic society, in which all people are cured of any aggressive instinct by means of a treatment at birth.

5. Cf. Joachim Bauer: Das kooperative Gen. Abschied vom Darwinismus, Hamburg: Hoffmann und Campe 2008, p 42.
Tom Tuschl, born 1966, German biochemist and molecular biologist, has taught at Rockefeller University, N.Y. since 2003

6. Ibid., p 183

7. According to Carl Woese, organisms freely exchanged their genes at the beginning of life within a common gene pool, which is referred to as ahorizontal gene transfer, without forming species. This free exchange of genetic innovation was the driving force behind early cell evolution. With the growing complexity of organisms, this horizontal gene transfer became more difficult and genes were no longer transferred to neighbouring living organisms, but rather to their offspring (vertical gene transfer). Carl Woese called this boundary, within which evolution dominates by means of mutations and selection, "Darwinian Threshold". Thus Woese refutes Darwin's "principle of common descent" meaning that life began with one original cell.

8. Joachim Bauer criticises Richard Dawkins. Dawkins is evolution biologist and holds the chair for Public Understanding of Science at the University of Oxford (cf. Richard Dawkins, The Selfish Gene, Oxford University Press 2006).

9. Ernst Mayr in an interview with Der Spiegel vol. 28/2004. Ernst Mayr was Professor emeritus at the Museum of Comparative Zoology in Harvard.

10. Cf.: Joachim Bauer: Das kooperative Gen, op.cit., p 183-189, items 1.-10.

11. Ludwig von Bertalanffy, quoted by Sabine Brauckmann: Eine Theorie für Lebendes? Die synthetische Antwort Ludwig von Bertalanffys, Frankfurt/M./Munich/New York: Hänsel-Hohenhausen 2000 (Deutsche Hochschulschriften 2682), p 262. Ludwig von Bertalanffy (1901–1972), inventor of the General System Theory GST (Biologia Generalis) 1949, Austrian biologist and philosopher, later system theorist at the State University of New York in Buffalo

12. Sabine Brauckmann: Eine Theorie für Lebendes?, op.cit.

13. Cf. ibid., p 101 et seq.

14. Cf. ibid., p 104

15. Cf. ibid., p 114

16. Howard H. Pattee, in: Special Issue of Bio-Systems on The Physics and Evolution of Symbols and Codes. Reflections on the Work of Howard Pattee, Wayne State University, Los Alamos, USA. Howard H. Pattee is professor of philosophy, of biology and theoretical biology.

17. Works by American artist Mark Lombardi were shown at dOCUMENTA (13) in Kassel, who, in his large-format charts and index card collection, focused on the complexity of economic and political entanglement in cases of corruption and charts showing flows of money.

18. Cf. Sabine Brauckmann: Eine Theorie für Lebendes?, op.cit., p 115

19. J. W. von Goethe: Faust, 1808; Faust (voller Fernweh zu einem beschworenen Geist), 510–513, Tübingen: Cotta'sche Verlagsbuchhandlung, in digital format.

20. „§ 91. It may also be said that God as Architect satisfies in all respects God as Lawgiver, and thus that sins must bear their penalty with them, through the order of nature, and even in virtue of the mechanical structure of things; and similarly that noble actions will attain their rewards by ways which, on the bodily side, are mechanical, although this cannot and ought not always to happen immediately." (Monadology by Gottfried Wilhelm Leibniz, 1714)

21. Cf. Sabine Brauckmann, Eine Theorie für Lebendes?, op.cit., p 116 et seq.

22. Cf. Gerd Müller, Brian Metscher, Departement of Theoretical Biology, University of Vienna; Evolution, The Extended Synthesis, Massimo Pigliucci, Gerd Müller (eds.), Cambridge, Mass./London: MIT Press 2010

23. Cf. Sabine Brauckmann: Eine Theorie für Lebendes?, p 118 and secondary literature [527], p 300: David Resnik, in: The Rebirth of Rational Morphology, Netherlands Kluwer Academic Publishers 1994

24. Bertalanffy, quoted in S. B.'s Dissertation, Eine Theorie für Lebendes?, p 118

25. Gregory Bateson: Steps to an Ecology of Mind: Collected Essays in Anthropology, Psychiatry, Evolution, and Epistemology (1972), Chicago: The University of Chicago Press 2000, p 343

26. Rupert Riedl, born on 22 February 1925 in Vienna, evolution theorist, Vienna, former head of KLI (Konrad Lorenz Institute), Center for Evolution and Cognition Research

27. Conrad Hal Waddington was a leading embryologist and geneticist between the 1930s and 1950s. He is especially famous for his concepts of the "epigenetic landscape" and "genetic assimilation" and was a representative of the interdisciplinary scientific approach. He is the founder of the Centre for Human Ecology. He coined the expression "man-made future".

28. Niclas Luhmann: Einführung in die Systemtheorie, Dirk Baecker (Hg.), Heidelberg: Carl-Auer Verlag 2008, p 262

29. S. J. Counce in: Strategy of the Genes. Conrad Hal Waddington, in: Yale Journal Of Biology and Medicine June 1958, 30(6): 470–471

30. EvoDevo is the abbreviation for evolutionary developmental biology, a field of research in theoretical biology, which deals with embryology and phylogenetic effects on the evolution of an organism.

31. Scott F. Gilbert and David Epel: "When the molecular processes of epigenetics meet the ecological processes of phenotypic plasticity, the result is a revolutionary new field: ecological developmental biology, or 'eco-devo'. This new science studies development in the 'real world' of predators, pathogens, competitors, symbionts, toxic compounds, temperature changes, and nutritional differences."

32. The other scientist was Russian Ivan Ivanovich Schmalhausen (1884-1963).

33. Cf. Gerd Müller: Epigenetic Innovation, in: Massimo Pigliucci, Gerd B. Müller (eds.): Evolution. The Extended Synthesis, Cambridge/London: MIT Press 2010, p 322-323

34. nature.com is a weekly journal that appears both online and in print, focusing on medical and biochemical, as well as scientific research.

35. http://www-archbac.u-psud.fr/meetings/lestreilles/LesTreilles_e.html

36. Erwin Schrödinger: What Is Life?, Cambridge University Press 1944, cf. whatislife.stanford.edu/LoCo_files/What-is-Life.pdf, p 24

37. http://www.leifiphysik.de/web_ph11_g8/geschichte/08atomvorstellung/demokrit/demokrit.htm

38. http://www.quantenwelt.de/atomphysik/modelle/demokrit.html

39. Renée Schröder: Die Henne und das Ei. Auf der Suche nach dem Ursprung des Lebens, Salzburg: Residenz Verlag 2011

34. nature.com ist ein sowohl Online- als auch Print-Medium zur medizinischen und biochemischen Forschung, das einmal wöchentlich erscheint und in dem vorwiegend naturwissenschaftliche Inhalte besprochen werden.

35. http://www-archbac.u-psud.fr/meetings/lestreilles/LesTreilles_e.html

36. Erwin Schrödinger: Was ist Leben?, München-Zürich: Piper 1989, S. 102

37. http://www.leifiphysik.de/web_ph11_g8/geschichte/08atomvorstellung/demokrit/demokrit.htm

38. http://www.quantenwelt.de/atomphysik/modelle/demokrit.html

39. Renée Schröder: Die Henne und das Ei. Auf der Suche nach dem Ursprung des Lebens, Salzburg: Residenz Verlag 2011

40. Arbeitsgruppe für organische Chemie unter der Leitung von Professor Carrell, Carrell Group, Nucleic Acid Chemistry, Ludwig-Maximilians-Universität München

41. Vgl. Professor Carrell, Arbeitsgruppe für organische Chemie

42. Vgl. ebenda, http://www.cup.unimuenchen.de/oc/carell/teaching/bioorganik/zusatzskripte/oligonukleotidsynthese.pdf

43. Manfred Faßler: Kampf der Habitate. Neuerfindungen des Lebens im 21. Jahrhundert, Wien-New York: Springer 2011, S. 45 ff

44. Renée Schröder: Die Henne und das Ei, op.cit., S.47. Renée Schröder ist Leiterin des Departments für Biochemie und Zellbiologie an den Max F. Perutz Laboratories der Universität Wien und erhielt 2003 den Wittgenstein-Preis. Sie ist Mitglied der Österreichischen Akademie der Wissenschaften.

45. Renée Schröder, Die Henne und das Ei, Auf der Suche nach dem Ursprung des Lebens, St. Pölten – Salzburg Residenzverlag 2011, S. 114 ff.

46. Vgl. Slowomir Waldemar Gwiazda: Entwicklung kurzer selbstorganisierender Ribonukleinsäuren im Kontext der RNA-Welt-Hypothese, Inauguraldissertation 2010, Ernst-Moritz-Arndt-Universität Greifswald

47. Vgl. Joachim Schummer: Die stoffliche Weltveränderung der Chemie. Philosophische Herausforderungen in Cognitio humana – Dynamik des Wissens und der Werte, Leipzig 1996, in: C. Hubig, H. Poser (Hg.), XVII. Deutscher Kongreß für Philosophie, Workshop-Beiträge Bd. 1, S. 430

48. Ebenda, S.435

49. Vgl. ebenda

50. Vgl. Bruno Latour: Die Hoffnung der Pandora, Frankfurt am Main: Suhrkamp 2002, S. 36, 85

40. Work group for organic chemistry headed by Professor Carrell, Carrell Group, Nucleic Acid Chemistry, Ludwig-Maximilians-Universität Munich

41. Cf. Professor Carrell, work group for Organic Chemistry

42. Cf. ibid., http://www.cup.unimuenchen.de/oc/carell/teaching/bioorganik/zusatzskripte/oligonukleotidsynthese.pdf

43. Manfred Faßler: Kampf der Habitate. Neuerfindungen des Lebens im 21. Jahrhundert, Vienna/New York: Springer 2011, p 45 et seq.

44. Renée Schröder: Die Henne und das Ei, op.cit., p 47. Renée Schröder, who is head of the department for biochemistry and cell biology at Max F. Perutz Laboratories at the University of Vienna, received the 2003 Wittgenstein Award and is Member of the Austrian Academy of Sciences.

45. Ibid., p 114 et seq.

46. Cf. Slowomir Waldemar Gwiazda: Entwicklung kurzer selbstorganisierender Ribonukleinsäuren im Kontext der RNA-Welt-Hypothese Inaugural dissertation 2010, Ernst-Moritz-Arndt-Universität Greifswald

47. Cf. Joachim Schummer: Die stoffliche Weltveränderung der Chemie: Philosophische Herausforderungen in Cognitio humana – Dynamik des Wissens und der Werte, Leipzig 1996, in: C. Hubig, H. Poser (eds.), XVII. Deutscher Kongreß für Philosophie, workshop papers vol. 1, p 430

48. Ibid., p 435

49. Cf. ibid.

50. Cf. Bruno Latour: Die Hoffnung der Pandora, Frankfurt/M.: Suhrkamp 2002, p 36, 85

TRANSFERASPEKTE

„Setzen wir eine von uns als Beobachtern abhängige Welt voraus, scheinen wir zuzugestehen, dass alles relativ ist und dass alles möglich ist, da es keine Gesetzmäßigkeiten gibt. So sind wir mit dem Problem konfrontiert zu verstehen, wie unsere Erfahrung – unsere Lebenspraxis mit einer uns umgebenden Welt gekoppelt ist, die erfüllt zu sein scheint von Regelmäßigkeiten, die in jedem einzelnen Fall das Ergebnis unserer biologischen und sozialen Geschichte sind.“[1]
H.R. Maturana & F.J. Varela

Die Wissenschaftstheorie hinkt hinter den neueren Forschungen hinterher, zu schnell entwickeln sich neue Forschungsgebiete in der Biologie und Medizin, ein historisch fundiertes Wissen der Biologie gefriert neben dem rasanten Aufstieg der Bioinformatiken. Die biochemische Grundlagenforschung selbst ist zu beschäftigt, sich in ihrer ethischen Nachhaltigkeit zu hinterfragen, insofern bleibt mit der Philosophie und Psychologie dem Künstler das Feld, inwieweit die Naturwissenschaften in ihrer Praxis nicht einer Prüfung unterzogen werden sollen. In dieser Kunst, die Wissenschaft zu befragen, haben wir die Möglichkeit, mehr Eigensinn in die Dinge zu bringen. Es tobt ein Wissenschaftskrieg, sind wir Freund oder Feind der Wissenschaft, fragt Bruno Latour[2]. In diesem Kapitel wird versucht, von der Medizingeschichte und der Wissenschaftsforschung eines Soziologen, nämlich Bruno Latour, aus eine Verbindung zur zeitgenössischen Forschungspraxis eines Medizinlabors in Australien zu demonstrieren.
Das Labor hat seit jeher eine besondere Stellung in Forschungseinrichtungen und die moderne Medizin ist ohne hochdifferenzierte Laboruntersuchungen nicht mehr zu denken. Das Erste, was passiert, wenn man als Patient vom Arzt empfangen wird, ist der Gang zum Labor: Blutprobe, EKG[3], Abstrich etc. Alles wird erst labortechnisch getestet, bevor es zu einer Diagnose kommt. Würden wir nicht auf eine lange Geschichte der Medizin zurückblicken, wären diese Erklärungen für den folgenden Sachverhalt nicht so wichtig, aber da zuerst einmal die Bakteriologie erfunden werden musste, muss man schon hier über die Zusammenhänge zwischen fördernden unternehmerischen Interessen und wissenschaftstechnischen Hintergründen reden.

„Luzifer ist der Bursche, der falsches Licht bringt ...
Ich aber hülle Sie in die Dunkelheit der Wahrheit.“[4]
Lakatos an Feyerabend

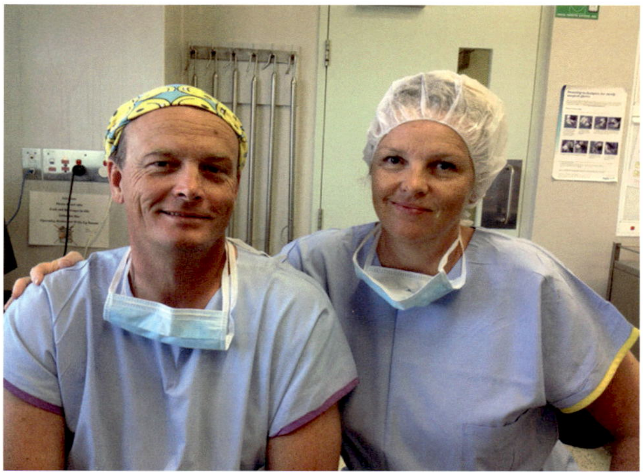

“Louis & Nadja Pasteur”, OP Concord Hospital University of Sydney 2011[5]

ASPECTS OF TRANSFER

"But if we do not presuppose an objective world independent of us as observers, it seems we are accepting that everything is relative and anything is possible in the denial of all lawfulness. Thus we confront the problem of understanding how our experience – the praxis of our living – is coupled to a surrounding world which appears filled with regularities that are at every instant the result of our biological and social histories."[1]
H. R. Maturana & F. J. Varela

Philosophy of science lags behind recent research. New research areas in biology and medicine have developed much too rapidly. Any historically established knowledge of biology freezes in the face of the rapid rise of bioinformatics. Biochemical fundamental research itself is too busy to question its own ethical sustainability. Thus, besides philosophy and psychology, the field of exploring to which extent natural sciences should be monitored in praxis, is left to the artist. In this art of questioning science, we have the possibility of bringing more obstinacy to the issues. A war of science is waging. Are we friends or enemies of science? asks Bruno Latour[2]. In this chapter I attempt to create a link from the history of medicine and scientific research of a sociologist, namely Bruno Latour, to the contemporary research praxis in an Australian medical laboratory.
The laboratory has always held a special position in research facilities and modern medicine is inconceivable without highly differentiated laboratory tests. The first thing that happens to every patient is that the doctor sends them to the laboratory: blood sample, ECG[3], smear, etc. Everything is tested in the laboratory, before the diagnosis is made. If we were not looking back at a long history of medicine, these explanations would not be relevant for the following facts. However, since bacteriology had to be invented first, we have to talk here about the connection between promotional entrepreneurial interests and scientific technological backgrounds.

"Lucifer is the chap who brings false light ...
while I'm shrouding you in the darkness of truth."[4]
Lakatos to Feyerabend

THE PASTEUR ENTERPRISE, PARIS 1887

The Institut Pasteur founded by Louis Pasteur still exists today. In 1848 he discovered the different chiral molecules by separating tartaric acid, and thus stereochemistry. One could see that molecules existed in different configurations, i.e. in different foldings, as one would say in the future.
Pasteur was a doctor of physics and chemistry as well as mathematics whose parents had been poor, which explains why he was so interested in the economic aspect of his discoveries. His discoveries were multifarious, some examples being the development of sera against cholera, rabies and red murrain, which were lethal in those days. In truth, however, it was a younger colleague of his, Jean-Joseph Toussaint, who had discovered the serum against anthrax. It was to be proven by Gerald L. Geison[6], medical theorist and professor at Princeton University, only a century later. Pasteur had proceeded in a typically tricky way since, prior to this, he had ridiculed his younger colleague Toussaint in front of the Medical Academy, in order to earn laurels for the publicly performed experiment.

UNTERNEHMEN PASTEUR, PARIS 1887

Bis heute gibt es das von Louis Pasteur gegründete Institut Pasteur. 1848 entdeckte er die verschieden vorliegenden Spiegelmoleküle mittels Spaltung der Weinsäure und damit die Stereochemie, man sah, dass Moleküle in verschiedenen Konfigurationen, in verschiedenen Faltungen vorlagen, wie man in Zukunft sagen sollte.

Pasteur war promovierter Physiker und Chemiker sowie Mathematiker aus armen Verhältnissen, was zunächst erklärt, warum er großes Interesse an der wirtschaftlichen Seite seiner Erfindungen hatte. Seine Entdeckungen waren vielfältig, wie die Entwicklung der Impfstoffe gegen Cholera, Tollwut und Rotlauf, damals lauter tödliche Krankheiten. In Wahrheit hatte allerdings ein junger Kollege, Jean-Joseph Toussaint, den Impfstoff gegen Milzbrand entdeckt. Erst ein Jahrhundert später wurde dies von dem Medizintheoretiker Gerald L. Geison[6], Professor an der Princeton University, nachgewiesen. Pasteur war wie üblich ein wenig „trickly" vorgegangen, denn zuvor hatte er den jungen Kollegen Toussaint vor der Medizinischen Akademie lächerlich gemacht und sich dann beim erfolgten öffentlichen Experiment die Lorbeeren abgeholt. Pasteur wies nach, dass die meisten Keime bei Erhitzen auf 60 Grad Celsius abgetötet werden und dass Milch bei Erhitzen auf 60 Grad „pasteurisiert" und damit haltbar gemacht wird. Als Weinbauern im Nordosten Frankreichs klagen, dass manchmal ihr Wein nach wenigen Wochen sauer wird, wird er als Berater herangezogen. Pasteur geht sofort an die Arbeit. Den Wein abkochen wie die Milch schien ihm nicht zielführend. Er versucht sich dem Problem anders zu nähern. Er beobachtet die Hefezellen bei der Gärung und beginnt zu unterscheiden, welche guten und welche schlechten Wein erzeugen.

Auf diese Mikroebene vorgedrungen, findet er auch andere Mikroorganismen, die bei der Weingärung mitspielen. So erfährt er aus seinen Experimenten, dass der Fermentationsprozess von lebenden Mikroorganismen initiiert wird, die anscheinend aus der Luft angeflogen kommen. Er stellt weiters fest, dass in den Bergen des Mont-Blanc-Massivs wesentlich weniger Staubpartikel vorhanden sein müssen, an die sich die Mikroben anhängen könnten, und sich die Hefe so weniger vermehrt. Dies ist wiederum im Vergleich zum im vorigen Kapitel erläuterten Miller-Urey-Experiment interessant[7] (1953, Erzeugung der Ursuppe), denn auch Pasteur erwog schon 1861, die Urzeugungslehre zu widerlegen. 1876 formuliert er seine „théorie des germes" (Keimtheorie): Es kommt an der normalen Außenluft sofort zu Mikrobenwachstum, wenn man eine Nährlösung an die ungefilterte Luft lässt.[8] Die mit den Staubpartikeln verbreiteten Mikroben sollen laut Pasteur auch für die großen Infektionskrankheiten verantwortlich sein. „Es muss in der Macht des Menschen liegen, alle durch Schmarotzer verursachten Erkrankungen von der Oberfläche der Erde zu vertilgen", lautet seine Devise.[9]

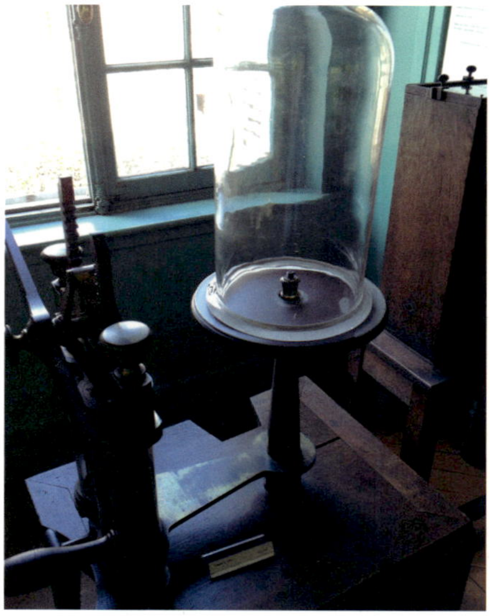

Vacuum generator, Institut Pasteur, Paris

Die Erfindung des Impfgedankens war für Pasteur das Tor zur wissenschaftlichen Welt und zur Vermarktung seiner Ideen. Die so

Pasteur proved that most germs perish when heated to 60°C and that thus, when milk is heated to 60 degrees, it is pasteurised. He was also summoned to advise winegrowers from the northeast of France who complained about their wine becoming sour within a few weeks. Pasteur reacted immediately. He didn't think that wine should be boiled like milk. So he tried to approach the problem in a different way. He observed yeast cells in the process of fermentation and began to distinguish which of them produced good and which bad wine.

Having advanced to this microlevel, he also found other micro-organisms that played a role in wine fermentation. In that way, he found out that the fermentation process of living micro-organisms is triggered by germs that were apparently air-borne. Furthermore he found out that, in the Mont Blanc mountain range, there were much fewer dust particles to which microbes could attach themselves, thus hindering the growth of yeast. This is interesting when compared to the Miller-Urey experiment mentioned in the previous chapter[7] (1953, production of the primeval soup), because, as early as 1861, Pasteur had also considered refuting archigony. In 1876, he formulated his théorie des germes: When exposed to ambient, i.e. unfiltered air, microbes develop immediately on a nutrient solution.[8] According to Pasteur, microbes distributed together with dust particles are the cause of serious infectious diseases. His motto was: "Man should have the power to destroy all diseases caused by parasites on the face of the earth".[9]

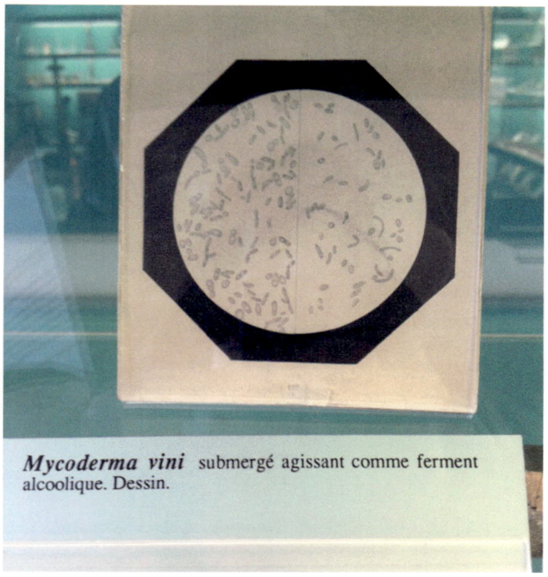

Mycoderma vini (Top-fermenting yeast), Institut Pasteur, Paris

Pasteur's invention of the concept of vaccination opened the door to the scientific world and marketing of his ideas. The so-called immunisation was born. The only problem with it was that not all vaccinations had the desired effects and that the mortality rate remained high at 0.3 to 1 percent. The Pasteur enterprise vaccinated all kinds of animals, travelling through France and Europe. Although he did not succeed in isolating the anthrax microbe and treating it with oxygen – because these micro-organisms were too small for the human eye – Pasteur was nevertheless able to continue his successful career, until German Robert Koch began to criticise his inaccuracy. This friendship, or sometimes hostility, which bound the two scientists has been closely analysed by historians; it was simply about inventing better technical equipment. Pasteur twice refused to receive an honorary doctorate from German universities. This Franco-German hostility can be understood very well from Pasteur's point of view. Pasteur was older, and did not like the nationalist trait in Koch's work. Pasteur announced that the serum against anthrax had been found, and in spite of the fact that it was only half of the truth, he still patented his beer conservation method in France against Koch, calling it "beer of national revenge". Koch was a technocrat and Pasteur a bon vivant and brilliant at improvising. He finally provided evidence with the help of his friends, who gave him 50 sheep. He succeeded in immunising most of them. The difference between both researchers was very "European". Pasteur aimed to protect and really immunise the individual, whilst Koch concentrated on bacteriological monitoring.

Pasteur worked in an équipe, a team, with many assistants and laboratory assistants who carried out various tasks for him. His influence on French society was therefore substantial. Not only the State, but also private associations sponsored his research, since his popular approach proved to be extremely rewarding, such as in the case of a 9-year old boy whom he had protected from rabies. This 9-year old boy, who had been bitten by a dog, was vaccinated in 1895 against rabies. Pasteur developed this serum from the dried bone marrow

genannte Immunisierung war geboren. Das Problem dabei war, dass nicht alle Impfungen funktionierten und dass die Sterberate von 0,3 bis 1 Prozent ziemlich hoch war. Das Unternehmen Pasteur impfte alle möglichen Tierarten, zog mit seinem Team durch ganz Frankreich und Europa. Obwohl es beim Milzbrand nicht ganz gelang, die Mikrobe zu isolieren und mit Sauerstoff zu behandeln, weil eben diese Mikroorganismen zu klein fürs menschliche Auge waren, konnte Pasteur trotzdem den Triumphzug seiner Behandlungsmethoden fortsetzen, bis ihn Robert Koch aus Deutschland wegen seiner Ungenauigkeit zu kritisieren begann. Diese manchmal Freundschaft, manchmal Feindschaft der beiden Wissenschaftler ist ja hinlänglich von Historikern untersucht worden, es ging damals schlichtweg um besseres technisches Beobachtungsgerät. Pasteur lehnte in seinem Leben zweimal eine Ehrendoktorwürde von deutschen Universitäten ab. Die deutsch-französische Feindschaft kann zu dieser Zeit aus Pasteurs Sicht gut nachvollzogen werden. Pasteur war der Ältere und mochte den nationalistischen Zug in Kochs Arbeit nicht. Pasteur verkündete, dass der Impfstoff gegen Milzbrand gefunden war, und obwohl es die halbe Wahrheit war, ließ er zum Trotz gegen Koch seine Konservierungsmethode für Bier in Frankreich patentieren und nannte das Bier „Bier der nationalen Revanche". Koch war ein Technokrat und Pasteur ein Lebemann mit großer Improvisationsbegabung und er führte schließlich den Beweis durch: mit den Landaufträgen seiner Freunde, die ihm 50 Schafe zur Verfügung gestellt hatten. Es gelang ihm, einen Großteil zu immunisieren. Der Unterschied der beiden Forscher war sehr „europäisch": Pasteur zielte auf den Schutz von Individuen und immunisierte wirklich, Koch setzte auf bakteriologische Überwachung.

Pasteur arbeitete in einer „équipe Pasteur", er hatte zahlreiche Helfer und Laborassistenten, die für ihn Laborarbeit erledigten, sein Einfluss in der französischen Gesellschaft war groß. Nicht nur der Staat, sondern auch private Gesellschaften förderten seine Forschungen, denn sein populärer Zugang erwies sich als äußerst dankbar, wie im Falle des 9-jährigen Knaben, den er vor der Tollwut schützte. Diesen 9-jährigen Jungen, der von einem Hund gebissen worden war, impfte er im Sommer 1895 gegen die Tollwut. Den Impfstoff züchtete Pasteur aus dem getrockneten Rückenmark eines Kaninchens, das mit dem Tollwutvirus zuvor infiziert wurde. Pasteur behandelte diesen Jungen drei Wochen lang und aus seinen Tagebüchern geht hervor, dass der Junge gesund blieb. Ob der kleine Junge tatsächlich von einem tollwütigen Hund gebissen wurde, bleibt unbeantwortet. Selbst nach dem heutigen Stand der Schulmedizin muss eine „schützende" Impfung gegen Tollwut in den ersten 24 Stunden nach der Infizierung erfolgen. Dies war aber nicht der Fall gewesen, weil mindestens 48 Stunden vergangen waren. Gleichzeitig hatte Pasteur einen weiteren Fehler begangen und den Impfstoff direkt in die Bauchdecke injiziert. Fakt ist, nur durch diesen einzigen Fall ist die Tollwutimpfung in die Liste der Impfungen aufgenommen und bis heute nicht hinterfragt worden. Das „Unternehmen Pasteur" war für das 19. Jahrhundert dennoch von großer Bedeutung. Die Wissenschaftler Koch und Pasteur wetteiferten und so wurde durch Einhaltung hygienischer Grundlagen und Impfungen ein wesentlicher Beitrag zur Volksgesundheit geleistet, ohne dass man den „Unternehmer Pasteur" genauer kontrollierte. Von seinen Mitarbeitern Duclaux und Roux wurde er als einsames Genie, das sich für alles verantwortlich zeigte, und als doch herrisch beschrieben. Er ließ sich im Laufe seines Lebens von allen Lehraufgaben befreien, um sich ausschließlich der Forschung zu widmen, und der Staat und alle Helfer spielten mit, das „Unternehmen Pasteur" wuchs. Heute ist man ja an

of a rabbit which had previously been infected with the rabies virus. Pasteur treated this boy for three weeks and from his diary we know that he remained healthy. Whether the little boy was really bitten by a rabid dog, remains unclear. According to the latest medical research, a "protective" vaccination against rabies has to be given within 24 hours after infection. This, however, was not the case, since at least 48 hours had passed. At the same time Pasteur had made yet another mistake and injected the serum directly into the abdominal wall. The fact is that, because of this single case, the vaccination against rabies was added to the list of standard vaccinations and has never been disputed again. The "Pasteur enterprise", however, was still of great significance for the 19th century. Scientists Koch and Pasteur competed against each other, thus maintaining hygienic principles and vaccinations and contributing to public health, without the entrepreneur Pasteur ever being checked more closely. His assistants Duclaux and Roux described him as a solitary yet despotic genius who felt responsible for everything. He liberated himself from all teaching tasks, in order to dedicate himself exclusively to research, and the State and other actors contributed to the growth of the "Pasteur enterprise". Today, we have become accustomed to assigning the assistants' and employees' work to the head of the laboratory. However, considering Pasteur's dependence on his assistant Duclaux, this can be cynically described as harmless. In the 21st century, it is normal to declare the co-authorship of research results. Pasteur neither granted his assistants co-authorship, nor did he pay his assistants with the profits from his enterprise. A patriarchal system, which excluded his assistants' research achievements. Pasteur had many sponsors, sold licences for his patents and collected research funds from all over the world.

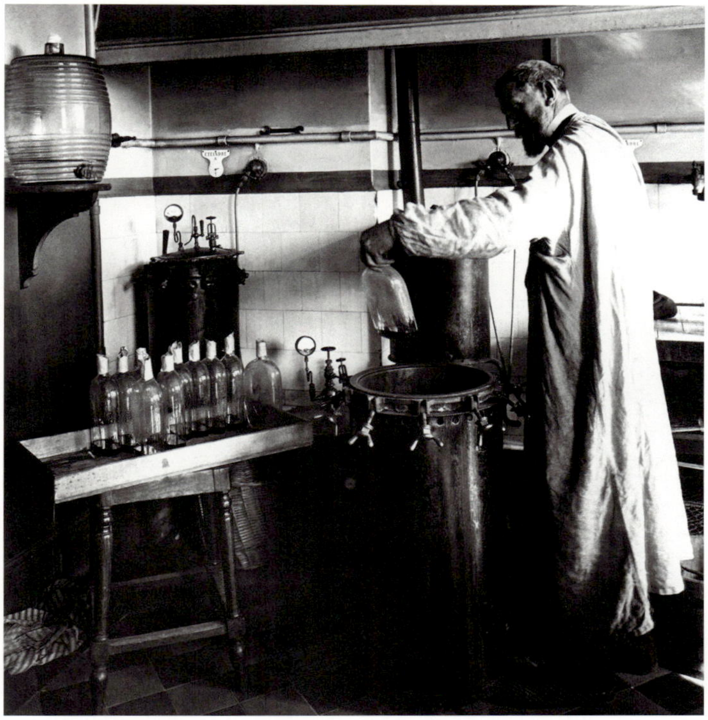

Louis Pasteur experimenting in his laboratory, Paris

At the end of his life, Pasteur's patents earned a lot of money, especially commercially invested licences such as for the Pasteur-Chamberland filter made of porcelain. However, he earned most with his patent for the vaccination against anthrax. Towards the end of his life, criticism began to be voiced, but Pasteur the entertainer continued to hold speeches and behave as a showman. "He was still sure that he could control God's creatures, his germ theory and the basic medical research for the people and the hygiene movement remained convincing to the end."[10]

DOUBLE BIND

Using an example from psychology, Gregory Bateson[11] explained the Double-Bind theory. This is of relevance here, because in the circulating reference within the sciences, something like an unacceptable double bind has emerged between researchers and their sponsors. Bruno Latour writes about the tacit constraint that is forced upon the scientists and which explains how the gap between the task and the interests of society develops: "Be completely separated from the weight of society, psychology, ideology and man", and

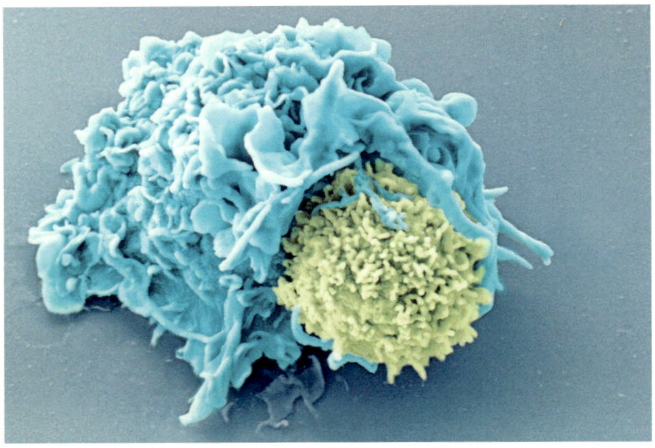

Destruction of an infected cell by the SidaVirus Scientific research at the Institut Pasteur 2012

die Aneignung der Arbeit von Assistenten und Mitarbeitern durch den Laborchef gewöhnt, aber das ist im Verhältnis zur Abhängigkeit Pasteurs von seinem Mitarbeiter Duclaux fast schon zynisch harmlos zu bewerten.

Die heutige Ko-Autorenschaft des 21. Jahrhunderts hat dann doch mehrere Namen für ein Forschungsergebnis parat. Weder gestand Pasteur seinen Mitarbeitern Ko-Autorenschaft zu noch gab er Gewinne aus dem Unternehmen an seine Mitarbeiter ab. Ein durch und durch patriarchalisches System, das Forschungsergebnisse seiner Mitarbeiter nicht zuließ. Pasteurs Sponsoren waren zahlreich, es wurden Lizenzen und Patente gehandelt und er bemühte sich um Forschungsgelder weltweit. Pasteurs Patente warfen am Ende seines Lebens doch beträchtlich Geld ab, vor allem die sehr kommerziell angelegten Lizenzen wie der aus Porzellan hergestellte Pasteur-Chamberland-Filter. Aber am meisten brachte das Anthrax-Patent für Milzbrandimpfung ein. Gegen Ende seines Lebens machten sich langsam seine Kritiker bemerkbar, Pasteur allerdings ließ sich nicht davon abhalten, als Kommunikationsgenie weiterhin Redner und Showman zu bleiben. „Er war weiterhin überzeugt, von Gott geschaffene Wesen kontrollieren zu können, seine Keimtheorie und die grundsätzliche medizinische Forschung fürs Volk und die Hygienebewegung blieben bis zum Schluss überzeugend."[10]

DOUBLE BIND

An einem Beispiel aus der Psychologie erklärte Gregory Bateson[11] die Double-Bind-Theorie. Dies kommt nun insofern zur Anwendung, da in der zirkulierenden Referenz der Wissenschaften untereinander so etwas wie ein unzumutbarer Double Bind zwischen den Forschern und den Geldgebern entstanden ist. Bruno Latour schreibt über den unausgesprochenen Zwang, der dem Wissenschaftler auferlegt wird und wodurch die Spaltung zwischen der Aufgabe und den Interessen der Gesellschaft zustande kommt: „Sei vollständig abgeschnitten vom Gewicht der Gesellschaft, der Psychologie, der Ideologie, der Menschen", und gleichzeitig: „Habe absolute und nicht nur relative Gewissheit über die Gesetze der Außenwelt."[12] Und weiter bei Latour: „Entgegen dieser widersprüchlichen Auffassung bemerkten wir, dass der einzig vernünftige und realistische Weg für den Geist, um wahrheitsgetreu über die Welt zu sprechen, darin besteht, sich durch möglichst viele Kanäle und Relationen wieder an das umfangreiche Gefäßsystem anzuschließen, durch das Wissenschaft im Fluss gehalten wird – was natürlich bedeutet, dass es nicht länger einen ‚Geist' gibt [...]. Über je mehr Beziehungen eine wissenschaftliche Disziplin verfügt, desto größer die Chance, dass durch ihre vielen Gefäße Genauigkeit zirkuliert. Anstelle der unmöglichen Aufgabe, die Wissenschaft von der Gesellschaft zu befreien, haben wir jetzt eine leichter zu bewältigende: eine Disziplin so weit wie möglich mit dem Rest des Kollektivs zu verbinden."[13] Für diese Neubestimmung der Begriffe Konstruktion und Fabrikation, die jahrelang für den Diskurs in der Soziologie und der Philosophie benutzt wurden, wurden Soziologen gerügt und es stimmt, dass man etwas untergraben wollte im Wissenschaftsbetrieb, nämlich den Wahrheitsanspruch. Genau dieser begriffliche Inhalt muss neu konfiguriert werden, sagt Bruno Latour[14]. Dafür wird

continues "Be absolutely and not relatively certain about laws of the world outside of research."[12] Latour continues: "In opposition to this contradictory attitude, we noticed that the only sensible and realistic way for the mind to enable it to truly describe the world, consists in rejoining as many channels and relations of the extended vessel system, through which science remains in flow – which naturally means that there is no longer a single "mind" [...]. The more relations a scientific discipline has, the bigger the chance that accuracy flows through its vessels. Instead of the impossible task of liberating society from science, we now have an easier task: to join a discipline with the rest of the collective as far as possible."[13] Sociologists were reprimanded for this new definition of the concepts "design" and "production", which had long been used in sociological and philosophical discourse, and it is true that something was to be undermined in scientific business, i.e. the claim for truth. It is exactly this semantic content that must be re-configured, says Bruno Latour[14]. To do so, the model of Pasteur's laboratory is used again. Two striking facts are reinterpreted here. When Pasteur referred to his discovery of lactic acid ferment, one could easily understand how he, as an observer, very quickly became an author and thus a philosopher who claimed the existence of something that had previously not yet been there.

In those days, chemical terms were all subject to Liebig's[15] Chemistry and it seemed as though what Pasteur had formulated was a step backwards. All of his records in which he stated his opinion – scientifically commenting on the progress of the research he had already made during the experiment – are found in his notebooks, which were first opened a century later. The observed object thus became a new entity before other people were able to check it. "With the help of several seemingly incompatible philosophies of science, Pasteur offers a fresh solution for something that had always been the subject of controversial discourse in epistemology, namely: how a new entity could emerge from an old one. It is possible, then, that a non-existent entity can shift to an entirely new species, after running through different stages: first, the entity consists of floating sense-related data[16], then it is understood as an action name and then finally it turns into an organic plant-like creature that has its place in a determined taxonomy. The circulation of reference does not bring us from one research place to the next, but rather from one ontological state to the next. It is no longer only man who moves information by transformation, but also nonhuman entities (lactic acid ferments), if they secretly transform themselves from hardly existing attributes into a complete substance."[17]

Pasteur proved that lactic acid ferment is able to trigger a special fermentation which, however, is different from that of beer yeast. The experiment has to seem plausible to other scientists and all input is balanced by output. Nothing new has happened except that the event, the experiment, conveys new facts. In the history of science, with the discovery of something which had already been there, something else happens, be it in nature or in society.[18]

The account balance, as Latour calls it, changed after the experiment. Pasteur is not the actor, no, it is the lactic acid ferment that changed the effort and transformed it into a reproduced experiment. Thus Pasteur changes from being an experimental researcher to a knowledge conveyor, because his role has changed by passionately conveying "his" discovery to the scientific community.

If we grant him this talent and accept the addition of ferment as a substance to the world, and if the members of the Academy can also plausibly understand his experiment, we can all congratulate ourselves in the end. Everything has been partially transformed. Again, we can see this as a circulating reference in the scientific establishment. Accordingly, there emerges a science of things, not only that of scientists. Pasteur's reports have turned lactic

das Modell des pasteurschen Labors wieder herangezogen. Zwei auffällige Tatsachen werden hier nochmals interpretiert. Wenn Pasteur von seiner Entdeckung des Milchsäureferments sprach, konnte man gut nachvollziehen, wie er den Sprung vom Beobachter zum Festschreiber macht, also sehr schnell zum Philosophen wurde, der etwas Noch-nicht-da-Gewesenes plötzlich als existent konstatierte. Die Chemiebegriffe waren damals alle unter der Chemie Liebigs[15] geordnet und es sah wie ein Rückschritt aus, was Pasteur formulierte. In seinen Notizbüchern, die erst 100 Jahre später geöffnet wurden, fanden sich alle Protokolle, wo er genau seinen Standpunkt, das Fortschreiten seiner Forschung bereits während des Experiments wissenschaftsphilosophisch kommentierte. So wurde der beobachtete Gegenstand sogleich zur neuen Entität, bevor noch andere es prüfen konnten. „Mit Hilfe mehrerer scheinbar unvereinbarer Wissenschaftsphilosophien bietet Pasteur eine frische Lösung für etwas, das in der Epistemologie immer noch sehr kontrovers diskutiert wird, nämlich wie eine neue Entität aus einer alten hervorgehen kann. Von einer nicht existierenden Entität zu einer ganzen Gattung zu gelangen ist also möglich, wenn verschiedene Stadien durchlaufen werden: Zunächst besteht die Entität aus flottierenden Sinnesdaten[16], dann wird sie als Aktionsname verstanden und schließlich in ein organisches, pflanzenähnliches Lebewesen verwandelt, das einen Platz in einer feststehenden Taxonomie einnimmt. Die Zirkulation der Referenz bringt uns hier nicht von einer Forschungsstätte zur nächsten, sondern von einem ontologischen Status zum nächsten. Es ist nicht länger nur der Mensch, der Information durch Transformationen transportiert, sondern nichtmenschliche Wesen (Milchsäurefermente) tun dies ebenfalls, wenn sie sich unter der Hand aus kaum existierenden Attributen in eine vollständige Substanz verwandeln."[17]

Pasteur hat bewiesen, dass das Milchsäureferment in der Lage ist, eine spezielle Gärung auszulösen, die sich von jener der Bierhefe unterscheidet. Das Experiment muss nachvollziehbar für andere Wissenschaftler sein und jeder Input wird durch Output ins Gleichgewicht gebracht. Es hat sich nicht etwas Neues ereignet, das Ereignis, das Experiment befördert neue Tatsachen. In der Wissenschaftsgeschichte passiert etwas mit der Entdeckung von etwas, das die ganze Zeit schon da war, sei es in der Natur oder in der Gesellschaft.[18]

Der Kontostand, wie Latour es nennt, hat sich nach dem Experiment geändert, Pasteur ist nicht der Akteur, nein, das Milchsäureferment ändert die Bemühung und macht sie zur Experimentswiederholung. Pasteur wird so vom experimentellen Forscher zum Wissensvermittler, da sich durch die leidenschaftliche Mitteilung über „seine" Entdeckung an die wissenschaftliche Gemeinde, seine Rolle geändert hat.

Wenn man ihm dieses Talent zugesteht und die Addition des Ferments als Substanz zur Welt akzeptiert und auch die Mitglieder der Akademie sein Experiment nachvollziehen können, können sich alle zum Schluss gratulieren. Alles ist teilweise transformiert worden. Wiederum kann man dies als zirkulierende Referenz im wissenschaftlichen Betrieb sehen. So gibt es danach eben auch eine Wissenschaft der Dinge, nicht nur der Wissenschaftler. Pasteurs Berichte haben aus dem Milchsäureferment einen Akteur gemacht, denn er versucht zu erklären, warum er sich so und nicht anders verhält. Dadurch wird nicht nur der Erklärende zum Autor, sondern auch die Milchsäure, sie schreibt sich selbst in ihrem Wachsen, sie braucht ihre Nahrung auf, die Milch und sie gewinnen an Autorität und Macht. Die artifizielle Dramaturgie des Experiments, nämlich dass die Milchsäure aus eigener Kraft in einem Nährmittel

acid ferment into an actor, because he attempts to explain why it behaved in this way and not in another. Thus, it is not only the explainer who becomes an author, but also the lactic acid itself. It describes itself in its growth, consuming all its food – milk – and thus gaining authority and power. The artificial dramaturgy of the experiment, namely that lactic acid has originated spontaneously in a nutriment, is for Pasteur the decoupling of his person as an actor; he authorises lactic acid to authorise itself in its own name and to speak for itself.[19]

This trick is Pasteur's special achievement in the 19th century, insofar as he fulfilled two functions decoupled from him as an actor, thus, in a way, contradictorily. He describes lactic acid in its development and interprets simultaneously its philosophical meaning – thus becoming a philosopher of science. In doing so, he gains credibility, since the former judgement is still anchored in the old canon of philosophical categories, while Pasteur himself recognises and accepts any contradiction in his action: "[...] I had to act, to go beyond the facts, but any impartial observer has to acknowledge that lactic acid consists of living organisms and not of dead chemical matter."[20]

We can observe a paradigm change in science, which we would even call a revolution, according to Thomas Kuhn.[21] The hypothesis of this book is that RNA is involved in almost all micro life processes. It is therefore obvious that RNA already played a role in Pasteur's microbes. Chemical changes to matter in the nuclei of organisms are mostly controlled by protein biosynthesis, which already existed in Pasteur's day without us having anything to do with it. Do we have to rewrite history because of this? We have built our history of science and the last component, which we are currently assembling in the laboratory of theory, is RNA as the smallest molecule, which has an important function, although it was long defined as gene junk, as insignificant. Now we have arrived again at the non-human actor, RNA. The self-replicating primordial molecule, responsible perhaps for coding life from the beginning, because it existed in two different forms – as an information memory and an enzymatic catalyst!

THE HUMAN SKIN

Using the example of a cell research laboratory, the current situation of microbiology in generating artificial skin is documented. First of all, we explain the prerequisites of this special interest in the human skin as a demarcation ("compartmentation" in the language of developmental biology) based on a 1941 essay of American scientist and philosopher Arthur F. Bentley:[22]

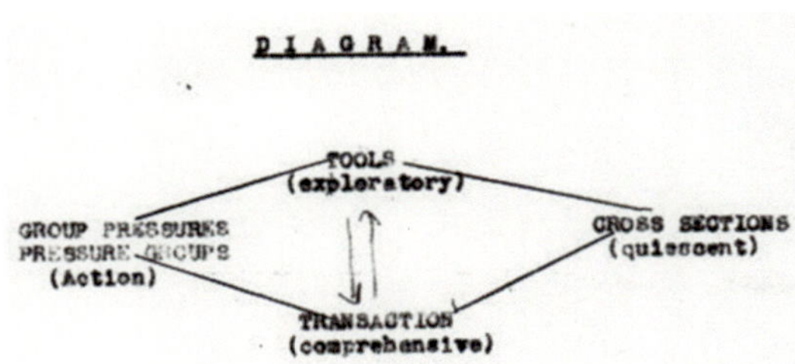

Arthur F. Bentley, diagram of transaction, 1956. Assumptions about subject and object, individual and social, which cases must be won on their merits or rejected on their de-merits, and not hidden in the bushes. (From Harvard's Houghton Library)

"Human skin is the one authentic criterion of the universe which philosophers recognize, when they appraise knowledge under their professional rubric, epistemology." Here, "knowledge" means the ability, a quality of "the knower" that lives in a "body" and is separated from the rest of the universe by a "skin". The skin as a concept in philosophy more or less exists only as a separation between "inner" and "outer". In psychology, skin is the boundary. An organism has an "outer" environment. This lies beyond its skin. Within the skin, we can find the organism itself, if we look closely enough. Claude Bernard's "internal environment", his description of blood that environs the body's organs is "sound physiology". Physiologists have defined studies on the environmental status of certain body parts in relation to others. However, the case of the psychologist is completely different, as we will see later. In comparison to all

entstanden ist, ist für Pasteur die Abkoppelung seiner Person als Akteur, er autorisiert die Milchsäure, sich zu autorisieren, in ihrem Namen für sich zu sprechen.[19]
Dieser Kunstgriff ist für die Zeit des 19. Jahrhunderts eine entscheidende Leistung von Pasteur, nämlich indem er zwei Funktionen, abgekoppelt von seiner ausführenden Person, ausfüllt, quasi widersprüchlich. Er beschreibt die Milchsäure in ihrem Entstehen und interpretiert ihre philosophische Bedeutung gleichzeitig – und wird so zum Wissenschaftstheoretiker. Damit gewinnt er an Glaubwürdigkeit, denn das damalige Urteil hängt noch im alten Kanon der philosophischen Kategorien fest, während bei Pasteur jeglicher Widerspruch in seinem Handeln von ihm selbst erkannt und hingenommen wurde. „[...] ich musste handeln, über die Tatsachen hinaus, doch jeder unparteiische Beobachter wird anerkennen, dass die Milchsäure aus lebenden Organismen besteht und nicht aus toter Chemie."[20] Hier vollzieht sich ein Paradigmenwechsel in der Wissenschaft, wie wir ihn heute wohl nach Thomas Kuhn[21] eine Revolution nennen würden. Die Hypothese dieses Buches ist, dass beinahe in allen Mikro-Lebens-Prozessen die RNA am Werk ist. Es liegt nahe, dass auch in Pasteurs Mikroben bereits die RNA mitspielte. Chemisch stoffliche Veränderungen im Zellkern der Organismen sind meistens durch die Proteinbiosynthese gesteuert und diese gab es, ohne dass wir damit zu tun hatten, in Pasteurs Zeiten auch. Müssen wir deswegen die Geschichte „zurückschreiben"? Wir haben unsere Geschichte der Naturwissenschaft gebaut und der letzte Bauteil, den wir zuerst einmal im Labor der Theorie derzeit zusammensetzen, ist die RNA, das allerkleinste Molekül, das wichtige Funktionen hat und jahrelang als Gen-Junk definiert, als unbedeutend angesehen war. Wieder sind wir beim nichtmenschlichen Akteur, der RNA. Das selbstreplizierende Urmolekül, das vielleicht den Anfang allen Lebens kodiert hat, nämlich deswegen weil es in zwei Formen vorlag: als Informationsspeicher und als enzymatischer Katalysator!

THE HUMAN SKIN

Am Beispiel eines Zellforschungslabors soll die heutige Situation der Mikrobiologie zur künstlichen Hauterzeugung dokumentiert werden. Zuerst werden die Voraussetzungen für dieses spezielle Interesse an der menschlichen Haut als Abgrenzung (in der Sprache der Entwicklungsbiologie „Kompartimentierung") argumentativ anhand eines 1941 verfassten Aufsatzes eines amerikanischen Wissenschaftlers und Philosophen, Arthur F. Bentley, erläutert:[22]
Menschliche Haut ist das einzige authentische Kriterium des Universums, das Philosophen anerkennen, wenn sie Erkenntnis bzw. diese im breiten Feld der Epistemologie beurteilen. „Erkenntnis" gilt hier als eine Fähigkeit, eine Eigenschaft eines „Wissenden", der in einem „Körper" wohnt, vom Rest des Universums durch eine „Haut" abgetrennt. Die Haut als Terminus der Philosophie existiert mehr oder weniger nur noch als Trennung von „innen"' und „außen". In der Psychologie ist Haut die Grenze. Ein Organismus hat eine „äußere" Umgebung. Diese liegt außerhalb seiner Haut. Innerhalb der Haut finden wir, wenn wir genau schauen, den Organismus selbst. Claude Bernard benannte mit „milieu intérieur" das Blut, das die Körperorgane umgab. Das ist fundierte Physiologie. Physiologen haben Studien über den Umgebungsstatus bestimmter Körperteile im Verhältnis zu anderen Teilen definiert. Der Fall des Psychologen jedoch ist ganz anders gelagert, worauf später hingewiesen

other philosophers, Leibniz focused all his efforts on the subjects of "inner" and "outer", in order to free himself of the skin's dominance. His monads were meant to "mirror" the world without actually getting in contact with it. They are thus "windowless" in the sense of having no dividing lines beyond their borders. "Leibniz destroyed paths in order to preserve innerness. Those who hold the 'inner' apart from nature may take him as they find him, while others gain ample incentive to trace the paths of nature across all knowledge".[23] Knowledge is a form of human behaviour, and under "behavior", we understand a special category of fine tuning and adaptations that are relevant for the analysis, after clarifying both the process of slow development (developmental biology) and that of technical-physiological processes as biological phenomena. Bentley formulated a first, very autonomous concept of physiology. He works with John Dewey[24], who regarded as his main task to draw more attention to natural sciences. Dewey pursues the hypothesis that there has been no independent philosophy in the history of philosophy up to now, but only a mixture of theology and nature research. On the one hand, philosophy derived its claim to absolute knowledge (truth in its strongest sense, certainty) from theology, and on the other, the means to achieving it using rational thought, from the natural sciences.[25] That is why in the past, philosophy was the fiercest enemy of natural sciences insofar as it argued on the same basis as theology, when it came to absolute knowledge, and used the same methods.[26] As a teacher, Dewey taught a highly democratic approach by encouraging people to become educated, which would further democracy and prosperity. The philosopher, as it were, becomes an anthropologist. Bentley also speaks of Pavlov's results, which are consistent with some of Dewey's ideas, and claims this to be similar to the then physiological-psychological approach. The works of these two scientists complement each other in a wondrous way. Behind them stand Darwin and Peirce, who investigated the problem of knowledge "at the scene" in the lab or at the educational institution. In 1896, when the correlation of psychological and physiological circumstances became generally known for the first time, Dewey noted that the "reflex arc concept", as was discussed amongst psychologists at that time, would be adopted, in order to enable psychologists to organise their rapidly growing quantum of factual details, and that for them the usefulness of data collection in physiology lay in its illustrative nature.[27] He considered it as progress, but not as far reaching as it could have been. The original argument concerning the experiment of Pavlov's dogs, which showed that a dog's saliva flow began as soon as it heard the steps of its keeper, turned out to be highly valuable for physiologists. Dewey wanted to show that what psychologists called "stimulus" and reaction", taken as isolated, did not represent direct data, but abridged partial statements, whereas the other way round, the unequivocal direct data was functional in the sense that both stimulations and reactions, according to the description, had to be combined as stages of a usual event, should the description make sense and be reliably applicable.[28] Pursuing his conditions reflexes, Pavlov came

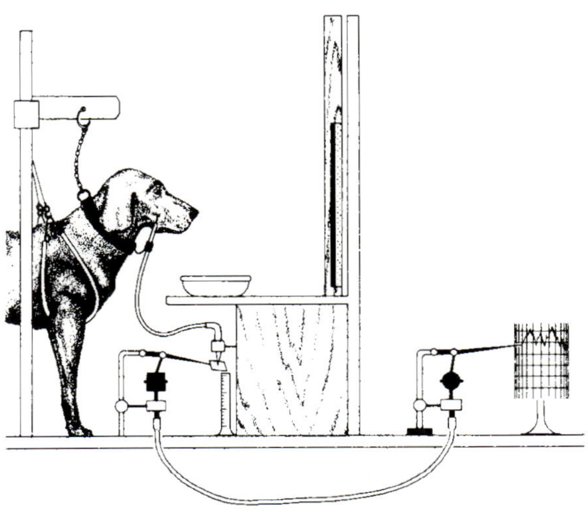

Conditioned reflex 1901 after Ivan Pavlov (1849–1936)

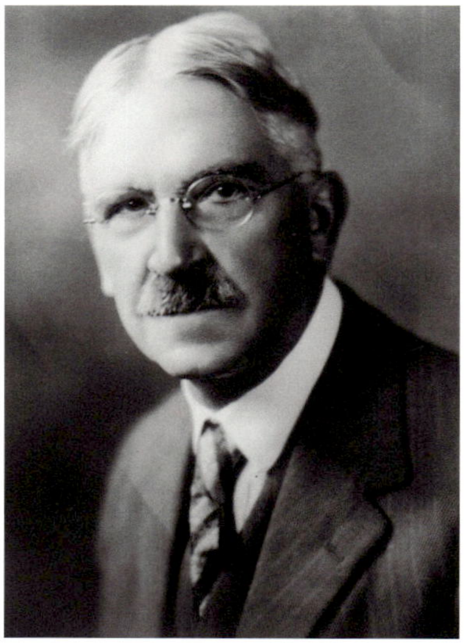

John Dewey (1859–1952)

wird. Leibniz bot im Vergleich zu allen anderen Philosophen alle seine Kräfte auf, um sich mit den Themen „innen" und „außen" auseinanderzusetzen und sich von der Vorherrschaft der Haut zu befreien. Seine Monaden sollten die Welt „spiegeln", ohne mit ihr tatsächlich in Kontakt zu treten. Somit sind sie „fensterlos" in dem Sinne, dass über ihre Grenzen keine Trennlinien gezogen werden können. Leibniz zerstörte die Pfade, um die Innerlichkeit zu schützen. Jene, die das „Innere" von der Natur getrennt halten, können ihn beim Wort nehmen, während andere es höchst motivierend finden, den Pfaden der Natur durch alle Erkenntnis zu folgen.[23]

Erkenntnis ist eine Form menschlichen Verhaltens und unter „Verhalten" soll dabei jene besondere Kategorie biologischer Feinabstimmungen und Anpassungen verstanden werden, die für die Untersuchung Bedeutung haben, nachdem sowohl die langsamen Weiterentwicklungen (Entwicklungsbiologie) als auch die technisch-physiologischen Prozesse geklärt sind, wie sie biologisch vorliegen. Bentley formuliert einen ersten, sehr autonomen Physiologiebegriff. Er arbeitet mit John Dewey[24], der seine zentrale Aufgabe darin sah, den Naturwissenschaften zu mehr Aufmerksamkeit zu verhelfen. Dewey verfolgt die Hypothese, dass es in der bisherigen Geschichte der Philosophie noch keine eigenständige Philosophie gegeben habe, bloß immer nur eine Mischform aus Theologie und Naturforschung.

Aus der Theologie hat die Philosophie ihren Anspruch auf absolute Erkenntnis (Wahrheit im starken Sinne, Gewissheit) übernommen, aus der Naturforschung hingegen die Mittel zu derer Erlangung, das rationale Denken.[25] Deswegen sei die Philosophie in der Vergangenheit der größte Feind der Naturwissenschaften gewesen, insofern als sie bei grundsätzlich gleicher Vorgehensweise immer letztlich theologisch argumentiert, wenn es um absolute Erkenntnis geht.[26] Als Pädagoge hat Dewey einen höchst demokratischen Ansatz gelehrt, indem er das Volk zur Bildung aufrief, denn nur daraus könnten sich Demokratie und Wohlstand erhalten. Er wird sozusagen vom Philosophen zum Anthropologen. Bentley spricht auch von den pawlowschen Ergebnissen, die sich mit einigen Gedanken von Dewey paaren, und dass dies mit der damaligen physiologisch-psychologischen Attitüde zu vergleichen ist. Die Arbeiten dieser zwei Forscher ergänzen einander auf wundersame Weise. Hinter ihnen stehen Darwin und Peirce, die das Problem der Erkenntnis „am Schauplatz" des Labors oder der Bildungseinrichtung untersuchten. 1896, als die Korrelation von psychologischen und physiologischen Zuständen zum ersten Mal allgemein bekannt wurde, schrieb Dewey, dass das Konzept des Reflexbogens, wie damals von Psychologen diskutiert, übernommen werde, um die Psychologen in die Lage zu versetzen, ihre schnell anwachsende Menge faktischer Details zu organisieren, und dass die Nützlichkeit des Daten-Sammelns in der Physiologie für sie von bildhafter Natur sei.[27] Er betrachtete es als Fortschritt, aber nicht als ausreichend großen Fortschritt. Das ursprüngliche Argument über das Experiment der pawlowschen Hunde, welches zeigte, dass der Speichelfluss eines Hundes beginnt, sobald er die Schritte seines Futtergebers nur hört, war doch für die Physiologen höchst wertvoll. Dewey wollte

to a kind of description based on signs and signals, that were radically opposed to the former "psychic" description and to all physiological camouflage of the psychic. He considered himself as both a psychologist and physiologist. As a physiologist he declared that he would break new ground for physiology. He divided physiology into two branches, a smaller or lower one, which dealt with integration of the work of all parts of the organism altogether, and a larger or higher one, that investigated the relations between and equilibration of the organism and external conditions. He emphasised the latter in respect to the cerebral cortex's activity. This emphasis concerns a phase of full activity: the intradermal phase. The full physiology cannot be exclusively developed and delimited there. Not even Pavlov's own lab procedure was able to localise it there. Brain activity, as he saw it, was not allocated to the cortex as a drive (power) or capacity; his research on localisation was more of a factual nature and thus no effort to establish physiological and psychical identification. What he investigated was a process in which direct phenomena beyond the skin were involved together with phenomena within the skin, so that the region in which the physiological event happened – its locus – was literally bigger than that of its region on the skin. This characterisation is not derived from Pavlov's statements about his own work; on the contrary, many expressions that he used in the course of his long career contradict it. Difficulties which Pavlov experienced with the terms "external" and "internal" support this opinion, bearing in mind that he was no "word-spinner", but rather a "fact-finder" for whom a clumsy approach to a definite fact was worth more than the final word in a verbal confirmation.[29]

We are in process of approaching modern attitude to research through showing how Dewey, on the one hand, and Pavlov on the other, neglected the skin as a critical boundary. For special purposes, biology can investigate an organism in an isolated manner, i.e. without its environment. Nevertheless, biology does not recognise an "isolated organism" as a fact. Clearly, the expression "isolated organism" or "organism alone" does not make any sense. If we were to describe it in a pictorial manner, facts in biology are "organisms-in-environment" or "organisms-on-earth". Studies on behaviour are primarily biological, however, they distinguish themselves from other branches of biological research insofar as that they find a much stronger interaction in the way that organisms are in the grip of their environment and the environment is in the grip of organisms. The more comprehensively this is understood in an evolutionary setting, the more obvious the coalescence of organic and external parts becomes with regard to behaviour. Bentley, therefore, was one of the first scholars to engage with the concept of skin as a boundary of the individual.

The basic method of the philosopher with their "inner knowers" and "outer knowns", kept apart by an psychologisation of an anatomic skin, is a method of the past.

Bentley insists upon the urgent necessity of closer descriptions here, as in all cases in which vehement faith stands in direct proportion to the scope of ignorance, and that, as soon as we have discarded attributions to the isolated inner, we cannot reach a description that would make sense in the light of human behaviour – loving, hating, buying, voting, quarrelling, helping, talking, playing power games – without observing and describing behavioural activity as positive and directly transdermal. The first step towards where knowledge or behaviour is localised would be to eliminate the boundaries between inside and outside the skin. In a traditional perspective, the Cartesian coordinates could really be applied to the skin of the organism. The result was not a localisation, but a pseudo or quasi localisation. The knower and the known were considered as existences. With a soul that was softened to become a psyche, and with a psyche that owns a body as a "stand-in" or substitute, "knowledge" could be regarded as a kind of physiological process within the

zeigen, dass das, was die Psychologen „Stimulus" und „Reaktion" nannten, isoliert keine direkten Daten, sondern verkürzte Teilaussagen waren, während umgekehrt die eindeutigen direkten Daten funktionell in dem Sinne waren, dass sowohl Stimulationen als auch Reaktionen in der Beschreibung als Phasen eines gewöhnlichen Ereignisses kombiniert werden mussten, wenn die Beschreibung einen Sinn ergeben und sicher anwendbar sein sollte.[28] In Verfolgung seiner konditionierten Reflexe gelangte Pawlow zu einer Art Beschreibung nach Zeichen und Signalen, die zu der alten „psychischen" Beschreibung in radikalem Gegensatz und in ebenso radikalem Gegensatz zu allen physiologischen Camouflagen des Psychischen stand. Er betrachtete sich als Psychologe und Physiologe. Als Physiologe erklärte er, dass er für die Physiologie neues Territorium erschließen würde. Er unterteilte die Physiologie in zwei Äste, einen engeren oder niedereren, der sich mit der Integration der Arbeit aller Teile des Organismus beschäftigte, und einen breiteren oder höheren, der den Zusammenhang und die Äquilibrierung des Organismus und äußerer Bedingungen untersuchte. Letzteren Ast hob er im Hinblick auf die Aktivität der Großhirnrinde hervor. Diese Hervorhebung betrifft eine Phase der vollen Aktivität: die intradermale Phase. Die volle Physiologie kann dort nicht ausschließlich entwickelt und eingegrenzt werden. Nicht einmal Pawlows eigenes Vorgehen im Labor lokalisiert sie dort.
Die Hirnaktivität, wie er sie sah, wurde nicht dem Cortex als Antrieb (Power) oder Kapazität zugeordnet; seine Forschungen über Lokalisierung waren faktischer Art und somit keine Bemühungen um physiologisch-psychische Identifizierung. Was er untersuchte, war ein Prozess, an dem direkt Phänomene außerhalb der Haut zusammen mit Phänomenen innerhalb beteiligt waren, so dass die Region, in welcher das physiologische Ereignis stattfand, – sein Locus – wortwörtlich größer war als jede von einer Haut eingeschlossene Region. Diese Charakterisierung leitet sich nicht von Aussagen Pawlows über seine eigene Arbeit her; vielmehr stehen viele Ausdrücke, die er da oder dort im Laufe seiner langen Karriere verwendete, ihr entgegen. Die Schwierigkeiten, die Pawlow die Begriffe „extern" und „intern" bereiteten, stützen diese Ansicht, wenn wir uns daran erinnern, dass er kein „Wortschöpfer", sondern ein „Fact-Finder" war, für den eine stümperhafte Annäherung an ein feststehendes Faktum höher zu bewerten war als das letzte Wort in einer verbalen Absegnung.[29]
Durch das Aufzeigen der Art und Weise, in der Dewey einerseits und Pawlow andererseits Haut als kritische Grenze vernachlässigen, sind wir geradewegs dabei, uns der modernen Einstellung zur Forschung anzunähern. Zu speziellen Zwecken kann die Biologie einen Organismus „isoliert", d. h. ohne Umgebung untersuchen. Nichtsdestoweniger kennt die Biologie keinen „isolierten Organismus" als Faktum. Der Ausdruck „Organismus, isoliert" bzw. „allein" macht eindeutig keinen Sinn. Die Fakten in der Biologie sind „Organismen in ihrer Umgebung", „Organismen auf der Erde", wenn man es bildhaft umschreiben möchte. Untersuchungen über das Verhalten sind primär biologisch, sie unterscheiden sich aber von anderen Zweigen biologischer Forschung insofern, als sie ein viel stärkeres Ineinandergreifen der Art und Weise, wie die Organismen in der Umwelt verhaftet sind und die Umwelt in den Organismen verhaftet ist, vorfinden. Je umfangreicher das in seinem evolutionären Setting verstanden wird, desto offenkundiger wird die Verschmelzung von organischen und externen Anteilen am Verhalten. Bentley war somit sicher einer der ersten Denker, die sich ausführlich mit dem Begriff der Haut als Grenze des Individuums beschäftigten.
Die Grundtechnik des Philosophen mit seinem „inneren Wissenden" und dem „äußeren Gewussten", die durch eine Psychologisierung der anatomischen Haut

skin. However, which kind of determination could be accorded to the fourth term, "knowledge"? Knowledge, seen from a semantic point of view, had to bear the main burdenof the question: "Was it inside the skin or out? Was it flesh, or spirit? Was it fact, or thought, or word?"[30] This kind of question suggested by Bentley seems to have become important again, especially in relation to the dictum of synthetisation of "new life". In the traditional context, nobody has ever been able to find a coherent answer to the direct question of where cognition takes place. Possibilities such as "in the head", "in the mind", "in the brain", "on the library shelf", "in the absolute" or only "out there" are de facto sad answers. A knower who knows nothing, a known without knower is absurd – not only in its sophistry, but in the sense of the simplest verbal integrity. Recently, the word "concept" has appeared in all discussions on science, in the sense that it applies to such a "subject" of knowledge. What it means exactly, according to Bentley, commences with the investigation of the complex "knower-known-knowing-knowledge".[31] It does not deal with generals in the system, but investigates the system as a fact. In order to be investigated as a fact, the system has to exist somewhere. It must be earthly. The place has to be localisable for the knower, the known, knowledge and cognition in certain earthly spaces and at certain times. These spaces and times are biological. To call types of behaviour biological without assigning a proper earthly place to them, would be an illusion. Biological regions are regions of an organic environmental differentiation on earth. Knowledge is not recognised as a kind of "being" without space, but as a phenomenon that exists then, and only then, when an activity of knower-known is taking place. Despite their colloquial universality, "knower" and "known" are forced to at least conduct an investigation in the system. "Knowledge" and "cognition" are no longer distinguished according to process and product, but according to the emphasis in the description. In biological regions in which behaviour happens, organisms are at the centre of attention – they are the core. According to Bentley, in the investigation generally involved with the place of behaviour, there is the name of "behavioural superfice"[32], i.e. a behavioural surface, referring to the boundaries of those areas within which typical behavioural adaptations of the organism to the environment take place. Just as "skin" precisely describes the narrow physiological activity of the organism, functionally rather than geometrically, "surface" delimits the broad physiological adaptations that we see in the extension of Pavlov's concept. In the special case of Pavlovian conditioning, the superfice introduces dog, feed, bell and signal into an investigation "system". The anatomical skin is considered as spatial determination, but physiologically it also encompasses temporal areas.

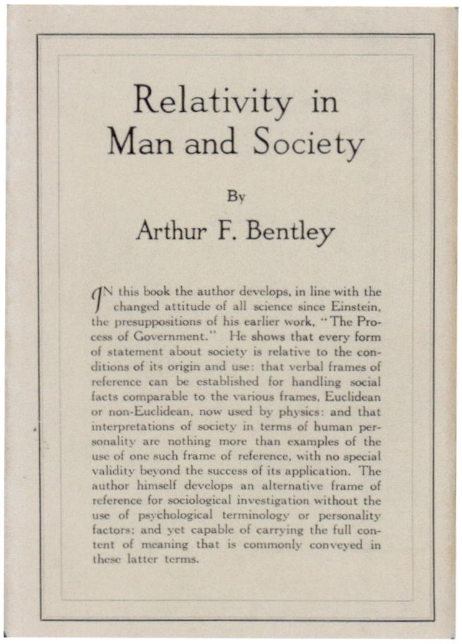

Book cover of 1926, New York: G. P. Putnam's Sons

"In simple, casual, natural approach nothing interferes with our accepting a 'knowledge' as present within a superfice any more than a living organism as present within a skin. The sole interference comes from over-assertive 'local' points of view. Not as an attempt at nature-faking but as casual rhetoric we may say that from the local point of view of some ill-educated gene the epidermis of its organism would seem a far-off fantasy, absurd to insist upon. Chromosome, cell, gland would doubtless – if they could blurt it out – be just as solipsistically self-centered as is any human 'self' enjoying power of assertive speech. [...]

auseinander gehalten werden, ist eine Technik der Vergangenheit. Bentley fordert, dass nähere Beschreibungen hier dringend vonnöten sind, wie in allen Fällen, in denen ein vehementer Glaube direkt proportional zum Ausmaß der Ignoranz besteht, und dass wir, sobald wir die Zuordnungen zum isolierten Inneren aufgegeben haben, zu keiner Beschreibung gelangen können, die hinsichtlich des menschlichen Verhaltens – Lieben, Hassen, Kaufen, Abstimmen, Streiten, Helfen, Reden, Machtspiele – Sinn macht, ohne die Verhaltensaktivität als solche positiv und direkt transdermal zu beobachten und zu beschreiben. Der erste Schritt dahin, wo Wissen bzw. Verhalten lokalisiert ist, wäre die Grenzen zwischen innerhalb und außerhalb der Haut aufzuheben. Unter dem alten Blickwinkel konnten die kartesischen Koordinaten tatsächlich auf die Haut des Organismus angewandt werden. Das Ergebnis war nicht eine Lokalisierung, sondern eine Pseudo- oder Quasi-Lokalisierung. Der Wissende und das Gewusste galten als Existenzen. Mit einer Seele, die zur Psyche aufgeweicht wurde, und mit einer Psyche, die einen Körper als „Double" oder Stellvertreter führt, könnte „Wissen" auf eine bestimmte Art als physiologischer Prozess innerhalb der Haut betrachtet werden. Welche Art Bestimmtheit jedoch könnte dann dem vierten Terminus „Erkenntnis" zukommen? Der Erkenntnis, inhaltlich gesehen, blieb die Hauptlast der Frage zu tragen: „Lag sie innerhalb der Haut oder außerhalb? War sie Fleisch oder Geist? War sie Faktum oder Gedanke oder Wort?"[30] Diese Art der Fragestellung, wie hier von Bentley vorgeschlagen, scheint gerade unter dem Diktum der Synthetisierung des „neuen Lebens" neuerdings wieder wichtig.

Auf die direkte Frage, wo Erkenntnis stattfindet, konnte unter der alten Vorgehensweise nie jemand eine kohärente Antwort geben. Solche Möglichkeiten wie „im Kopf", „im Geist", „im Hirn", „auf dem Bibliotheksregal", „im Absoluten" oder nur „da draußen" sind de facto traurige Antworten. Ein Wissender, der nichts weiß, ein Gewusstes ohne Wissenden ist absurd – nicht nur in seiner Spitzfindigkeit, sondern im Sinne einfachster verbaler Integrität. Das Wort „Konzept" findet sich in allen Diskussionen über Wissenschaft in jüngster Zeit, wobei damit solch ein „Gegenstand" der Erkenntnis bezeichnet wird. Worum es sich dabei handelt, beginnt mit der Untersuchung des Komplexes „Wissender-Gewusstes-Wissen-Erkenntnis", so Bentley.[31] Es beschäftigt sich nicht mit Generalien im System, sondern untersucht das System als Faktum. Um als Faktum untersucht werden zu können, muss das System irgendwo vorhanden sein. Es muss irdisch sein. Der Ort muss für den Wissenden, für das Gewusste, für das Wissen und die Erkenntnis lokalisierbar sein, und zwar zu bestimmten irdischen Räumen und Zeiten. Diese Räume und Zeiten sind biologisch. Verhaltensweisen biologisch zu nennen, ohne ihnen einen eigenen irdischen Ort zuzuweisen, ist eine Täuschung. Biologische Regionen sind Regionen organisch-umweltmäßiger Differenzierung auf der Erde. Erkenntnis wird nun nicht als eine Art „Sein" ohne Raum, sondern als Phänomen erkannt, das dann und nur dann vorhanden ist, wenn gerade eine Aktivität Wissender-Gewusstes stattfindet. Der „Wissende" und das „Gewusste" sind nun trotz ihrer umgangssprachlichen Universalität zumindest zu einer Untersuchung im System gezwungen. „Wissen" und „Erkenntnis" werden nicht mehr nach Prozess und Produkt unterschieden, sondern nach der Betonung in der Beschreibung. In den biologischen Regionen, in denen Verhalten stattfindet, stehen Organismen im Zentrum, sind sie der Kern. In der Untersuchung, die sich mit dem Ort von Verhalten allgemein beschäftigt, gibt es laut Bentley die Bezeichnung „behavioral superfice"[32], d. h. Verhaltensoberfläche, für die Grenzen jener Areale, in denen verhaltenstypische Organismus-Umgebungsanpassungen

Since Darwin a certain modesty towards the universe, which the bullet lacks, has become common among men, though not in nearly high enough degree so long as the single man regards himself as aloof from the universe in the skin-protected pretense that 'he' is something bullet-like 'inside', uniquely looking out. Superfice is just one way of exhibiting the single man as literally component of his universe; the great argument in favor of its use is that its technical position is in line with other technical procedures of modern science. A knowledge may be viewed as located 'within' a superfice as simply as may electricity 'within' a battery or an electron 'within' an atom – much more simply in all probability after a little practice is had. The interference, the obstacle, is mostly in a pattern of speech – a 'patter' – to the effect that 'nothing but spirit can know' which curiously survives among many men long after they have agreed that 'no spirit exists'."[33]
The assigning of regions on surfaces to cognitions and other behaviour is a step similar to that which mathematicians made when they introduced continuity. New science is more and more able to express itself freely on the level of its own abilities. Today's aim is to distinguish physics and chemistry according to "facts" and to proceed similarly in biology. Sciences no longer represent reflections of "spheres of reality", but are reflections of autonomous "spheres of research".
In modern discourse regarding the man-machine-media theory and in the general trend towards transdisciplinarity, we acknowledge the desperate attempt to master the situation. It is not easy to identify a trend in the stream of biodata and overflowing news snippets in social networks and in the capital flows around the world. It is not just about research results or knowledge, but in the best case about a system change of evolutionary driven networks and biological material, that has already intermingled to such an extent that the separation of "inner" and "outer" has become obsolete.

ARTIFICIAL SKIN: MADE IN AUSTRALIA

"Did you know? Skin is the largest organ of your body, performing more vital functions than you can imagine. Skin is the body's barrier to infection, its defense against the rigours of daily life. Skin regulates body temperature: it enables the sensation of touch, pleasure and pain. A full thickness burn destroys this vital organ and its functions. Despite recent advances, medicine has yet to find a way of replacing burned skin with a permanent, three-dimensional living skin-equivalent."[34]
Advertising leaflet of the Sydney Burns Foundation

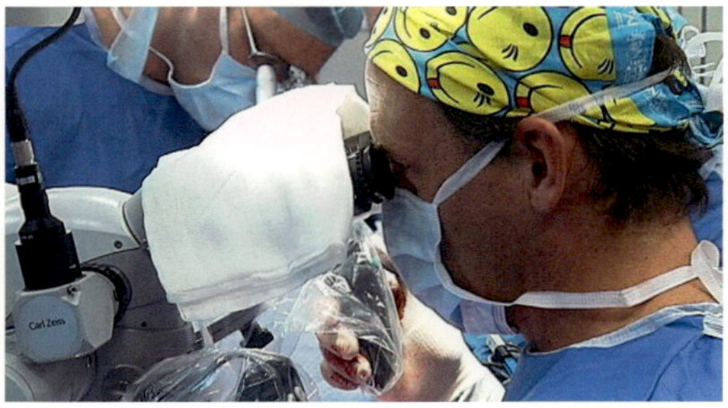

Peter Maitz at the microscope

The skin is the first organ that will be artificially bred using methods of Tissue Engineering, because skin biopsies are easily available and the skin consists of simple cellular structures. Dermal structures are mainly used with the aim of gaining and optimising transplants for serious burns or poorly healing wounds. Soon artificial skin could enable wounds to heal better. In Australia and Germany, research is being done on future skin. People with chronic wounds, fire victims and dermatologists are impatiently awaiting the results of research currently being conducted at the skin labs of e.g. the Sydney Concord Hospital and ANZAC Institute or of Fraunhofer Institutes in Germany.
Wound healing is a long process. Wounds open again and again. In the past, it was recommended to keep wounds as dry as possible. Today, however, tissue should be well supplied with blood and nutrients. The danger of spreading or catching an infection is considerable

stattfinden. Genau wie „Haut" die enge physiologische Aktivität des Organismus nicht geometrisch, sondern funktionell beschreibt, so grenzt „Oberfläche" die weiten physiologischen Anpassungen ein, wie wir diese in Erweiterung der pawlowschen Betrachtung sehen. Im Sonderfall der pawlowschen Konditionierung bringt die Oberfläche Hund, Futter, Glocke und Signal in ein Untersuchungs-„System". Die anatomische Haut zählt als räumliche Determinierung, physiologisch umfasst sie auch zeitliche Bereiche.

„In seinem einfachen, beiläufigen, natürlichen Ansatz interferiert nichts so sehr mit unserer Annahme, ‚Erkenntnis' fände auf einer Oberfläche statt, wie die, dass in einer Haut ein lebender Organismus vorhanden ist. Die einzige Interferenz kommt von überbetonten ‚lokalen' Standpunkten. Nicht im Versuch, die Natur zu fälschen, sondern beiläufig-rhetorisch können wir sagen, dass vom lokalen Standpunkt eines schlecht erzogenen Gens die Epidermis seines Organismus als weit entfernte Fantasie erscheinen würde, auf der zu insistieren absurd wäre. Chromosom, Zelle, Drüse wären zweifellos, wenn sie reden könnten, ebenso solipsistisch selbstzentriert wie jegliches menschliche ‚Selbst', das die Macht überzeugender Rede besitzt. Seit Darwin hat sich eine bestimmte Bescheidenheit gegenüber dem Universum unter den Menschen breit gemacht, obwohl noch nicht in so hohem Maße, dass der einzelne Mensch sich als weitab vom Universum mit dem hautumwehrten Anspruch betrachtet, dass ‚er' so etwas wie ein ‚Inneres' sei, das auf einzigartige Weise daraus hervorschaut. Oberfläche ist nur eine Art und Weise, den Einzelnen als buchstäbliche Komponente seines Universums darzustellen; das Argument zu Gunsten dieser Anwendung ist, dass seine fachliche Position anderen fachlichen Verfahrensweisen moderner Naturwissenschaften entspricht. Eine Erkenntnis kann als ‚innerhalb' einer Oberfläche liegend ebenso einfach betrachtet werden wie Elektrizität ‚innerhalb' einer Batterie oder ein Elektron ‚innerhalb' eines Atoms liegend – viel einfacher wahrscheinlich nach einer kleinen praktischen Übung. Die Interferenz, das Hindernis, liegt hauptsächlich in einem Sprichwort, mit dem Effekt, dass ‚nichts als der Geist erkennen kann', der kurioserweise bei vielen Menschen noch überlebt, nachdem sie zugegeben haben, dass es ‚keinen Geist gibt'."[33]

Erkenntnissen und anderem Verhalten Regionen auf Oberflächen zuzuweisen ist ein Schritt, der jenem, den Mathematiker setzten, als sie die Kontinuität einführten, sehr ähnlich ist. Die neue Wissenschaft ist immer mehr in der Lage, sich selbst frei auf der Ebene ihrer eigenen Fähigkeiten auszudrücken. Physik und Chemie nach „Fakten" zu unterscheiden und auch in der Biologie so vorzugehen, ist heute Zielsetzung. Die Naturwissenschaften treten nicht mehr als Reflexionen von „Sphären der Realität" auf, sondern sie treten als Reflexionen autonomer „Sphären der Forschung" in Erscheinung.

Im heutigen Diskurs der Mensch-Maschine-Medientheorie und in der allgemeinen Tendenz zur Transdisziplinarität erkennt man den verzweifelten Versuch, Herr der Lage zu werden. In fließenden Biodatenströmen und überquellenden Nachrichtenbits in sozialen Netzwerken und Finanzströmen rund um die Welt lässt sich nicht leicht eine Tendenz erfassen. Es geht nicht mehr um Forschungsergebnisse oder Erkenntnisse, sondern bestenfalls um Systemwechsel von evolutionär getriebenen Netzwerken und biologischem Material, das sich bereits so stark vermischt hat, dass die Trennung von „innen" und „außen" obsolet geworden ist.

and can be lethal in connection with large wounds. The skin model is built from a collagen matrix into which fibroblasts are introduced as mesenchymal cells. Human epidermal keratinocytes are added to this matrix and after several weeks of cultivating the developing epithel in the air-medium transitional zone, a differentiation to a multilayered epidermis is achieved. This so-called "air-liquid" cultivation method induces maturation and differentiation of the keratinocytes, i.e. the stratification of the epidermis through the creation of a horny layer (stratum corneum). The physiological development of the stratum corneum within the skin's equivalent is decisive for the simulation of the basic properties of normal skin, such as the epidermal barrier function. It takes about six weeks to prepare artificial skin which then has to be implanted and monitored by trained personnel.

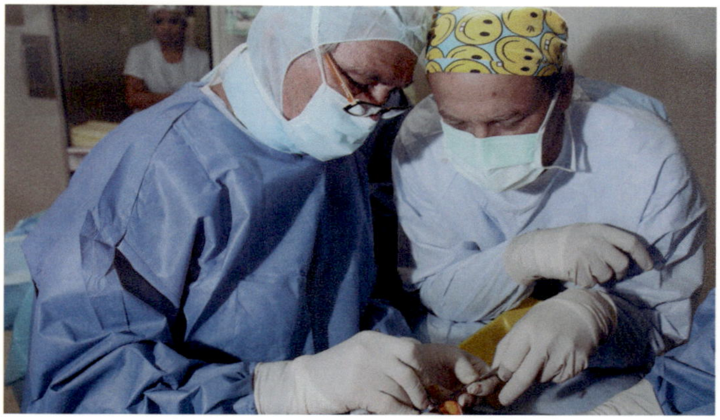

Surgeons Peter Haertsch and Peter Maitz, OP Concord Hospital University of Sydney

Australian physicians and research groups at Sydney University joined forces with physicists and biochemists at the Sydney Burns Foundation, which is annexed onto the Burns Unit of the Concord Hospital and the laboratory at the ANZAC Institute. This proximity to the surgical clinic has several advantages since it includes both laboratory and practice, just as in Pasteur's day. Biochemist Anthony Weiss remarked in 2009 that the production of elastic fibres was already very advanced. "The Weiss Lab's research focuses on the assembly of human elastic tissue, damage and its repair. We are very interested in the amazing, self-assembling elastic protein tropoelastin and the use of synthetic elastin to repair elastic tissues in skin, artery, bladder and lung."[35]

This new type of artificial skin is the result of tedious laboratory work and differs greatly from the older model of matrix-building of the epidermis after a biopsy, which is only one millimetre thick. The main functions of the skin – except for its barrier function – are perspiration and elasticity which are vital for ensuring movement. In this context, surgeons Peter Haertsch and Peter Maitz explain that in the case of facial transplantations, when for example movements of the jaws are restricted, patients find it difficult to eat or speak, and in some cases neither are possible. This is why the new method of skin production needs to be promoted. The new skin, which is at least 1.5 cm thick, an aspect that is particularly important because of the dermis (layer between epidermis and subcutaneous tissues), which contains sweat glands and fibroblast producing elastin, can be artificially produced. The lab is experimenting with collagen fibres and with the matrix generated in this way, in which keratinocytes from the biopsy will hopefully develop. The artificially bred fibroblast culture developed from stem cells is then added and maturation to a complete skin is monitored. The complete thickness of 1.5 cm is only achieved after three weeks. Specific problems such as bacteria infections and other problems arising during development, caused by the cell core of the artificially produced cells, are monitored at the laboratory. The new skin has already been tested on mice. However, the test stage is not yet finished and it will take another two or three years until the new skin can be surgically implanted, says Dr. Zhe Li from the Burns Unit of the University of Sydney, who is responsible for the chemical part of the research.

Fellow assistant Cassandra Chong, assigned to the cell laboratory at the ANZAC Institute, explains her work by means of a brief description fed by cell images. "This study has shown keratinocytes and fibroblast cells are able to attach, proliferate and survive on cross-linked

ARTIFICIAL SKIN: MADE IN AUSTRALIA

„Did you know? Skin is the largest organ of your body, performing more vital functions than you can imagine. Skin is the body's barrier to infection, its defense against the rigours of daily life. Skin regulates body temperature: it enables the sensation of touch, pleasure and pain. A full thickness burn destroys this vital organ and its functions. Despite recent advances, medicine has yet to find a way of replacing burned skin with a permanent, three-dimensional living skin-equivalent."[34]
Werbe-Flugblatt der Sydney Burns Foundation

Die Haut ist das erste Organ, das künstlich mit Methoden des Tissue Engineering gezüchtet wird, weil Hautbiopsien leicht verfügbar sind und die Haut zellulär einfach aufgebaut ist. Hautstrukturen werden überwiegend mit dem Ziel der Gewinnung und Optimierung von Transplantaten für schwere Brandverletzungen oder schlecht heilende Wunden entwickelt. Bald könnte es möglich sein, dass Wunden dank künstlicher Haut besser heilen. In Australien und Deutschland wird an der Haut der Zukunft geforscht. Menschen mit chronischen Wunden, Brandopfer und Hautärzte fiebern den Forschungsergebnissen der Hautlabore zum Beispiel im Sydney Concord Hospital, im ANZAC Institute oder in den Fraunhofer-Instituten in Deutschland entgegen. Wundheilung ist ein langer Prozess. Immer wieder brechen Wunden auf. Früher wurde geraten, Wunden möglichst trocken zu halten. Heute sollen die Gewebe eher gut durchblutet und mit Nährstoffen versorgt werden. Die Gefahr einer Verschleppung und Infektion ist beträchtlich und kann bei großen Wunden lebensgefährlich sein. Aufgebaut ist das Hautmodell aus einer Kollagen-Matrix, in die Fibroblasten als mesenchymale Zellen eingebracht werden. Auf diese Matrix werden humane epidermale Keratinozyten aufgebracht und durch eine mehrwöchige Kultivierung des entstehenden Epithels an der Luft-Medium-Übergangszone wird eine Differenzierung zu einer mehrschichtigen Epidermis erreicht. Diese so genannte „air-liquid"-Kultivierungsmethode induziert die Reifung und Ausdifferenzierung der Keratinozyten, die Stratifizierung der Epidermis mit der Bildung einer Hornschicht (Stratum corneum). Die physiologische Ausbildung des Stratum corneum im Hautäquivalent ist entscheidend, um grundlegende Eigenschaften der normalen Haut wie beispielsweise die Barrierefunktion nachzuahmen. Die fertige künstliche Haut hat eine Kultivierungszeit von sechs Wochen und muss von geschultem Personal implantiert und überwacht werden.

Australische Ärzte und Forschergruppen an der Universität Sydney haben sich mit Physikern und Biochemikern zur Sydney Burns Foundation zusammengeschlossen, die an die Burns Unit des Concord Hospitals und das ANZAC Institute angeschlossen ist. Die Nähe zum chirurgischen Klinikbetrieb hat mehrere Vorteile, weil sie wie zu Pasteurs Zeiten Labor und Anwendung innehat. Der Biochemiker Anthony Weiss erklärte 2009, dass die Erzeugung der elastoiden Fasern schon sehr fortgeschritten sei. „The Weiss Lab's research focuses on the assembly of human elastic tissue, damage and its repair. We are very interested in the amazing, self-assembling elastic protein tropoelastin and the use of synthetic elastin to repair elastic tissues in skin, artery, bladder and lung."[35] Die neue Form der künstlichen Haut ist eine aufwändige Laborarbeit und unterscheidet sich wesentlich vom alten Modell der Matrix-Bildung der Epidermis nach einer Biopsieabnahme, die nur einen Millimeter dick ist. Die wesentlichen Funktionen der Haut, abgesehen von der Barrierefunktion, sind Schwitzen und die Elastizität, damit Bewegungen gewährleistet sind.

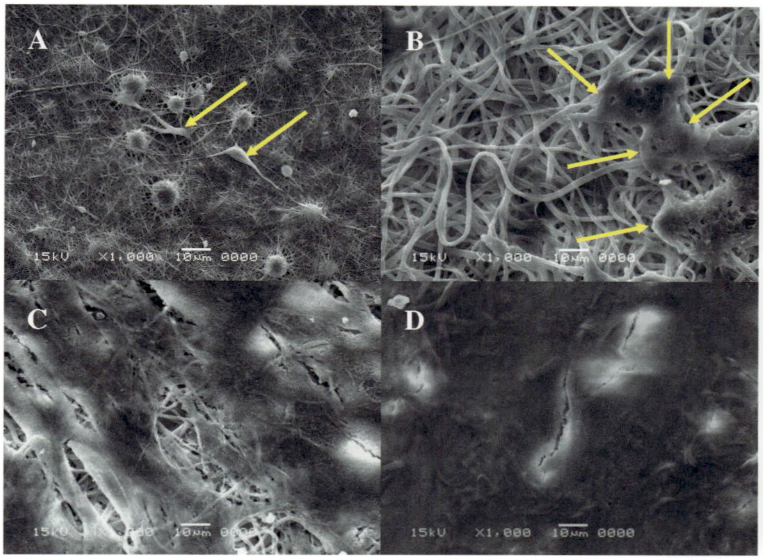

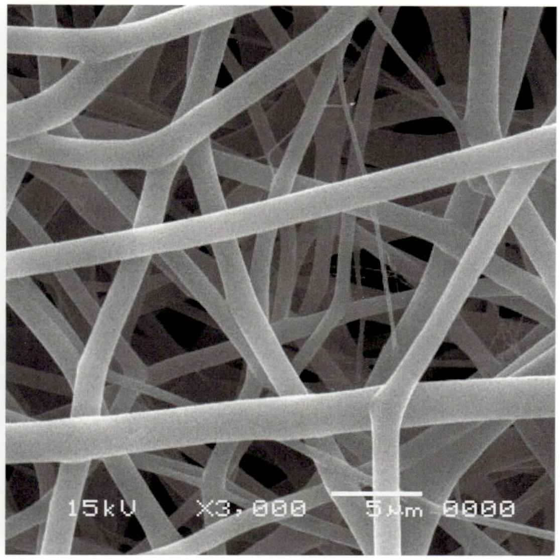

Images of a cross-linked electrospun collagen-polyprolactone (PCL) scaffold, Cassandra Chong

collagen-PCL scaffolds. Optimisation of the scaffold is needed to enhance cell-scaffold interactions such as cell infiltration which increases the chance of graft acceptance. Increasing the pore size of the scaffold, incorporation of other polymer components and inclusion of growth factors would help to optimise the scaffold. Future research is planning to build upon previous studies which have investigated the incorporation of a third polymer component in the scaffold called tropoelastin. Tropoelastin has been shown to improve the elasticity of the scaffold and the collagen-PCL-tropoelastin scaffolds have had cell infiltration.
The study has provided a promising foundation for further research and development of a skin substitute. The ultimate aim of this study is to develop an autologous, full-thickness skin substitute with the regenerative capabilities to restore normal skin function and appearance."[36]

Modern research laboratories concerned with cell physiology breed external cell lines which, although they work experimentally, do not work completely without fault in connection with patients' skin, since they work within laboratory conditions that present chemical environments that are different to the closed organism.

Scientists have confidence in the self-replicating principle of cell growth and that there are also remains of sweat glands in the biopsies from which these cell types could reproduce themselves. In this case it is worth noting that RNA's role remains to be investigated – in the sense of RNA world hypothesis.

During an interview with Peter Maitz[37], certain doubts arise in connection with the ethical basis of medical research, especially in relation to patients with very serious burns, who have still not been able to receive a skin transplantation due to the lack of available skin fragments, and whose life quality is therefore considerably reduced. How far should people be permitted to intervene in the destiny of others? How far should the surgeon be allowed to go in the course of his reconstruction operation?

Another model of artificial skin production is being pursued at the Stuttgart Fraunhofer Institute. The *Hautautomat*, or skin machine, developed at the Fraunhofer Institute, cuts the biopsy into minute pieces, isolates them using enzymes and separates the two cell fractions. These two different cell types are then reproduced separately on cell culture surfaces. The next step consists of joining both cell types to form a two-layer model, in which collagen is added to the cells designated to build the flexible lower layer, or dermis. This gives

Die Chirurgen Peter Haertsch und Peter Maitz erläutern in diesem Zusammenhang, dass bei Gesichtstransplantaten zum Beispiel der Kiefer gehindert wird, sich zu bewegen, somit dem Patienten das Essen und Sprechen schwerfällt oder gar nicht möglich ist. Deswegen soll die neue Methode der Hauterzeugung vorangetrieben werden, denn die neue mindestens 1,5 cm dicke Haut, die vor allem wegen der Dermis (Hautunterschicht) so wichtig ist, da diese die Schweißdrüsen und die Elastin produzierenden Fibroblasten enthält, kann künstlich hergestellt werden. Das Labor experimentiert mit Kollagenfasern und der so entstandenen Matrix, in die, so erhofft, die Keratinozyten der Biopsie einwachsen können, danach wird die künstlich erzeugte Fibroblastenkultur, die aus Stammzellen gezüchtet wurde, addiert und in der Reifung zur vollen Haut beobachtet. Die volle Stärke von 1,5 cm wird erst nach drei Wochen erreicht. Spezielle Problematiken wie Bakterienbefall und andere vom Zellkern der künstlich produzierten Zellen ausgehende Fehlentwicklungen werden im Labor beobachtet. An Mäusen wurde die neue Haut bereits getestet. Das Teststadium ist aber dennoch nicht abgeschlossen und so wird es noch zwei bis drei Jahre dauern, bis die neue Haut chirurgisch eingesetzt werden kann, sagt Dr. Zhe Li von der Burns Unit der University of Sydney, der den chemischen Teil der Forschung verantwortet. Die im Zelllabor des ANZAC Institute beauftragte junge Fellow-Assistentin Cassandra Chong erklärt ihre Arbeit in einer von Zellbildern gespeisten kurzen Beschreibung.
„This study has shown keratinocytes and fibroblast cells are able to attach, proliferate and survive on cross-linked collagen-PCL scaffolds. Optimisation of the scaffold is needed to enhance cell-scaffold interactions such as cell infiltration which increases the chance of graft acceptance. Increasing the pore size of the scaffold, incorporation of other polymer components and inclusion of growth factors would help to optimise the scaffold. Future research is planning to build upon previous studies which have investigated the incorporation of a third polymer component in the scaffold called tropoelastin. Tropoelastin has been shown to improve the elasticity of the scaffold and the collagen-PCL-tropoelastin scaffolds have had cell infiltration.
The study has provided a promising foundation for further research and development of a skin substitute. The ultimate aim of this study is to develop an autologous, full-thickness skin substitute with the regenerative capabilities to restore normal skin function and appearance.“[36]
Moderne Forschungslaboratorien der Zellphysiologie züchten externe Zelllinien, die experimentell funktionieren, dennoch ist die Verbindung zur Patientenhaut noch nicht gänzlich fehlerfrei möglich, da es sich um Laborbedingungen handelt, die andere chemische Umweltsituationen darstellen als ein geschlossener Organismus.
Man hofft auf das sich selbst replizierende Prinzip des Zellwachstums und darauf, dass sich in den Biopsien auch Schweißdrüsen-Reststücke befinden und sich daraus diese Zelltypen vermehren. In diesem Fall sei angemerkt, dass die RNA ihre Rolle hat, die noch zu untersuchen wäre – im Sinne der RNA-Welt-Hypothese.
Im Interview mit Peter Maitz[37] lassen sich gewisse Zweifel an der ethischen Grundlage von medizinischer Forschung erkennen, speziell im Fall von Schwerverbrannten, die heute noch nicht eine volle Hauttransplantation mangels fehlender Hautbestandteile erhalten können, ist die Lebensqualität doch sehr eingeschränkt. Wie weit darf sich der Mensch in das Schicksal eines anderen einmischen? Wie weit darf der Chirurg in seiner Wiederherstellungsoperation gehen?
Ein anderes Modell der künstlichen Hauterzeugung wird in Stuttgart am Fraunhofer-Institut verfolgt. Der Hautautomat, wie ihn das Fraunhofer-Institut entwickelt hat,

the tissue natural elasticity. In an incubator that is damp and of body temperature, cell fractions then join together in less than three weeks to form a finished skin model that is about one centimetre thick. In a final step, the machine wraps the skin models for dispatch. As a further challenge within the trial project at the Stuttgart Fraunhofer Institute, it is planned to cryopreserve[38] the skin models, i.e. to freeze them in order to preserve them for later use. Fraunhofer Institute's research on skin cells is sponsored by the Deutsche Bank. The difference between both research projects lies in the intention and strategy of marketing. The *Hautautomat* – skin machine – produces commercially usable skin packages for the cosmetics industry, and since it bears the label "no animal testing", products can be sold for high prices.[39]

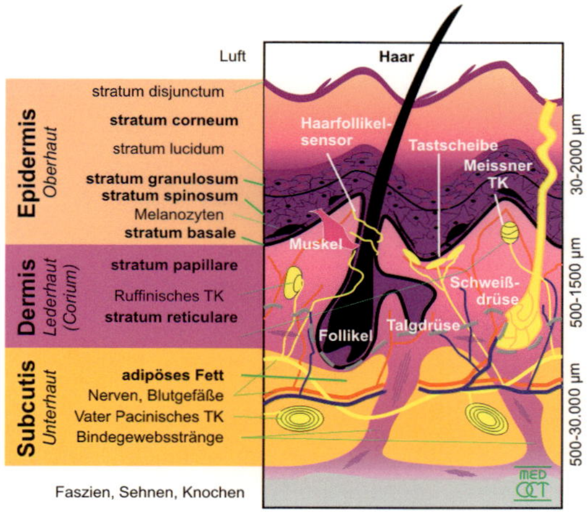

Skin diagram: 3 layers, Subcutis, Dermis, Epidermis

The number of independently working specialists amongst collaborating researchers, such as at the Fraunhofer Institute or University of Sydney, is surprising, since they work proactively, forming a cycle of cooperation, just as Pasteur did back in 19th century France. Manfred Faßler calls this co-evolutionary research and attaches the concept to even more far-reaching economic and technical political procedures (strategies) of society.[40] Publically disclosed university budgets dedicated to this kind of research reveal that their extent of funding greatly exceeds those subsidies for projects in the normal frame of cultural policy. In that respect we can therefore speak of disproportional distributive situations that have emerged as a fight for public funding between different habitats battling for power and influence.

LEARNING FROM MOLECULES

Genetic research during recent years has brought about much hope and an interesting turn towards the indetermined structure code, insofar as both the evolutive and epigenetic transformation potential of tiniest structural units have gained more significance. RNA, or ribonucleic acid, has become a subject of research, since it is assumed that there are regulating and controlling functions in it. Can we learn anything from molecules and from knowledge about the behaviour of the smallest parts of life? "It would be wrong to denigrate this effort as a whole", says Peter Schuster[41], and we are trying to show that one can learn basic principles from the simplest of evolutionary systems that are also applicable to the highly complex behaviour of our human societies.

Learning from molecules and adaptation strategies in the simplest of self-organisable and reproducible systems that can lead to evolutionary optimisation has been a subject of modern cybernetics since the early 1960s as well as of the information technology of the computer industry. For that reason, scientists have begun to study the basics of the simplest of evolutionary processes in nature and in the laboratory, in order to find out whether these processes have anything to do with learning or with strategic procedures. Molecules themselves, of course, cannot learn anything, neither literally, nor metaphorically, because once they have developed, they stay that way during their entire lifetime. However, learning takes place within the molecular evolution on the level of populations. According to

Proteinsynthese in Ribosomen

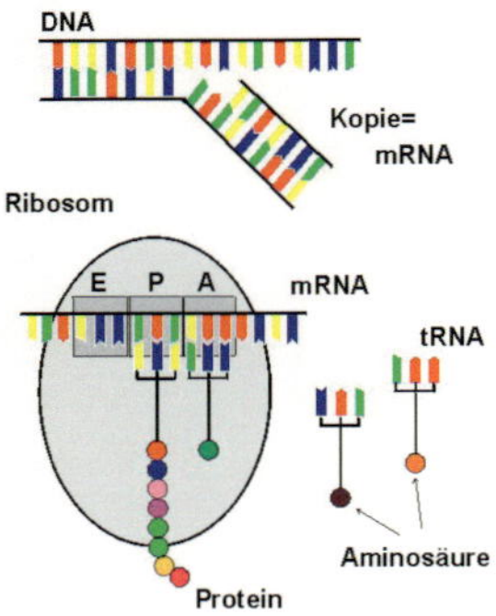

Protein synthesis in ribosomes

schneidet die Biopsie klein, isoliert sie mit Hilfe von Enzymen und separiert die zwei Zellfraktionen. Die zwei unterschiedlichen Zelltypen werden dann getrennt auf Zellkulturoberflächen vermehrt. Der nächste Arbeitsschritt fügt die beiden Zelltypen zu einem zweischichtigen Modell zusammen – wobei den Zellen, die die flexible untere Schicht, die Dermis, bilden sollen, Kollagen beigemischt wird. Das verleiht dem Gewebe natürliche Elastizität. In einem körperwarmen und feuchten Inkubator verbinden sich die Zellfraktionen in weniger als drei Wochen zu einem fertigen Hautmodell von etwa einem Zentimeter Durchmesser. Im letzten Schritt verpackt der Automat die Hautmodelle für den Versand. Als weitere Herausforderung innerhalb des Versuchs-Projekts im Fraunhofer-Institut in Stuttgart sollen die Hautmodelle kryokonserviert[38] werden, d. h. die Modelle werden eingefroren und so für den späteren Einsatz lagerfähig gemacht. Diese Forschung über Hautzellen im Fraunhofer-Institut wird von der Deutschen Bank unterstützt. Der Unterschied der beiden Forschungen liegt in der Absicht und der Strategie der Vermarktung. Der Hautautomat erzeugt kommerziell zu nutzende Hautpakete für die Kosmetikindustrie und mit dem Vermerk „No animal testing“ werden die Produkte teuer verkauft.[39]

Die Zusammenarbeit der Forscher ist in der Menge der eigenständig arbeitenden Spezialisten wie im Fraunhofer-Institut oder an der Universität Sydney erstaunlich, denn sie arbeiten sich in die Hände, bilden den Kreislauf der Kooperation, wie dies schon bei Pasteur im 19. Jahrhundert in Frankreich zu beobachten war. Manfred Faßler nennt das koevolutionäre Forschung und koppelt den Begriff auch noch an weiter gespannte wirtschaftstechnische politische Vorgangsweisen (Strategien) der Gesellschaft.[40] Wenn man die veröffentlichten Budgets der Universitäten für derartige Forschungen studiert, übersteigt die Summe dieser Gelder bei weitem die in der Kulturpolitik üblichen Förderungsmaßnahmen. Insofern kann man von unverhältnismäßigen Verteilungssituationen sprechen, die sich als Streit der Habitate um Macht und Interesse für öffentliche Gelder gebildet haben.

LEARNING FROM MOLECULES

Die Genforschung der letzten Jahre brachte viele Hoffnungen und eine interessante Wendung zum undeterminierten Strukturcode, insofern als sowohl das evolutive als auch das epigenetische Transformationspotenzial der kleinsten Struktureinheiten mehr Bedeutung bekommen hatten. Die RNA, die Ribonukleinsäure, ist zum Forschungsgegenstand geworden, da dahinter eine Regulierungs-und Kontrollfunktion vermutet wird. Kann man von Molekülen, vom Wissen über das Verhalten von kleinsten Teilen des Lebens lernen? Es wäre falsch, den Versuch generell zu diskriminieren, sagt Peter Schuster[41], und man versucht zu zeigen, dass man aus den einfachsten zur Evolution befähigten Systemen grundsätzliche Gesetzmäßigkeiten lernen könne, welche auch für das höchst komplexe Verhalten unserer menschlichen Gesellschaften Gültigkeit besitzen.

Das Lernen von Molekülen und die Anpassungsstrategien in den einfachsten zur Selbst-Organisation und Vermehrung befähigten Systemen, welche zur evolutionären Optimierung führen, ist seit den frühen 1960er-Jahren Inhalt der modernen Kybernetik und der Informationstechnologien der Computerindustrie. Deswegen hat man begonnen, die Grundlagen der einfachsten Evolutionsprozesse in der Natur und im

the trial and error method, populations adapt themselves to their environment in that they continually produce new variants, selecting the most suitable according to the principles of natural selection. These master molecules represent those RNA molecules which reproduce themselves the fastest and most efficient. Through continual, partly erroneous copying (mutation), populations emerge from interrelated molecules, characterised as "quasi-species".[42] In the laboratory experiment, the quasi-species develop a genetic reservoir of structures, behaviour modes or strategies from molecules just as viruses or bacteria do in nature. The analysis of the evolution of molecules in the test tube enables an insight into the evolutionary process that at present cannot be gained from complex natural systems. Three important terms have emerged from studying molecular activity:

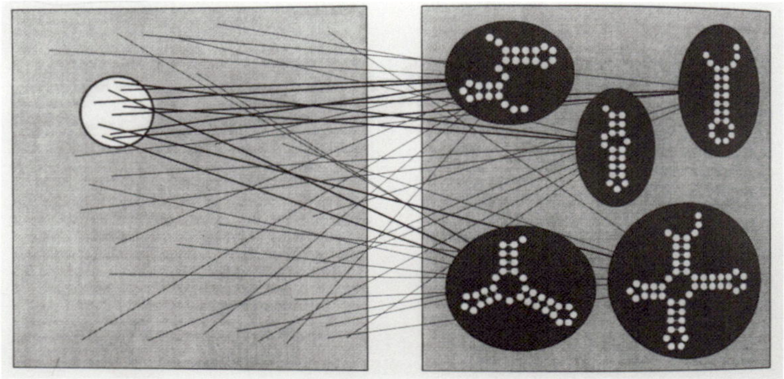

RNA chemical space, evolution is tested in small population, Peter Schuster

the formation of quasi-species
the exploration of the structural space
the existence of neutral networks[43]

We can maintain, in a method similar to the game theory, that evolution does not rely on one single strategy, but carries out optimisation by means of a large number of related strategies according to the different genotypes in a quasi-population. Neutrality has proved to be a favourable factor in the evolution of molecular populations. The extent of selective neutrality is decisive for the structure of neutral networks, which shape the course and success of the evolution processes. Whether neutrality of strategies also plays a decisive role in the game theory, remains to be seen, says Peter Schuster.[44] The founder of the game theory, John von Neumann[45] loved to play poker. Although he was less successful in this than in everything else he did, he still remained an enthusiastic advocate of parlour games. For him, it was a unique chance to mathematically analyse people in their relations to one another within interchangeably altered or strategically interesting behaviour.[46] Indeed, the game theory has gained a firm position in many economic and scientific institutes. Today's financial crisis demonstrates that some people were apparently not familiar with the law of neutrality, non-cooperative game strategies often leading to the disadvantage of many participants instead. In America after the 1940s, the authors Morgenstern and von Neumann strove to improve their game theory due to various errors. The permanent zero sum game was not sufficiently successful. Later, von Neumann developed the first computer by means of the binary code process, however, in contrast to Zuse, Neumann was primarily interested in the serial principle which Konrad Zuse readily conceded[47] with regard to patent applications. The Von Neumann computer was described in 1945 as *The First Draft of a Report on the EDVAC*[48], nonetheless remaining in scientific circles and later on contested. Still, almost all computers are based on the binary code. In 1953, von Neumann developed the theory of self-reproducing automata, very complicated mathematical theories, which, however were easily overtrumped by the cellular automaton. The game world, structures of chess squares with players or robots, were his passion. The connection between the game world and the game theory was evolution theorist Martin Nowak's idea, a young Austrian scientist who works in Oxford.[49] He investigated a hypothetical population distributed on a

Labor zu betrachten und zu beobachten, um herauszufinden, ob diese Vorgänge etwas mit Lernen oder strategischen Vorgangsweisen zu tun haben. Moleküle selbst können naturgemäß nicht lernen, auch nicht im übertragenen Sinn, da sie sich einmal gebildet haben und sich während ihrer gesamten Lebenszeit nicht mehr verändern. Lernen findet jedoch in der molekularen Evolution auf der Ebene von Populationen statt. Nach dem Prinzip Trial and Error passen sich Populationen an die Umwelt an, indem sie ständig neue Varianten erzeugen und nach dem natürlichen Ausleseprinzip die bestgeeigneten auswählen. Diese Master-Moleküle sind jene RNA-Moleküle, die sich am schnellsten und effizientesten vermehren. Durch fortgesetztes, teilweise fehlerhaftes Kopieren (Mutation) entstehen Populationen aus untereinander verwandten Molekülen, die als „Quasispezies" charakterisiert werden.[42] Quasispezies bilden ein genetisches Reservoir an Strukturen, Verhaltensweisen oder Strategien von Molekülen im Laborexperiment, ebenso wie von Viren oder Bakterien in der Natur. Die Analyse der Evolution von Molekülen im Reagenzglas ermöglicht Einblicke in das Evolutionsgeschehen, die zurzeit nicht aus den komplexen natürlichen Systemen gewonnen werden können. Drei wichtige Begriffe sind in der Beobachtung des Molekülgeschehens entstanden:

Ausbildung von Quasispezies
Erfassung des Strukturraumes
Existenz von neutralen Netzwerken[43]

In einer der Spieltheorie nachempfundenen Weise können wir sagen, dass die Evolution nicht auf eine einzige Strategie setzt, sondern entsprechend den verschiedenen Genotypen in einer Quasipopulation die Optimierung mit einer Vielzahl verwandter Strategien durchführt. Die Neutralität hat sich als günstiger Faktor in der Evolution molekularer Populationen erwiesen. Das Ausmaß der selektiven Neutralität ist entscheidend für die Struktur der neutralen Netzwerke, welche Verlauf und Erfolg von Evolutionsprozessen prägen. Ob die Neutralität von Strategien auch in der Spieltheorie von Bedeutung ist, ist eine offene Frage, wie Peter Schuster sagt.[44] Der Begründer der Spieltheorie John von Neumann[45] liebte es zu pokern. Obschon diese Betätigung ihm viel weniger Erfolg einbrachte als alles andere, was er anging, war er ein enthusiastischer Verfechter von Gesellschaftsspielen. Er sah darin die einzigartige Chance, Menschen in ihren Beziehungen zueinander in ihrem wechselseitig geänderten oder strategisch interessanten Verhalten mathematisch zu analysieren.[46] Tatsächlich hat die Spieltheorie heute schon in vielen Wirtschafts- und Wissenschaftsinstituten ihren festen Platz. An der heutigen Finanzkrise kann man sehr gut ablesen, dass manchen Mitspielern das Gesetz der Neutralität offensichtlich fremd war, stattdessen haben oft nicht kooperative Spielstrategien zum Nachteil vieler Teilnehmer geführt. Nach den 1940er-Jahren in den USA haben die Autoren Morgenstern und von Neumann ihre Spieltheorie wegen gewisser Fehler zu verbessern versucht. Das dauernde Nullsummenspiel hatte nicht den nötigen Erfolg. Von Neumann hatte später den ersten Rechner im Binärcode-Verfahren entwickelt, aber anders als Zuse hat Neumann vor allem das serielle Prinzip interessiert, das ihm Konrad Zuse[47] hinsichtlich der Patentanmeldungen zugestand. Der Von-Neumann-Rechner wurde im Jahre 1945 als *The First Draft of a Report on the EDVAC*[48] beschrieben, blieb aber in Wissenschaftskreisen und wurde Jahre später angefochten, dennoch: Beinahe jeder Computer basiert auf dem Binärcode. 1953 entwickelte Von Neumann die Theorie der selbst

chess board. On each square sits an individual that plays a prisoner's dilemma with its eight neighbours. The strategy of the individual is predetermined – it can either cooperate or refuse to cooperate. Of course, refusal is mostly more rewarding than working together. A single refuser can exploit his/her neighbours. But why does cooperation manage to survive in a cellular automaton? Because individuals do not play against everyone, but only against their neighbour. Therefore it pays off for the neighbours to remain cooperative – but that does not happen, if one overexploits them, since they are then replaced by refusers. The "moral" of the story, says Karl Sigmund, is clear. And further: in an anonymous, permanently mixed population, cooperation is much harder to achieve than in a spatially structured population.[50]

Meanwhile, such results have been complemented and confirmed by numerous other studies – so it becomes evident that, also in different contexts, spatially structured populations possess surprisingly stable diversity, thus protecting minorities. This can also be seen in ecosystems, such as those of predators and their prey living in a limited habitat; in comparison, a spacious, homogenous territory is less suited as survival space.

Simulated cell images showing the spatial arrangement of RNA molecules demonstrate that, also in the sensitive initial phase of the beginning of life, these self-replicating molecules offer catalyst support, and that it is precisely the proximity of the molecules that makes a decisive contribution. The thesis of prebiotical world origin, the RNA world hypothesis, is thus strongly underpinned. Molecular cooperation is further consolidated by means of a firm crystalline grid of proximity relationships.[51]

It is not only the technique of thinking, but also the technique of depicting the object of study that provides the scope we need in order to primarily understand the objectives and meanings of explanations concerning developmental biology. The initial impulses for this came from research on recombinant DNA analysis and from the new imaging techniques of living cells.[52]

Evelyn Fox Keller received her doctoral degree in theoretical physics and molecular biology in Harvard, with Walter Gilbert as her supervisor, and, as seen from her current perspective on genetics, a general turn in science and its proximity to epistemological questions is clearly illustrated. Her publication list is not very long, although it is significant: 1984 *A Feeling for the Organism: The Life and Work of Barbara McClintock*, 1986 *Reflections on Gender and Science*, 1989 *Three cultures: fifteen lectures on the confrontation of academic cultures*, 1998 *Refiguring Life: Metaphors of Twentieth-century Biology,* 2000 *The Century of the Gene*, 2002 *Making Sense of Life: Explaining Biological Development with Models, Metaphors and Machines.*

Every journal in Vienna found her lecture held in this city in 2010 on *Darwin as the Newton of Biology?* worth commenting on. Anton Zeilinger invited the "first lady" of scientifically critical feminism – she is professor of history of science and philosophy at the Massachusetts Institute of Technology (MIT) to the Doppler Auditorium at the Faculty of Physics, Vienna. In *Darwin as the Newton of Biology?* she investigates whether current research results concerning genetic engineering refute Kant's assertion that there would never be a "Newton of the grass blade". Imaging in biology is similar to a certain language used by science.

"I wrote about how scientists speak. Most people were not aware that language influences science. I was then involved with the same question in the field of biology. I am interested in how language influences ideas. Of course I also deliver arguments to support the fact that women change science. My whole work was a protest against the manner in which we construe the world around us. The subtext in *A Feeling for the Organism*[53] is merely: Yes, we must develop a feeling for the organism. Not because it is a female, but because it

reproduzierenden Automaten, sehr komplizierte Rechentheorien, die aber vom Zellularautomaten leicht übertrumpft wurden. Die Spielwelt, Gebilde aus Schachfeldern mit Spielern bzw. Robotern waren seine Leidenschaft. Die Verbindung der Spielwelt mit der Spieltheorie stammt vom Evolutionstheoretiker Martin Nowak, einem jungen, in Oxford tätigen österreichischen Wissenschaftler.[49] Er untersuchte eine hypothetische Bevölkerung, die auf einem Schachbrett verteilt lebt. Auf jedem Spielfeld sitzt ein Individuum, das mit seinen acht Nachbarn jeweils ein Gefangenendilemma spielt. Die Strategie des Individuums ist festgelegt – es kann entweder kooperieren oder die Zusammenarbeit verweigern. Natürlich ist es meistens so, dass Verweigern mehr bringt als Zusammenarbeiten. Ein einzelner Verweigerer kann seine Nachbarn ausbeuten. Aber warum kann sich Kooperation in einem Zellularautomaten halten? Weil die Individuen nicht gegen jeden spielen, sondern nur gegen den Nachbarn, es zahlt sich aus, wenn die Nachbarn kooperativ bleiben – und das geschieht nicht, wenn man sie zu sehr ausbeutet, denn dann werden sie durch Verweigerer ersetzt. Die „Moral", so sagt Karl Sigmund, ist klar. So heißt es bei Karl Sigmund weiter, dass in einer anonymen, ständig durchmischten Bevölkerung Kooperation viel schwerer zu erzielen ist als in einer räumlich strukturierten Population.[50]

Solche Resultate sind inzwischen durch zahlreiche weitere Untersuchungen ergänzt und untermauert worden, eben auch in anderem Zusammenhang stellt sich immer wieder heraus, dass räumlich strukturierte Populationen eine erstaunlich stabile Diversität aufweisen und so Minderheiten schützen. Dies ist auch bei Ökosystemen zu beobachten, wie bei Raub- und Beutetieren, die in einem eingegrenzten Lebensraum leben, verglichen damit eignet sich der homogene breite Landstrich als Überlebensraum weniger.

Simulationen von Zellbildern der räumlichen Anordnung von RNA-Molekülen zeigen, dass sich auch in der heiklen Anfangsphase der Entstehung des Lebens diese sich replizierenden Moleküle katalytisch unterstützen und dass gerade die Nachbarschaft der Moleküle dazu beiträgt. Die These der präbiotischen Weltentstehung, die RNA-Welt-Hypothese, erhält dadurch eine starke Untermauerung. Die molekulare Kooperation wird durch einen festen kristallinen Raster von Nachbarschaftsbeziehungen viel robuster.[51]

Nicht nur die Technik des Denkens, sondern auch die Technik der Darstellung des zu untersuchenden Gegenstandes bildet den großen Rahmen, um vor allem die Ziele und Bedeutungen von Erklärungen zur Entwicklungsbiologie zu verstehen. Die zündenden Impulse dafür kamen vor allem von den Forschungen zur rekombinanten DNA-Analyse und von der neuen Technik der Bildgebung von lebenden Zellen.[52]

Evelyn Fox Keller promovierte in theoretischer Physik bzw. Molekularbiologie bei Walter Gilbert in Harvard und mit ihrer heutigen Sicht der Genetik lässt sich eine allgemeine Wende in den Naturwissenschaften und deren Nähe zu epistemologischen Fragen gut veranschaulichen.

Fox Kellers Buch-Publikationsliste ist nicht sehr lang, aber prägnant: 1984 *Barbara McClintock. Die Entdeckerin der springenden Gene,* 1986 *Liebe, Macht und Erkenntnis,* 1989, *Three cultures: fifteen lectures on the confrontation of academic cultures*, 1998 *Das Leben neu denken: Metaphern der Biologie im 20. Jahrhundert*, 2000 *Das Jahrhundert des Gens,* 2002 *Making Sense of Life: Explaining Biological Development with Models, Metaphors and Machines.*

Ihr 2010 in Wien gehaltener Vortrag *Darwin as the Newton of Biology?* war allen Zeitungen in Wien einen Bericht wert. Anton Zeilinger lud die „Grande Dame" des

is a human capability. I think that one cannot be a physicist without talking about it in a positive manner. Even as scientists we talk about having a kind of feeling for electrons. As soon as we interact with the world, we also show feelings – as a man or a woman."[54]

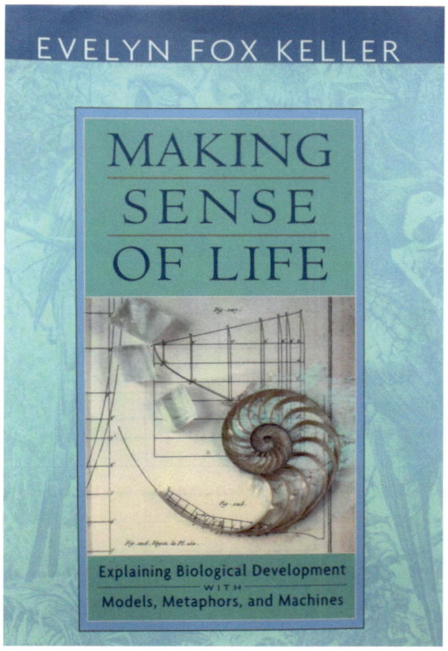

Book cover of ***Making Sense of Life. Explaining Biological Development with Models, Metaphors and Molecules*****, Evelyn Fox Keller, 2002**

BIOPOLITICS

"The cell does not simply wait for an appropriate description. It is extremely contingent and specially integrated in the specific relations between tools, social, material and literary technologies. And that is very real. The 'cell' has an indisputable effect. This is no relativism. It merely means that things could have been different, but they weren't."[55]
Donna Haraway

The often very critically formulated boundaries between social sciences and natural sciences, and vice versa, in the 1990s have led to a partial victory of natural sciences, since discourse within the latter was on a gender-neutral basis, detached from the concept of subject. However, this was only briefly successful, because soon anthropology and media theory argued that predominance of biopolitics and bioinformatics would lead to a shift of the human self-conception. We no longer speak of minorities and/or eco-feminisms, but of holistic changes of the chemical world and human/animal relationships. Like Donna Haraway, we also have serious doubts about the victory of sciences. In the laboratories, an undoubtedly commercial interest and thus non-scientific target is too often pursued.[56] The A*Star labs in Singapore for example do not have an explicit scientific target, instead, they invest much in visualisations, says Polish scientist professor Nowinski, who happened to be my neighbour in the Economy class, because the Business class was overbooked.[57]
The author has artistically revised his *Brain Atlas* and her drawings/collages are shown in this book in the section *Science Piction*.
"The power of biomedical language – with its stunning artefacts, images, architectures, social forms and technologies – for shaping the unequal experience of sickness and death for millions deriving from ongoing heterogeneous social processes. The power of biomedicine and biotechnology is constantly re-produced, or it would cease."[58]
So, if we want to have our say, must we grasp this biotechnological language and learn it? The cultural identity of the authority of this language of biomedical bodies and selves is vulnerable, but also a very powerful issue, as Donna Haraway points out.[59]
For decades, especially in the 1980s, the immune system was a popular example of the individual's autonomy and heteronomy. It was about one's own antibodies and other antibodies, which, in turn lead to the production of antigenes in the organism. At the time, an attempt to formulate a thesis included the regarding of the immune system as a representation of symbolic difference of matter, i.e. a late-capitalist order of Self and Other![60] However, since there are always new findings in this field of medical research, the iconisation around the immune system as a self-organised physiological system has been increasingly replaced by stem cell differentiation within embryonal development as a current research focus.

wissenschaftskritischen Feminismus, sie ist Professorin für Wissenschaftsgeschichte und -philosophie am Massachusetts Institute of Technology (MIT), in den Doppler-Hörsaal der Fakultät für Physik in Wien. In *Darwin as the Newton of Biology?* geht sie der Frage nach, ob aktuelle gentechnische Forschungsergebnisse Kants Aussage, es werde nie einen „Newton des Grashalms geben", widerlegen können. Die Bildfindung in der Biologie gleicht einer bestimmten Sprache, in der sich Wissenschaft äußert.
„Ich schrieb darüber, wie Wissenschaftler sprechen. Dass die Sprache die Wissenschaft beeinflusst, war den meisten nämlich nicht bewusst. Dieselbe Fragestellung hat mich dann in der Biologie beschäftigt. Mich interessiert, wie die Sprache die Ideen beeinflusst. Natürlich liefere ich auch Argumente dafür, dass Frauen die Wissenschaft verändern. Meine ganze Arbeit war ein Protest gegen die Art, wie wir uns die Welt zurechtlegen. Der Subtext in *A Feeling for the Organism*[53] ist lediglich: Ja, wir müssen ein Gefühl für den Organismus entwickeln. Nicht, weil das eine weibliche, sondern weil es eine menschliche Fähigkeit ist. Ich denke, man kann kein Physiker sein, ohne einnehmend darüber zu reden. Auch als Wissenschaftler sprechen wir über so etwas wie Gefühle zu den Elektronen. Sobald wir mit der Welt interagieren, zeigen wir eben Gefühle – als Mann oder als Frau."[54]

BIOPOLITIK

„Die Zelle wartet nicht einfach auf ihre angemessene Beschreibung. Sie ist extrem kontingent und auf besondere Weise eingelassen in die spezifischen Beziehungen zwischen Instrumenten, sozialen, materiellen und literarischen Technologien. Und das ist sehr real. Die ‚Zelle' hat eine unbestreitbare Wirksamkeit. Das ist kein Relativismus. Es heißt nur, dass die Dinge anders hätten sein können, aber sie sind es nicht."[55]
Donna Haraway

Die in den 1990er-Jahren oft sehr kritisch formulierten Abgrenzungen der Sozialwissenschaften zu den Naturwissenschaften und umgekehrt haben zu einem partiellen Sieg der Naturwissenschaften geführt, da dort geschlechtsneutral und abgelöst vom Subjektbegriff argumentiert wurde. Dies war aber nur kurzzeitig erfolgreich, denn schon bald argumentierten die Anthropologie und die Medientheorie, dass das Übergewicht der Biopolitiken und Bioinformatiken zu einer Verschiebung des menschlichen Selbstverständnisses führen würde, wir reden nicht mehr von Minderheiten und/oder ÖkoFeminismen, sondern von ganzheitlichen chemischen Welt- und Mensch/Tier-Verhältnisänderungen. Wie Donna Haraway hegen wir einen doppelten Zweifel am Siegeszug der Naturwissenschaften. Allzu oft wird dort in den Labors ein eindeutiges kommerzielles Interesse und somit eine nicht-wissenschaftliche Zielsetzung verfolgt.[56] Die A*Star Labs in Singapur zum Beispiel haben kein erklärtes Wissenschaftsziel, stattdessen wird viel Budget in Visualisierungen investiert, erläutert Professor Nowinski, polnischer Wissenschaftler, der zufällig Sitznachbar in der Economy-Class wurde, da die Business-Class überbucht war.[57]
Seinen *Brain Atlas* hat die Autorin künstlerisch überarbeitet und diese Zeichnungen/Collagen sind hier im Abschnitt *Science Piction* abgebildet.
„Die biomedizinische Sprache – mit ihren faszinierenden Artefakten, Bildern, Architekturen, gesellschaftlichen Formen und Technologien – ist in der Lage, die unterschiedliche Erfahrung von Krankheit und Tod für Millionen zu formen. Diese Macht

30 years lie between the charts of the theory of immune regulation and today's microCT images of a chicken embryo, and based on these new images, developmental biologists can already define visually represented bodies very early and identify their specific evolutive features. Today, the context of these visualisations determine that which can be read from it, and for what purpose. What was intended to be interpreted and explained, and rather resembled 1980-style science-fiction literature, has become a modern phenomenon and a changeable artefact of context given today's increasing specialist knowledge relating to the readability of biotechnological images. As Donna Haraway explains, the "third wave of denaturalization" is time, according to Katherine Hayles: "Beginning with the Special Theory of Relativity, time increasingly came to be seen not as an inevitable progression along a linear scale to which all humans were subject, but as a construct that could be conceived in different ways."[61]

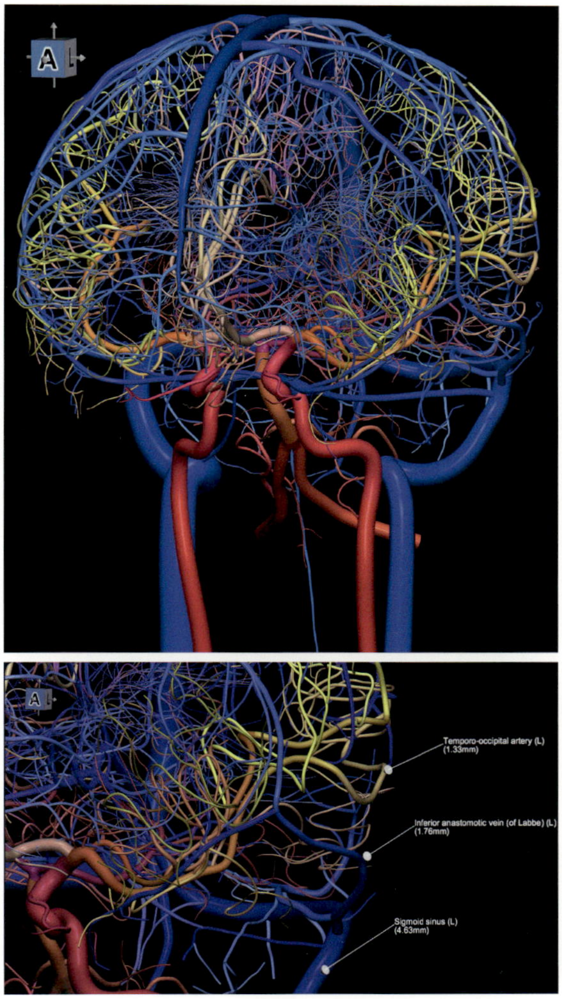

Interactive Brain Atlas of Cerebral Arterial Variants, Wieslaw L. Nowinski, A*STAR Biomedical Imaging Lab Singapore

Thus language shift has also become normal in the whole image-investigation discourse. For example, there is no longer any doubt about the ambiguity of semiotic phrasing between German and English parts of sentences, which has led to enormous inaccuracy.

"Scientific objectivity (the siting/sighting of objects) is not about dis-engaged discovery, but about mutual and usually unequal structuring, about taking risks."[62] Digressions about biological data and bodies themselves mingle with commercial practice, manifold publications of scientific research and cultural productions mingle on the level of societal dealings which are accessible to all households. Images of the topos "body", be they fetal, intimate sonographic images or highly technological computer tomographies, are available everywhere. Donna Haraway has compiled a list of terms, which have undergone a metamorphosis since the 19th century. Linguistic metamorphoses of the last 100 years are confronted with scientific language. She herself claims that this should be understood as an "argument".

Representation – Simulation
Bourgeois novel – Science fiction
Work – Text
Depth, integrity – Surface, boundary
Physiology – Communications engineering etc[63]

der Biomedizin und Biotechnologie ist eine gesellschaftliche Tatsache, die stets von einer Vielheit gesellschaftlicher Prozesse abhängig ist. Sie ist auf ihre ständige Re-Produktion angewiesen, ohne die sie nicht fortbestehen könnte."[58]
Also, wenn wir mitreden wollen, müssen wir uns dieser biotechnologischen Sprache bemächtigen und sie erlernen? Die kulturelle Identität der Autorität dieser Sprache der biomedizinischen Körper- und Selbst-Produktionen ist dennoch verletzlich, aber auch eine sehr machtvolle Angelegenheit, wie Donna Haraway sagt.[59]
Das Immunsystem war jahrzehntelang, vor allem in den 1980er-Jahren, ein beliebtes Beispiel der Selbst- und Fremdbestimmung des Individuums; man redete über eigene Antikörper und fremde Antikörper, die wiederum zu eigens erzeugten Antigenen im Organismus führen. Ein Thesenversuch war damals, das Immunsystem als Bild der symbolischen Differenz der Materie anzusehen, eine spätkapitalistische Ordnung von Selbst und Fremd![60] Da es aber in diesem Bereich der medizinischen Forschung immer neue Erkenntnisse gab, ist die Ikonenbildung um das Immunsystem als selbstorganisierendes-physiologisches System mehr und mehr von der Stammzellendifferenzierung in der embryonalen Entwicklung als derzeitiges Forschungsfeld abgelöst worden.
Von den Diagrammen zur Theorie der Immunregulation bis zu den heutigen microCT-Bildern eines Hühnerembryos vergingen 30 Jahre und anhand der neuen Bilder können Entwicklungsbiologen bereits sehr früh visuell abgebildete Körper definieren und deren evolutives Ausprägen von Merkmalen identifizieren. Heute bestimmt der Kontext dieser Visualisierungen das, was daraus gelesen werden kann und wofür. Was damit interpretiert und erklärt werden soll, was in den 1980er-Jahren noch mehr wie Science-Fiction-Literatur wirkte, ist heute mit zunehmendem Spezialwissen der Lesbarkeit der biotechnologischen Bilder ein Zeitphänomen und ein veränderbares Artefakt des Kontextes. Wie Donna Haraway erläutert, ist die „dritte Welle der Denaturalisierungen" nach Katherine Hayles die Zeit. „Angefangen mit der Speziellen Relativitätstheorie wurde Zeit zunehmend nicht mehr als unvermeidliches Fortschreiten entlang einer linearen Skala angesehen, dem alle Menschen unterworfen waren, sondern als ein Konstrukt, das auf unterschiedliche Weise wahrgenommen werden konnte."[61]
So ist auch der Sprachenwechsel im gesamten Bild-Untersuchungs-Diskurs selbstverständlich geworden. Zum Beispiel zweifelt niemand mehr an der Vieldeutigkeit der semiotischen Satzbildungen zwischen deutschen und englischen Satzteilen, was zu einer ungeheuren Ungenauigkeit geführt hat.
„Wissenschaftliche Objektivität (das Sichten/Verorten von Objekten) ist kein teilnahmsloses Entdecken, sondern ein riskanter Prozess wechselseitiger und zumeist ungleicher Strukturierung."[62] Exkurse über biologische Daten und biologische Körper selbst mischen sich mit kommerziellen Praktiken, vielerlei Veröffentlichungen wissenschaftlicher Forschungen und kulturelle Produktionen mischen sich auf einer Ebene gesellschaftlichen Handelns, die jedem Haushalt zugänglich ist. Bilder des Topos „Körper", seien es fötale, intime Ultraschall-Fotos oder hochtechnologische Computertomografien, sind überall verfügbar. Donna Haraway erstellt eine Begriffs-Tabelle, die seit dem 19. Jahrhundert einer Metamorphose unterworfen wurde. Die sprachlichen Verwandlungen der 100 Jahre Wissenschaftssprache werden gegenübergestellt. Sie selbst erklärt, dass dies als ein „Argument" verstanden werden soll.

The shift of meaning of the individual terms can be traced back to the mixing of biomedical discourses with other social practices and technology of the last century. This led to a destabilisation of the hierarchically organised organic body as a symbolic ruler. Today, however, we are no longer confronted with the body as an entity that creates political differences, but with the transition between organic and machine-made inventions of life, Donna Haraway's so-called "cyborgs". "The privileged pathology infecting all kinds of components in this universe is stress – communications breakdown. In the body, stress is theorized to operate by 'depressing' the immune system. Bodies have become cyborgs – cybernetic organisms – compounds of hybrid techno-organic embodiment and textuality."[64]
The potential anticipated in the 1990s has developed further and Manfred Faßler – in his new book *Kampf der Habitate. Neuerfindungen des Lebens im 21. Jahrhundert* – has transformed it into an explicitly hybrid text, which, immersed in itself and driven, gallops along almost without taking breath. Non-hermeneutical and situation-related discourses are responsible for this and reproduce themselves coevolutively, as both Faßler and Haraway have explained extensively in their works. "Situated purposes are necessarily finite, rooted in partiality and a subtle play of same and different, maintenance and dissolution. Winograd and Flores' linguistic systems are 'denaturalized', fully constructivist entities; and in that sense they are postmodern cyborgs that do not rely on impermeable boundaries between the organic, technical and textual. But their linguistic/communication systems are distinctly oppositional to the AI cyborgs of an 'information society', with its exterminist pathologies of final abstraction from vulnerability, and so from embodiment."[65]
In connection with their reliability, "mice and men", as Haraway says, are typical of a 21st-century individualised body in that they no longer end at the boundaries of their skin, but, regarded beneath the scanning electron microscope, appear as an overgrown jungle, a threatening bulk of inappropriate fusions which cannot be separated from one another.[66] "Access to this standard for 'man' will be a matter of international financial, patent, and similar struggles."[67]
It is no longer about reproduction, but replication, the copy. According to Richard Dawkins' *The Extended Phenotype*, only reproduction leads to an arms race of the living. Donna Haraway's critique in the 1990s was justified.[68] On the basis of a precise analysis of impossible copy accuracy and specific change of the self over the course of time, she shows that we can only defend the self. "The hierarchical body of old has given way to a network-body of truly amazing complexity and specificity. The immune system is everywhere and nowhere. Its specifities are indefinite if not infinite, and they arise randomly; yet these extraordinary variations are the critical means of maintaining individual bodily coherence."[69]

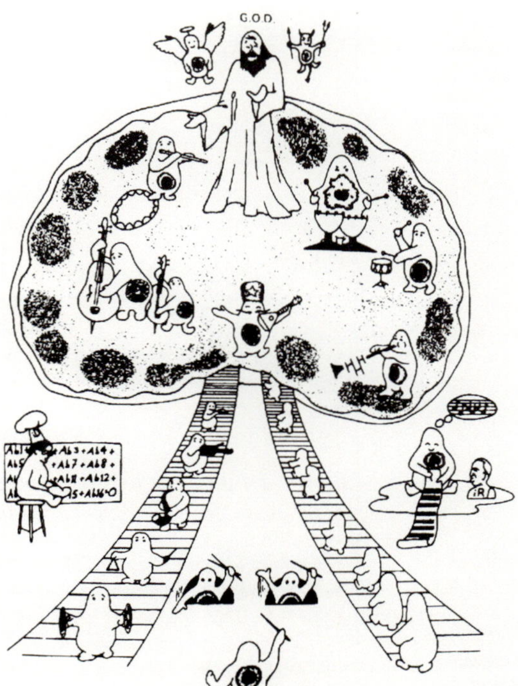

Immune orchestra 1982 after E. S. Golub (in: Donna Haraway: Reinvention of Nature)

Repräsentation – Simulation
Bürgerlicher Roman – Science Fiction
Arbeit – Text
Tiefe/Integrität – Oberfläche/Grenze
Physiologie – Kommunikationstechnologie usw.[63]

Der Bedeutungswandel der einzelnen Begrifflichkeiten ist zurückzuführen auf die Vermischung der biomedizinischen Diskurse mit anderen sozialen Praktiken und Technologien des letzten Jahrhunderts. Hieraus ging die Destabilisierung des hierarchisch organisierten, organischen Körpers als symbolischen Herrschers hervor. Heute sind wir aber nicht mehr nur mit dem Körper als politische Differenzen bildender Entität konfrontiert, sondern mit den Übergängen zwischen Organischem und von Maschinen erzeugten Neuerfindungen des Lebens, den von Donna Haraway so benannten „Cyborgs". „Die vorherrschende Pathologie, die alle Komponenten dieses Universums befallen kann, ist Stress, der Zusammenbruch der Kommunikation. In Bezug auf den Körper wird Stress als etwas definiert, das ‚depressiv' [sic] auf das Immunsystem einwirkt. Körper sind zu Cyborgs geworden, zu kybernetischen Organismen, in denen sich technoorganische Körperlichkeit und Textualität auf hybride Weise verbinden."[64]

Das damals in den 1990er-Jahren geahnte Potenzial hat sich durchaus weiterentwickelt und wird in Manfred Faßlers neuem Buch *Kampf der Habitate. Neuerfindungen des Lebens* im 21. Jahrhundert noch anschaulicher zu einem hybriden Text, der fortschreitend gebunden und getrieben in sich selbst beinahe ohne Atemzug dahingaloppiert. Nichthermeneutische, situationsbezogene Diskurse sind dafür verantwortlich und pflanzen sich koevolutiv fort, wie Faßler und Haraway es beide ausführlich in den genannten Werken sinngemäß erläutern. „Situierte Zwecke sind notwendigerweise begrenzt, sie wurzeln in Partialität und sind an ein subtiles Spiel des Selben und des Verschiedenen, der Erhaltung und der Auflösung gebunden. Linguistische Systeme sind ‚denaturalisierte', völlig konstruktivistische Entitäten. In diesem Sinn sind sie postmoderne Cyborgs, die sich nicht auf eine undurchlässige Abgrenzung von Organischem, Technischem und Textuellem stützen. Dennoch unterscheiden sich ihre linguistischen und kommunikativen Systeme deutlich von denen der KI (Künstliche Intelligenz) – Systemen der ‚Informationsgesellschaft', die krankhaft bestrebt ist, vermittels endgültiger Abstraktion Verletzlichkeit und damit auch Körperlichkeit auszurotten."[65]

„Mäuse und Männer", so Haraway, seien in ihrer Zuverlässigkeit das Typische eines individuierten Körpers des 21. Jahrhunderts und diese enden schon lange nicht mehr an ihrer Haut, sondern sind im Rasterelektronenmikroskop betrachtet als wuchernder Dschungel bedrohlich unzulässiger Verschmelzungen nicht voneinander zu trennen.[66] „Der Zugang zur Norm des ‚Menschen' wird der Streit um Finanzen, Patente und ähnliches sein."[67]

Das, worum es geht, ist nicht mehr die Reproduktion, sondern die Replikation, die Kopie. Bei Richard Dawkins *The Extended Phenotype* führt die alleinige Reproduktion zu einem gewaltigen Wettrüsten des Lebendigen. Donna Haraways Kritik in den 1990er-Jahren war durchaus berechtigt.[68] Sie zeigt auf Grund der exakten Analyse von unmöglicher Kopiergenauigkeit und spezieller zeitlicher Veränderung des Selbst, dass wir nur das Selbst verteidigen können. „Anstelle des hierarchisch organisierten Körpers von einst ist ein Netzwerk-Körper mit einer wahrhaft erstaunlichen Komplexität und Spezifität getreten. Das Immunsystem befindet sich überall und nirgends.

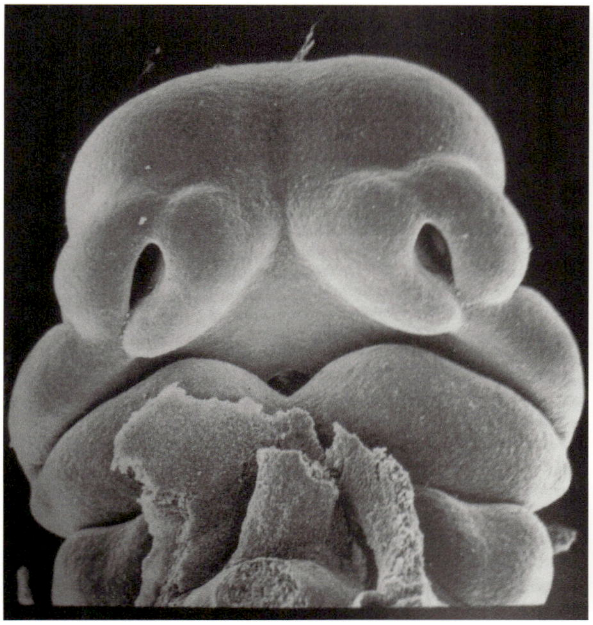

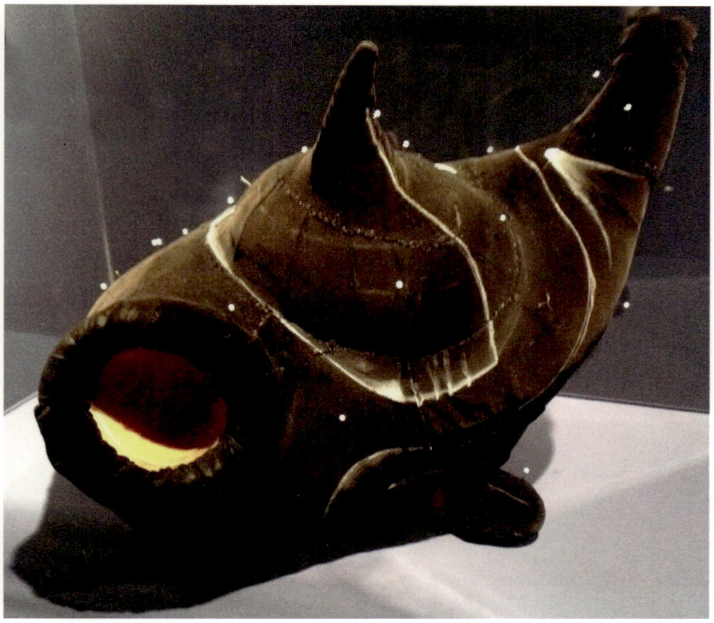

microCT of embryonal face approx. 4th week of development

Dorothea Tanning, Pincushion to Serve as Fetish, 1965, Tate Collection

Embryonal development, the "becoming" of an individual and interactions of the immune system due to the many cell lines generated within the immunal defence system are excepted from denaturalisation. In that way, a Many develops into more than a Self and new inner intimate entities come into being on their own, without textures from outside! This self-generating process is accepted in a further step as a basis for the "different" beings. What discloses itself to us subjectively and cognitively, whether in science, in a field experiment or in art, is culture. A partial perspective is allowed; in the essay *Situated Knowledges*, the reductionist philosophy of science of the "white man" is de-masked sociologically and historically.[70]

JIM'S DOG

The human and the non-human, i.e. animal, genetic code is very similar and this is only the beginning of a huge network of relationships linking the different species to one another. "To be one always means to develop with many." In her book *When Species Meet*, there is one single colour photo that strikes the reader when leafing through. However, at first sight, there is nothing special about it, because since it is also a picture of a "dog", a natural formation in the woods, the cover photo "a dog putting its paw into the hand of man" represents a very clear cross-species symbol.

This dog is a sign that an eye sees, when it walks through the mist of a wood, roaming around in order to connect with this or that.

It is a private photo from Donna Haraway's colleague, taken in a small wood near James Clifford's home in Santa Cruz during the winter month of December. In the next winter, the scenario will perhaps appear different and the moss and the ferns will arrange themselves differently together with the red leaves on the rotten tree trunk. "So many species, so many kinds, meet in Jim's Dog, who suggests an answer to my question, whom and what do we touch when we touch this dog? How does this touch make us more worldly, in alliance with all the beings who work and play for an alter globalization that can endure

Seine ziellos entstehenden Eigenarten sind unbeschränkt, wenn nicht unendlich; und gerade diese außerordentlichen Variationen sind das entscheidende Mittel, die Kohärenz des Körpers aufrechtzuerhalten.“[69]
Von der Denaturalisierung ausgenommen sind die Embryonalentwicklung, das „Werden“ eines Individuums und die Interaktionen des Immunsystems wegen der vielen Zelllinien, die in der Immunverteidigung generiert werden. So entsteht ein Vieles und wird mehr als das Selbst, neue innere intime Entitäten entstehen von selbst, ohne Texturen von außen! Dieser Selbstgenerierungsprozess wird in einem weiteren Schritt als Grundlage des „verschieden“ Seienden angenommen. Was sich subjektiv-kognitiv uns zeigt, ob in der Wissenschaft, im Feldversuch oder in der Kunst, ist Kultur. Die partiale Perspektive ist erlaubt; im Essay *Situiertes Wissen* wird die reduktionistische Wissenschaftstheorie des „weißen Mannes“ soziologisch und historisch entlarvt.[70]

JIM'S DOG

Der menschliche und der nichtmenschliche, also tierische genetische Code sind einander sehr ähnlich und dies ist erst der Beginn eines großen Netzwerkes von Beziehungen, die die verschiedenen Species miteinander verbinden. „Einer zu sein bedeutet immer, mit vielen zu werden.“ In ihrem Werk *When Species Meet* gibt es ein einziges Farbfoto, das beim Durchblättern sofort auffällt. Aber es gibt im ersten Moment nichts Besonderes zu erkennen, denn da es sich auch um eine Abbildung eines Waldstücks als Hund handelt, ist dies ja mit dem Coverfoto „Hundepfote begibt sich in Menschenhand“ sehr deutlich ein speziesübergreifendes Symbol.

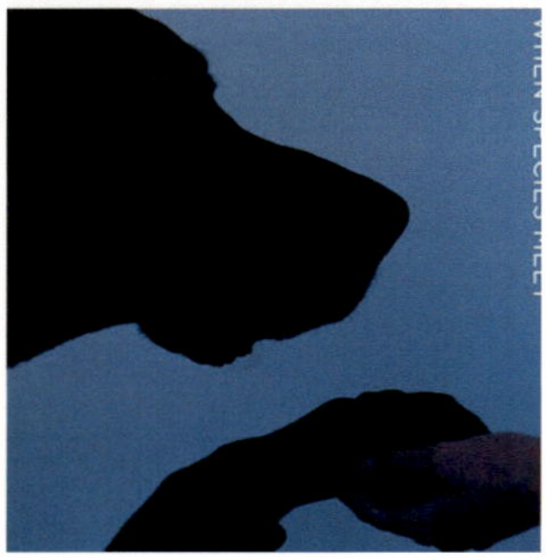

Book cover of *When Species Meet*, Donna Haraway, 2008

Dieser Hund ist ein Zeichen, das ein Auge sieht, wenn es lebendig durch den Dunst eines Waldes geht, um sich schweifend mit diesem und jenem zu verbinden.
Es ist ein Privatfoto eines Arbeitskollegen von Donna Haraway, aufgenommen in einem kleinen Waldstück nahe dem Wohnort von James Clifford in Santa Cruz während des Wintermonats Dezember. Im nächsten Winter wird das Szenario sicher anders aussehen und die Moose und die Farne werden sich mit dem roten Laub sicher anders auf dem vergammelten Baumstumpf ordnen. „So many species, so many kinds, meet in Jim's Dog, who suggests an answer to my question, whom and what do we touch when we touch this dog? How does this touch make us more wordly, in alliance with all the beings who work and play for an alter globalization that can endure more than one season?“[71] Die Fragestellung evoziert ein weiteres Nachdenken, nämlich darüber, ob und was wir eigentlich bemerken in unserer Umwelt. Mit welcher Berührung wurde dieses Foto geschossen und wie gelangte es an den Empfänger? „Infolded into the metal, plastic, and electronic flash of the digital apparatus is the primate visual system that Jim and I inherited, with its vivid color sense and sharp focal power.“[72] Wiederum in dieser Kamera befinden sich die geistigen Spuren des IT-Engineerings dieses Smartphones, die computertechnologische Arbeit dreier Jahrzehnte an communication systems. „Visually and tactically, I am in the presence of intersectional race-, sex-, age-, class-, and region-differentiated systems of labor that made Jim's dog live.“[73] Ohne die Vorgeschichte des Freizeit-Spaziergangs in Universitätsstädten des 21. Jahrhunderts wäre das Bild nicht an mich gekommen, erläutert Donna Haraway. Und weiter, auch ohne die Praxis des Kaminfeuerbrauchs oder des sommerlichen Buschfeuers wäre der abgebrannte Baumstumpf in seiner ökologischen Einbettung nicht so sichtbar geworden, wie er es für James Clifford in

more than one season?"[71] The question evokes further thought, i.e. about what we actually notice in our environment. What kind of touch happened when this picture was taken? How did it get to the receiver? "Infolded into the metal, plastic, and electronic flash of the digital apparatus is the primate visual system that Jim and I inherited, with its vivid colour sense and sharp focal power."[72] In this camera again, there are mental traces of the IT engineering behind this smartphone, of three decades of computer technological work on communication systems. "Visually and tactically, I am in the presence of intersectional race-, sex-, age-, class-, and region-differentiated systems of labour that made Jim's dog live."[73] Without the history of the leisure time walk in university towns of the 21st century, I would not have encountered this picture, explains Donna Haraway. And further, without the traditional open fire or the summer bushfire, the burnt tree trunk would not have become so visible in its ecological embedding, as it was for James Clifford that winter. The new ecological fashion of the green belt around the modern town also prevented bulldozers from flattening the little wood for the sake of gaining real estate as a speculative, profit-making investment. "Visually fingering Jim's dog involves touching all the important ecological histories and struggles of ordinary small cities that have asked, who should eat whom, and who should cohabit? The rich natural-cultural contact zones multiply with each tactile look. Jim's dog is a provocation to curiosity, which I regard as one of the first obligations and deepest pleasures of worldly companion species."[74]

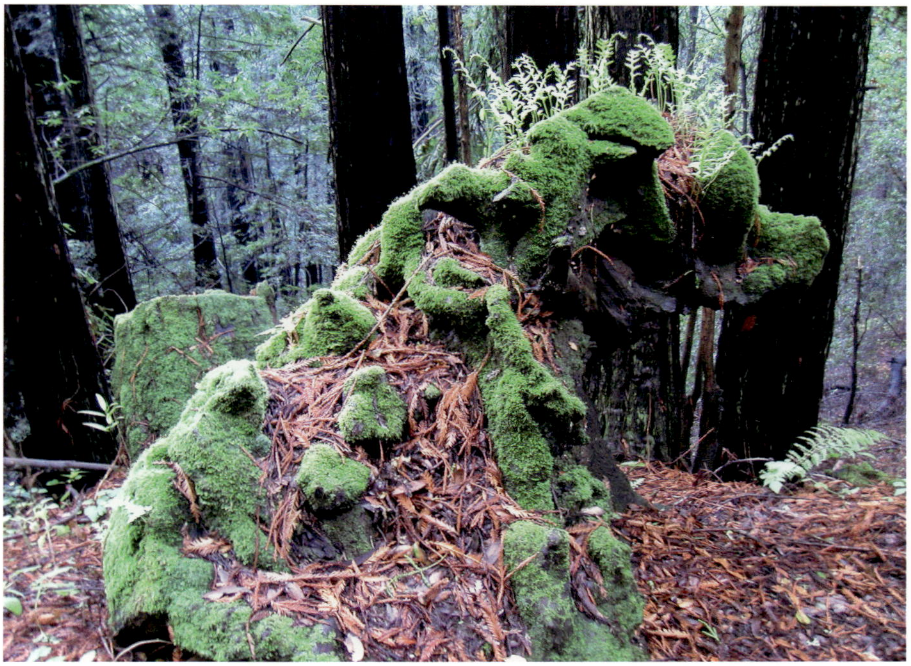

Jim´s Dog by James Clifford, insert in: "When Species Meet" by Donna Haraway

Bruno Latour in his statement on *When Species Meet*:

"You are embarked on the Ark. The ship has wi-fi and emails. Lots of dogs but also baboons, sheep, and humans of uncertain status. No one knows how to cohabit with everyone else. They are trying to find a way to co-train one another. It's our future and Noah is a woman. If we are to survive the Flood, we need her and her beasts."[75]

diesem Winter war. Denn auch durch die neue ökologische Mode des Grüngürtels um eine moderne Stadt wurde verhindert, dass Bulldozer über das kleine Waldstück zum Grundbesitzgewinn als spekulativem, Kapital erzeugendem Investment gerollt sind. „Visually fingering Jim's dog involves touching all the important ecological histories and struggles of ordinary small cities that have asked, Who should eat whom, and who should cohabit? The rich natural-cultural contact zones multiply with each tactile look. Jim's dog is a provocation to curiosity, which I regard as one of the first obligations and deepest pleasures of wordly companion species."[74]

Bruno Latour in seiner Stellungnahme zu *When Species Meet*:

„You are embarked on the Ark. The ship has wi-fi and emails. Lots of dogs but also baboons, sheeps, and humans of uncertain status. No one knows how to cohabit with everyone else. They are trying to find a way to co-train one another. It's our future and Noah is a woman. If we are to survive the Flood, we need her and her beasts."[75]

1. Humberto R. Maturana, Francisco J. Varela: Der Baum der Erkenntnis. Die biologischen Wurzeln des menschlichen Erkennens, Frankfurt a. M.: Fischer Verlag 1984, S. 259. Die beiden Neurobiologen vertreten die These der Autopoiesis („sich selbst erschaffen").

2. Vgl. Petra Maitz: Transferaspekte in Kunst, Medizin und Biomedizin, in: Christian Reder (Hg.): Kartographisches Denken, Wien-New York: Springer 2012, S. 436; vgl. Bruno Latour: Die Hoffnung der Pandora, Frankfurt a. M.: Suhrkamp 2002. Bruno Latour, geb. 1947 in Beaune, Frankreich, Philosoph, Anthropologe, Professor für Wissenschaftsgeschichte an der Harvard University, Direktor der Science Politique Paris.

3. Das Elektrokardiogramm (EKG) – altgr.: kardía ‚Herz' und grámma ‚Geschriebenes' – ist die Aufzeichnung der Summe der elektrischen Aktivitäten aller Herzmuskelfasern. Elektrokardiogramm heißt Herzspannungskurve.

4. Vgl. Bruno Latour: Die Hoffnung der Pandora, op.cit., S. 6

5. art + science coop., Petra und Peter Maitz work together since 1998, Prof. Dr. Peter Maitz is a surgeon for burns victims, Dr. Petra Maitz is an artist and theorist.

6. Gerald L. Geison, Historiker, Illinois, USA, Wissenschaftsgeschichtsprofessor in Yale und an der Princeton University, bewies den Schwindel über Pasteurs Copyright für Milzbrandimpfungen, da er dessen private Aufzeichnungen 20 Jahre lang genau studiert hatte. Vgl. Gerald L. Geison: The Private Science of Louis Pasteur, Princeton: Princeton University Press 1995

7. Das Miller-Urey-Experiment von Stanley Miller und Harold Clayton Urey *1953 USA* dient der Bestätigung der Hypothese, dass unter den Bedingungen einer postulierten Uratmosphäre eine Entstehung organischer Moleküle möglich ist.

8. Pasteur erlangte durch die populäre Art der Darstellung seiner Experimente, die oft auf der Arbeit seiner Mitarbeiter begründet war, Ruhm.

9. Kurt Langbein, Bert Ehgartner: Das Medizinkartell. Die sieben Todsünden der Gesundheitsindustrie, München-Zürich: Piper 2003, S. 27

10. Vgl. Kurt Langbein, Bert Ehgartner: Das Medizinkartell, op.cit., S. 30-34

11. Gregory Bateson: Ökologie des Geistes, Frankfurt a. M.: Suhrkamp 1985 (Erstveröffentlichung 1972), S. 353 ff

12. Bruno Latour: Die Hoffnung der Pandora, op.cit., S. 137 ff

13. Ebenda, S. 137 ff

14. Vgl. ebenda, S. 138

15. Justus von Liebig, 1803–1873, deutscher Chemiker aus Gießen, Professor für Chemie in Gießen und München, dank der Erkenntnisse Liebigs wurde die Bestimmung von Kohlenstoff und Wasserstoff in organischen Verbindungen, die bis dahin eine Aufgabe für Spezialisten war, zur Routine. Liebig wurde zum Begründer der Organischen Chemie. Gemeinsam mit Prof. Friedrich Wöhler entdeckte er die Radikaltheorie. Diese Theorie erklärt, warum es eine so große Anzahl von Verbindungen gibt, die nur aus Kohlenstoff, Wasserstoff und Sauerstoff bestehen. Sie fanden heraus, dass sich die Atome dieser drei Elemente zu stabilen Gruppen, den so genannten Radikalen, formieren können. Außerdem fanden sie heraus, dass gleiche Atome verschiedene Stoffe bilden können. Das heißt, obwohl Moleküle die gleiche Anzahl von Atomen aufweisen, ordnen sie sich verschieden an. Erklärt hat Liebig diese so genannte Isomerie anhand der Buchstaben und Wörter, die man aus ihnen bilden kann, denn dieselben Buchstaben können verschieden angeordnet unterschiedliche Worte bedeuten: Mode oder Odem, Saum oder Maus oder Asum, Vgl. Christian Reder: Wörter und Zahlen. Das Alphabet in Zahlen, Wien-New York: Springer 2000; siehe: Relationen, Strukturen, S. 287

16. „... Unter dem Mikroskop besteht er aus kleinen Kügelchen und sehr kleinen Gliedern, die entweder einzeln oder zu unregelmäßigen Flocken vereinigt sind, welche denen mancher amorpher Niederschläge gleichen." §10 der Schriften Pasteurs *Über die Milchsäuregärung* in : Journal für praktische Chemie, Jg. 1885, 1. Bd, S. 447–451, von Latour herangezogen und übersetzt. Vgl. Bruno Latour, Die Hoffnung der Pandora, op.cit., S. 143

17. Ebenda, S. 139

18. Ebenda, S. 152

19. Vgl. ebenda, S. 159 ff

20. Pasteur zitiert nach seinen Schriften § 7: *Über die Milchsäuregärung* in: Journal für praktische Chemie, Jg. 1885, 1. Bd, S. 447–451, in: Bruno Latour, Die Hoffnung der Pandora, op.cit., S. 160

21. Vgl. Thomas Kuhn: Die Struktur wissenschaftlicher Revolutionen, Frankfurt a. M.: Suhrkamp 1973 (Erstausgabe 1962, The Structure of Scientific Revolutions, University of Chicago)

22. Vgl. Arthur F. Bentley: The Human Skin: Philosophy's Last Line of Defense (Philosophy of Science, 8/1941), S. 1–19), in: Sidney Ratner (Hg.): Inquiry into Inquiries: Essays in Social Theory, Boston: The Beacon Press 1954, S. 195–211; Übersetzung durch Maria Nievoll, Graz 2012

23. Vgl. ebenda, hier S. 195–197

24. John Dewey, 1859–1952: amerikanischer Philosoph und Pädagoge in New York

25. Vgl. Martin Suhr: John Dewey. Zur Einführung, Hamburg: Junius Verlag 1994, S. 196 ff

1. Humberto R. Maturana, Francisco J. Varela: The Tree of Knowledge. The Biological Roots of Human Understanding, Boston: Shambala Publications 1992, p 241. Both neurobiologists, Maturana and Varela formulated the thesis of autopoiesis ("self-creation").

2. Cf. Petra Maitz: Transferaspekte in Kunst, Medizin und Biomedizin, in: Christian Reder (ed.), Kartographisches Denken, New York-Vienna: Springer 2012, p 436; cf. Bruno Latour: Die Hoffnung der Pandora, Frankfurt a. M.: Suhrkamp 2002. Bruno Latour, born 1947 in Beaune, France, philosopher, anthropologist, professor of history of science at Harvard University and director of Sciences Politiques in Paris.

3. The electrocardiogram (ECG) – ancient Greek: kardía 'heart" and grámma 'written" – means the recording of all electrical activities of heart muscle fibres. The electrocardiogram is a graph representing heartbeats.

4. Cf. Bruno Latour: Die Hoffnung der Pandora, op.cit., p 6

5. art + science coop., Petra und Peter Maitz work together since 1998, Prof. Dr. Peter Maitz is a surgeon for burns victims, Dr. Petra Maitz is an artist and theorist.

6. Gerald L. Geison, historian, Illinois, USA, professor of history of science at Yale and Princeton University, proved that Pasteur had forged the copyright for anthrax vaccinations, because he had closely studied Pasteur's private records for 20 years, in: Gerald L. Geison: The Private Science of Louis Pasteur, Princeton: Princeton University Press 1995

7. The Miller-Urey-Experiment by Stanley Miller and Harold Clayton Urey *1953 USA*, serves to confirm the hypothesis that it is possible for organic molecules to emerge under the conditions within a postulated primordial atmosphere.

8. Pasteur was famous for his popular experiment presentations – often based on his colleagues' work.

9. Kurt Langbein, Bert Ehgartner: Das Medizinkartell. Die sieben Todsünden der Gesundheitsindustrie, Munich-Zurich: Piper 2003, p 27

10. Cf. ibid., p 30-34

11. Cf. Gregory Bateson: Steps to an Ecology of Mind: Collected Essays in Anthropology, Psychiatry, Evolution, and Epistemology (1972), Chicago: University of Chicago Press 2000

12. Bruno Latour: Die Hoffnung der Pandora, op.cit., p 137 et seq.

13. Ibid., p 137 et seq.

14. Cf. ibid., p 138

15. Justus von Liebig, 1803–1873, German chemist from Gießen, professor of chemistry in Gießen and Munich. Thanks to Liebig's findings, the determination of carbon and hydrogen in organic compounds, which until then had been a specialist task, became routine. Liebig founded organic chemistry. Together with professor Friedrich Wöhler he discovered the radical theory. This theory explains why there are so many compounds consisting only of carbon, hydrogen and oxygen. Liebig and Wöhler discovered that the atoms of these three elements were able to form stable groups, the so-called radicals. In addition, Liebig and Wöhler found out that equal atoms could form different substances. That means although molecules have the same amount of atoms, they can arrange themselves differently. Liebig explained this so-called isomerism by means of letters and words that can be built from them, since the same letters can mean different things if they are arranged differently: Mode or Dome, Seam or Same, Rat or Tar, cf.: Christian Reder: Wörter und Zahlen. Das Alphabet in Zahlen, Vienna-NewYork: Springer 2000; see Relationen, Strukturen, p 287

16. "... under the microscope, it consists of tiny globuli and very small members that are either separate or agglomerate into irregular flocs, some of which are similar to amorphous precipitation. §10 of Pasteur's writings *Sur le lait aigre*, in Revue générale de chimie pure et appliquée, 1885, 1st vol., p 447–451, used and translated by Latour, cf. Bruno Latour, Die Hoffnung der Pandora, op.cit., p 143

17. Cf. ibid, p 139

18. Cf. ibid., p 152

19. Cf. ibid., p 159 et seq.

20. Pasteur quoted according to his own writings, § 7: *On Lactic Acid Fermentation* in Journal für praktische Chemie, 1885, vol. 1, p 447–451, in: Bruno Latour, Die Hoffnung der Pandora, op.cit., p 160

21. Cf. Thomas Kuhn: The Structure of Scientific Revolutions, Chicago: University of Chicago Press 1962

22. Cf. Arthur F. Bentley: The Human Skin: Philosophy's Last Line of Defense (Philosophy of Science 8/1941, p 1–19), in: Sidney Ratner (ed.): Inquiry into Inquiries. Essays in Social Theory, Boston: The Beacon Press 1954, p 195–211

23. Cf. ibid., here p 195–197

24. John Dewey, 1859–1952: American philosopher and teacher in New York

25. Cf. Martin Suhr: John Dewey. Zur Einführung, Hamburg: Junius Verlag 1994, p 196 et seq.

26. Cf. ibid., p 197

27. Cf. Arthur Bentley: The Human Skin, op.cit., p 199

28. Cf. ibid., p 199 et seq.

29. Cf. ibid., p 201

30. Ibid., p 204

31. Cf. ibid., p 205

32. Cf. ibid., p 206

33. Ibid., p 207

34. This is the accompanying text of the leaflet of the Sydney Burns Foundation, a foundation dedicated to funding a functioning skin laboratory for artificial skin production by means of private and public funds.

35. Anthony Weiss: "The Weiss Lab at Sydney University is working on the development of elastic tissues, their destruction and reconstruction. We are very interested in the fascinating self-regenerative elastic protein Tropelastin and its use for synthetically produced Elastin to replace damaged elastic tissue of the skin, arteries, bladder and the lungs,", from Sydney University's website. http://sydney.edu.au/perkins/people/anthony-weiss.shtml

36. Cassandra Chong in an email to the author.

37. Peter Maitz, Chair of Burn Injury and Reconstructive Surgery at the Burns Unit, Concord Hospital University of Sydney, http://sydney.edu.au/medicine/people/academics/profiles/pmaitz.php

38. Cryopreservation means that cells are preserved by freezing them in liquid nitrogen, thus maintaining unlimited cell vitality. This method can be applied to plant cells, egg cells, sperms and embryos.

39. Cf. http://www.fraunhofer.de/de/fraunhofer-forschungsthemen/gesundheit-ernaehrung-umwelt/Regenerative-Medizin/hautfabrik.html

40. Manfred Faßler: Kampf der Habitate. Neuerfindungen des Lebens im 20. Jahrhundert, Vienna–New York: Springer 2011, p 55 et seq.

41. Cf. Peter Schuster: Molecular Evolution and Game Theory, in: Peter Weibel (ed.): Beyond Art. A Third Culture, Vienna–New York: Springer 2005, p 411. Peter Schuster is an emeritus professor at the faculty of theoretical chemistry at Vienna University

26. Ebenda, S. 197

27. Vgl. Arthur Bentley: The Human Skin, op.cit., S. 199

28. Ebenda, S. 199 f

29. Ebenda, S. 201

30. Ebenda, S. 204

31. Vgl. ebenda, S. 205

32. Vgl. ebenda, S. 206

33. Ebenda, S. 207

34. So der begleitende Text im Flugblatt der Sydney Burns Foundation, einer Stiftung, die versucht, aus privaten und öffentlichen Geldern ein funktionierendes Hautlabor zur künstlichen Hauterzeugung zu finanzieren.

35. Anthony Weiss: „Das Weiss Labor an der Universität Sydney arbeitet am Aufbau von elastischen Geweben, deren Zerstörung und deren Wiederaufbau. Wir sind sehr interessiert an dem faszinierenden selbst-regenerativen elastischen Protein Tropoelastin und seiner Nutzung für synthetisch produziertes Elastin, um elastische Gewebe in Haut, Arterien, der Blase und der Lunge bei Beschädigung zu ersetzen." Übersetzung durch die Autorin, http://sydney.edu.au/medicine/people/academics/profiles/tony.php

36. Cassandra Chong in einer E-mail an die Autorin

37. Peter Maitz, Vorstand der Abteilung Schwerbrandverletzte, Burns Unit Concord Hospital University of Sydney, http://sydney.edu.au/medicine/people/academics/profiles/pmaitz.php

38. Unter Kryokonservierung versteht man das Aufbewahren von Zellen durch Einfrierung in flüssigem Stickstoff, damit kann man die Vitalität der Zellen unbegrenzt aufrechterhalten. Das Verfahren kann an Pflanzenzellen, Eizellen und Spermien sowie Embryonen angewendet werden.

39. Vgl. http://www.fraunhofer.de/de/fraunhofer-forschungsthemen/gesundheit-ernaehrung-umwelt/Regenerative-Medizin/hautfabrik.html

40. Manfred Faßler: Kampf der Habitate. Neuerfindungen des Lebens im 20. Jahrhundert, New York-Wien: Springer 2011, S. 55 ff

41. Vgl. Peter Schuster: Molekulare Evolution und Spieltheorie, in Peter Weibel (Hg.), Jenseits von Kunst, Wien: Passagen Verlag 1996, S. 491. Peter Schuster ist Professor emeritus an der Fakultät für Theoretische Chemie an der Universität Wien.

42. Vgl. ebenda, S. 492

43. Vgl. ebenda, S. 496

44. Vgl. ebenda, S. 496

45. János Neumann Margittai (1903–1957), österreichisch-ungarischer Mathematiker, Professor in Princeton für Mathematik, später Berater des amerikanischen Präsidenten John Eisenhower.

46. Vgl. Karl Sigmund: Spieltheorie und künstliches Leben, in: Peter Weibel (Hg.), Jenseits von Kunst, op.cit., S. 497

47. Vgl. ebenda, S. 498. Konrad Zuse ist deutscher Bauingenieur sowie Erfinder der binären Gleitkommarechnung und der so arbeitenden Computer.

48. EDVAC: Electronic Discrete Variable Computer

49. Vgl. Karl Sigmund: Spieltheorie und künstliches Leben, op.cit., S. 498. Martin Nowak (geb. 1965) ist Mathematiker und Biologe, Professor an der Harvard University (vgl. Martin Nowak: „Egal, was ich mache, es ist nie genug", in: Die Presse, Wien, 23. März 2009)

50. Vgl. ebenda, S. 498 f

51. Vgl. ebenda, S. 499

52. Evelyn Fox Keller: Making Sense of Life. Explaining Biological Development. Models, Metaphors, and Machines, Harvard University Press 2002, S. 199 (Übersetzung der Autorin). Evelyn Fox Keller ist Professorin für Wissenschaftsgeschichte am MIT (Massachusetts Institute of Technology) und gilt als eine der Pionierinnen auf dem Gebiet der feministischen Naturwissenschaftsforschung und Wissenschaftskritik. Aus ihren wissenschaftstheoretischen Forschungen zieht Keller den Schluss, dass die durch männliche Dominanz geprägte innere Struktur der Wissenschaft zu den bioethischen Problemen der Gegenwart führt.

53. Evelyn Fox Keller: Barbara McClintock. Die Entdeckerin der springenden Gene, Basel-Boston-Berlin: Birkhäuser 1995, S. 201.

54. Vgl. Interview mit Sascha Aumüller: „Ich wollte die Gender-Zuschreibung loswerden". Evelyn Fox Keller gilt als Pionierin feministischer Wissenschaftskritik – über Physik ohne Gender-Aspekte nachzudenken ist ihr Traum, in: Der Standard, Wien, 2.11.2001

55. Carmen Hammer, Immanuel Stieß (Hg.): Donna Haraway: Die Neuerfindung der Natur. Primaten, Cyborgs und Frauen, Frankfurt-New York: Campus Verlag 1995, S. 109

56. Carmen Hammer, Immanuel Stieß: Einleitung in: Donna Haraway. Die Neuerfindung der Natur, op.cit., S. 9

57. http://www.sbic.a-star.edu.sg/research/bil/neuro/brainatlas.php, Singapur Bioimaging Consortium

58. Donna Haraway: Die Neuerfindung der Natur, op.cit., S. 161

59. Ebenda, S. 161

60. Ebenda, S. 163 ff

61. Katherine Hayles: Denaturalizing experience: postmodern literature and science. Abstract, meeting of the Society for Literature and Science, 8.–11. Oktober 1987, Worcester Polytechnic Institute; in: Donna Haraway: Die Neuerfindung der Natur, op.cit., S. 169

62. Ebenda, S. 171

63. Vgl. ebenda, S. 172

64. Ebenda, S. 175 f

65. Ebenda, S. 178 f

66. Vgl. Ebenda, S. 179

67. Ebenda, S. 180

68. Vgl. ebenda, S. 180 f

69. Ebenda, S. 183

70. Ebenda, S. 178 ff

71. Donna Haraway: When Species Meet, Minneapolis-London: University of Minnesota Press 2008, S. 5

72. Ebenda, S. 5

73. Ebenda, S. 6

74. Ebenda, S. 7

75. Bruno Latour auf der Buchrückseite von Donna Haraway: When Species meet, op.cit.

42. Cf. ibid., p 412

43. Cf. ibid., p 415

44. Cf. ibid., p 415

45. János Neumann Margittai, Austro-Hungarian mathematician, professor of mathematics inin Princeton, later advisor of John Eisenhower, USA, 1903–1957.

46. Cf. Karl Sigmund: Game Theory and Articial Life, in: Peter Weibel (ed.): Beyond Art, op.cit., p 416

47. Cf. ibid., p 416. Konrad Zuse was a German civil engineer and inventor of the binary floating point and the computer working according to that principle.

48. EDVAC: Electronic Discrete Variable Computer

49. Cf. Karl Sigmund: Game Theory and Artificial Life, op.cit., p 417. Martin Nowak, born in 1965, is a mathematician, biologist and professor at Harvard University (Cf. Martin Nowak: "Whatever I do, it is never enough", in: Die Presse, Vienna, 23 March 2009)

50. Cf. ibid., p 417

51. Cf. ibid., p 417

52. Evelyn Fox Keller: Making Sense of Life, Explaining Biological Development; Models, Metaphors, and Machines, Harvard University Press 2002, p 199. Evelyn Fox Keller is professor of history of science at the MIT (Massachusetts Institute of Technology) and is considered as one of the pioneers in the field of feminist scientific research and scientific critique. From her scientific theoretical research, Keller concludes that the inner scientific structure shaped by male dominance has lead to the bio-ethic problems of the present.

53. Evelyn Fox Keller: A Feeling for the Organism. The Life and Work of Barbara McClintock, San Francisco: Freeman 1984

54. Cf. Interview with Sascha Aumüller: „I wanted to get rid of the gender ascription". Evelyn Fox Keller is considered a pioneer of feminist critique of science – to reflect on physics or gender aspects is her dream" in: Der Standard, Vienna, 11 February 2001

55. Carmen Hammer, Immanuel Stieß (eds.): Donna Haraway. Die Neuerfindung der Natur. Primaten, Cyborgs und Frauen, Frankfurt-New York: Campus Verlag 1995, S. 109 (from an interview in Hamburg at the Institute für Social Research in 1993; translation: Maria Nievoll)

56. Carmen Hammer, Immanuel Stieß: Introduction to: Donna Haraway, Die Neuerfindung der Natur. Primaten, Cyborgs und Frauen, Frankfurt/New York: Campus Verlag 1995, p 9

57. http://www.sbic.a-star.edu.sg/research/bil/neuro/brainatlas.php Singapur Bioimaging Consortium

58. Donna Haraway: Simians, Cyborgs and Women. The Reinvention of Nature, New York: Routledge, and London: Free Association Books, 1991, p 203 et seq.

59. Ibid., p. 204

60. Cf. ibid., p 163 et seq.

61. Katherine Hayles: Denaturalizing experience: postmodern literature and science, abstract, meeting of the Society for Literature and Science, 8–11 October 1987, Worcester Polytechnic Institute; in: Donna Haraway: Simians, Cyborgs and Women. The Reinvention of Nature, New York: Routledge, and London: Free Association Books, 1991, p 207

62. Ibid., p 208

63. Ibid., p 209

64. Ibid., p 212

65. Ibid., p 215

66. Ibid., p. 215

67. Ibid., p 215

68. Cf. ibid., 216 et seq.

69. Ibid., p 218

70. Ibid., p 183 et seq.

71. Donna Haraway: When Species Meet, University of Minnesota Press Minneapolis London 2008, p 5

72. Ibid., p 5

73. Ibid., p 6

74. Ibid., p 7

75. Bruno Latour on the back cover of Donna Haraway: When Species Meet, op.cit.

DAS LADY MUSGRAVE REEF ALS MODELL

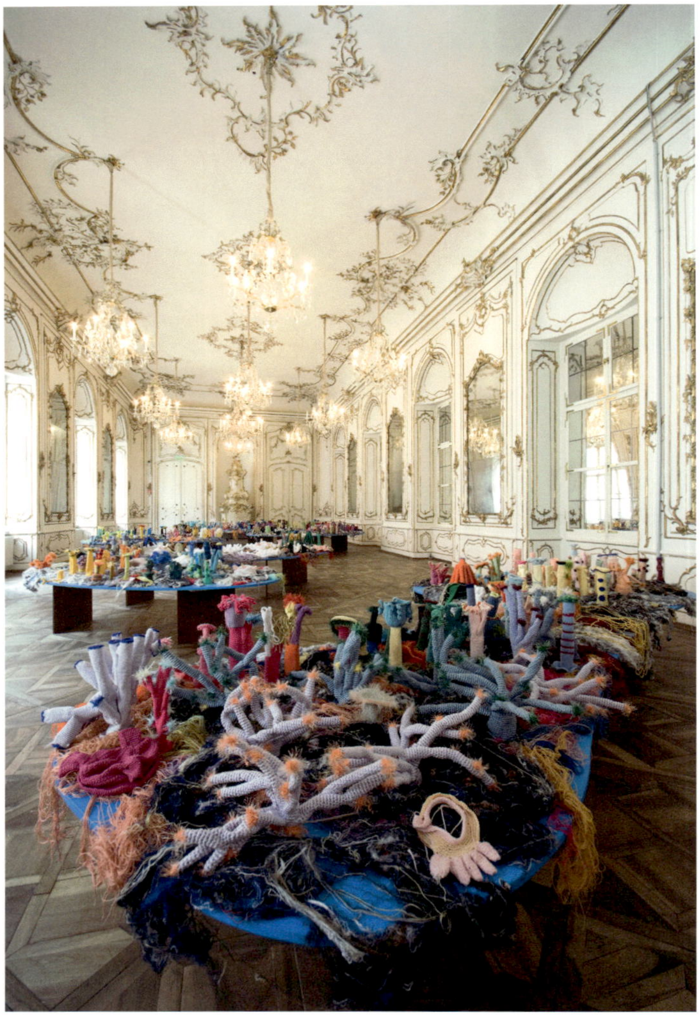

Lady Musgrave Reef, Petra Maitz, installation view, Neue Galerie Graz, 2007

Das *Lady-Musgrave-Reef*-Projekt beschäftigt sich mit dem Vergleich von natürlichen Ökosystemen, wie ein Korallenriff es darstellt, und der menschlichen Arbeit als integrativem, sozialem System, in dem Arbeit geschaffen werden muss. Es entstand als Kunstwerk im Jahre 2002 mit der Auftragserteilung an Handwerker, die Korallen zu häkeln. Per Zeitungsinserat wurden Mitarbeiter/innen gesucht, die für ihre Arbeit bezahlt wurden. Das Projekt wurde 2007 im Rahmen zweier großer Ausstellungen in Krems und in Graz gezeigt. Derzeit tourt es mit der Gruppenausstellung *zur nachahmung empfohlen* durch die Welt.[1] Wieso kann ein Korallenriff eine philosophische Plattform für viele Jahre errichten? Vier schwebende Koralleninseln, polymorphe buntfarbige Reliefs multiplizieren sich in den Spiegeln und Kristalllustern des barocken Spiegelsaales und fügen sich zu einem weichen fragilen Naturstillleben, das den Raum in eine riesige Wunderkammer verwandelt. Dieses dreidimensionale Stillleben verweist nicht als Abbildung auf Korallenriffe, sondern bringt uns den gesamten Fragenkomplex der Evolution nahe, einen Fragenkomplex, der heute wieder Gegenstand vielschichtiger, insbesondere religiöser Debatten ist.[2]
Der Koralle wird von jeher eine bedeutende Rolle in der Natur- und der Kunstgeschichte zugeschrieben. „Die Koralle eignet sich als Bild für den Ursprung und das Allwesen, Zwischenwesen oder das scheinbare Paradoxon. Sie existiert gleichsam aus sich selbst, pflanzt sich sexuell beziehungsweise asexuell fort, ist gonochoristisch oder hermaphroditisch.“[3] In der Antike sah man in ihr die Welt als Ganzes verkörpert, insofern man in ihr ein evolutionäres Urwissen ablesen zu können glaubte. Damals wurde ihre Verwandlungsfähigkeit in den unterschiedlichen Sphären geschätzt; im Wasser weich und schillernd und in der Luft erhärtet zu Stein.[4] In den Kunst-und Wunderkammern, den vormodernen Sammlungen des 16. und 17. Jahrhunderts, zählten die Edelkorallen zu den besonders beliebten Sammlungsobjekten.[5]
Interessant ist in unserem Zusammenhang der Bedeutungswandel, den die Koralle im 19. Jahrhundert erfuhr. Sie wurde populär. Dass es dazu kam, ist der Erfindung des Aquariums zu verdanken. Im Mai des Jahres 1853 wurde in London das Fish-House eröffnet und das erste Aquarium der Welt war mit seltenen Steinkorallen die Attraktion; eine Sammlerin und Sexualbiografin hatte ihre Objekte zur Verfügung gestellt.[6]
Später erkannte man, dass die Koralle ja ein Lebewesen ist, eine Art Blumentier, also Pflanze und Tier in einem, denn die Koralle hat einen Mund, mit dem sie isst, einen Schlund, der Plankton verzehrt. In der Annäherung an die Anatomie des Korallentieres war die Erkenntnis des Lebendigen neben dem Wasser-Organismus Riffskulptur

THE LADY MUSGRAVE REEF AS MODEL

The *Lady Musgrave Reef* project has to do with the comparison of natural ecosystems, such as a coral reef, and human work as an integrative social system in which work must be created. It developed as an artwork in 2002, assigning work to people who could crochet the corals. Such people were recruited through ads in the paper and paid for their work. The project was shown in Graz and Krems in 2007 in the frame of two large exhibitions. Currently it is on a world tour together with the group exhibition *expeditions in aesthetics and sustainability.*[1] How can a coral reef provide a philosophical platform for many years?

Four floating coral islands and polymorphous colourful reliefs multiply themselves in the mirrors and crystal chandeliers of the baroque hall of mirrors and join to form a soft, fragile, natural still life, transforming the room into a giant cabinet of wonder. This 3-dimensional still life does not refer, as a replica, to coral reefs, but brings us closer to the whole complexity of problems of evolution, which today are again subject to a multi-layered, especially religious, debate.[2]

The coral has, for generations, played a significant role in natural and art history. "The coral lends itself as the symbol of the origin and the all-pervasive being, the hybrid creature or the apparent paradox. It exists almost on its own accord, procreates sexually or asexually; it is gonochoristic or hermaphroditic."[3] In antiquity, the coral was seen to embody the world as a whole insofar as one thought one could read evolutionary primordial knowledge from it. At that time, its transformability in different spheres was appreciated; soft and opalescent in water, it hardens to stone in the air.[4] In the cabinets of arts and wonders, the early modern collections of the 16th and 17th centuries, precious corals were one of the most popular objects.[5]

Of further interest in our context is the shift in meaning of the coral during the 19th century. It became popular, thanks to the invention of the aquarium. In May 1853, the fish house opened in London, presenting the world's first aquarium with rare stone corals as a main attraction; a lady collector and sexual biographer had put her objects at the house's disposal.[6] Later on, corals were identified as living creatures, as a kind of flowering animal – plant and animal in one – because the coral has a mouth for eating, a gullet that eats plankton. Approaching the coral animal anatomically, the revelation of the reef sculpture being both a living creature and water organism was the most significant physiological feature that fascinated those involved, such as Darwin and other naturalists. It is a long way from the history of evolution theory to contemporary art.

Who contributes what and when? In the case of marine biology research and the sexual biographer Anna Thynne, there are so many conflicting indications as to who first coined the word aquarium, thus becoming the inventor of the hobby of furniture for nature, which was becoming increasingly popular in 19th century England. The experience of a woman who observed stone corals in her container (aquarium), and recorded the mass reproduction of spores, was ignored. After that, there was a row over who had coined the word for aquarium. It therefore seems logical to trust the person who had first approached marine life, and that was sexual biographer Anna Thynne. In the dispute about patents and honours, women are too often ignored, which was also the case with Rosalind Franklin, co-discoverer of the DNA structure. 1953 was the year in which Watson and Crick first drew a molecule, which has triggered research until today. Their model of the double helix emerged from their intuition and the new technology of X-ray diffraction, as well as Erwin Chargaff's previous discovery of the four bases A, C, T and G. However, Rosalind Franklin, who worked together with Maurice Wilkins on the discovery of the structure of genetic

das wesentliche physiologische Merkmal, das den Erkennenden wie Darwin und andere Naturforscher in Bann hielt. Von der Geschichte der Evolutionstheorie zur heutigen Kunst ist es ein weiter Weg.
Wer schreibt sich wann ein? Im Falle des Meeresforschertums und der Sexualbiografin Anna Thynne gibt es so viele widersprüchliche Hinweise, wer nun als Erster das Wort Aquarium einführte und somit zum Erfinder des zum Hobby aufsteigenden Naturmöbels im England des 19. Jahrhunderts wurde. Die Erfahrung einer Frau, die zur Untersuchung von Steinkorallen in ihrem Container (Aquarium) die Flut von Sporenvermehrung beobachtete und dies zu Protokoll gab, wurde missachtet. Danach wurde über den Erfinder des Terminus Aquarium gestritten. Es liegt nahe, dem Vertrauen zu schenken, der sich dem Leben annäherte, und das war die Sexualbiografin Anna Thynne. Im Streit um Patente und Ehrungen werden Frauen leider seit langem nicht selbstverständlich nominiert, das ist auch im Fall von Rosalind Franklin, Mitentdeckerin der DNA-Struktur, so gewesen. 1953 war das Jahr, in dem Watson und Crick zeichnerisch ein Molekül darstellten, das bis heute Forschungen nach sich zieht. Ihr Modell der Doppelhelix war ein Extrakt aus Intuition und einer neuen Technik der Röntgenbeugung sowie Erwin Chargaffs vorangegangener Entdeckung der vier Basen A, C, T, G. Das entscheidende Bild der Röntgenbeugung der DNA lieferte aber Rosalind Franklin, die mit Maurice Wilkins an der Visualisierung der Struktur des Erbmaterials arbeitete. Sie nahm das Foto Nr. 51 auf, welches klar die Struktur der Helix und die nach außen gelagerten Zucker- und Phosphatmoleküle vermuten ließ. Da sie 1958 starb, wurde sie nicht als Mitarbeiterin des Projekts, das 1962 den Nobelpreis erhielt, erwähnt.
In der Wissenschaftscommunity gilt Rosalind Franklin heute als Symbol für die erfolgreiche Arbeit von Frauen in der Wissenschaft. Zu der Zeit, zu der Franklin forschte, bekamen Wissenschaftlerinnen – insbesondere in den Naturwissenschaften – nur wenig Anerkennung. Auch Franklins Leistungen wurden zu Lebzeiten nicht anerkannt. Erst mehrere Jahrzehnte nach ihrem Tod wurde ihre Arbeit von Kollegen gewürdigt: Chemie-Nobelpreisträger Aaron Klug sprach in seiner Preisrede 1982 über Franklin. Eine späte Ehrung erhielt die Britin auch von der Finch University of Health Sciences in Chicago, die seit 2004 Rosalind Franklin University of Medicine and Science heißt. Und die in New York ansässige Rosalind Franklin Society engagiert sich für die Förderung von Frauen in der Wissenschaft.[7] Weibliche Akteure in der Wissenschaft sind oft aus guten Verhältnissen und deswegen nicht kämpferisch, stattdessen oft altruistisch und stur, aber nichtsdestoweniger erfinderisch, was ihnen oft erst in posthumen Ehrungen angerechnet wird.
Die Komplexität der Gegenwart ist nicht nur auf der molekularen Ebene eine Realität, auch das Abstrakte und Gedachte formuliert sich in unzähligen Computerprogrammen, die wir täglich anwenden. Das Netzwerk der geformten unsichtbaren Algorithmen im Hintergrund unserer Benutzeroberfläche und die damit in Verbindung stehenden Modellvorstellungen für Lebendiges, wie es sich in Datenmengen der Bioinformatik darstellt, können ebenso unkontrolliert ein Eigenleben entwickeln, das unserer Kontrolle nicht mehr untersteht. Das *Lady Musgrave Reef* ist insofern ein Weltentwurf an der Naht zwischen Naturmodell und Kulturmodell, weil es sich in Lebensmodalitäten einmischt, einen Arbeitnehmer- und Arbeitgeberstatus einnimmt. Die Massivität, die Kraft der Gruppe, der Zusammenschluss zu Interessensgemeinschaften ist der übliche Weg zur Verlautbarung und Bewusstmachung ökologischer Probleme. Die „kritische Masse" im *Lady-Musgrave-Reef*-Projekt bilden

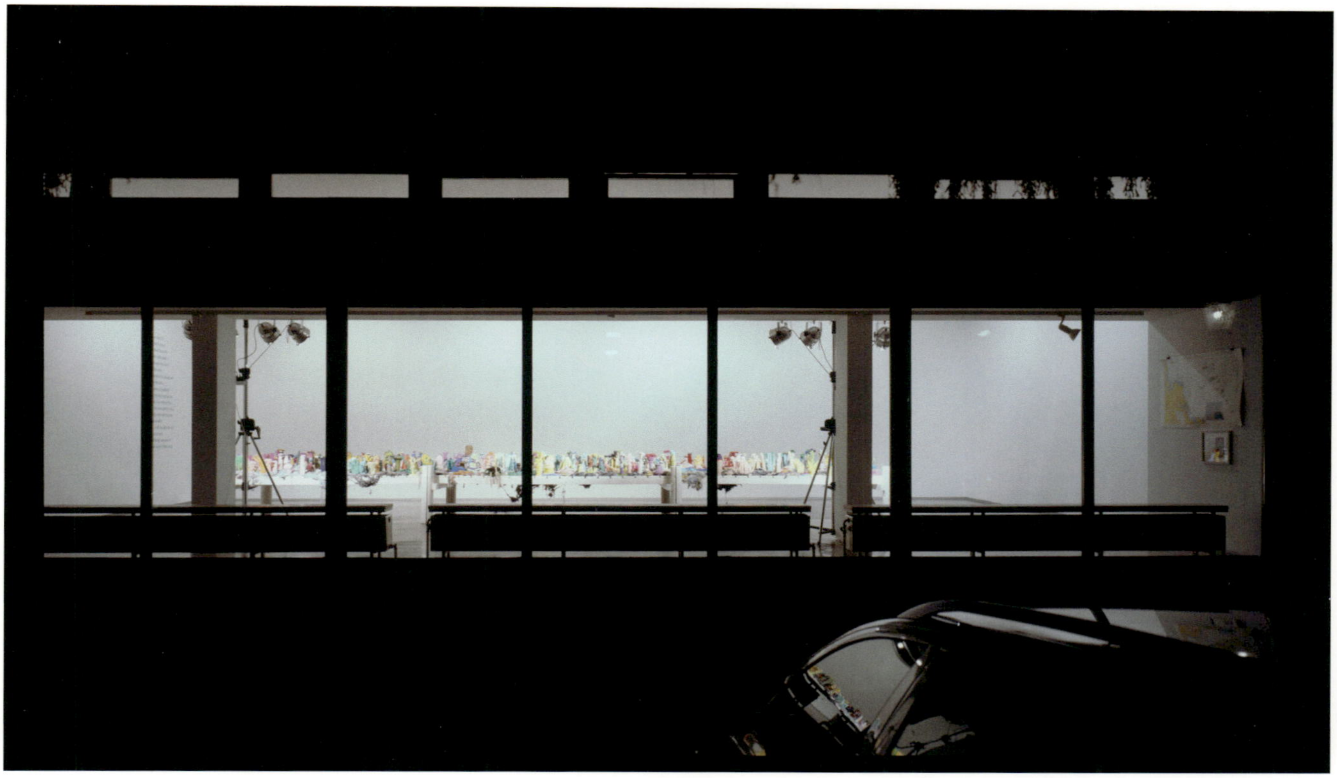

Lady Musgrave Reef, Petra Maitz, outdoor view, Galerie Stadtpark, Krems, 2006

material, delivered the decisive image of X-ray diffraction of DNA. It was she who took the photo no. 51, which clearly showed the structure of the helix and the externally located sugar and phosphate molecules. Since she died in 1958, she was not mentioned as a co-member of the project which received the Nobel prize in 1962.

In the scientific community today, Rosalind Franklin is a symbol for successful women's work in science. At the time Franklin conducted research, female scientists – especially those involved in natural sciences – earned little recognition. Even Franklin's achievements were not recognised during her lifetime. Her work was honoured by her colleagues only several decades following her death. In his 1982 speech, chemistry Nobel prize winner Aaron Klug mentioned Franklin. The British scientist also received late honours from the Finch University of Health Sciences in Chicago, which was renamed Rosalind Franklin University of Medicine and Science in 2004. The New York-based Rosalind Franklin Society has committed itself to promoting women in science.[7] Female actors in science often have wealthy backgrounds and thus fail to be militant, but tend to be rather altruistic and obstinate instead. They are nevertheless inventive, for which they are only honoured after their death.

The *Lady Musgrave Reef* is thus a world design on the interface between the natural and cultural model because it interferes with modes of life, adopting the role of employer and employee. The hugeness, the power of the group, its fusion into alliances, is the usual way for announcing and raising awareness for ecological problems. The "critical mass" in the *Lady Musgrave Reef* project is represented by the needle workers who were paid to produce hand-made corals.[8]

In the reef's ecosystem, interactions and energy are prerequisites of collaboration and co-evolutionary cooperation and are dependent on solar incidence and safe resources. Two parameters which are extremely volatile. However, they are promising as a natural system of biological equilibrium.

die Heimarbeiterinnen, die gegen Entlohnung mit der Herstellung von Korallen in Handarbeit beauftragt wurden.[8]
Im Riff-Ökosystem sind Interaktionen und Energie die Voraussetzung für Kooperation und für koevolutionäre Zusammenarbeit und abhängig von Sonneneinstrahlung und Ressourcensicherheit. Zwei Parameter, die äußerst unsicher sind. Als Modellvorstellung jedoch ein viel versprechendes, natürliches Lebens-Gleichgewichtssystem. Korallenriffe bilden die größte ökosoziale Einheit von Arten und vielfältigen Lebensformen. Diese ernähren sich voneinander und miteinander in einem wechselnden Zyklus mit ihrer Umwelt. Die Sonne ist die primäre Quelle der Energie für das Ökosystem. Durch Photosynthese wird Lichtenergie in chemische Energie umgewandelt. Die RNA-Welt-Hypothese hat den Charakter eines Urmodells wie die Koralle als Evolutionsmodell und das Modell eines Moleküls, das einmal eins und dann zwei sein kann, wenn sich zwei in verschiedener Konfiguration an einem Ort treffen und einen Austausch pflegen. *LUCA – The Last Universal Common Ancestor* wird das Molekül von Biochemikern genannt und es wird als das Urbakterium gehandelt, es ist ein RNA-Molekül. Der synthetische Nachbau ist allerdings noch nicht gelungen und somit ist die Hypothese einstweilen rein abstrakt und somit eine abstrakte Vorstellung. Die RNA-Welt-Hypothese ermöglicht als Idee ein Nebeneinander von differenten Funktionen und Katalysatoren von Elementen im Urzustand der Lebendigkeit. Biologie bettet sich in Physik und Mathematik ein und diese Transformation fördert somit neue Weltentwürfe und deren Visualisierungen.
Wenn man schließlich die gesamte Arbeit als ein Netzwerk verschiedener Informationsebenen betrachtet, in dem es keinen Unterschied macht, ob kritische Heimarbeiter oder Wissenschaftler gegenüberstehen, so kann man sagen, dass es sich bei dem ganzen Unternehmen um eine Arbeit im Geist des Partizipationsprinzips handelt.
Das *Lady Musgrave Reef* könnte auch einfach nur errechnet werden, dann jedoch wird uns der Anblick von Schönheit und Absurdität eines gehäkelten Korallenriffs vorenthalten.

KONKLUSION

Die technologische wie auch die mikrobiologische Theoriebildung in den Naturwissenschaften wendet sich vermehrt deren philosophischer Hinterfragung und ethischer Verantwortung zu. In der Natur kommt ursprünglich eine beschränkte Anzahl an Kodierungen der Substanzen vor und die verallgemeinerte Evolutionstheorie lehrt uns Langsamkeit bei der Entwicklung von Neuerfindungen.
Visualisierungstechniken der Mikrowelten, ob chemische in Labors gesammelte Präparate oder in elektronischen Datenbanken ruhende, sind aktuelle Forschungsfelder. Was wird wie dargestellt, ist die zentrale Frage unserer Beispielsammlung. Beginnend bei biologischen Datenverarbeitungslogarithmen sind Micro-CT-Bilder von embryonalen Mammals etwas durchaus Schönes und dienen der Evolutionsforschung. Faszinierend daran ist die unglaubliche Perfektion der mikrometrisch genau errechneten Darstellung des Embryos. Das Beispiel des „MicroCT scan of a chicken embryo" (Brian Metscher/Gerd Müller) ist eine dreidimensionale Rekonstruktion der Micro-CT-Aufnahme eines Hühnerembryos am dritten Entwicklungstag mit durchsichtigem Oberflächen-Rendering und Koordinatennetz, eine technisch sehr aufwändige Darstellung.

Coral reefs form the largest eco-social unit of species and diverse forms of life. They live from one another and together in an alternating cycle with their environment. The sun is the primary source of energy for the ecosystem. Light energy is transformed into chemical energy through photosynthesis.
The complexity of the present is not only a reality on the molecular level – the abstract and the thought formulates itself in numerous computer programs which we use daily.
The network of formed invisible algorithms in the background of our user surface and the model ideas of living creatures associated with them, as it appears in the mass of bioinformatics data, could also develop uncontrolled lives of their own, which are no longer under our control. The RNA world hypothesis resembles the primordial model just as the coral resembles the evolution model and the model of a molecule, which can sometimes be one and sometimes two, if, depending on their configuration, two of them meet in one place and interact with each other. *LUCA – the Last Universal Common Ancestor,* is the name biochemists gave the molecule. It is known as the primordial bacterium – and is a RNA molecule. Since scientists have not yet succeeded in creating a synthetic replica, the hypothesis remains abstract and is an abstract concept for the time being. As an idea, the RNA world hypothesis enables a juxtaposition of different functions and catalysts of elements in their original state of being alive. Biology is embedded in physics and mathematics, transforming itself and promoting new world concepts and their visualisations.
If one considers the entire work of Lady Musgrave Reef as a network of different levels of information, in which it makes no difference whether critical needle workers or scientists are encountered, we can say that the whole enterprise works in the spirit of, and on the principle of, participation. Alternatively, the *Lady Musgrave Reef* could simply be calculated – this however, would deprive us of the beauty and absurdity of a crocheted coral reef.

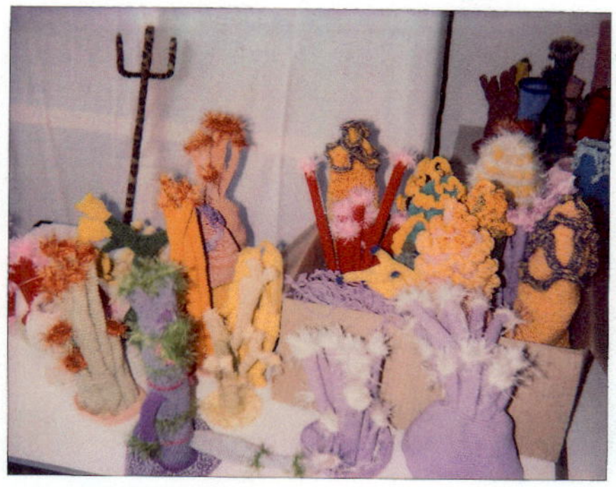

24.07.06
Musgrave Reef, new pieces

Musgrave Reef

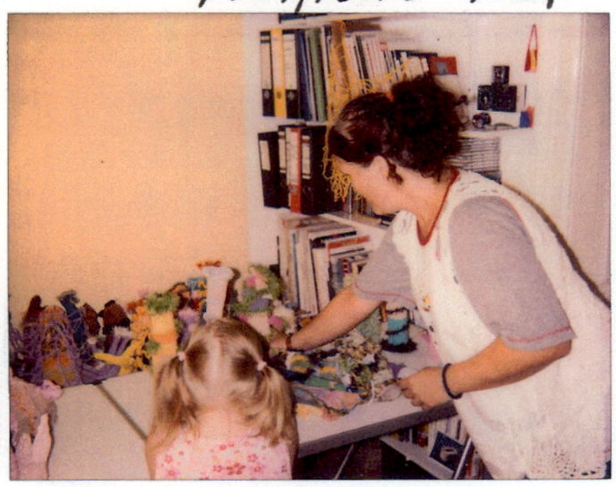

10.08.06
Fr. Rosner & Tochter, Wien

Lady Musgrave Reef Foundation founded 2002, studio work in Vienna, Lucy Rosner & her daughter

CONCLUSION

The development of both the technological and microbiological theory in natural sciences increasingly questions their philosophy and ethical responsibility. Originally, nature has a limited number of substance codings, and the generalised evolution theory teaches us slowness in the development of new inventions.
Visualisation techniques of micro-worlds, whether they be chemically collected preparations in laboratories or in electronic databases, are current fields of research. What is shown and how it is shown, is the key question of our collected examples. Starting with biological data processing logarithms, micro-CT images of embryonal mammals are by all means something lovely and benefit evolution research as well. What fascinates us is the incredible perfection of the embryonic image calculated precisely on a micrometric scale. The micro-CT scan of a chicken embryo (Brian Metscher/Gerd Müller) exemplifies a 3-dimensional reconstruction of the micro-CT image of a chicken embryo on the third day of its development by means of transparent surface-rendering and coordinate network – a highly complicated technological image.

Sei es die Kooperation wissenschaftlich/grafisch als handwerkliche Zusammenarbeit, die Kooperation wissenschaftlich/künstlerisch als Einbeziehung zusätzlicher imaginativer Impulse oder ein dezidiert unabhängiges künstlerisches Arbeiten auf wissenschaftlicher Basis – das Verbindende dabei ist ein Denken in Bildern, ein Verständnis von Bildern als Sprache.
Wenn Kooperationen zwischen Wissenschaft und künstlerischem Handwerk geschehen, handelt es sich um verwischte Grenzziehungen, die im Bereich des Transfermodells liegen, also deren individuelle Aussagen einem nicht so strengen methodischen Wissenschaftszwang unterliegen. Diese Visualisierungen finden sich im Bereich der Kunst und der Grafik, aber auch der Ethnologie. Die Handzeichnung ist in der Kategorie von Visualisierungstechniken (wissenschaftlich/grafisch) ein wichtiges Mitteilungsinstrument. Derlei Beispiele können wir in Philippe Rekacewicz' Kartografien für *Le Monde diplomatique* sehen und auch die Handzeichnungen von Ethnien in Südostasien (Sammlung Bernatzik), oder Georg Forsters Illustrationen zur *Reise um die Welt* haben diesen Charakter. Seit dem 17. Jahrhundert ist diese Art des wissenschaftlichen Zeichnens als unverzichtbar angesehen worden und hat der Ordnungssystematik der Naturbeschreibungen gedient. Carl von Linné, Raoul Francé und Darwin sind auch durch den zeichnerischen Zugang, also mittels „Handwerk", zur wissenschaftlichen Aussage gelangt. Etwas darzustellen, das sich der Schrift allein entzieht und durch bildhaften Vergleich und kontextuelles Denken erhellt wird, ist eine Begabung des Menschen, sich in seiner Welt zu verorten. Anthropologen nennen diese Eigenschaft die „mediale Selbstbefähigung des Menschen". Vielleicht haben Menschen von jeher die Bildsprache verwendet, um sich über Inhalte zu verständigen, für die zunächst die Worte fehlten, so Wolf Singer[9]. Singer zufolge genüge es doch, eine Verabredung für die verbindliche Benennung von Bäumen, Tieren und Gestirnen zu treffen, und es fällt leicht, damit auf den Gegenstand zu verweisen und ihn mit einem Wort zu assoziieren. „So wird Sprache erlernt. Aber wie es anstellen, um sich über Unsichtbares zu verständigen, solange Worte für Freude, Trauer, Leidenschaft fehlen [...], oder über soziale Realitäten, die erst in die Welt kamen, als Menschen begannen, der biologischen Evolution eine kulturelle hinzuzufügen? Hier gibt es nichts, auf das zwei verweisen können, um dafür einen Begriff zu prägen. Erst muss, was zu benennen ist, übersetzt sein in ein Objekt, das von mindestens einem der fünf Sinne unmittelbar wahrgenommen und verstanden werden kann. Es bedarf der Darstellung des gemeinsam Erfahrbaren in etwas Konkretem."[10]
In den Beispielen dieser Arbeit ist besonderer Wert auf eine subjektive Auswahl gelegt worden, weil sich mit der Auswahl der Kapitel und der darin vorgestellten Personen, Forscher und Künstler eine persönliche Freundschaft und auch jahrelange Zusammenarbeit mit der Autorin verbindet. Themenkomplexe der heutigen Zeit wie der Verlust der Biodiversität oder das Absterben der alten Naturschönheiten wie des hier oft zitierten Korallenriffs haben die Autorin nachhaltig inspiriert, eine lang andauernde Recherche über das Wachstum der Korallen und den evolutiven Prozess der Riffentstehung zu verfolgen, woraus zahlreiche Skizzen und Zeichnungen und kartografische Erklärungsblätter über Territorien und Verteilungstopografien seltener Lebewesen entstanden sind. Diese Umsetzung auf Imagination beruhender Visualisierung präzisiert eine unabhängige künstlerische Position. So kann auch die Entwurfsskizze als Entität zur Beweisführung einer Individualisierung stehen, wie auch die Form in der Gestaltanalyse (Phänotyp – Jim's Dog) nie nur formal innerhalb und außerhalb ihres Kontextes besteht.

Whether it be a scientific/graphic cooperation as a manual cooperation in the sense of workmanship – the scientific/artistic as an inclusion of additional imaginative impulses, or undisputed independent artistic work on a scientific basis – what unifies them all is thinking in images, the understanding of images as a language.
When cooperations between science and artistic handicrafts happen, it has to do with fuzzy demarcations near to the transfer model, thus their individual statements are not subject to such strict methodological constraints of science. These visualisations can be found in the field of art and graphics, as well as in ethnology. Drawing by hand is an important communicative tool in the category of visualisation techniques (scientific/graphical). Phillipe Rekacewicz's cartographs for *Le Monde diplomatique* provide us with some examples, as do hand drawings of ethnic groups in south-eastern Asia (Bernatzik Collection), or Georg Forster's illustrations for *Reise um die Welt*. Since the 17th century, this kind of scientific drawing has been considered indispensible and has greatly served the taxonomy of descriptions of nature. Carl Linnaeus, Raoul Francé and Darwin also reached their scientific conclusions via "manual work", i.e. by way of drawing. To be able to depict something that cannot be represented by way of writing and which is enlightened through pictorial comparison and contextual thinking, is a human gift by which man hopes to localise himself in his world. Anthropologists call this characteristic "the self-empowerment of the human being through media". It could very well be that human beings have always used picture language in order to communicate content that cannot, at first, be appropriately expressed in words, says Wolf Singer[9]. According to Singer, it would suffice to agree on obligatory names for trees, animals and heavenly bodies, and it seems simple to point to an object and associate it with a word. "That is how we learn a language. But how is it possible to communicate the invisible to each other, as long as words for joy, sadness, or passion are missing [...], or how to talk about social realities that only came into being when man started to add a cultural evolution to the biological? There is nothing at all here to which two can refer in order to coin a suitable word. First of all, what we want to refer to has to be translated into an object that can be directly perceived and comprehended by at least one of our five senses. The representation of that which can be mutually experienced has to be translated into something concrete."[10]
Great care was taken to maintain a subjective selection of examples presented in this paper, since the author knows many people, scientists and artists personally whom she introduces and presents in her work. Today's diverse problems such as the loss of biodiversity or the extinction of old natural beauties like the coral reef presented in this paper profoundly inspired the author to conduct thorough and exhaustive research on the growth of corals and the evolutive process of reef development. They have resulted in numerous sketches, drawings and cartographic keys of territories and the topographic distribution of rare species. This implementation of imagination based on visualisation specifies an independent artistic position. In that way, the sketch can be regarded as an entity to prove individualisation, just as the shape in shape analysis (phenotype – Jim's Dog) never exclusively exists formally inside and outside of its context.
Model-like inventions are part of contemporary culture. The fact that science is newly or reformulated corresponds to field research in Bruno Latour's sense and is daily practice in the lives of many contemporary art producers. In natural science, chaos and irregularity are accepted as being as equally important as a regular and linear system. This applies to systems such as cell structures, the immune system or animal population behaviour. However, non-linearity and chaotic behaviour are also characteristic for the climate or the economy.[11] Scientists are convinced that these different systems are based on similar principles.

Modellhafte Neuerfindungen sind Teil zeitgenössischer Kultur. Dass man Wissenschaft neu- oder umformuliert, ist Feldforschung im Sinne Bruno Latours und eine gängige Praxis vieler zeitgenössischer Kunstproduzenten. In den Naturwissenschaften sind Chaos und Irregularität als ebenso wichtig akzeptiert wie ein reguläres und lineares System wie z. B. Zellstrukturen, das Immunsystem, das Populationsverhalten von Tieren, aber auch für das Klima oder die Ökonomie sind Nichtlinearität und chaotisches Verhalten charakteristisch.[11] Forscher sind überzeugt, dass diese unterschiedlichen Systeme auf ähnlichen Grundprinzipien beruhen.

„Biologists think they are Biochemists, Biochemists think they are Physical Chemists, Physicists think they are Gods, and God thinks he is a Mathematician."[12]
Anon

Komplexitätsforschung und Vernetzungstheorie könnten aktuelle Fragen beantworten, jedoch in welcher Sprache? Sie zeigen multidimensionale Systeme in einer dynamischen Vernetzung, Wechselwirkungen rücken in den Mittelpunkt der Betrachtungen, Wahrscheinlichkeiten und Statistiken scheinen Erkenntnisse zu ersetzen.
Evolution bezieht sich nicht nur auf Biologie, nach Richard Dawkins macht Evolution selbst als solche eine Evolution durch.[13] Neue Fragen ergeben sich zunehmend in allen Disziplinen: Sind wir durch unser evolutionäres Erbe in der Lage, komplex zu denken, Unsicherheiten zu akzeptieren und verschiedene Denkebenen gleichzeitig in Betracht zu ziehen?
Inwieweit kann mit künstlerischen Mitteln Komplexität abgebildet werden? In einer einfachen Pfütze, die im Licht der Sonnenstrahlung verdampft, vermag der Künstler ein gezeichnetes Schaf wahrzunehmen. Manche sehen hingegen nur die Begrenzungslinien zwischen Wasser und Luft. Solche Phänomene sind ebenso allgemein wie subjektiv, beruhen aber physikalisch gesehen auf einem Naturvorgang, den ein Mensch beobachten und interpretieren und über den er reflektieren kann. Die Beobachtbarkeit der Welt und das Bewusstsein Beobachter zu sein wird zum Reflexionsthema. Moderne Visualisierungstechniken haben in den Wissenschaften eine besondere Rolle. Die Zeichnung ist in der Archäologie heute immer noch das wichtigste Mittel, Fundstücke mit subtiler Feinstruktur darzustellen. Stephen Jay Goulds gedämpfter Fortschrittsglaube und sein Schlusssatz in *Illusion Fortschritt* zitiert Darwins *Die Entstehung der Arten:* „[...] er feierte die Evolution nicht mit Lobeshymnen auf die menschliche Intelligenz oder auf einen aufwärts führenden Weg zu vorherbestimmter, überlegener Komplexität; stattdessen ehrte er die überbordende, wimmelnde Vielfalt des Lebendigen im Gegensatz zu der stumpfsinnigen wiederholten Bewegung der Erde um die Sonne mit all ihrer Newtonschen Majestät [sic] [...]: ‚dass, während dieser Planet gemäß den bestimmten Gesetzen der Schwerkraft im Kreise sich bewegt, aus einem so schlichten Anfang eine endlose Zahl der schönsten und wundervollsten Formen entwickelt wurden und noch entwickelt werden. [...] Es liegt etwas Großartiges in dieser Ansicht vom Leben.'"[14]
Die Zeichnung vermag unseren Gedanken eine Form zu verleihen und gleichzeitig unsere Gedanken zu formen. Gerade heute kommt ihr eine besondere Bedeutung zu. Im Zusammenhang mit der künstlerisch-wissenschaftlichen Tendenz zur Kooperation ist die Zeichnungsskizze wie die Entwurfsskizze ein unersetzliches Kommunikationsmittel im Singulären und kann mehr als nur Objektivierung.

"Biologists think they are Biochemists, Biochemists think they are Physical Chemists, Physicists think they are Gods, and God thinks he is a Mathematician."[12]
Anon

Complexity research and network theory could answer current questions – but in which language? They show multidimensional systems in a dynamic network, where interdependencies become increasingly important in studies, and probabilities and statistics seem to replace knowledge.

Evolution not only refers to biology: according to Richard Dawkins, evolution is even going through evolution itself.[13] New questions are increasingly emerging in all disciplines: Does our evolutionary heritage enable us to think in a complex manner, accept insecurities and consider various different levels of thought at the same time?

To what extent can complexity be depicted with artistic means? The artist may perceive the drawing of a sheep in a simple puddle that is evaporating in the heat of the sun. Some, however, would only see the borderlines between water and air. Although such phenomena are both general and subjective, from a physical view, they are based on a natural process that a person can observe and interpret and upon which he or she can reflect. The observability of the world and awareness of being an observer thus becomes a subject of reflexion. Modern visualisation technologies have played a special role in sciences. In modern archaeology, the sketch is still one of the most useful ways to represent findings with a subtle fine-grained structure. Stephen Jay Gould's subdued belief in progress and his final remark in *Full House. The Spread of Excellence from Plato to Darwin* quotes Darwin's *On the Origin of Species*: "He did not celebrate evolution by lauding the development of human intelligence or any upward march to preordained and preferable complexity. Rather, he chose to honor life's bursting and bustling variety in contrast with the dull repetition of earthly revolution about the sun in all its Newtonian majesty [...]: 'Whilst this planet has gone cycling on according to the fixed law of gravity, from so simple a beginning endless forms most beautiful and most wonderful have been, and are being, evolved. [...] There is grandeur in this view of life.'"[14]

The drawing is able to give shape to our thoughts and to shape them. This is all the more important today. In connection with the artistic-scientific trend toward cooperation, sketches and preliminary drawings are an irreplaceable means of communication in particular and can do more than merely objectivise.

The focus on drawing as a source of knowledge-extending cognition plays an essential role in this book and has led to a great number of pictures on the subject of visualisation. In this respect, the development to evolutive self-organisation in complex pictorial environments could be an intelligent method to escape the constraints of uniformity and to participate in urgent scientific questions by means of individual solutions.

On the occasion of his 100th birthday, the great evolutionary biologist Ernst Mayr, theorist of the living, was asked about the reconciliation of physics and biology, whereupon he answered tersely: "What do you mean by reconciliation? Do you mean you could reconcile apples and oranges?"[15]

Der Focus auf die Zeichnung als Erkenntnis erweiternde Wissensquelle hat in diesem Buch einen besonderen Platz eingenommen und bedingt die große Fülle an Abbildungen zum Thema Visualisierung. Insofern ist die Entwicklung zur evolutiven Selbstorganisation in komplexen bildhaften Umwelten vielleicht eine intelligente Methode, dem Einheitsdrang zu entkommen und durch individuelle Lösungen an akuten Wissenschaftsfragen mitzuwirken.
Der große Evolutionsbiologe Ernst Mayr, der Theoretiker des Lebendigen, wurde zu seinem 100sten Geburtstag zu einer Versöhnung von Physik und Biologie befragt, woraufhin dieser lapidar antwortete: „Was heißt Versöhnung? Meinen Sie, Sie könnten Äpfel und Orangen versöhnen?"[15]

1. Petra Maitz: Lady Musgrave Reef in: Adrienne Goehler (Hg.): zur nachahmung empfohlen, Ostfildern-Ruit: Hatje Cantz 2011, http://www.z-n-e.info/?root=2&kat=7&id=288&lang=de

2. Vgl. Christa Steinle: Das Lady Musgrave Reef – vom Territorium Maris zum Territorium Artis, in: Christa Steinle (Hg.): Petra Maitz. Lady Musgrave Reef, Köln: Verlag der Buchhandlung Walther König 2007, S. 5, 13

3. Christine Maitz: Das Lachen der Göttinnen oder das Ende der Passivität, in: Christa Steinle (Hg.): Petra Maitz. Lady Musgrave Reef, op.cit., S. 28

4. „Immer noch bleibt den Korallen das nämliche Wesen: sie werden/Hart, wenn die Luft sie berührt, und was in dem Meere Gezweig war,/Wird, enthoben dem Meer zu starrem Gesteine gestaltet." (Ovid, Metamorphosen, IV, 750–752, in Ovidius 1958, S. 286f, zitiert nach ebenda, S. 62). Sie waren das Zeichen des Überflusses der Künstlerin Natur, die sich dem Menschen durch Versteinerung in all ihrer Schönheit offenbarte.

5. Die bedeutendste zusammenhängende und bis heute erhaltene Korallensammlung geht auf Erzherzog Ferdinand II. von Tirol zurück und befindet sich auf Schloss Ambras bei Innsbruck. Zusätzlich ist das Motiv der Koralle sehr beliebt und geht auf eine lange Tradition zurück, die sowohl im europäischen wie auch im außereuropäischen Kulturraum zu finden ist. So ist z.B. auf dem berühmten Bild von Piero della Francesca, *Madonna di Senigallia* von 1472–1475, das Jesuskind mit einer markanten roten Korallenkette dargestellt, der man bis heute eine heilbringende und schützende Wirkung nachsagt.

6. Anna Thynne, erste Biografin des Meereslebens, schrieb in *The Annals and Magazine of Natural History: Zoology, Botany, and Geology* 1859 über ihre Beobachtungen des Korallenlebens und kam damit dem Forscher P. H. Gosse zuvor.

7. Vgl. Julia Holzapfel in der Stern-Onlineausgabe vom 25.7.2013

8. Vgl. Julia Fabényi:. Versuch einer Entschlüsselung, in: Christa Steinle (Hg.): Petra Maitz. Lady Musgrave Reef, op.cit., S. 44

9. Vgl. Wolf Singer: Der Körper in der Kunst, in: Kunst der Moderne 1800–1945, Ostfildern: Hatje Cantz Verlag 2012, S. 37. Wolf Singer ist ein deutscher Neurophysiologe, geb. 1943: zahlreiche Publikationen zur Hirnforschung und Neurowissenschaften, Direktor des Max Planck Institutes für Hirnforschung in Frankfurt am Main. http://www.brain.mpg.de/research/singer-department/director/essays-and-interviews/

10. Wolf Singer: Der Körper in der Kunst, op.cit., S. 38

11. Vgl. Sabine Adler, Imke Bösch, Juliette Israel, Robert Schmidt: Komplexität in Kunst und Wissenschaft, Ausstellungsbulletin ERES-Stiftung, Plattform für den Dialog von Naturwissenschaft und Kunst, München 2012, S. 3

12. Anon, zitiert nach John D. Barrow: Key Images in the History of Sciences, London: Random House 2008, S. 295

13. Richard Dawkins: Geschichten vom Ursprung des Lebens, Berlin 2008, S. 776, 834, 847, in: Christian Reder: Orientierungslinien durch Raum und Zeit. Kartographisches Denken, Wien-New York: Springer 2012, S. 186-187

14. Stephen Jay Gould: Illusion Fortschritt. Die vielfältigen Wege der Evolution, Frankfurt am Main: Fischer 1999, S. 282. Stephen Jay Gould (1941–2002) war ein amerikanischer Paläontologe, Geologe und Evolutionsbiologe.

15. Ernst Mayr in: Der Spiegel, Nr. 28, Hamburg 2004, S. 149

1. Petra Maitz: Lady Musgrave Reef in: Adrienne Goehler (ed.): zur nachahmung empfohlen, Ostfildern-Ruit: Hatje Cantz 2011, http://www.z-n-e.info/?root=2&kat=7&id=288&lang=de

2. Cf. Christa Steinle: The Lady Musgrave Reef – from Territorium Maris to Territorium Artis, in: Christa Steinle (ed.): Petra Maitz. Lady Musgrave Reef, Cologne: Verlag der Buchhandlung Walther König 2007, p 56, 60

3. Christine Maitz: The Smile of the Goddesses or The End of Passivity, in: Christa Steinle (ed.): Petra Maitz. Lady Musgrave Reef, op.cit., p 74

4. "Even now corals have the same nature, hardening at a touch of air, and what was alive, under the water, above water is turned to stone" (Ovid, Metamorphoses, IV, 750–752, in Ovidius 1958, p 286/287, quoted according to: l.c. p. 62.). They symbolised opulence of nature as an artist who revealed herself to man in all her beauty by means of petrifaction.

5. Today's most significant coherent collection of corals, which once belonged to Archduke Ferdinand II of Tyrol, can be admired at Ambras Castle near Innsbruck. In addition, the coral motif has not only enjoyed traditional popularity in European, but also in overseas cultural areas. (In Piero della Francesca's painting *Madonna di Senigallia* 1472–1475, for example, the infant Jesus is portrayed wearing a striking coral necklace which is still today believed to have a healing and protective effect.

6. Anna Thynne, the first biographer of marine biology, wrote in *The Annals and Magazine of Natural History: Zoology, Botany, and Geology* 1859 about her observations of coral life, thus anticipating researcher P. H. Gosse.

7. Cf. Julia Holzapfel in: Stern online edition on 25/7/2013

8. Cf. Julia Fabényi: Research on the Keynote Structure, in: Christa Steinle (ed.): Petra Maitz. Lady Musgrave Reef, op.cit., p 84

9. Cf. Wolf Singer: Der Körper in der Kunst, in: Kunst der Moderne 1800–1945, Städelmuseum, Frankfurt am Main 2012, Ostfildern-Ruit: Hatje Cantz 2012, p 37. Wolf Singer is a German neurophysiologist, born in 1943, numerous publications on brain research and neurosciences, director of the Max Planck Institute for Brain Research, Frankfurt am Main. http://www.brain.mpg.de/research/singer-department/director/essays-and-interviews/

10. Ibid., p 38

11. Cf. Sabine Adler, Imke Bösch, Juliette Israel, Robert Schmidt: Komplexität in Kunst und Wissenschaft, Ausstellungsbulletin ERES-Stiftung, Plattform für den Dialog von Naturwissenschaft und Kunst, Munich 2012, p 3

12. Anon, quoted in John D. Barrow: Key Images in the History of Sciences, London: Random House 2008, p 295

13. Cf. Richard Dawkins: The Ancestor's Tale. A Pilgrimage to the Dawn of Life, London: Weidenfeld & Nicolson 2004, p 498 et seq.

14. Stephen Jay Gould: Full House. The Spread of Excellence from Plato to Darwin, Cambridge/Mass.-London: The Belknap Press of Harvard University Press 2011, p 230. Stephen Jay Gould (1941–2002) was an American palaeontologist, geologist and evolution biologist.

15. Ernst Mayr, in: Der Spiegel, No.28/, Hamburg 2004, p 149

III. WORKS 2013–1993

LADY MUSGRAVE REEF

STAATSQUALLE

THE MUSGRAVE RITUAL

STAGHORN CORALS

HYPERBOLIC FORM

TELEPHONE

LADY MUSGRAVE CHAIR

XY MANDALA

BUSENMANDALA

OAZA ČAČAK

WOMEN'S WORK

THE PROMISE

LIDO PALM

NO WATER

PARTICIPATING LADIES

MODELS OF NEURONS & TRNA

ELASTIC SPACE SOUND

SCHLAPPBODYCHAIR

NADJA

EVOLUTION MAKES YOU BELIEVE

TEEHYBRIDE

OCTOPUS

THE REASONS OF SCIENCE

HEAVENLY

HERSTORIES

WHAT IS BEHIND THAT CURTAIN

PARADISE 1962

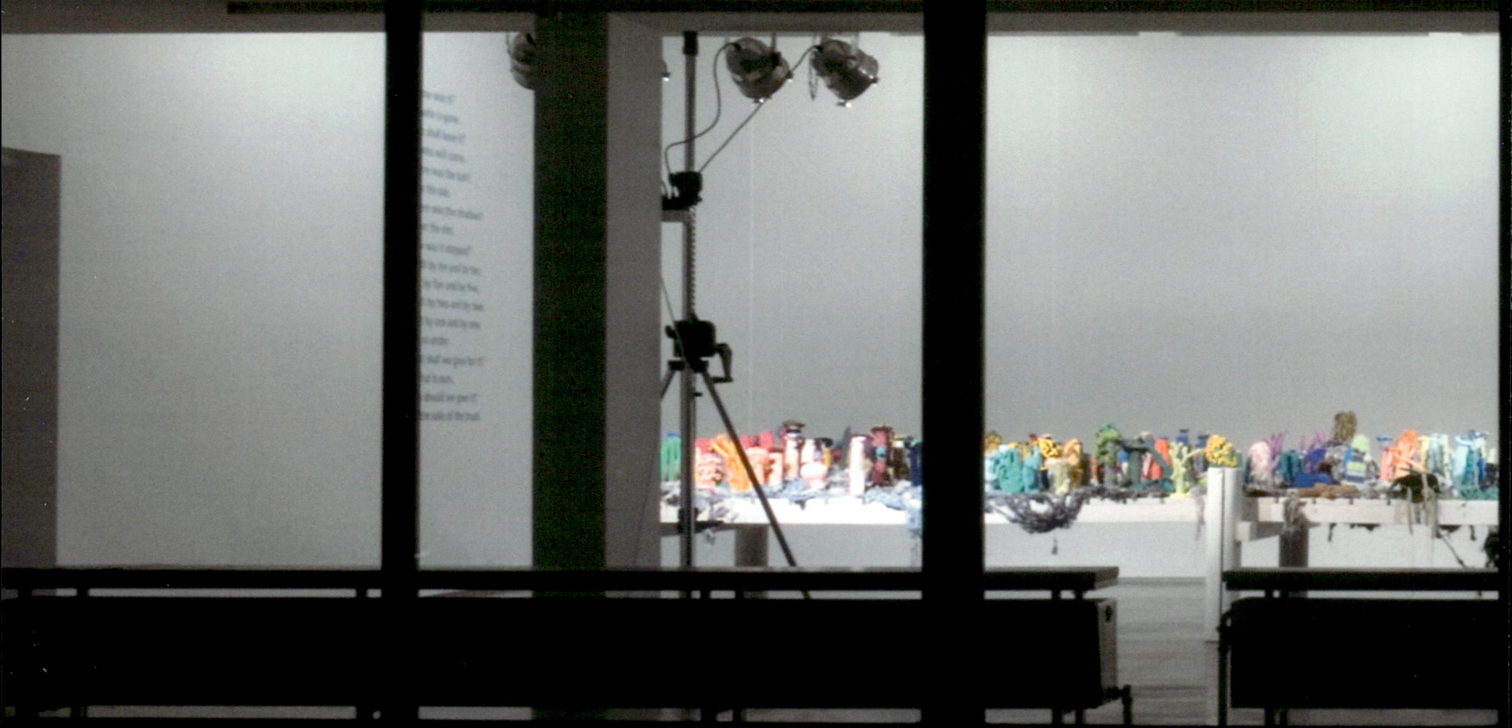

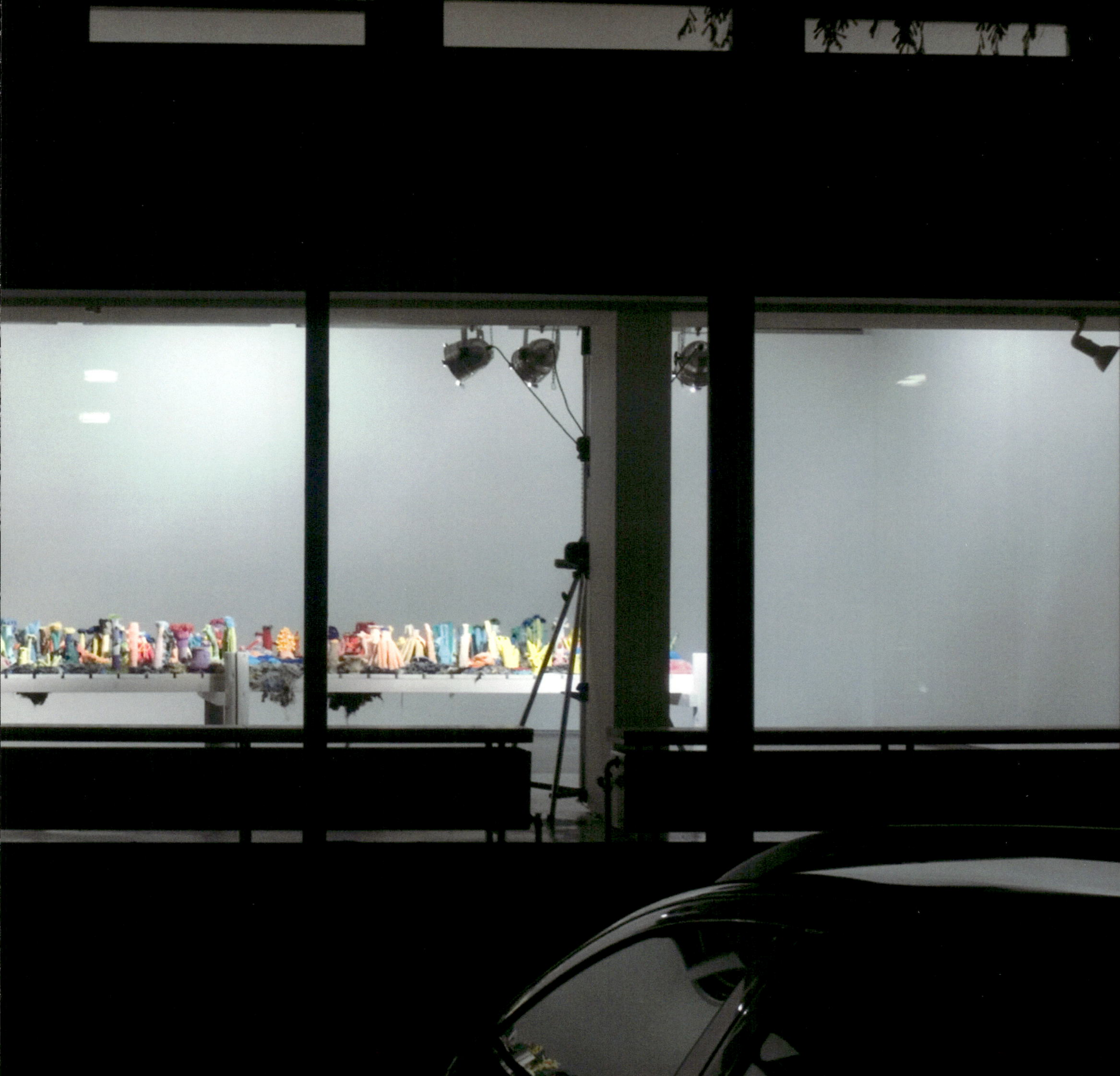

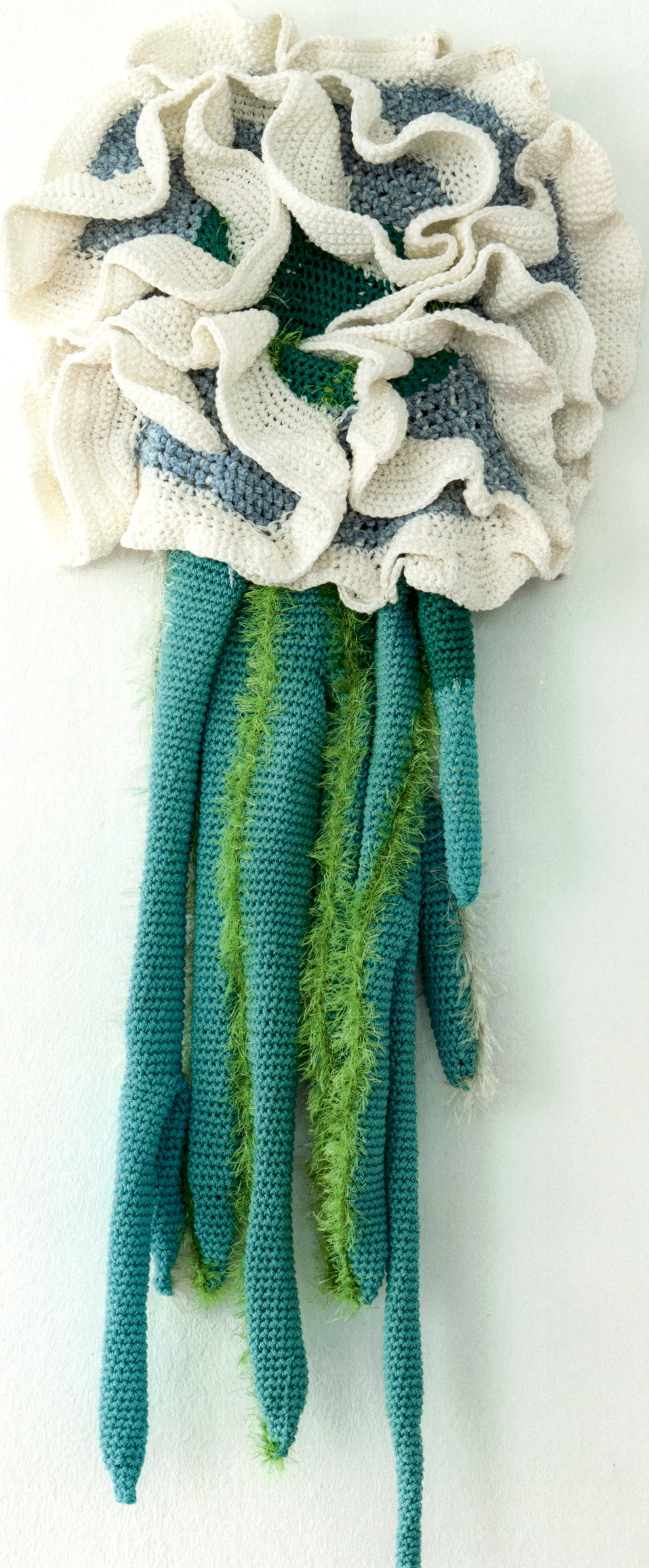

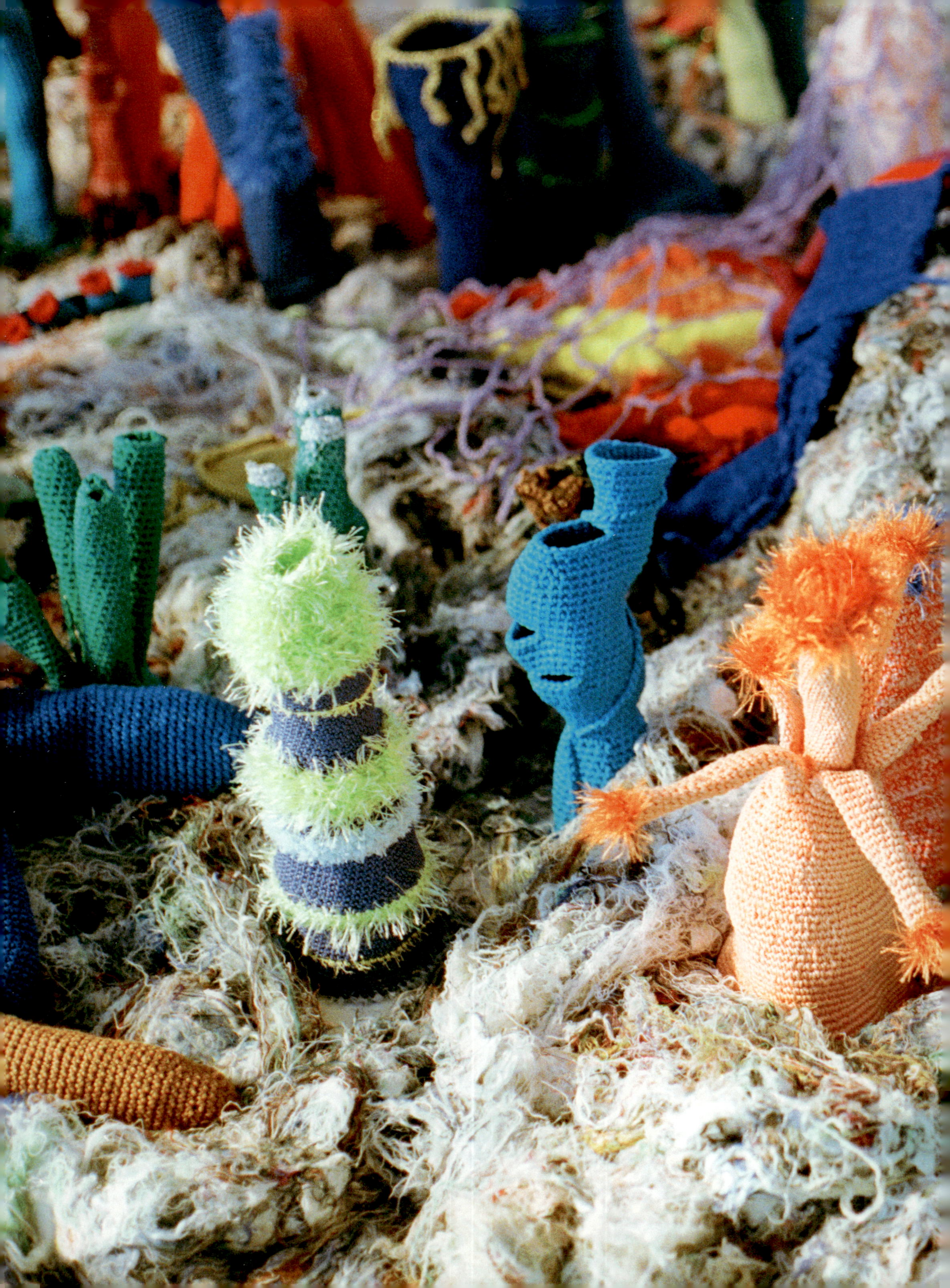

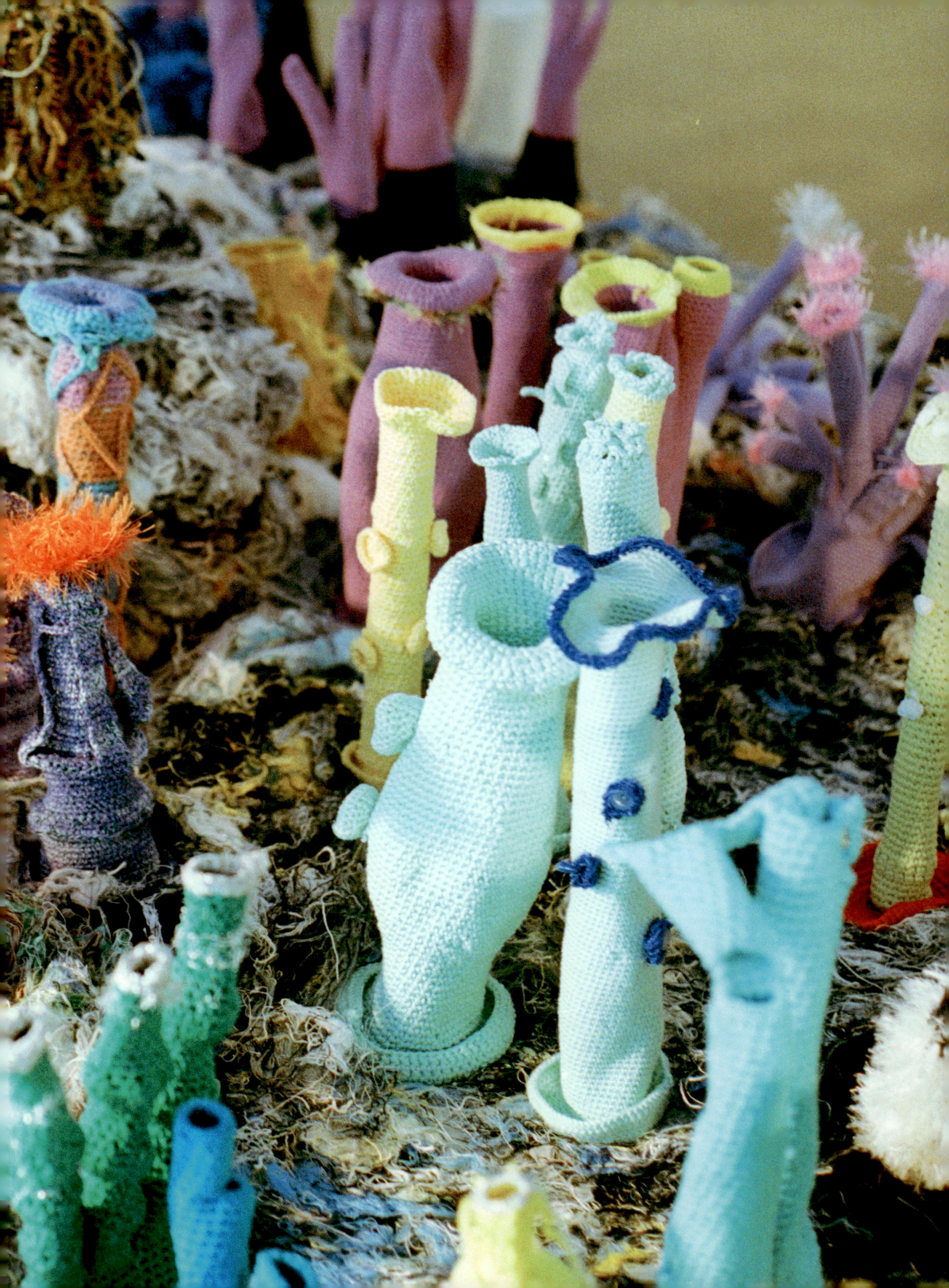

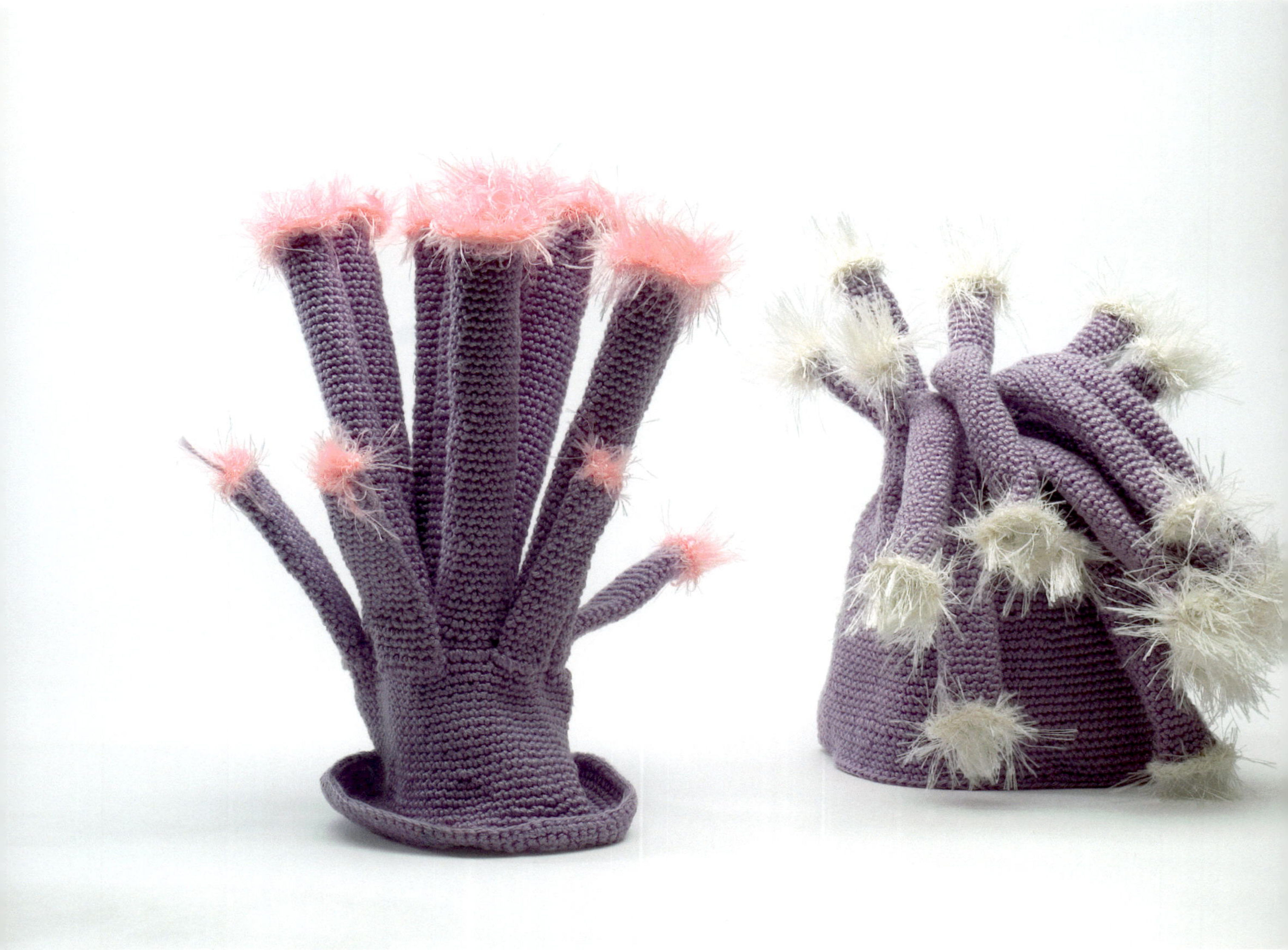

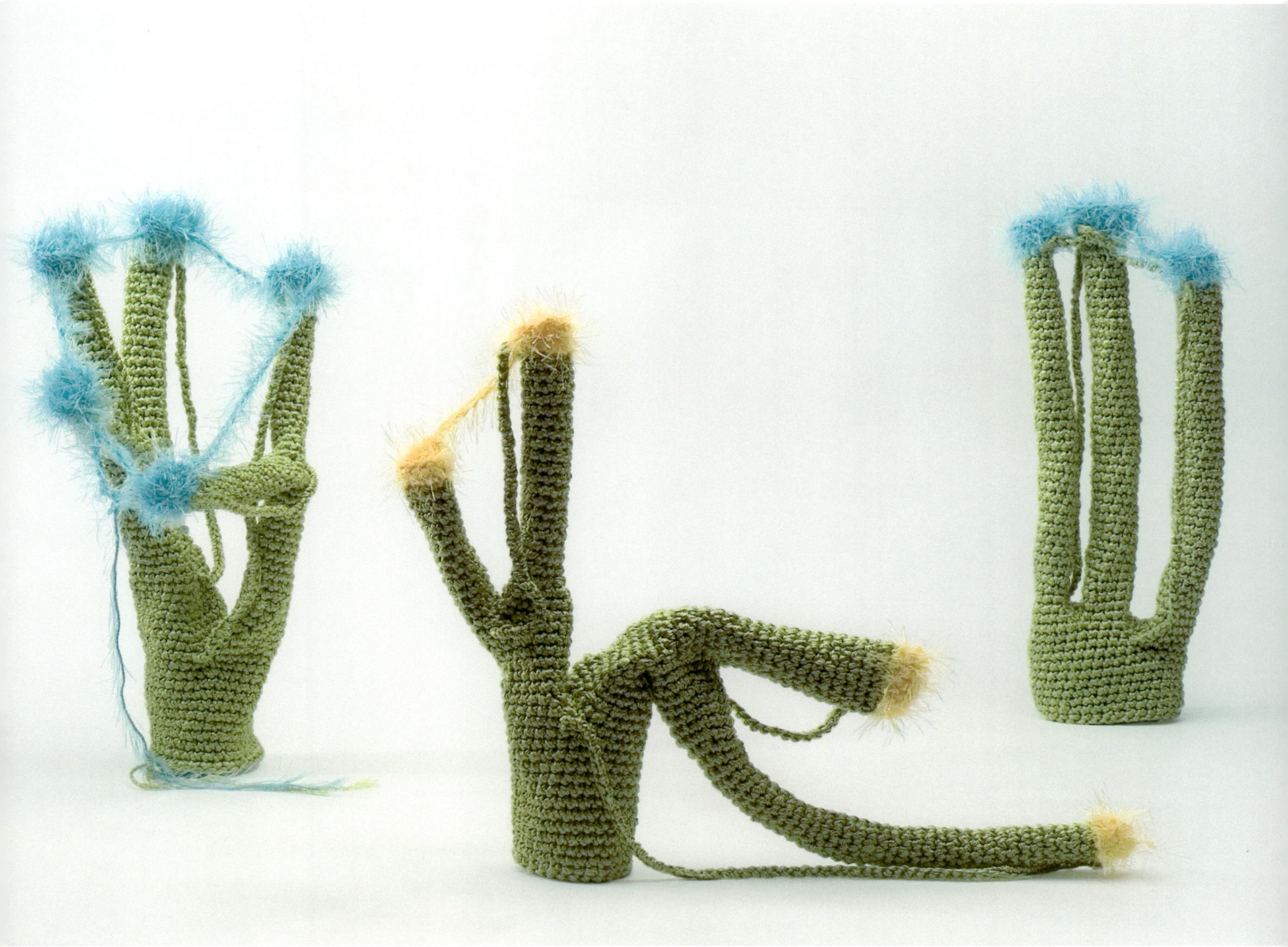

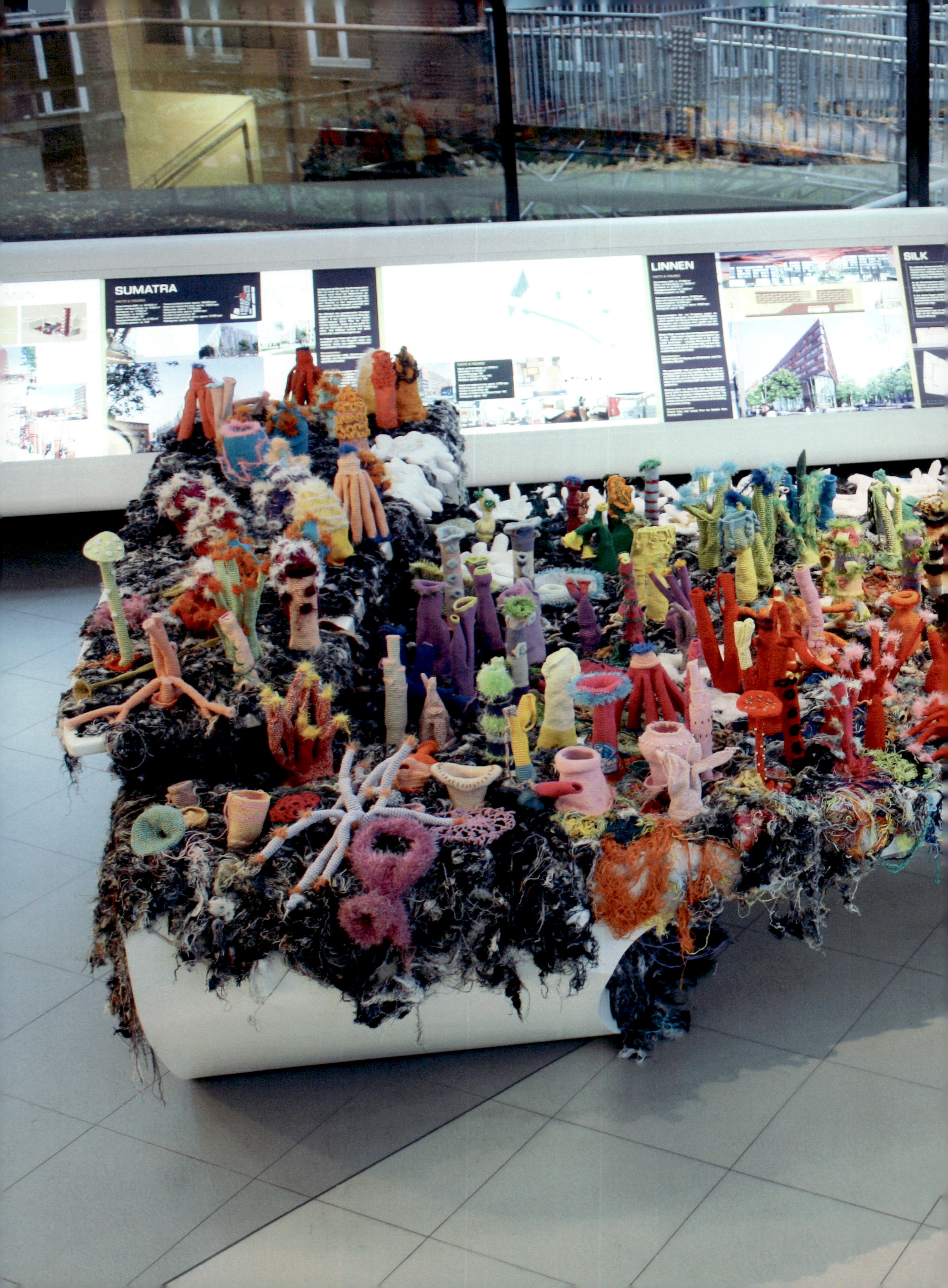
SUMATRA
LINNEN
SILK

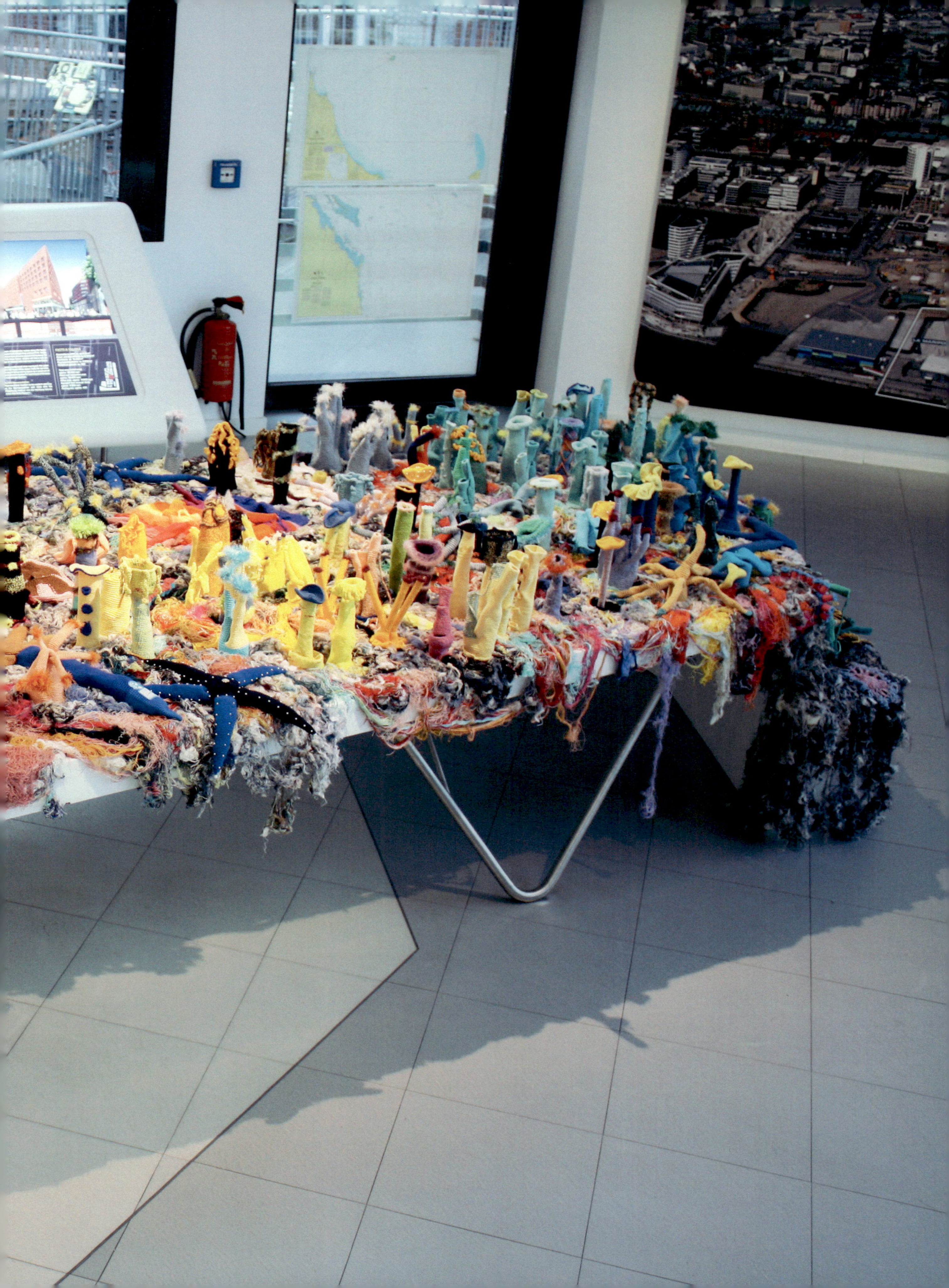

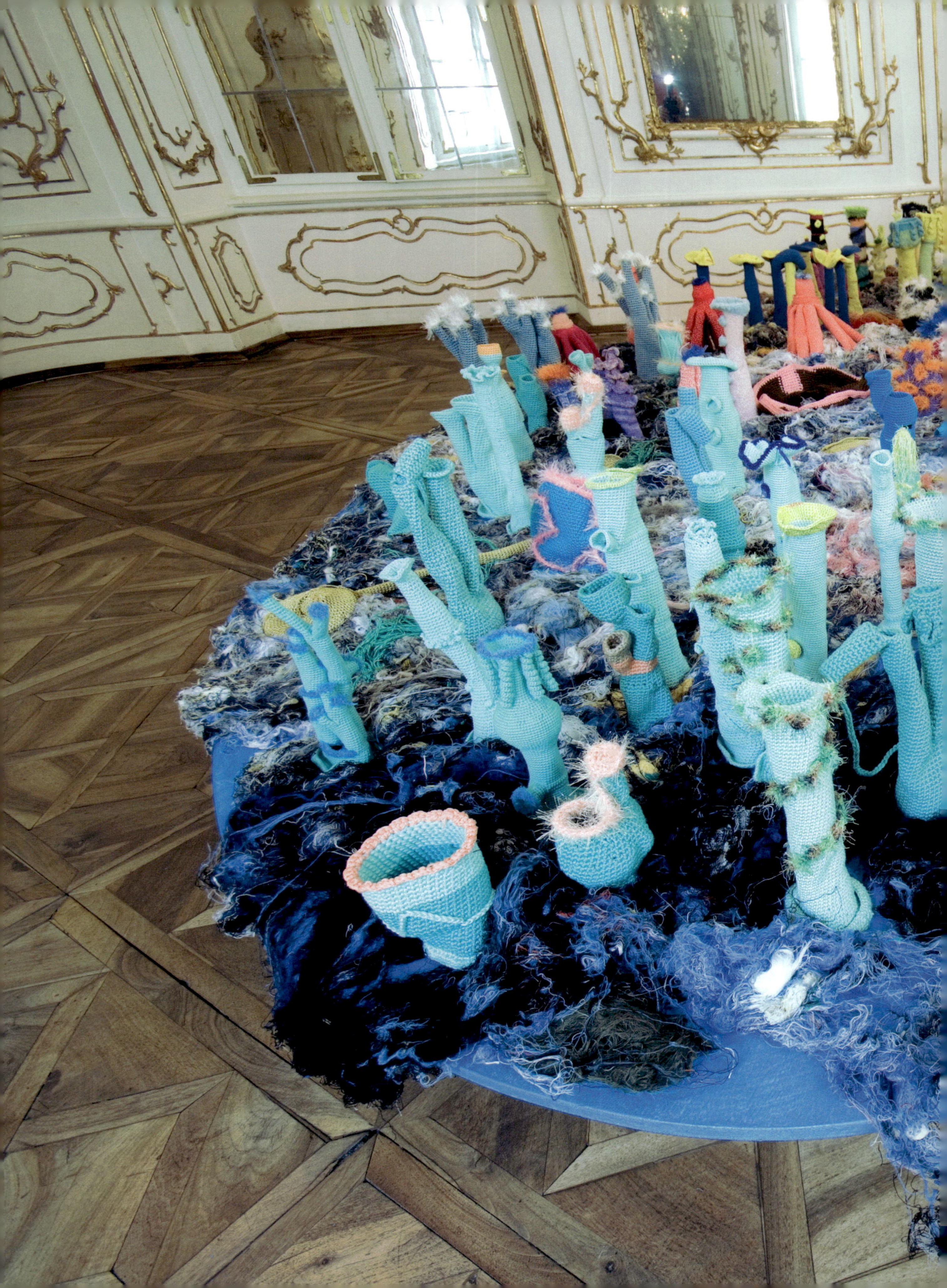

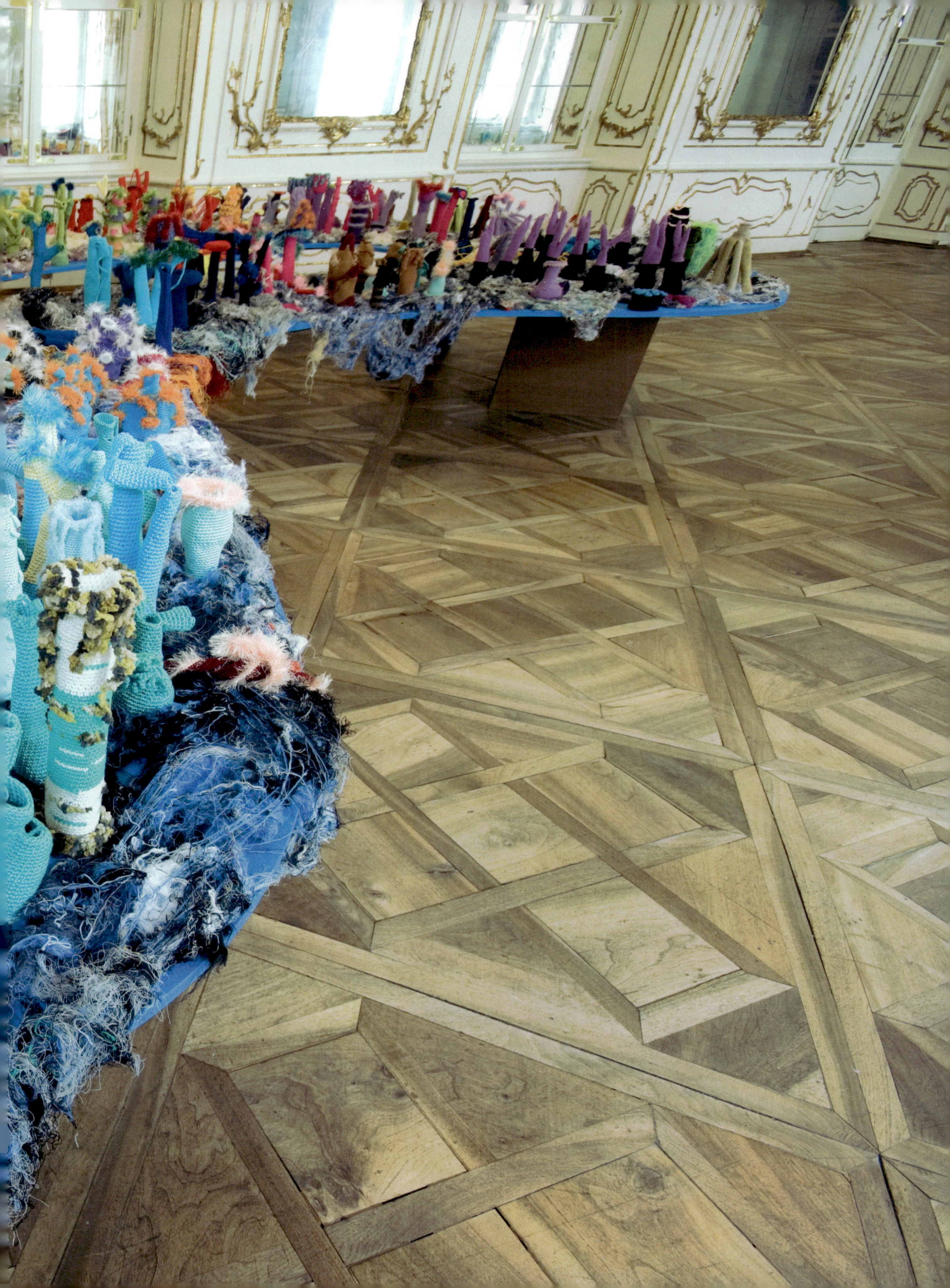

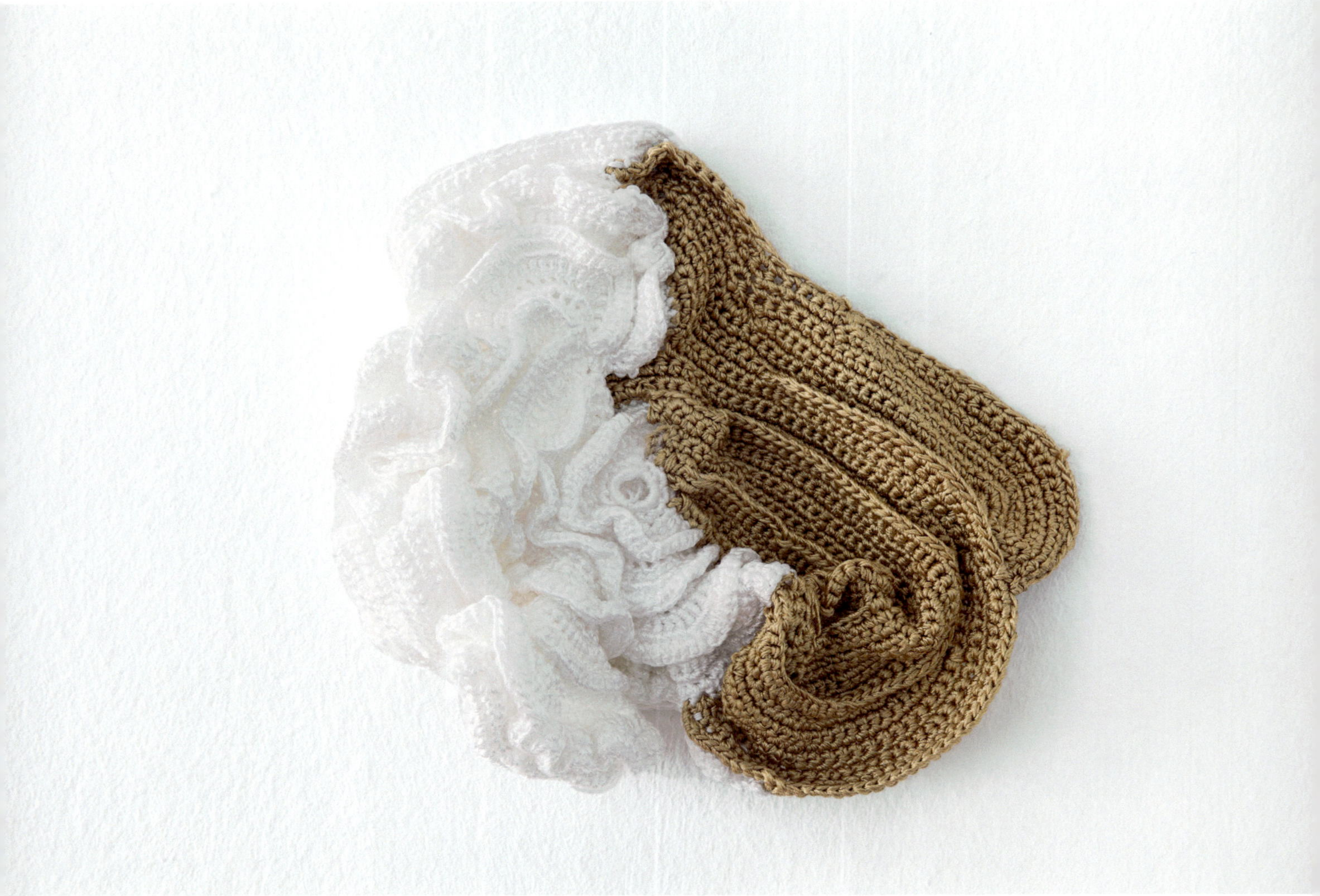

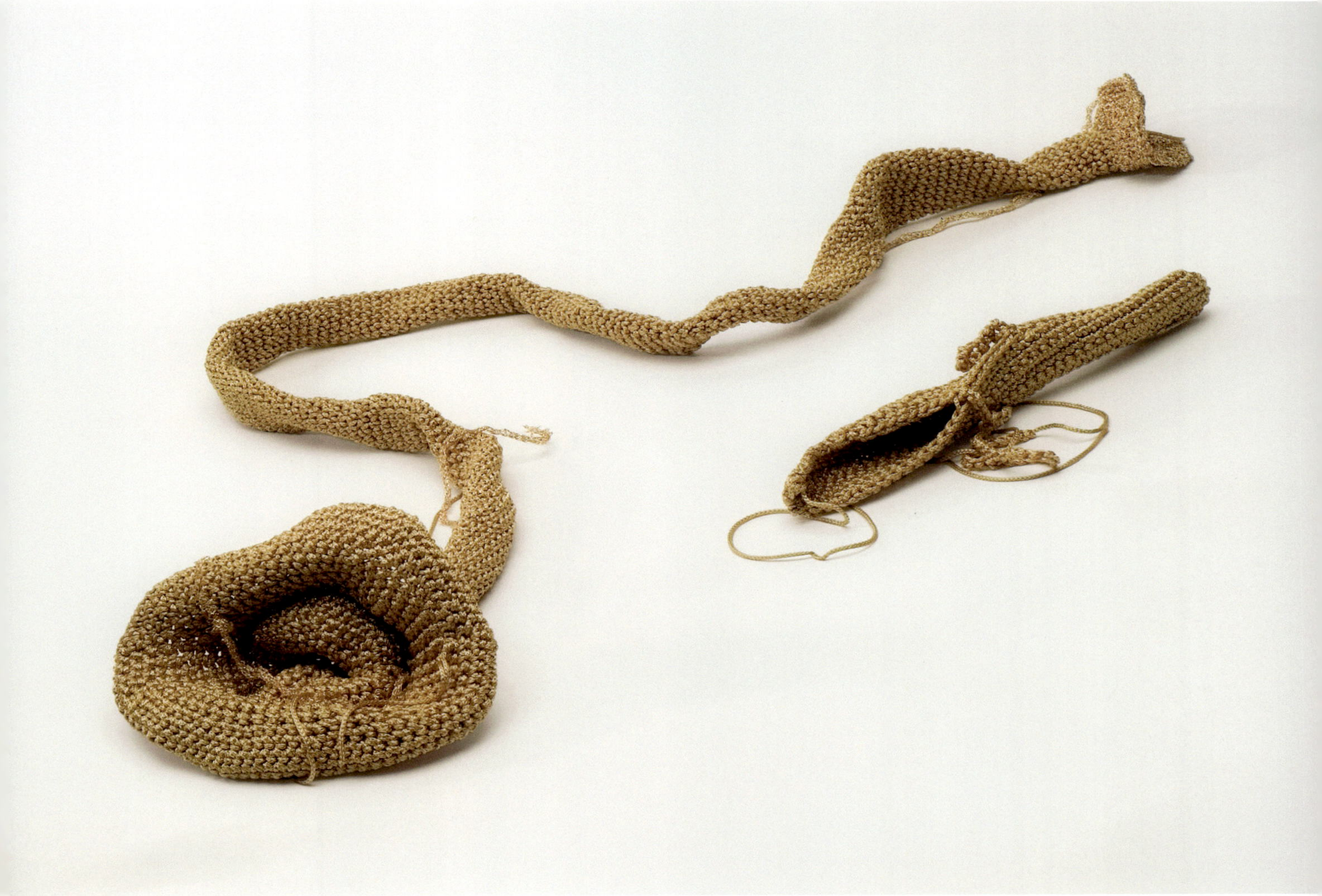

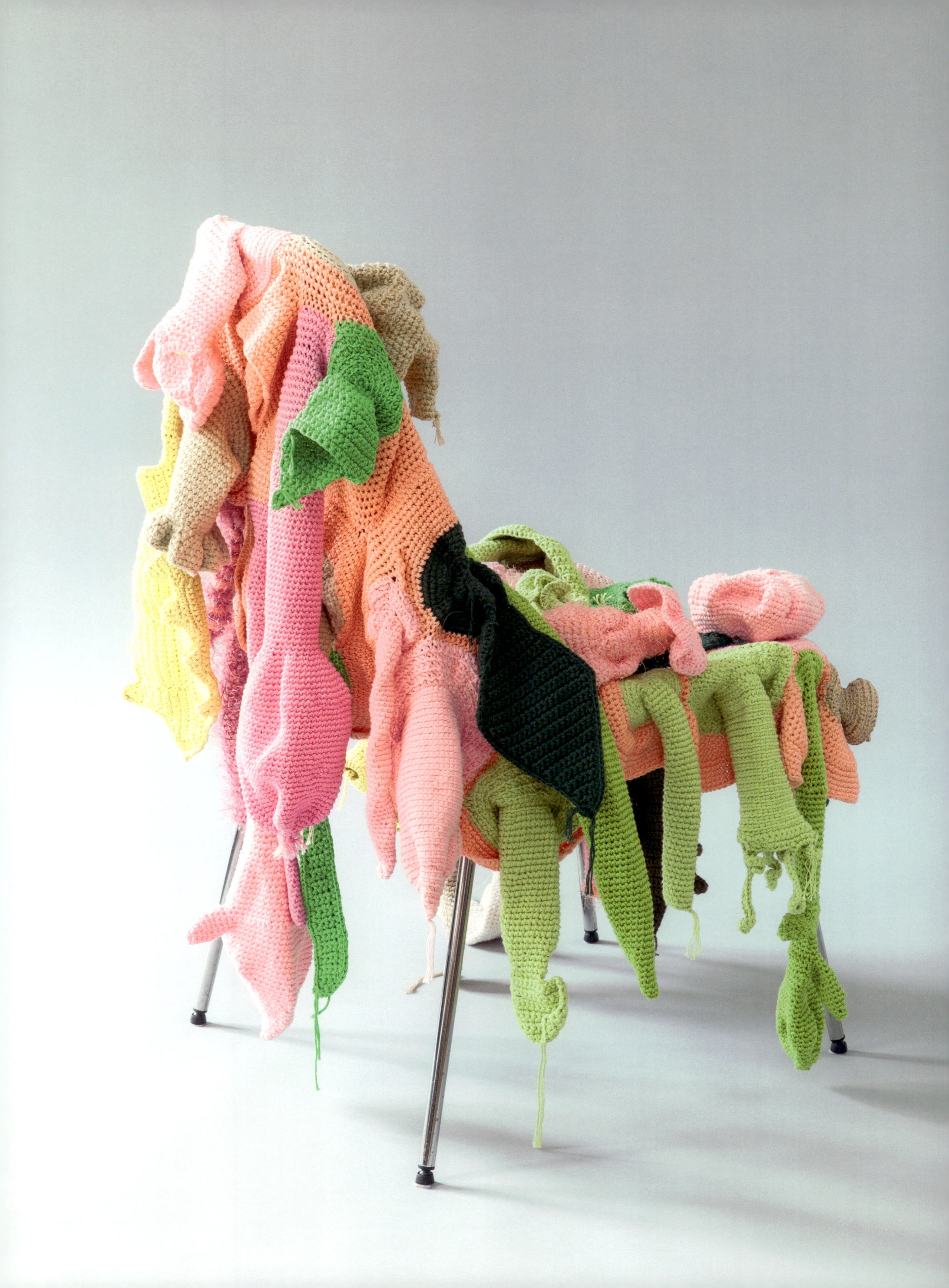

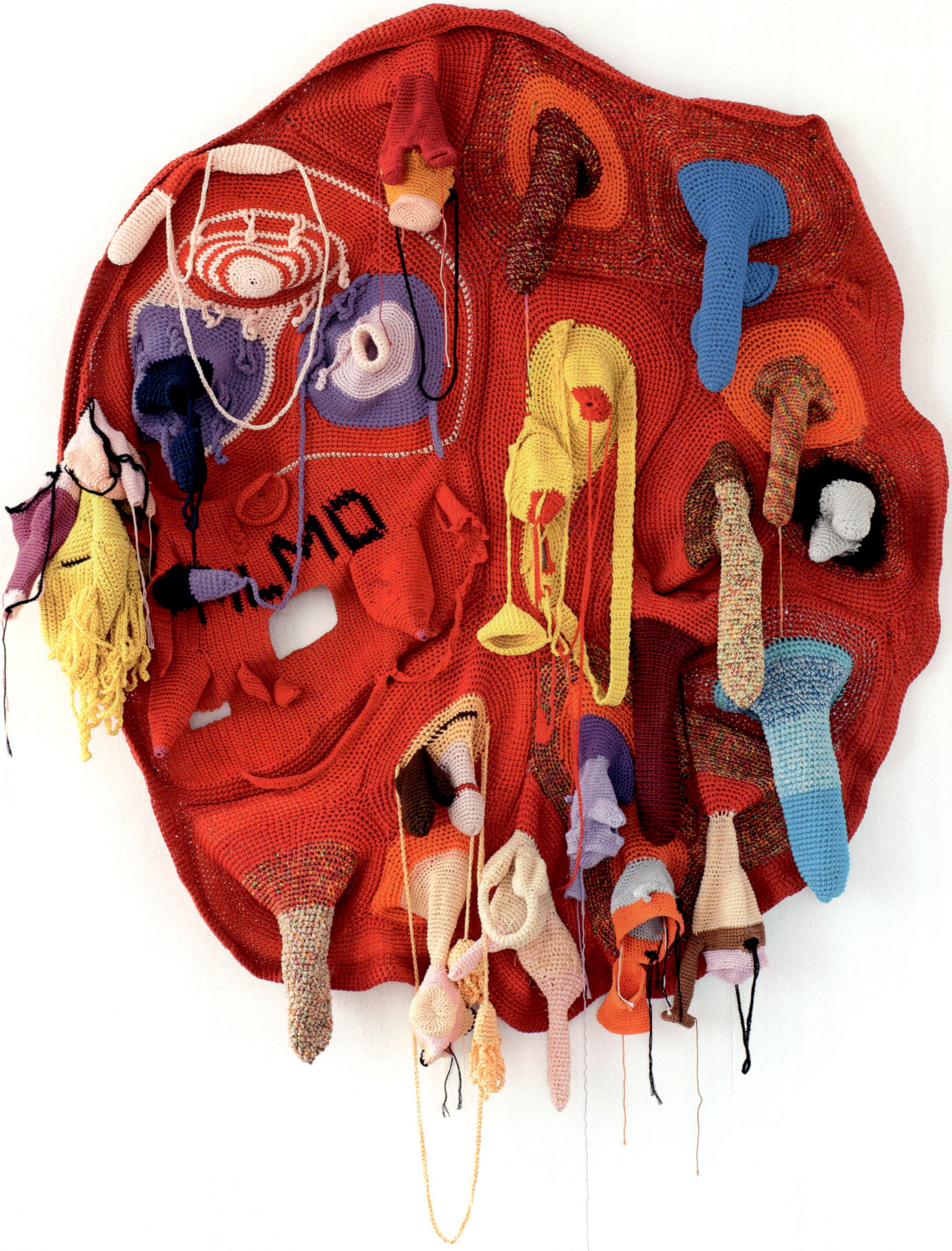

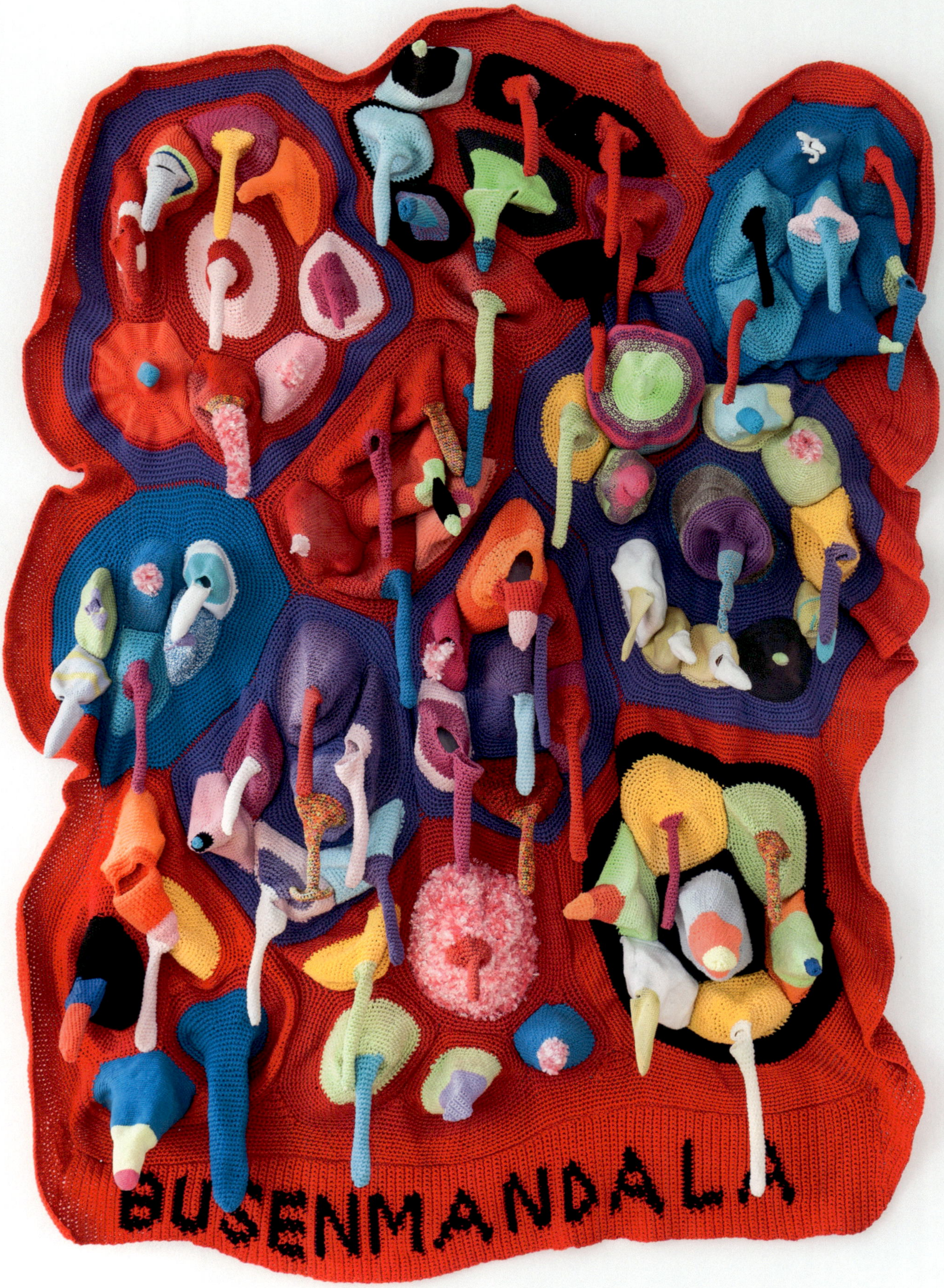
BUSENMANDALA

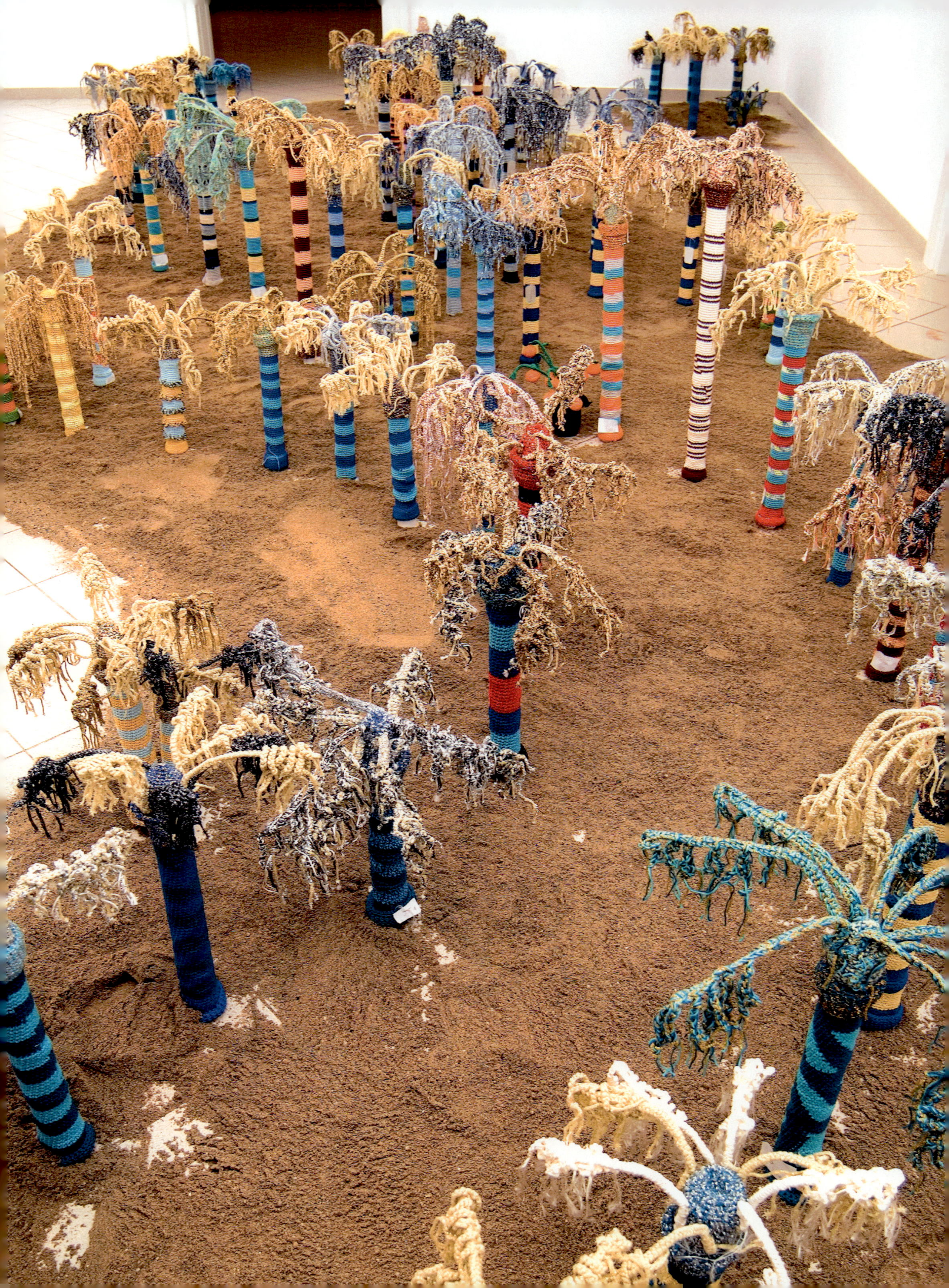

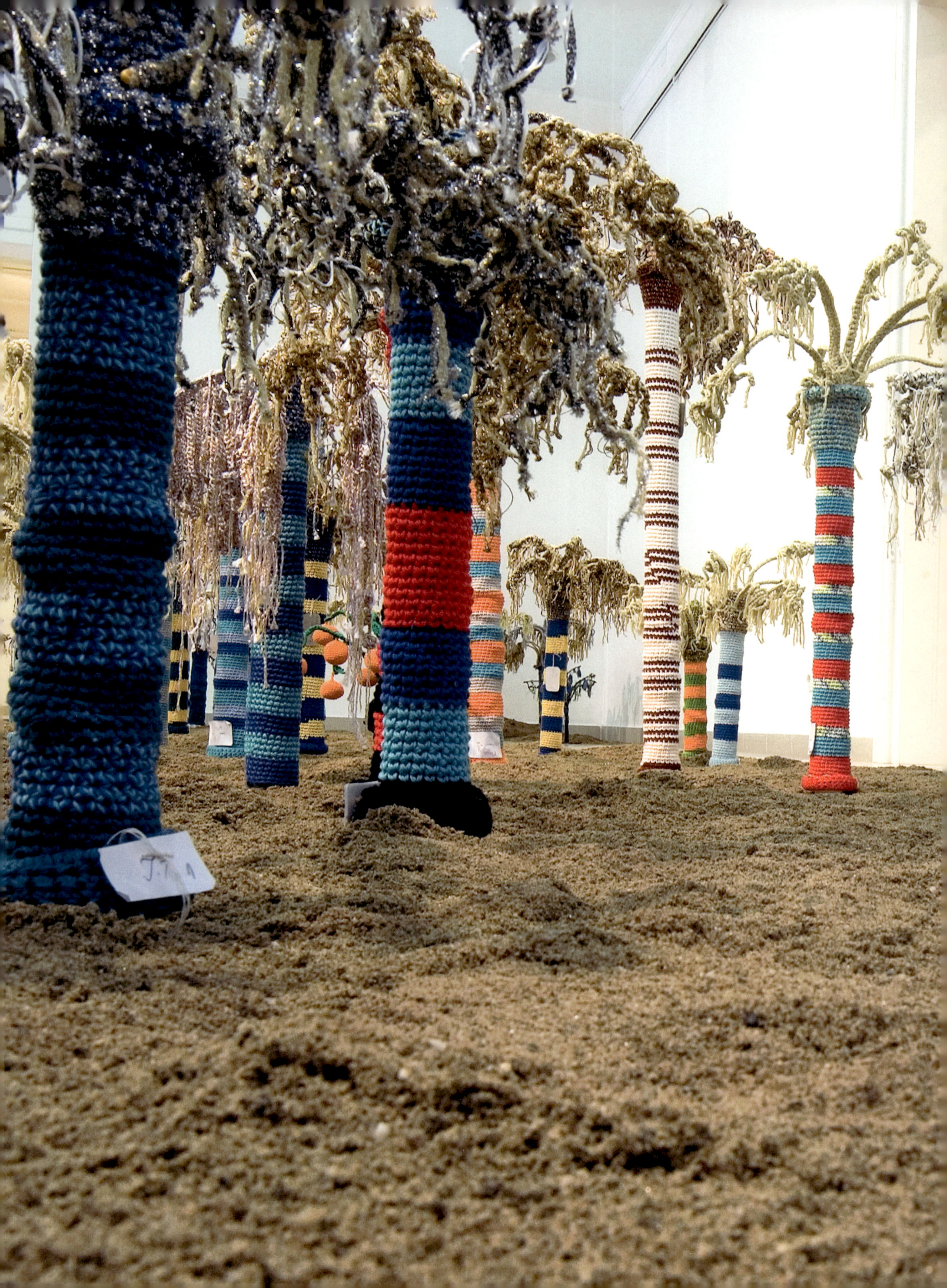

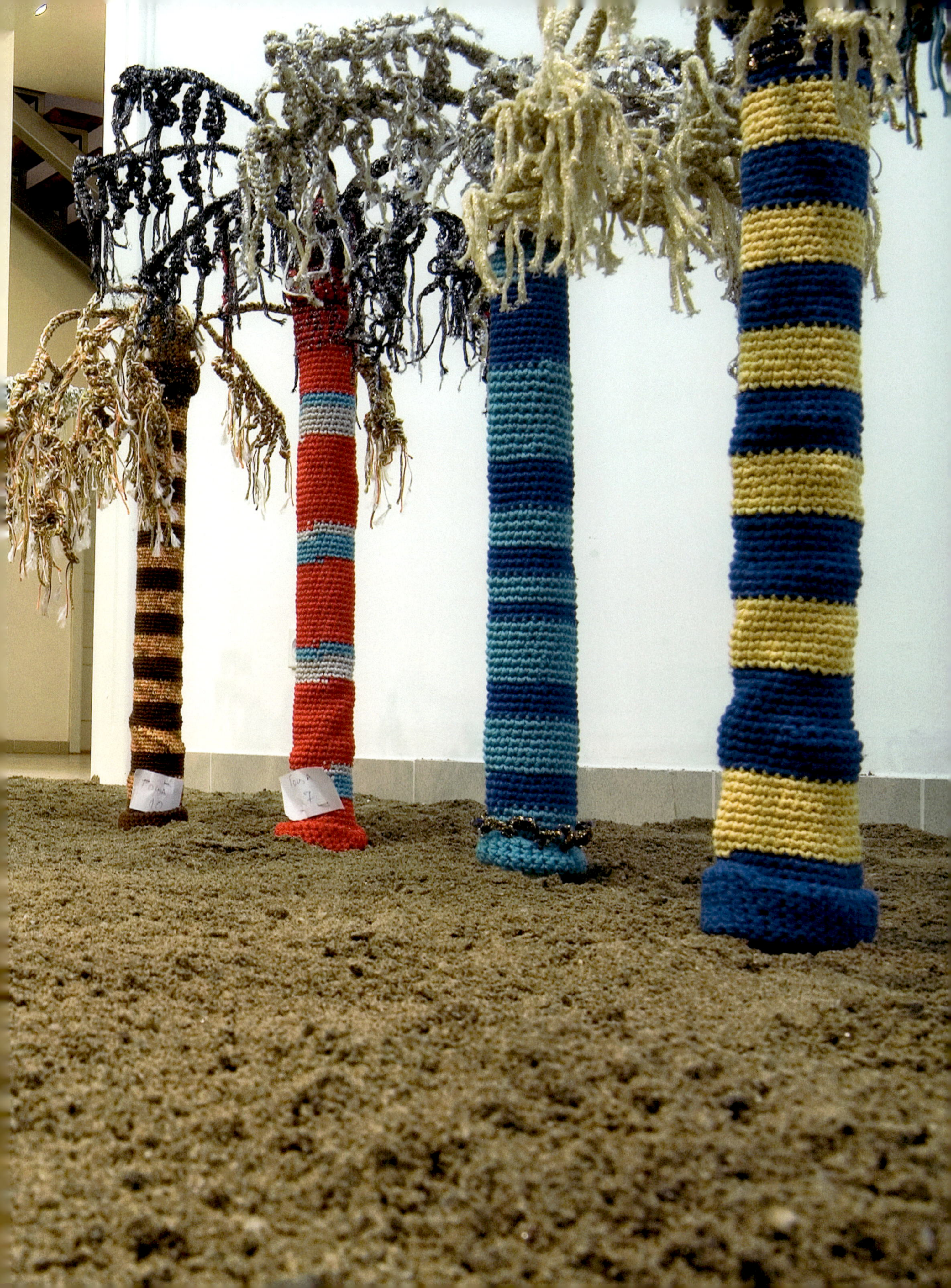

Дуканац Горчина

Костић Павлина

Недељковић Драгица

Томовић Јелкица

Чолавић Зорица

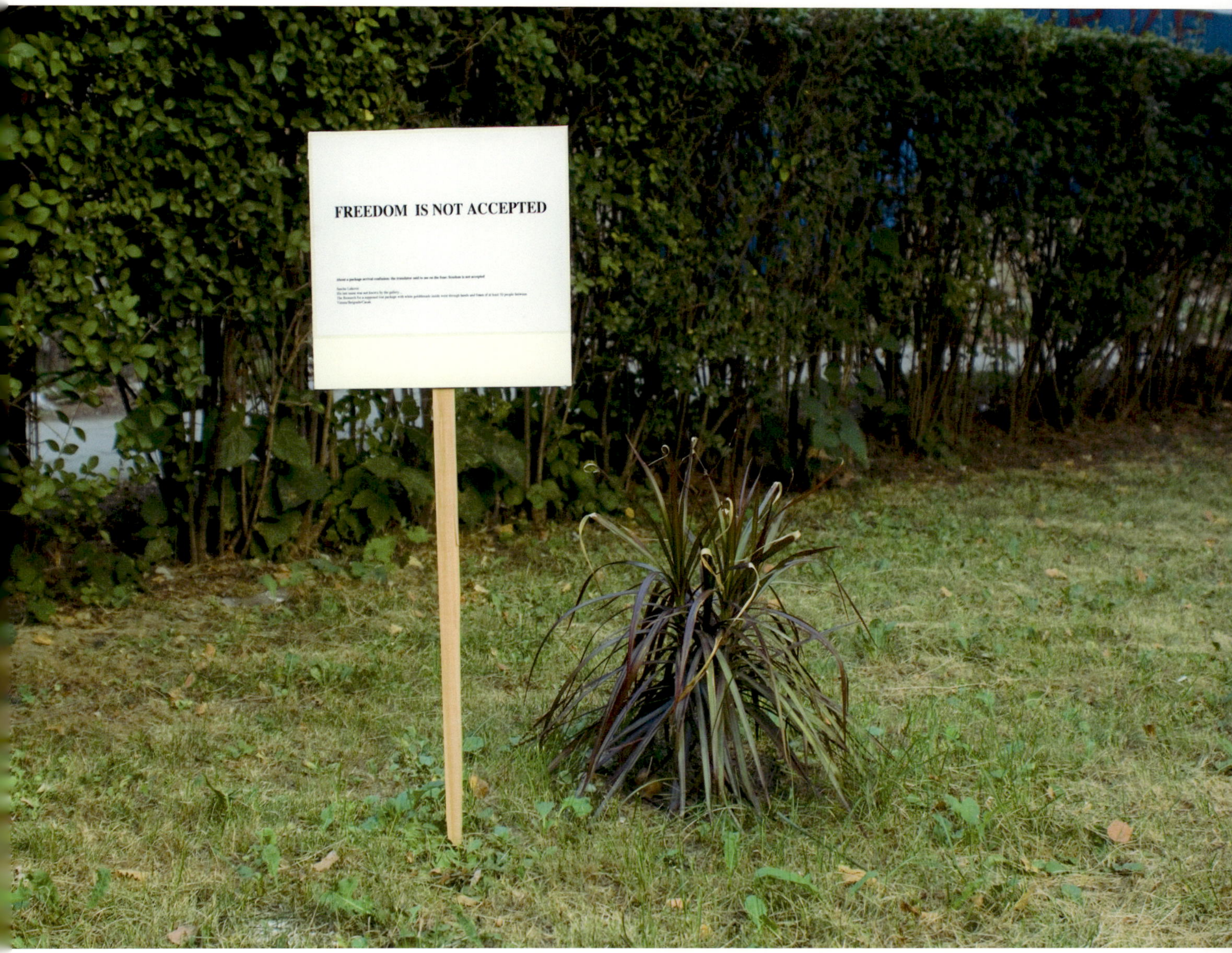
FREEDOM IS NOT ACCEPTED

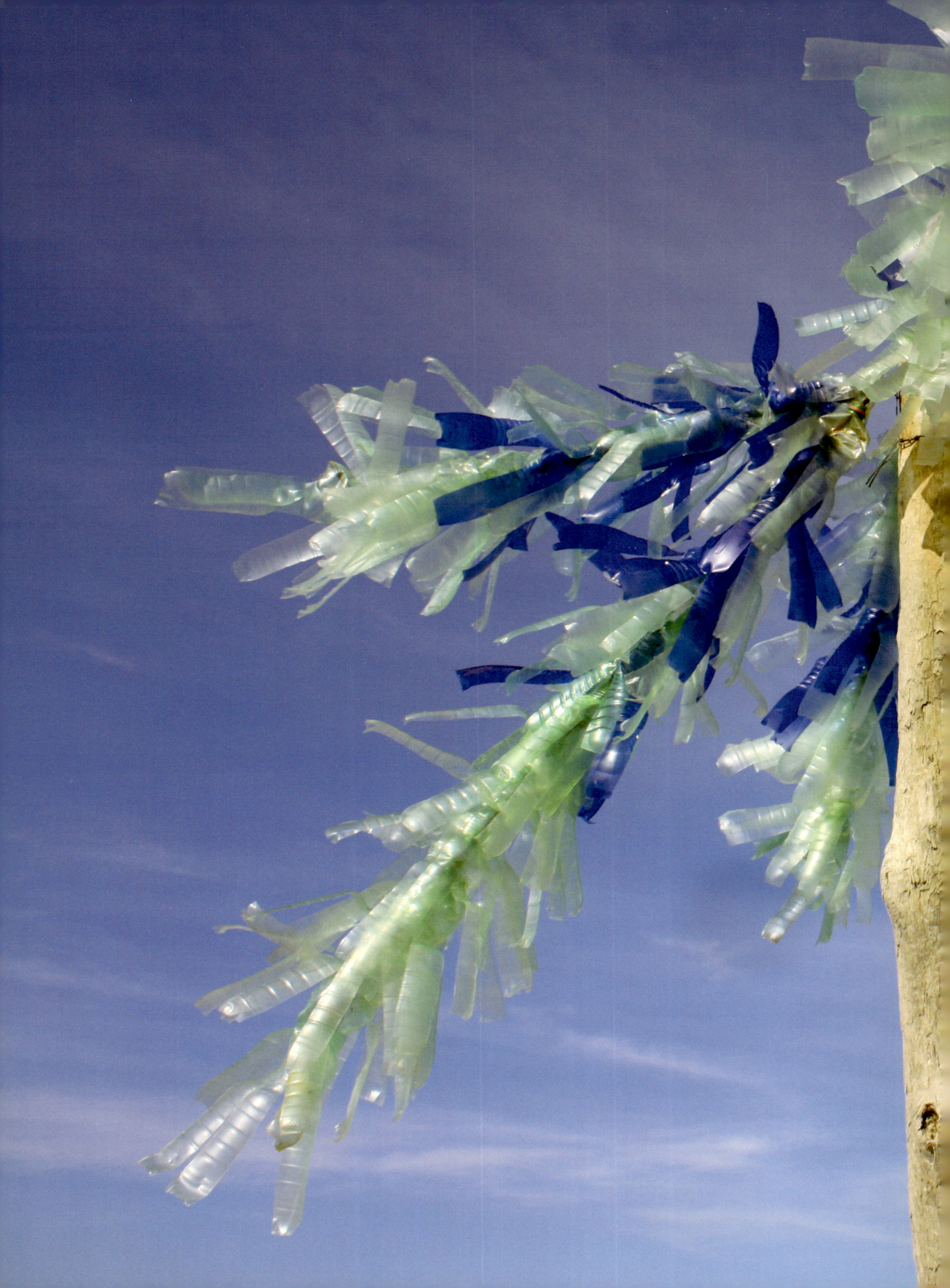

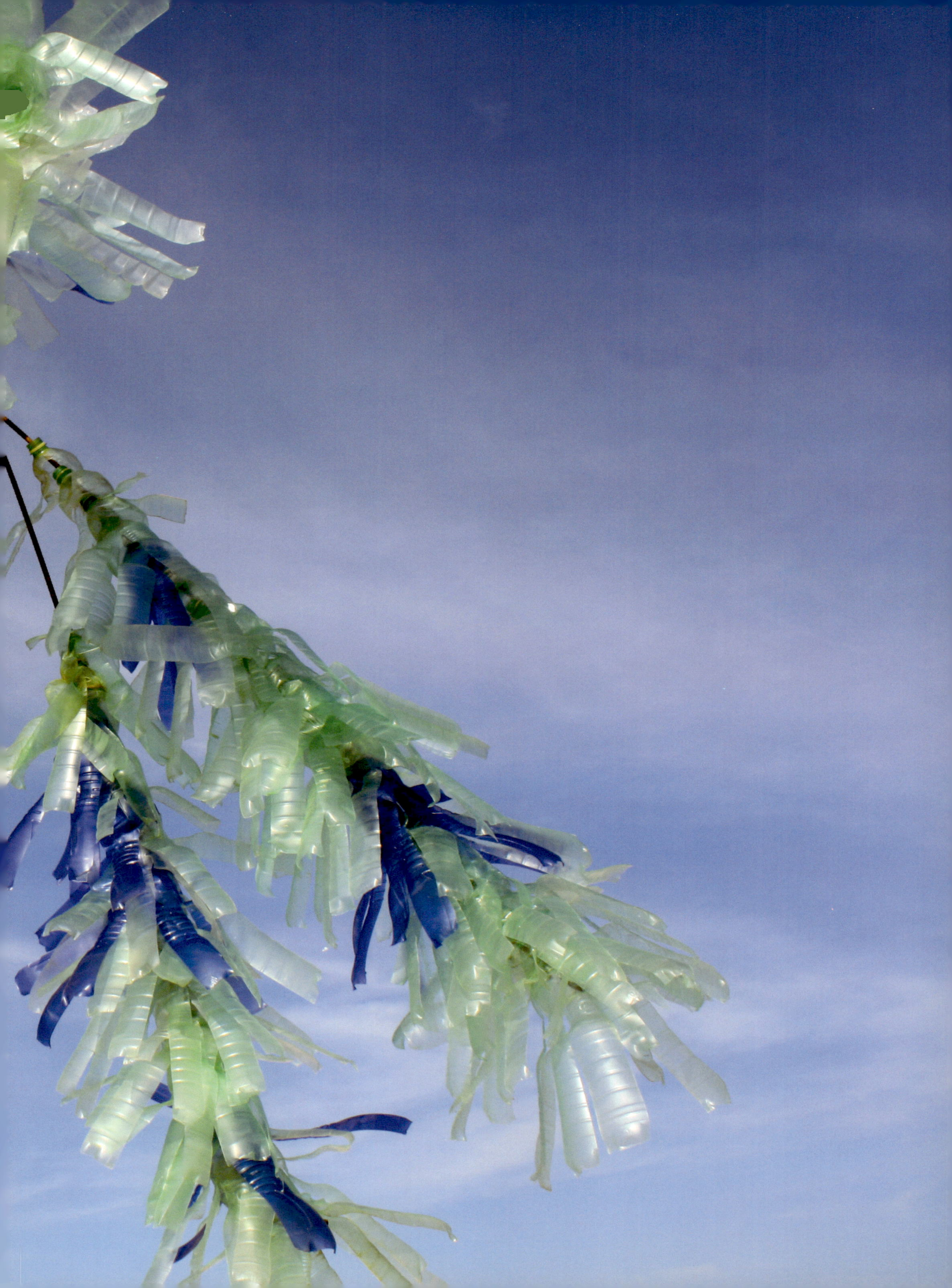

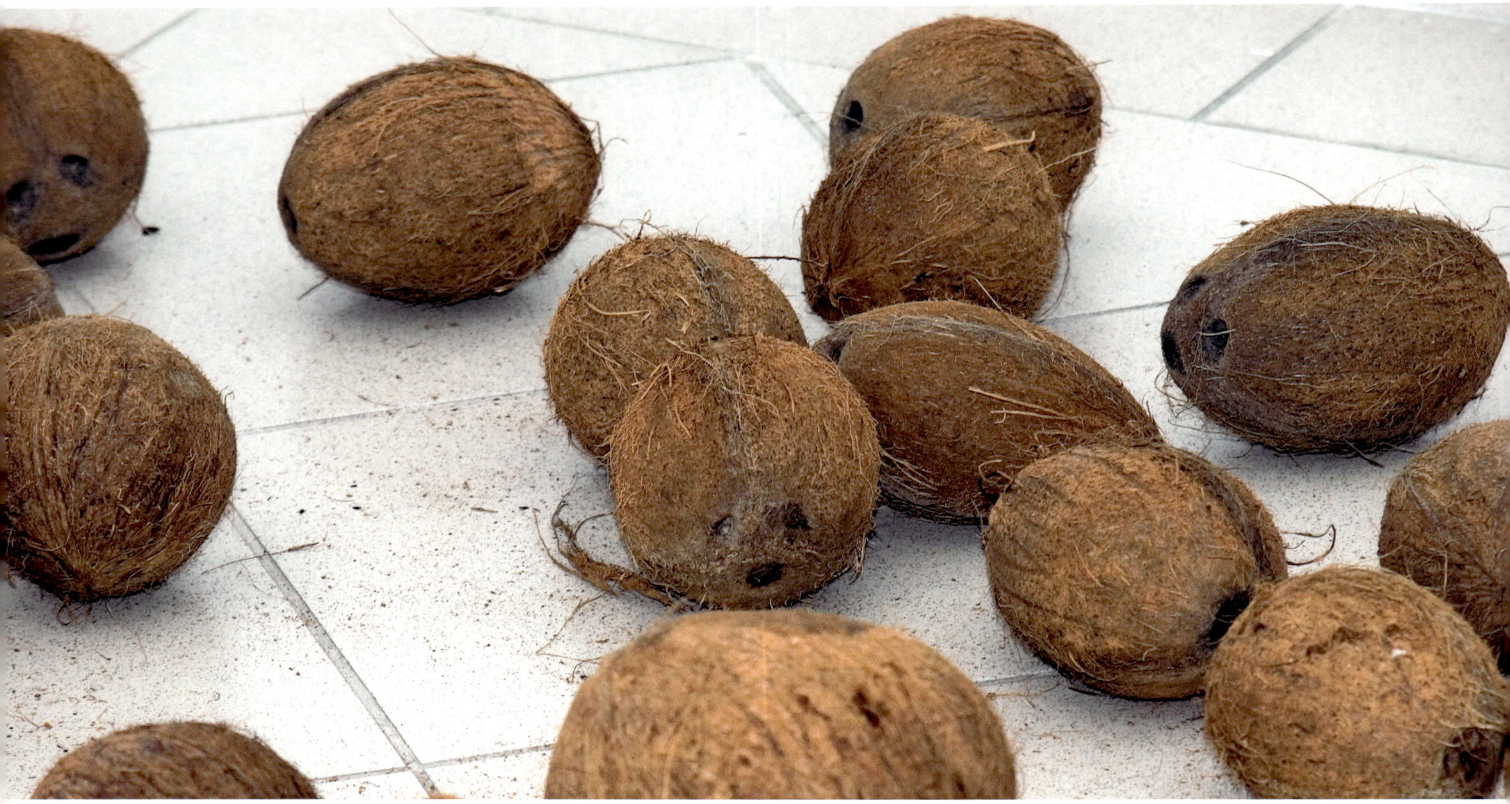

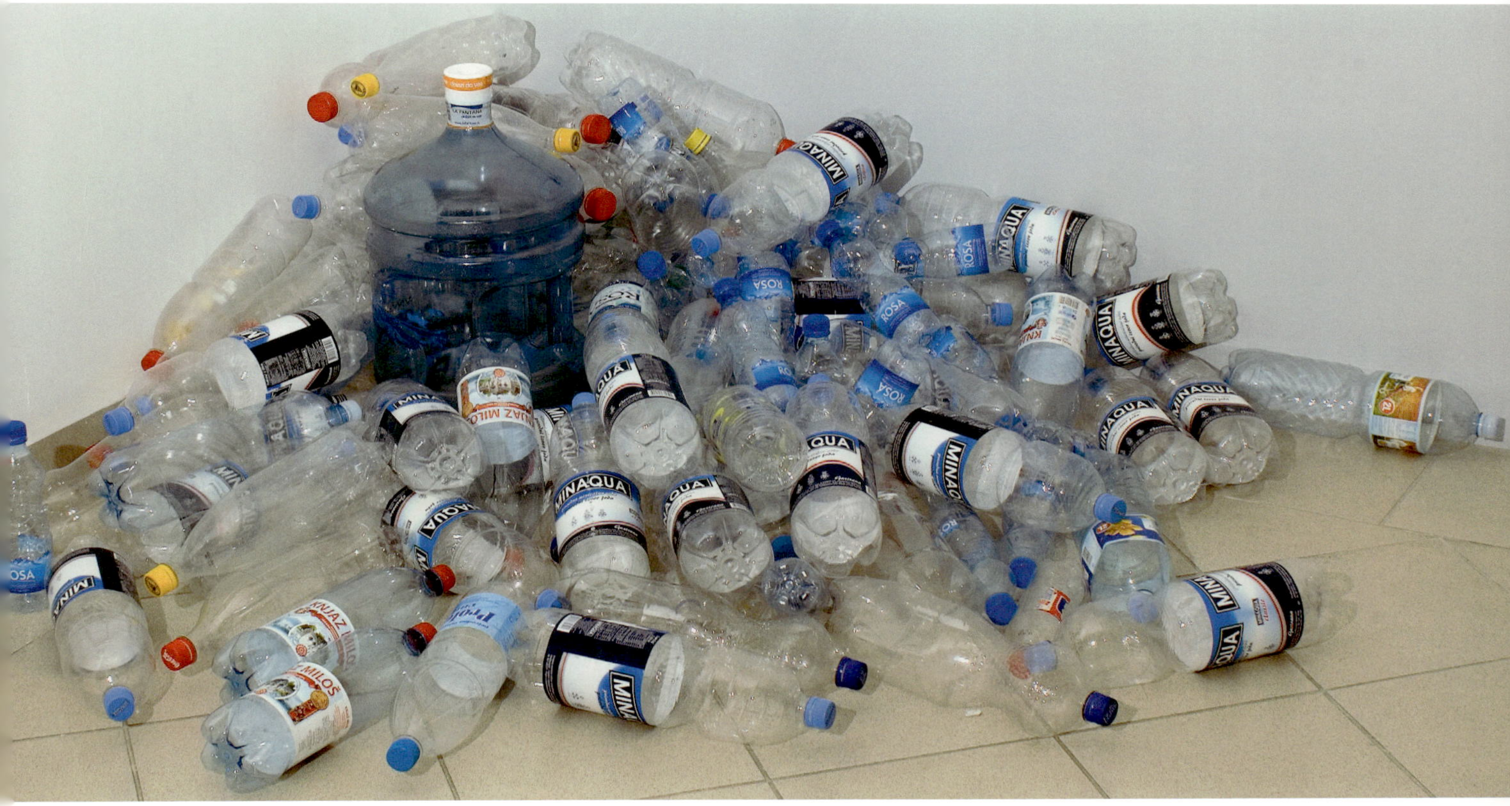
MINAQUA
ROSA
KNJAZ MILOŠ

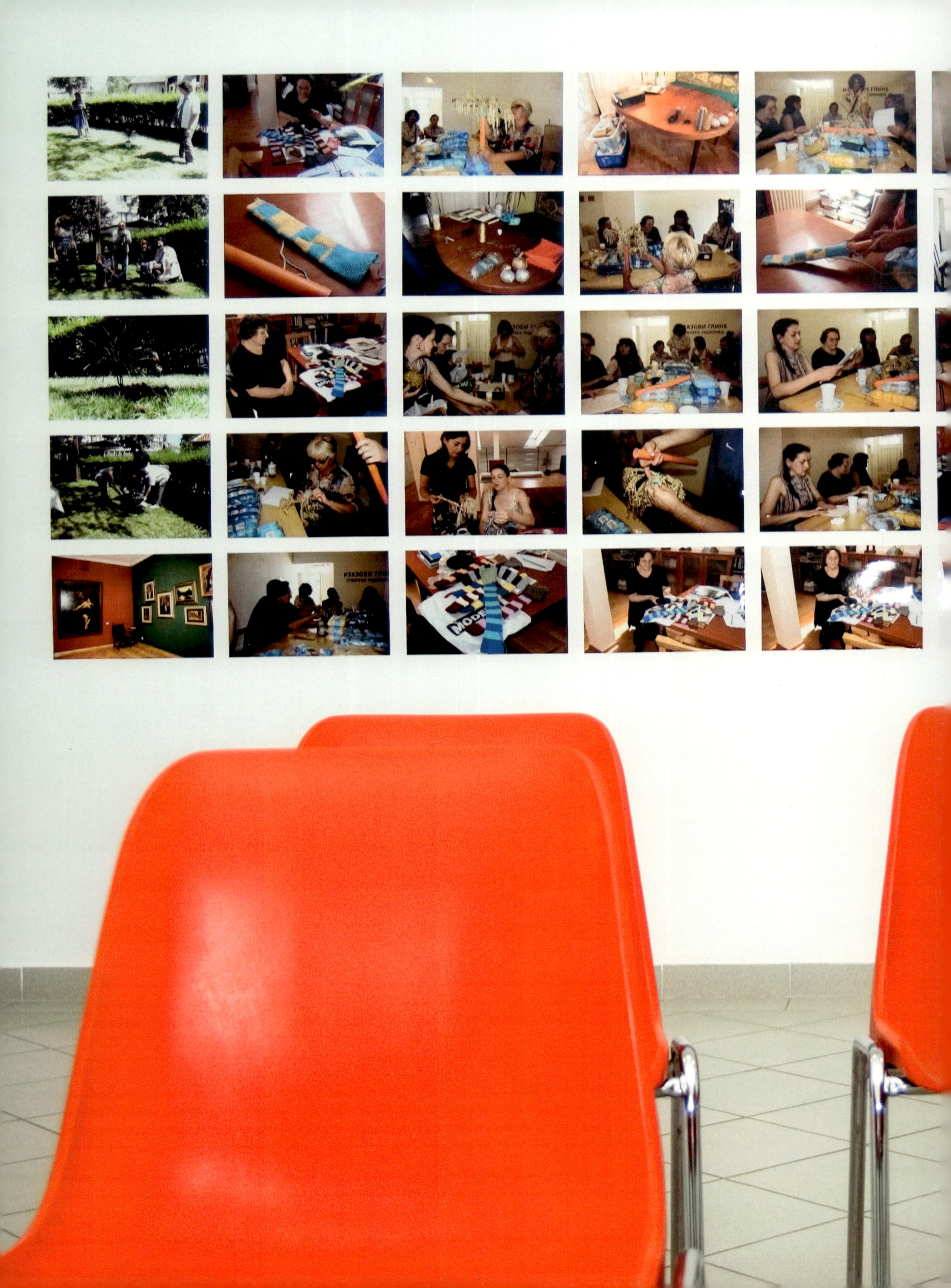

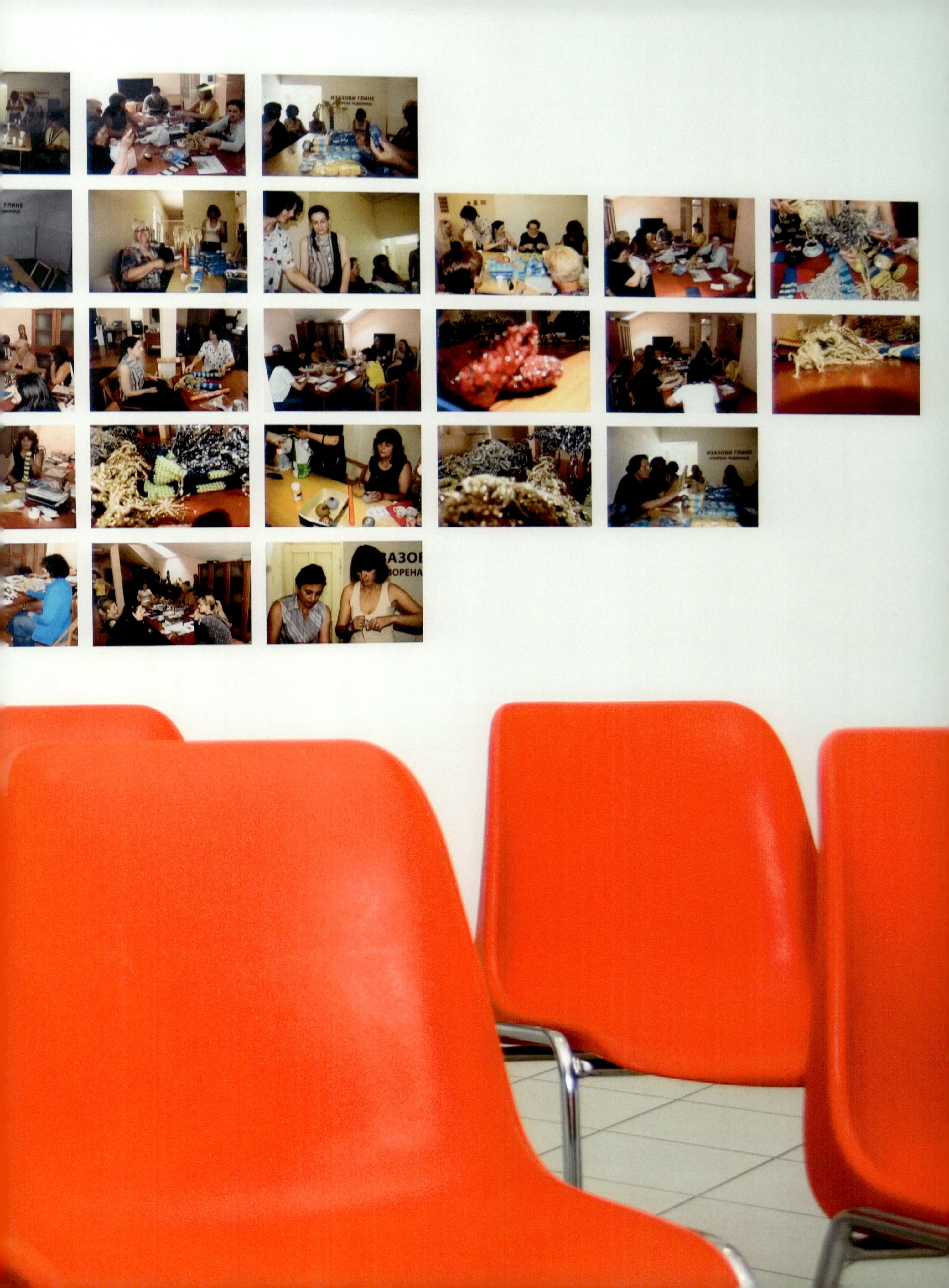
ИЗАЗОВИ ГЛИНЕ
ИЗАЗОВИ ГЛИНЕ

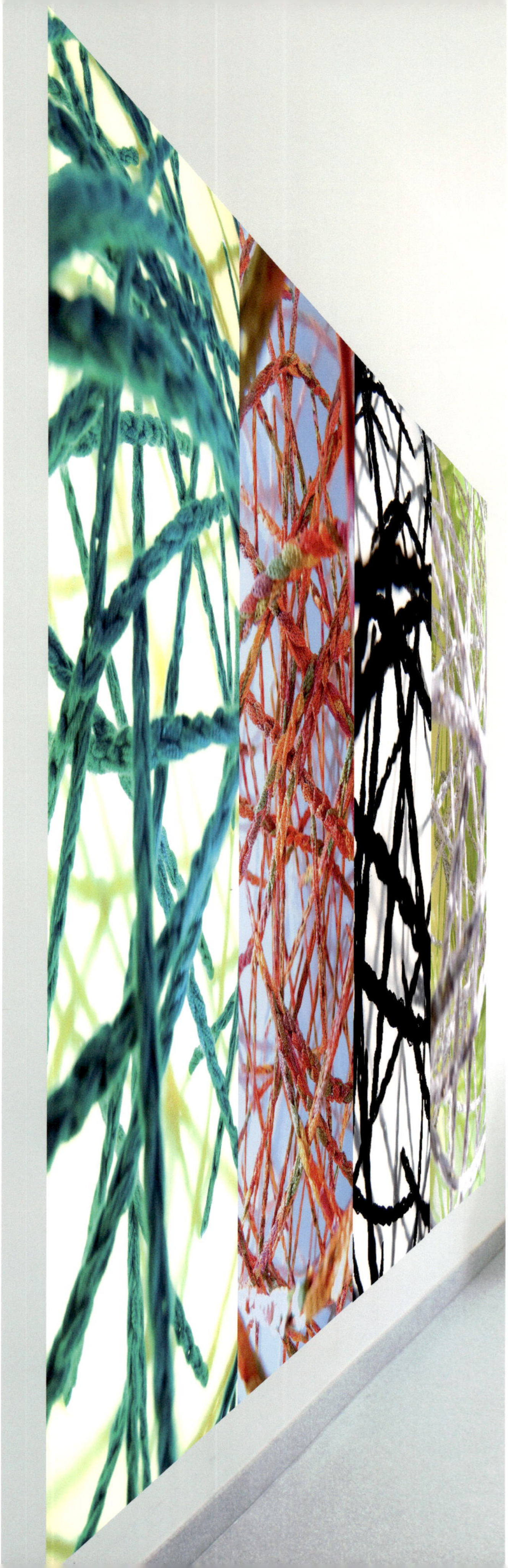

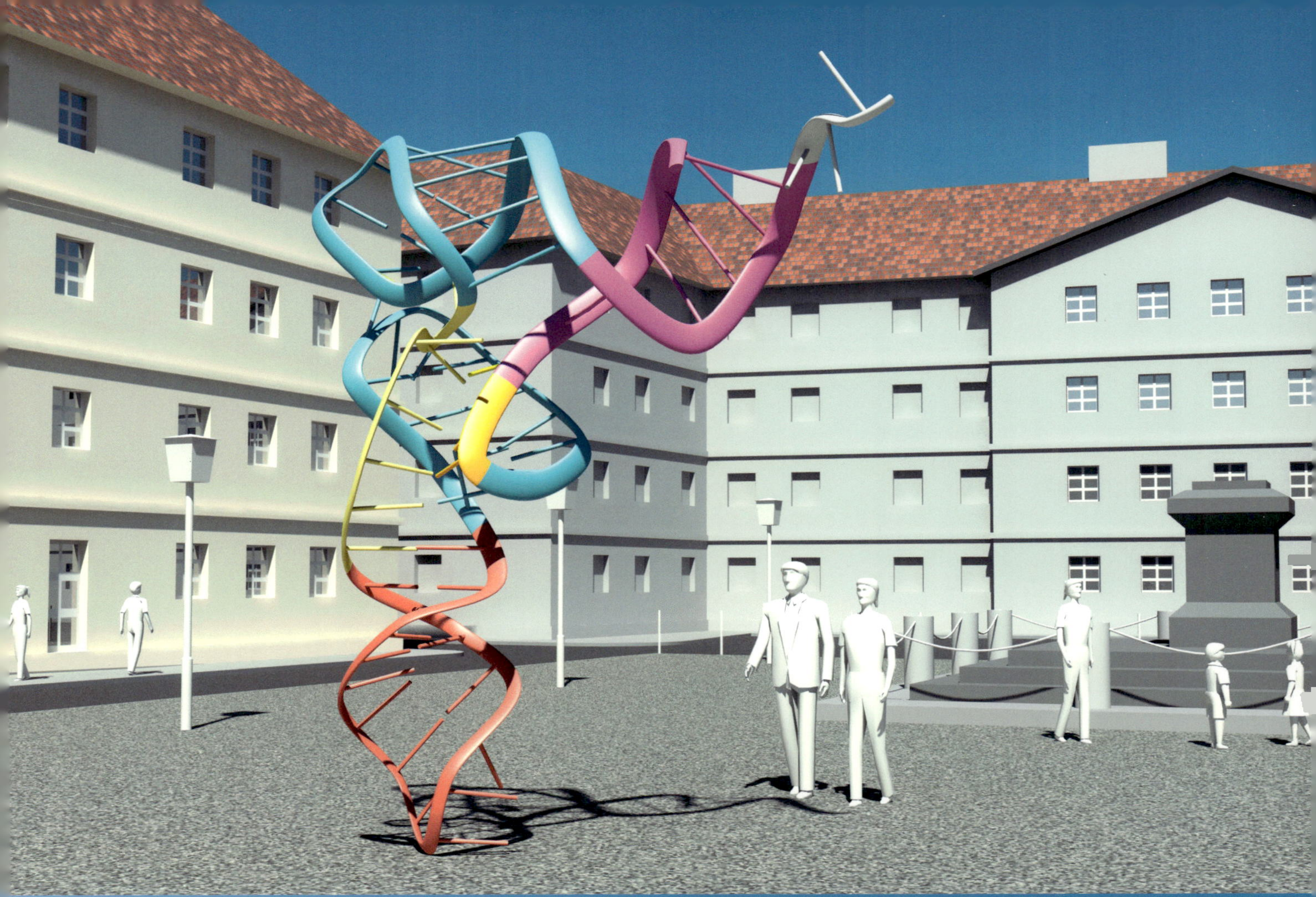

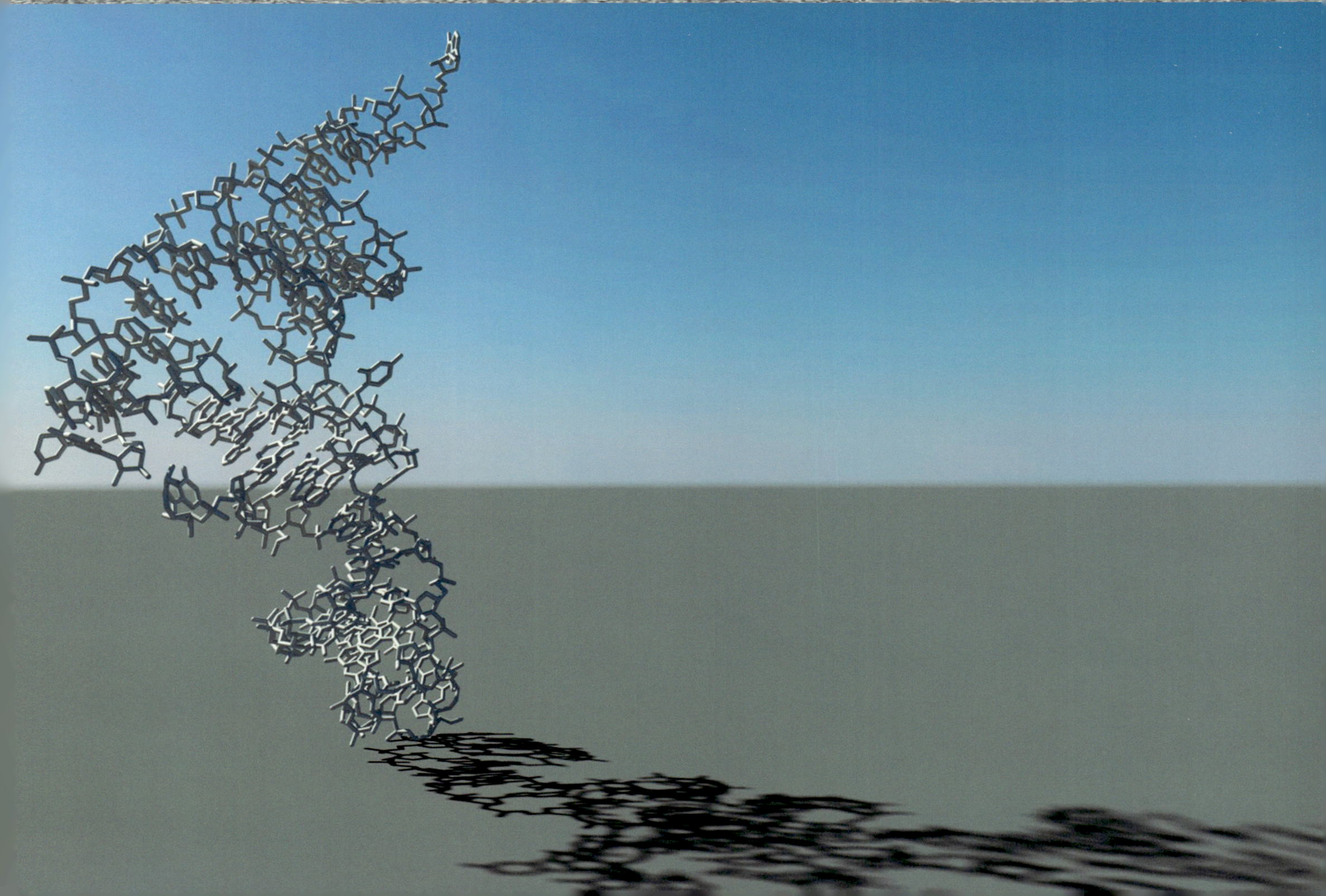

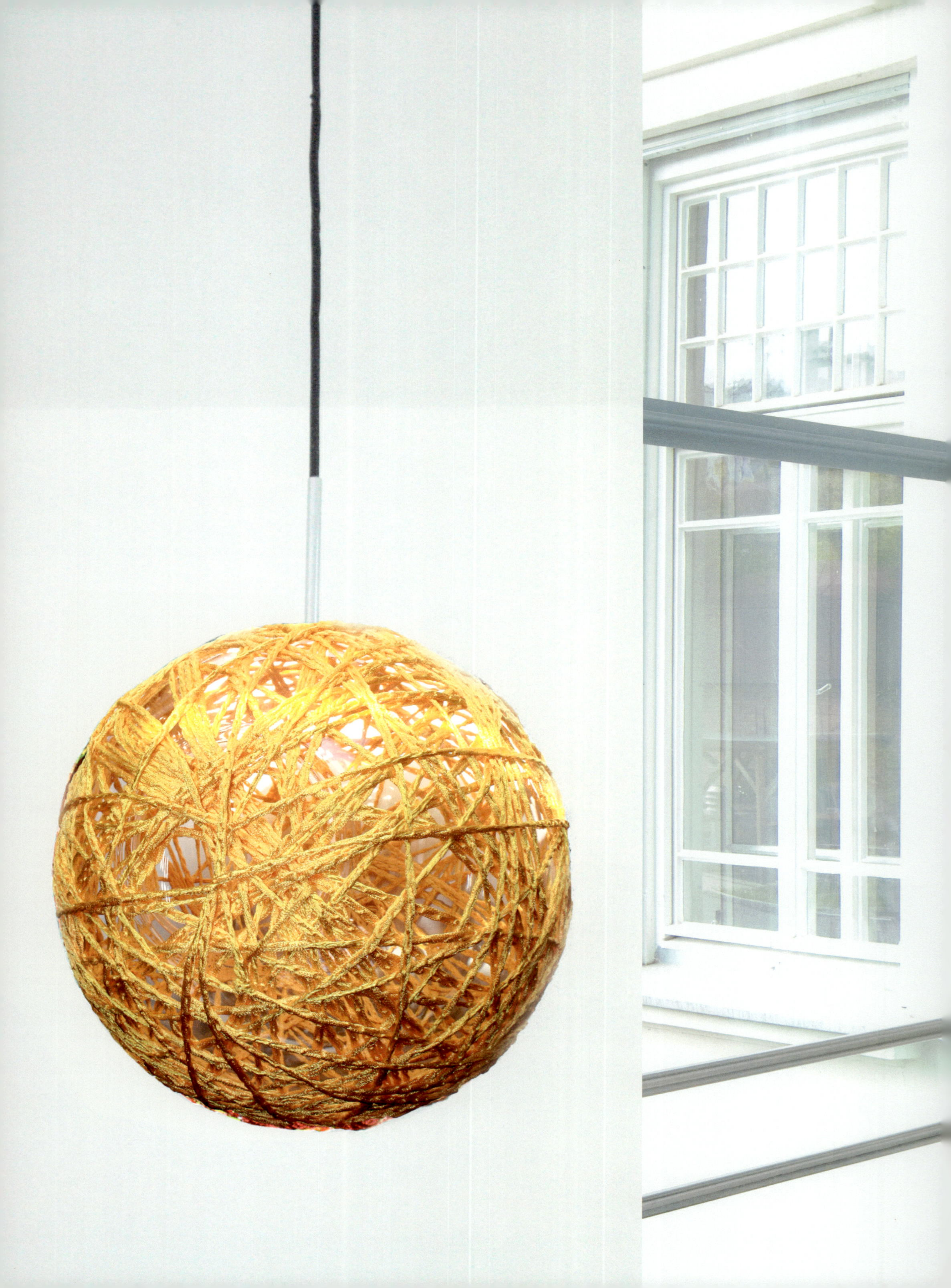

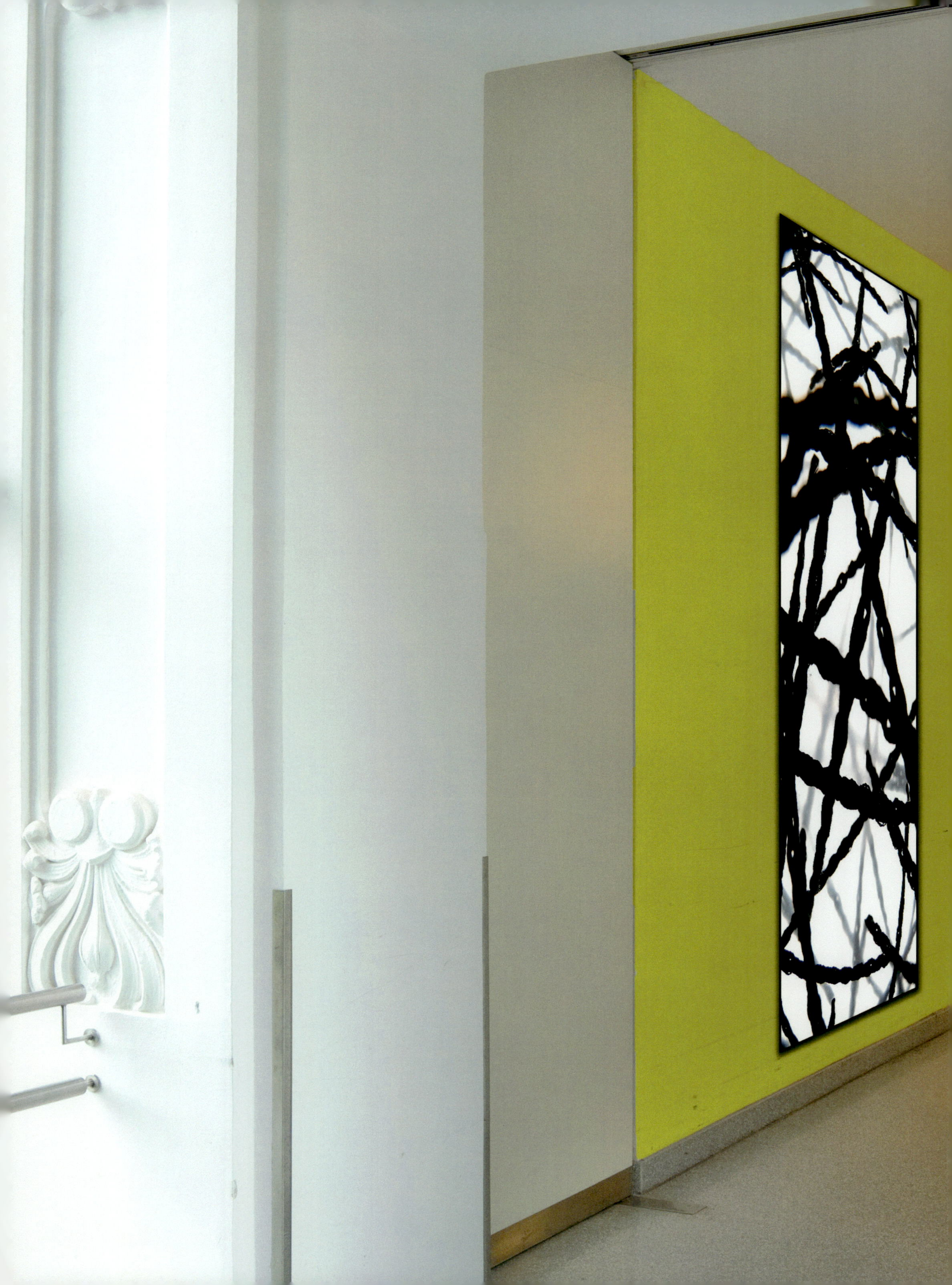

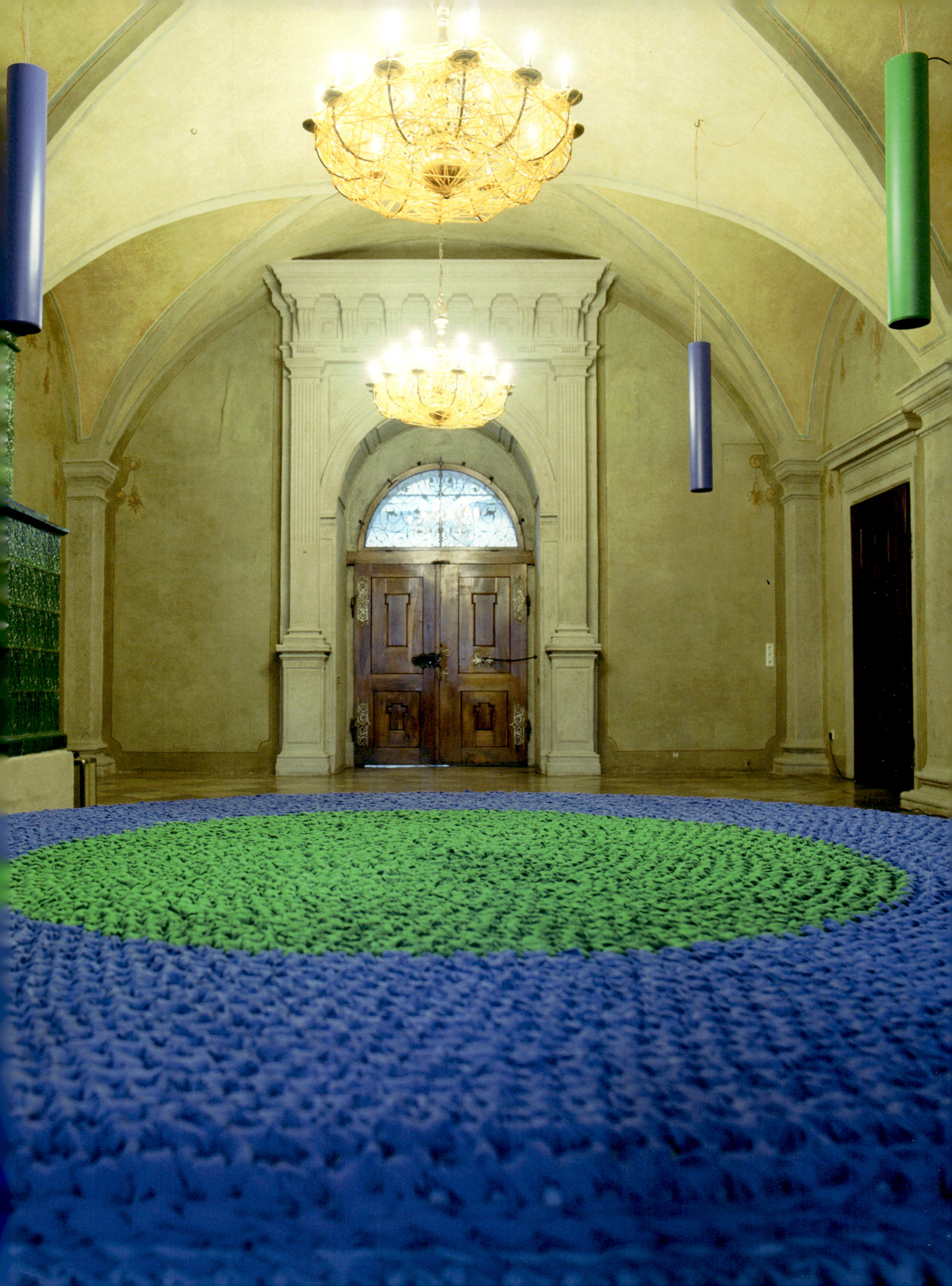

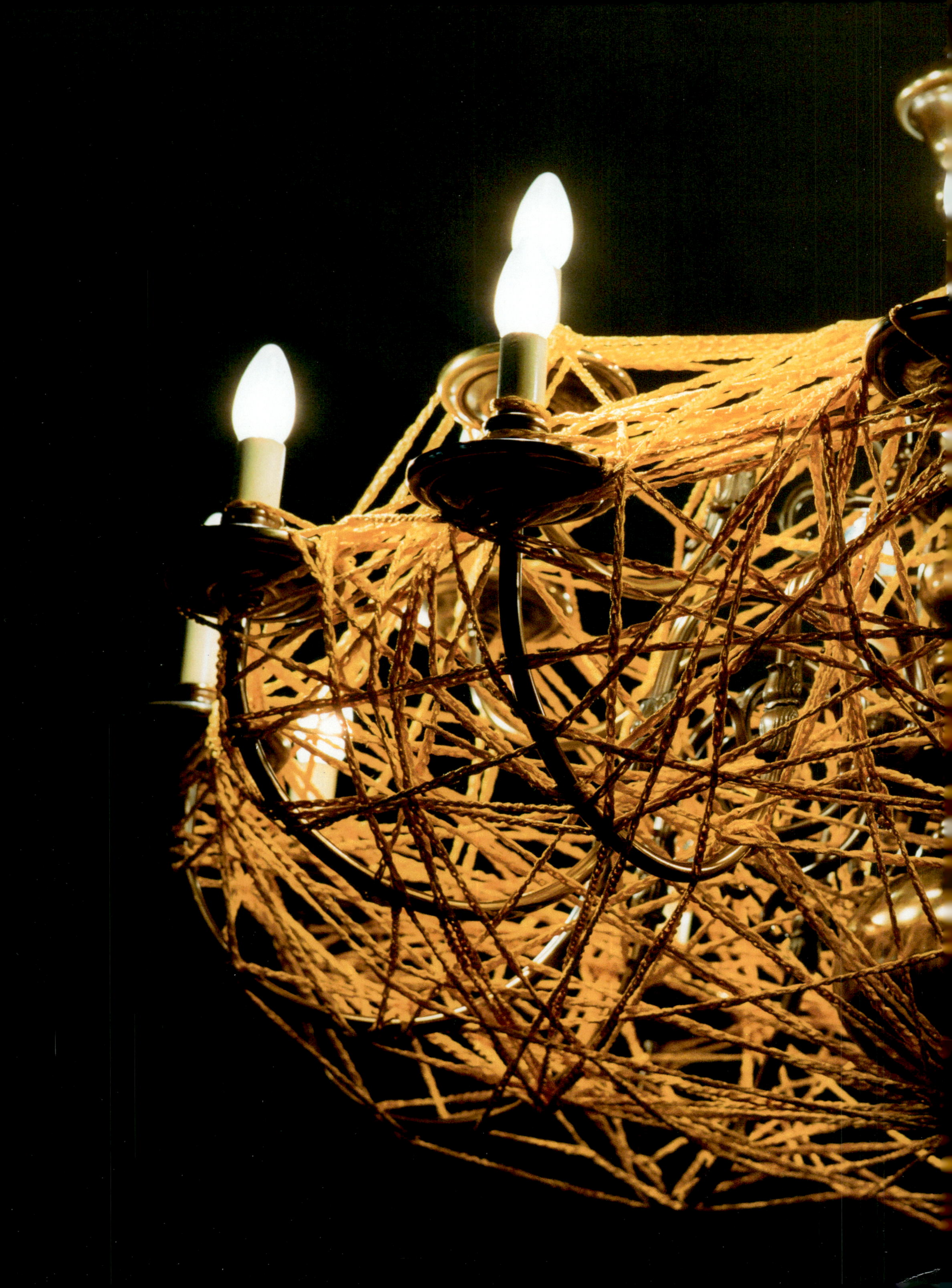

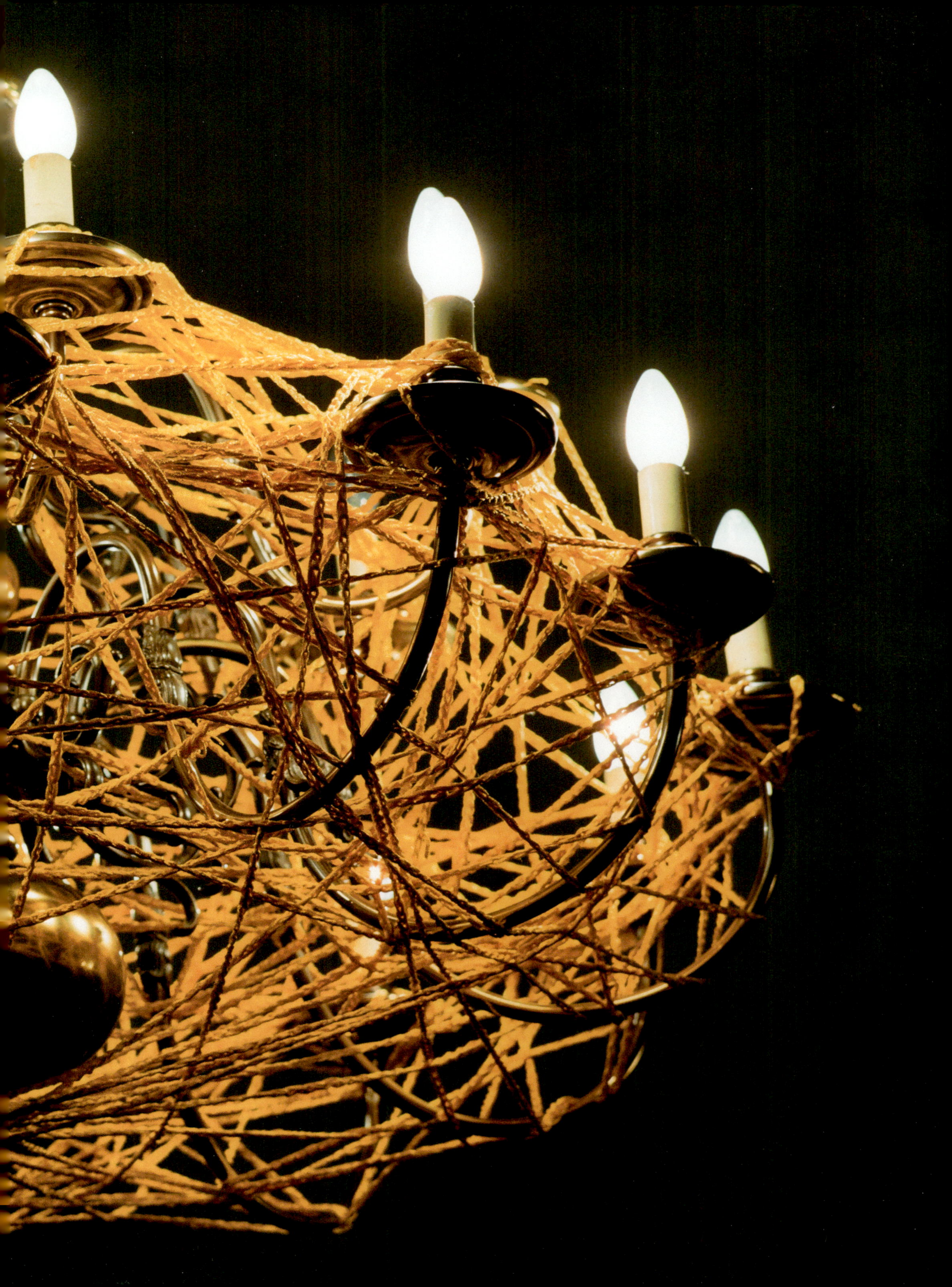

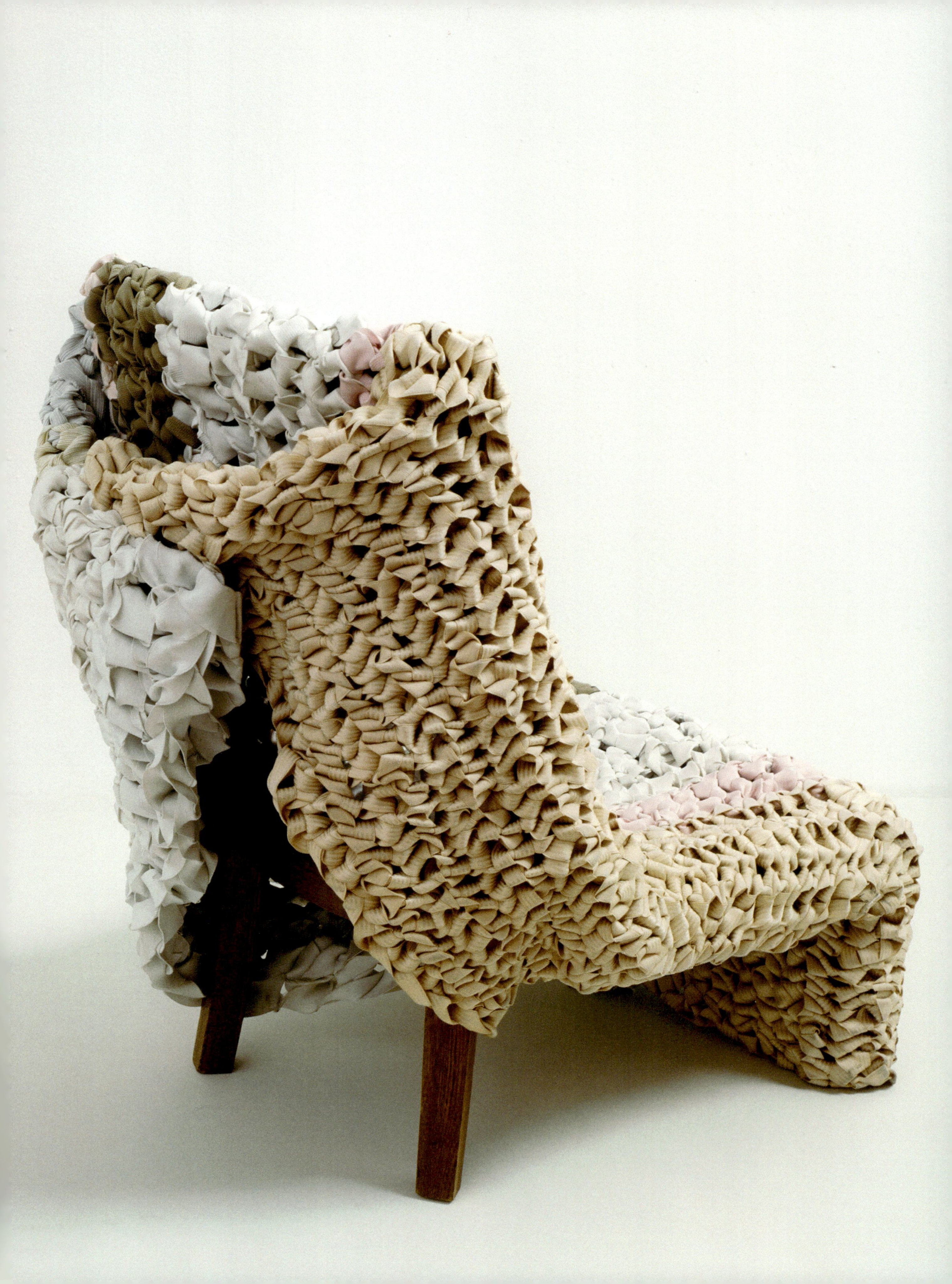

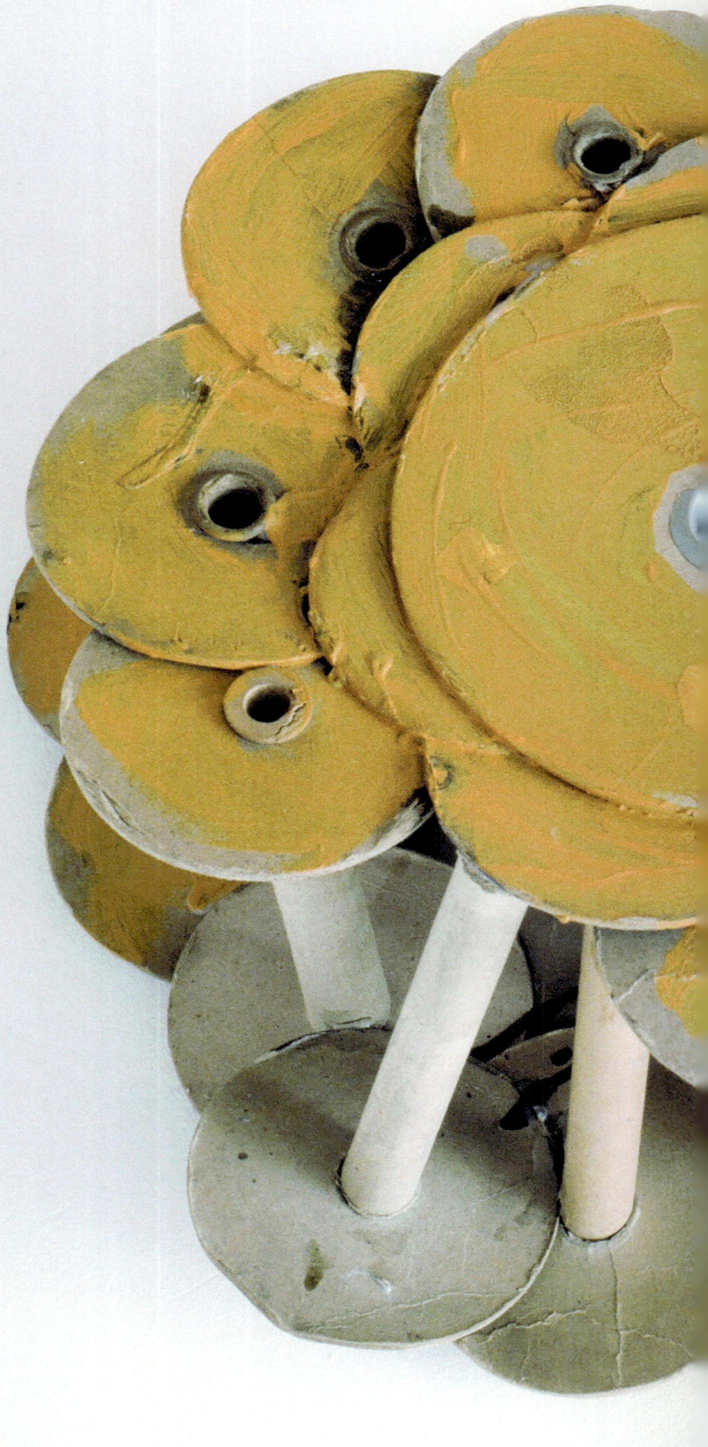

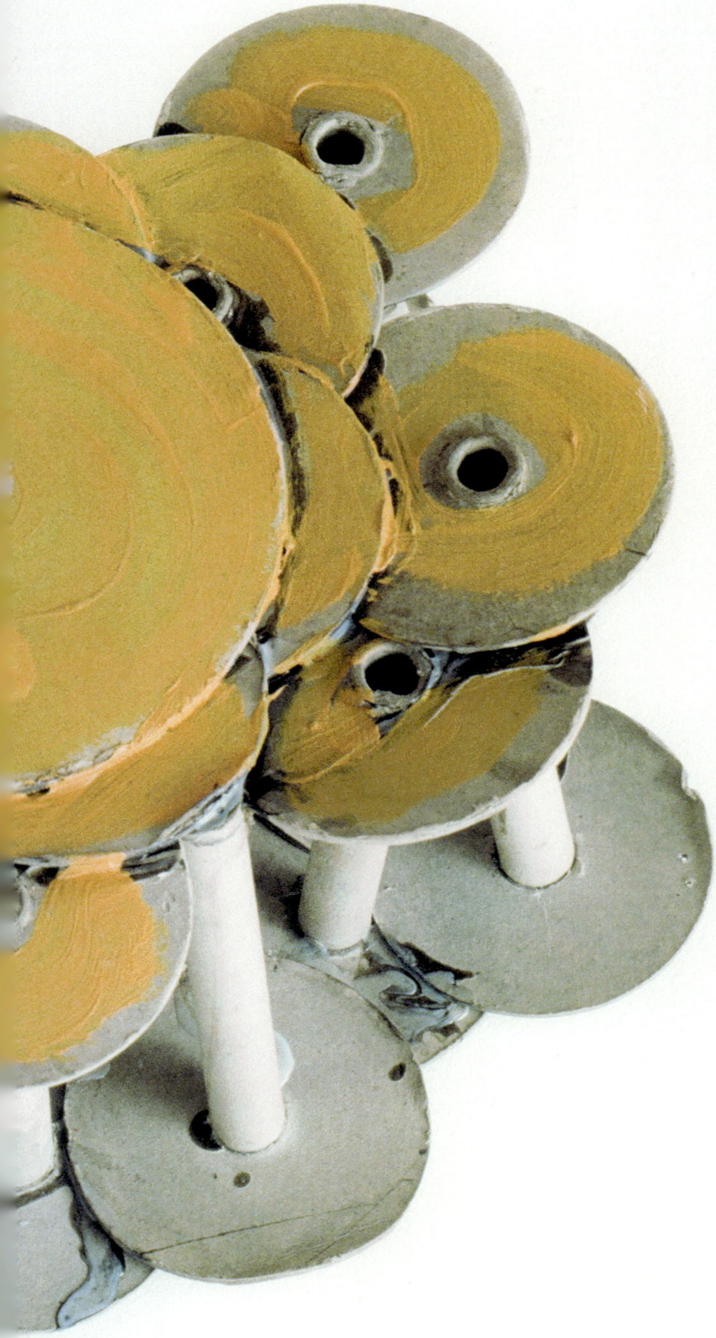

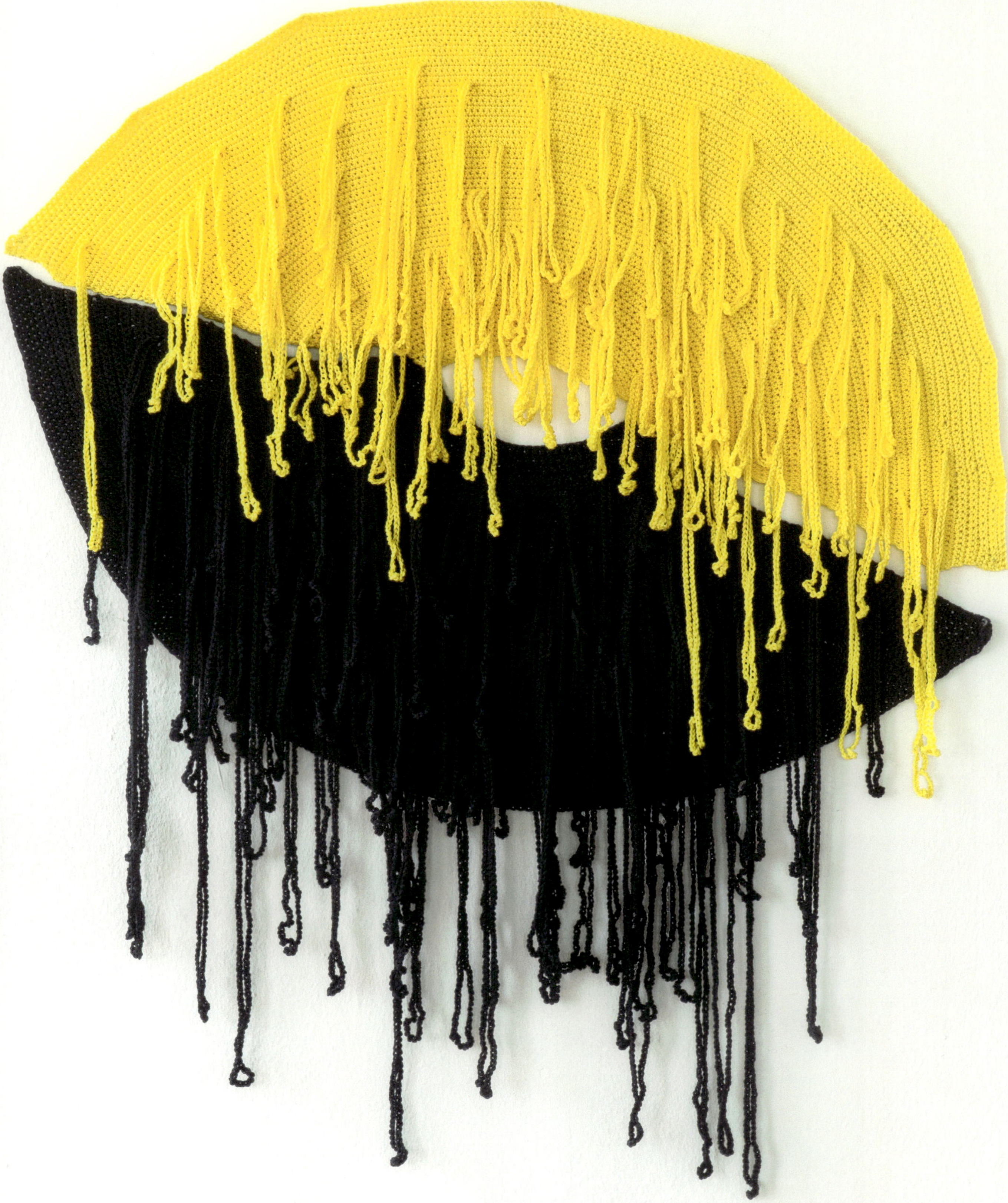

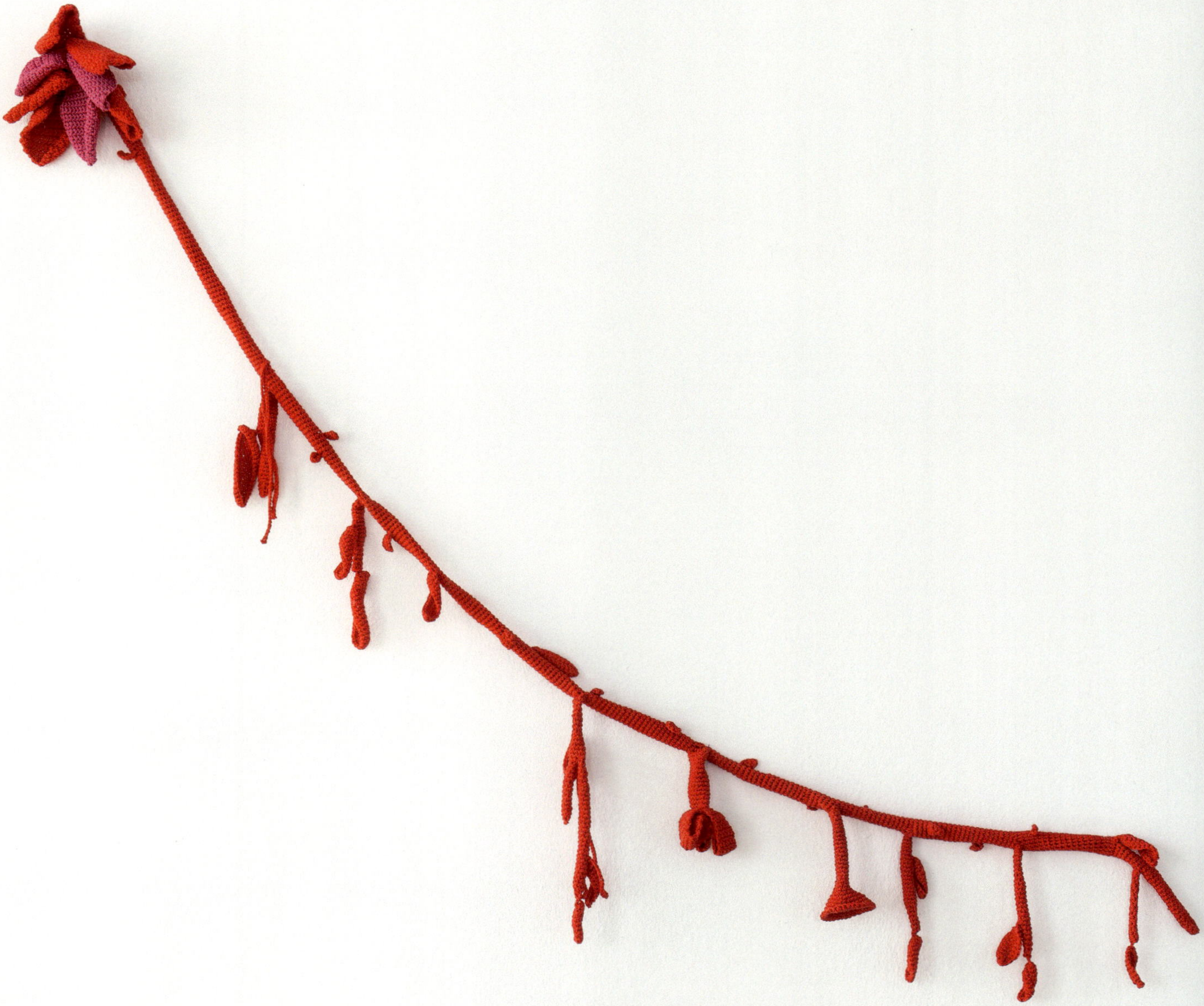

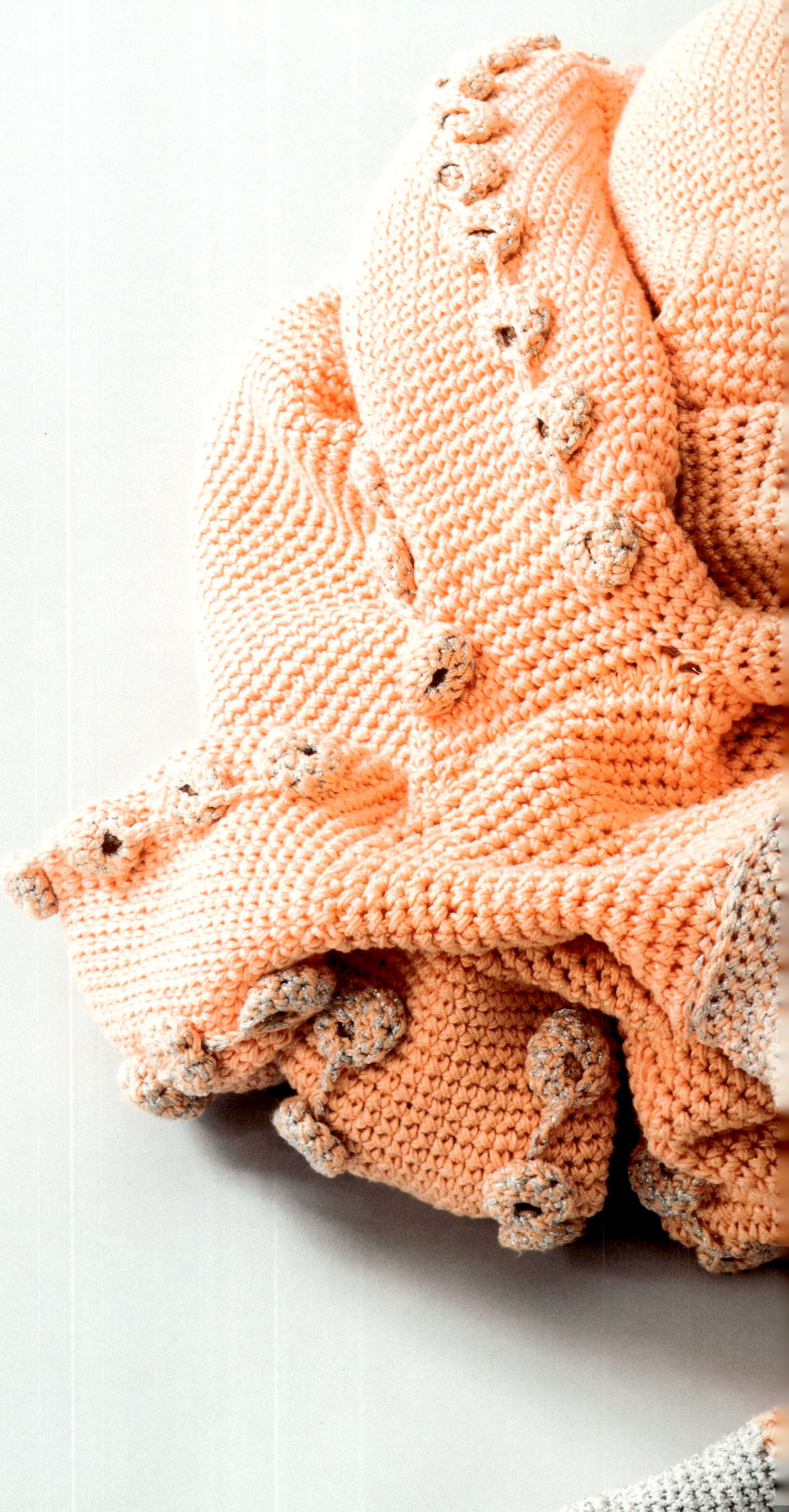

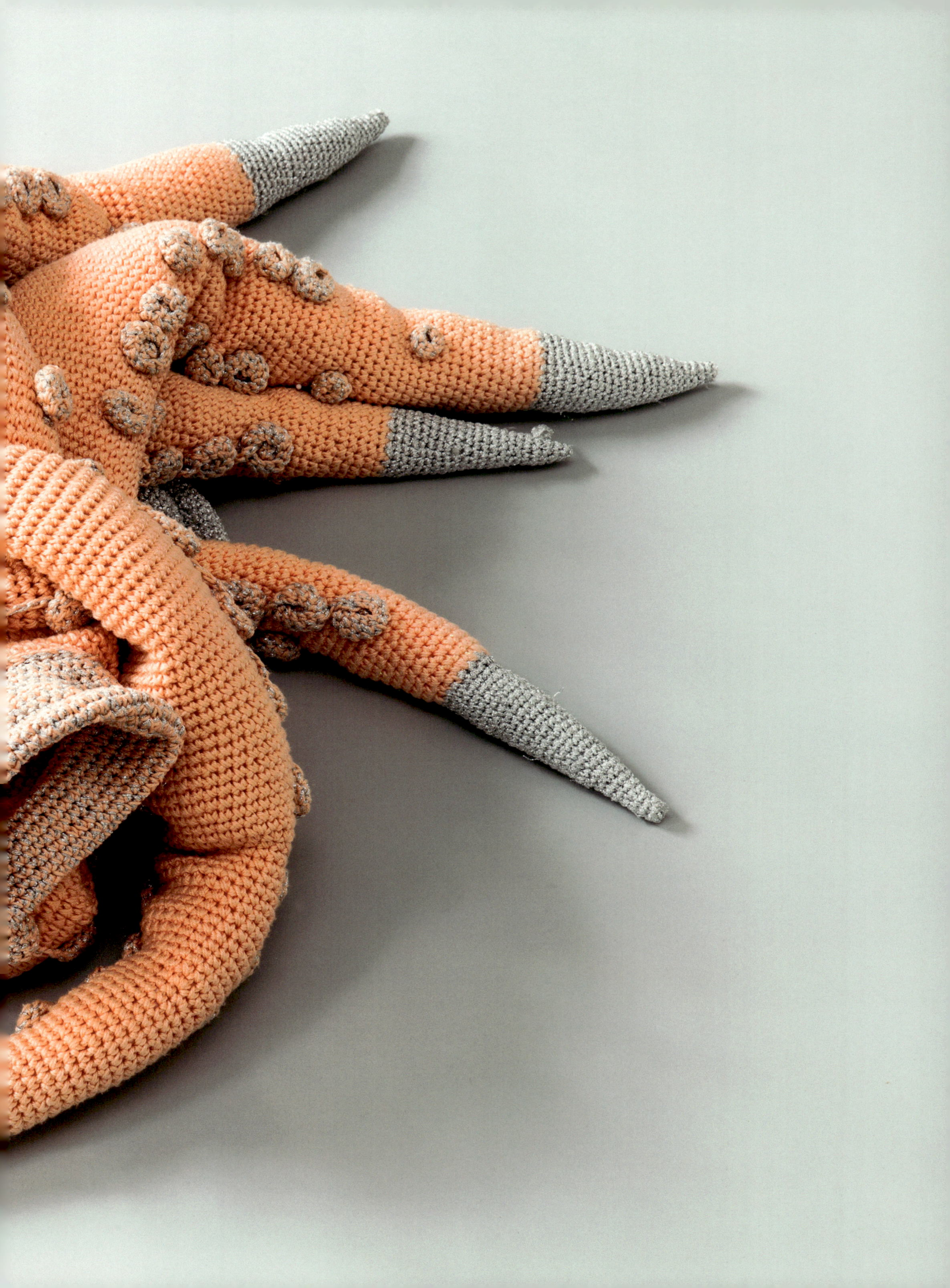

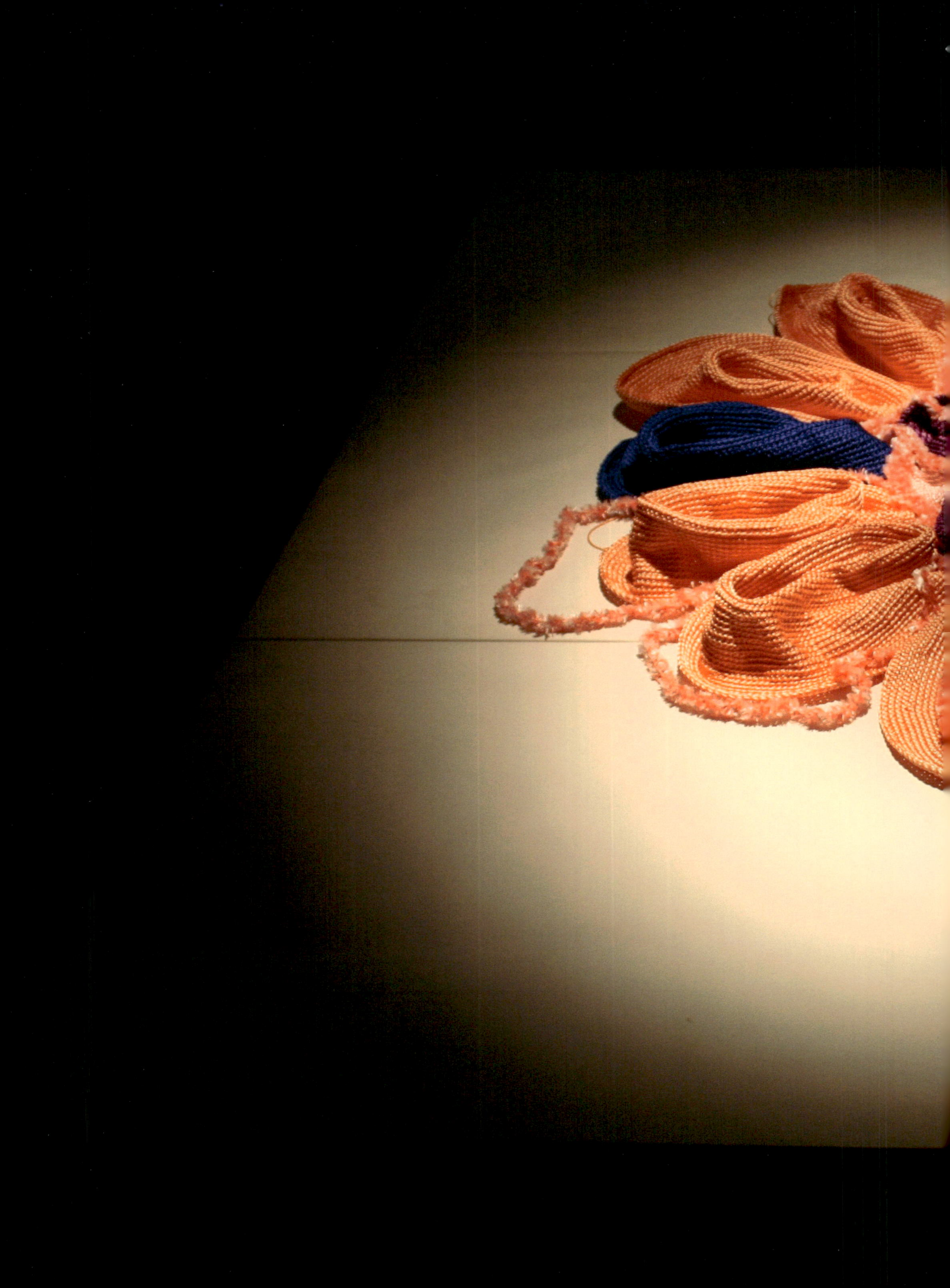

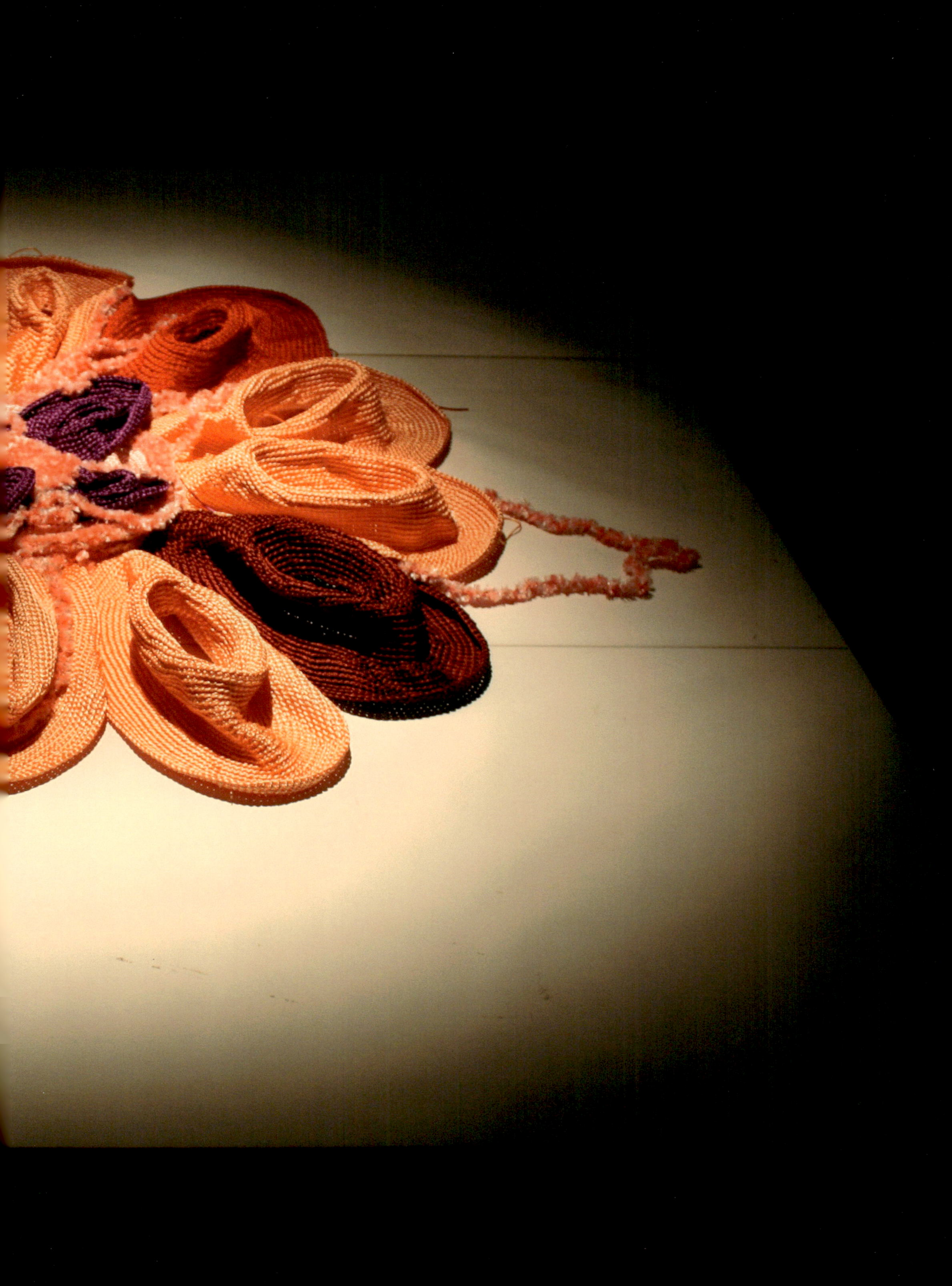

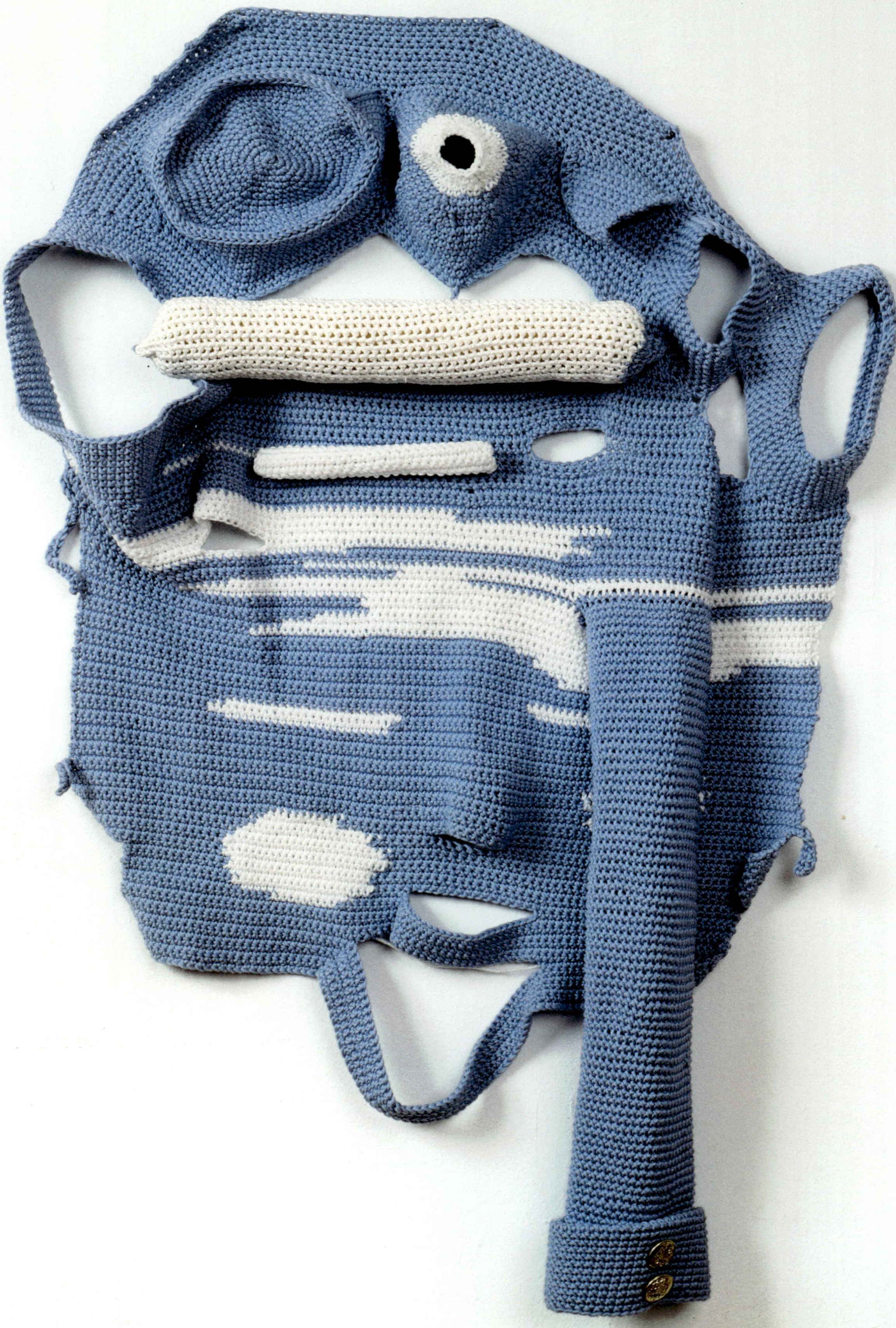

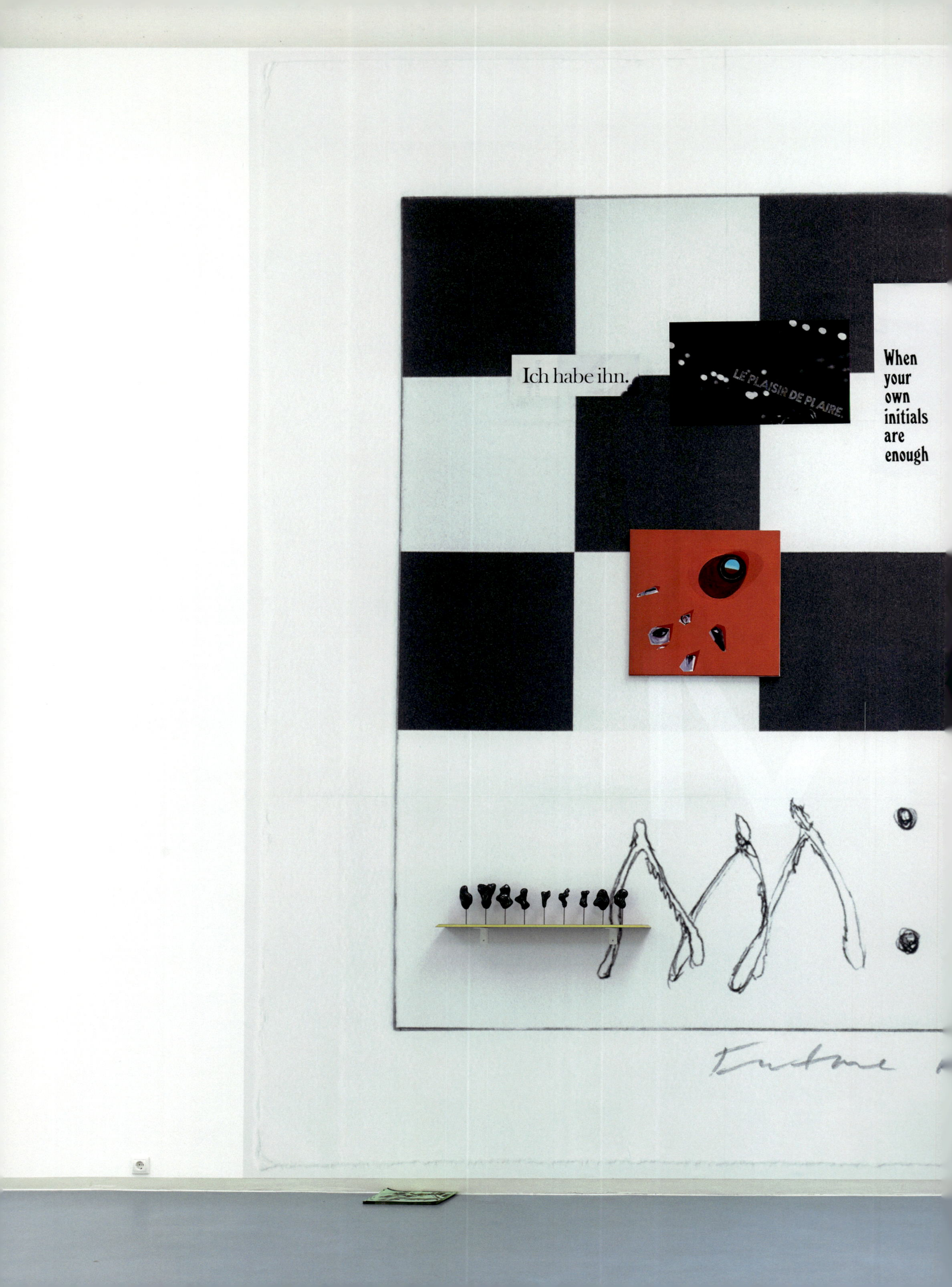
Ich habe ihn.
LE PLAISIR DE PLAIRE.
When your own initials are enough

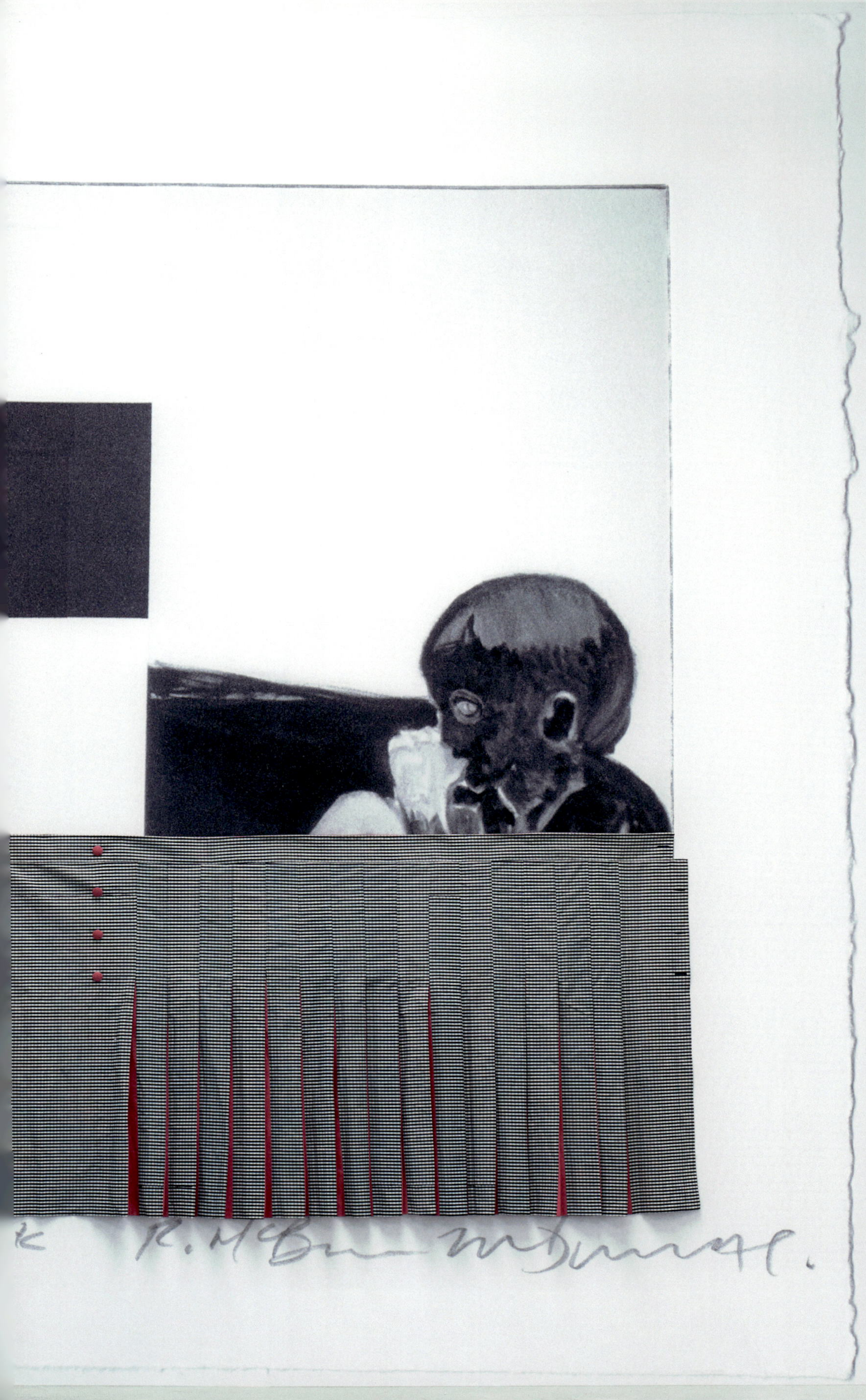

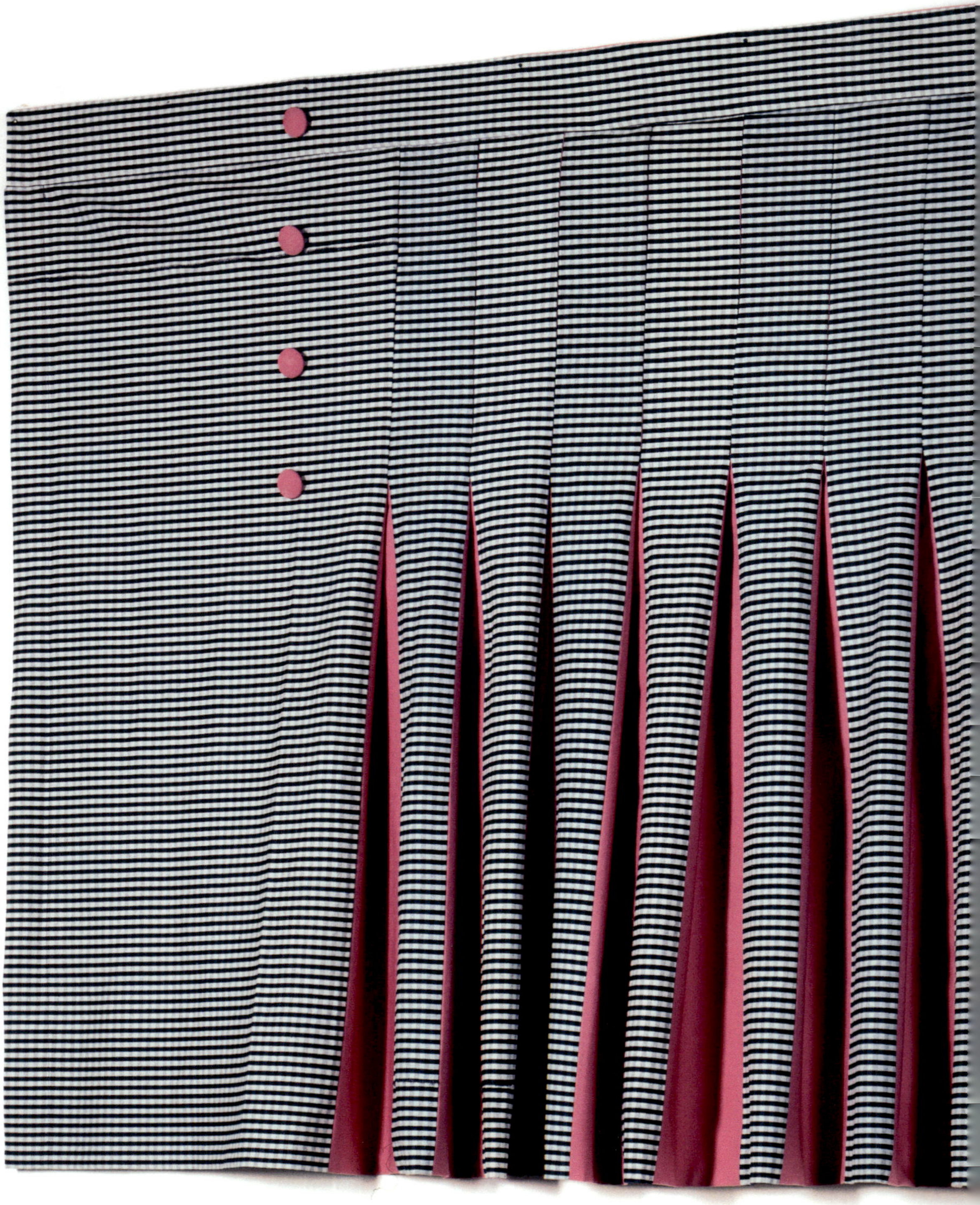

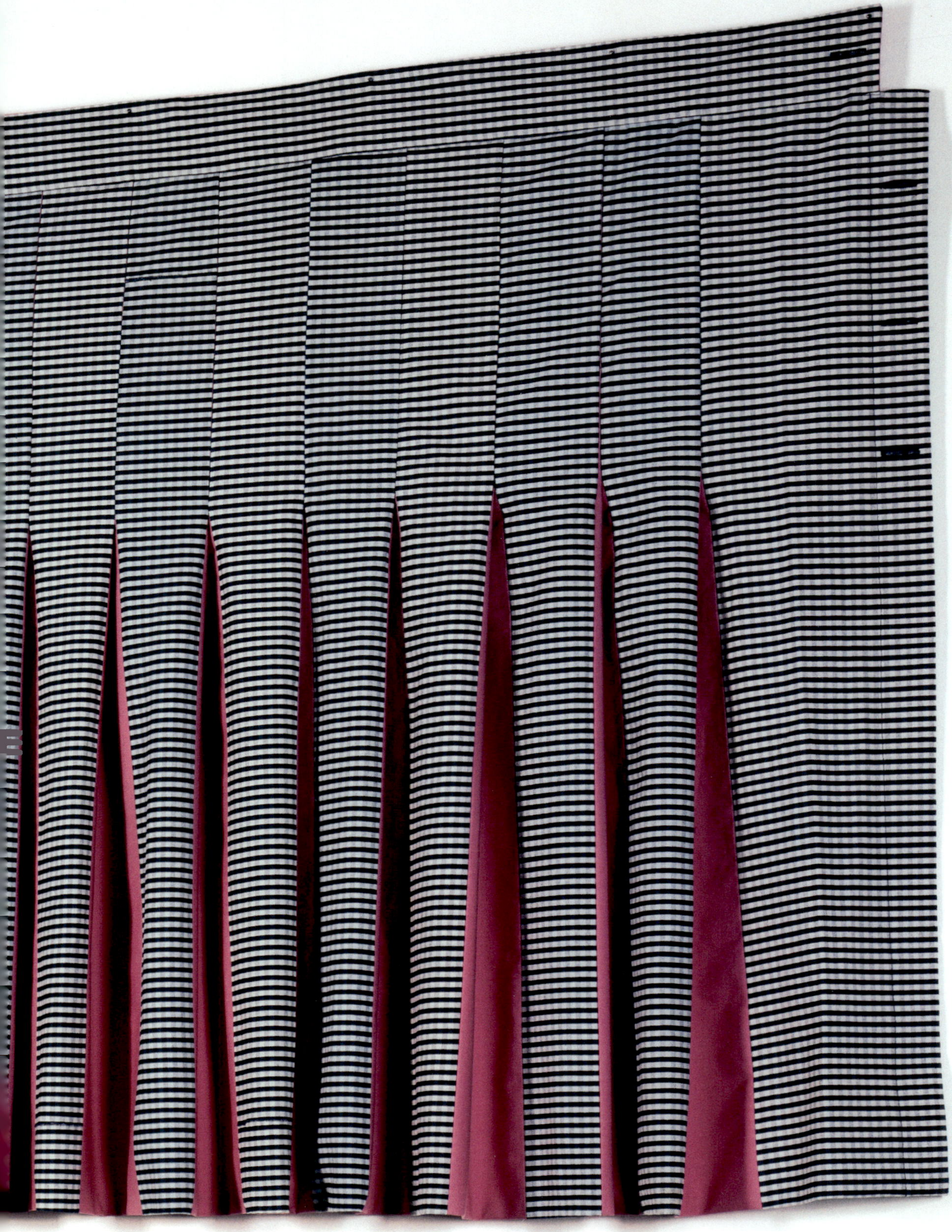

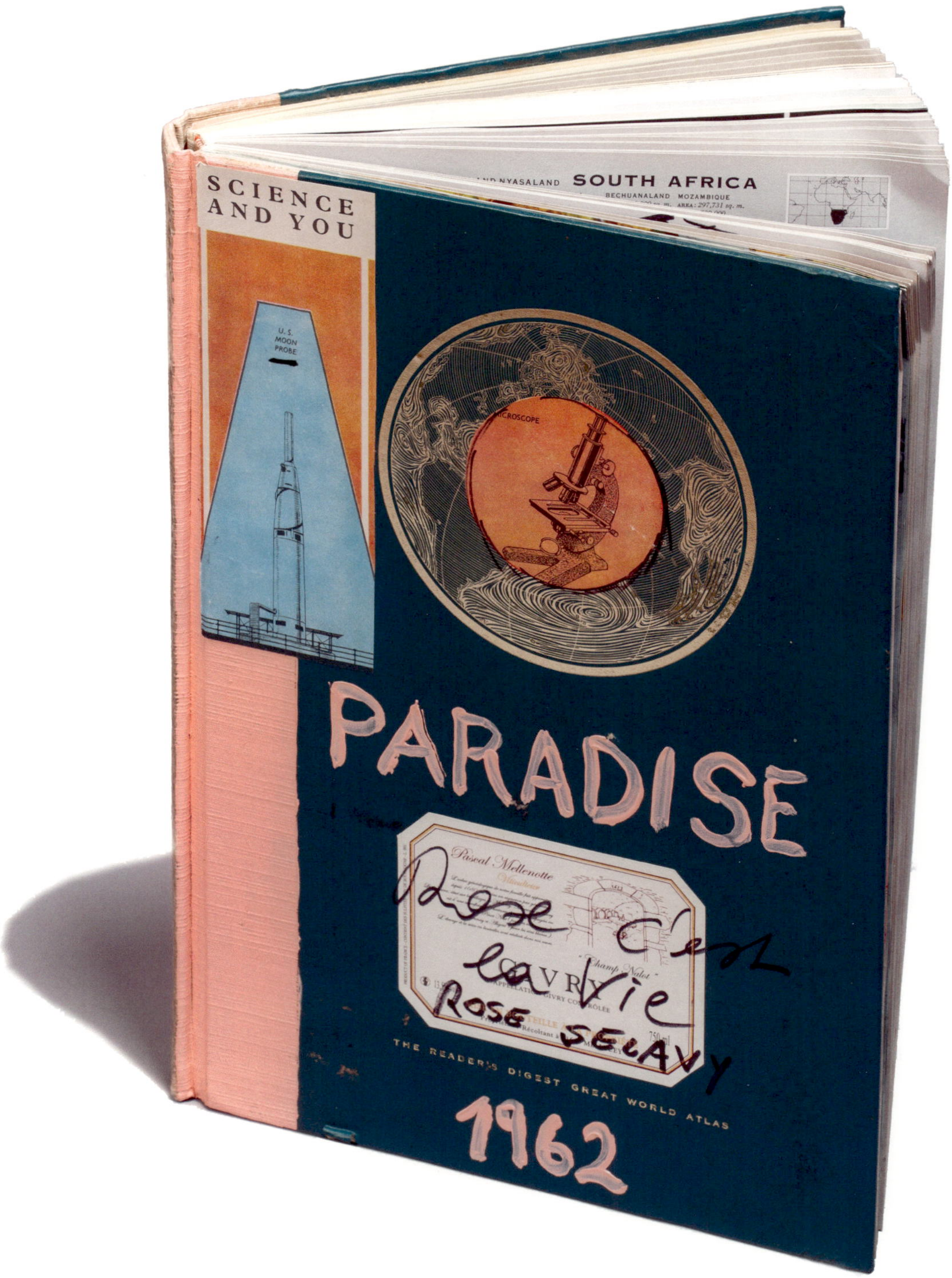
SCIENCE AND YOU
U.S. MOON PROBE
SOUTH AFRICA
BECHUANALAND MOZAMBIQUE
PARADISE
ROSE SELAVY
THE READER'S DIGEST GREAT WORLD ATLAS
1962

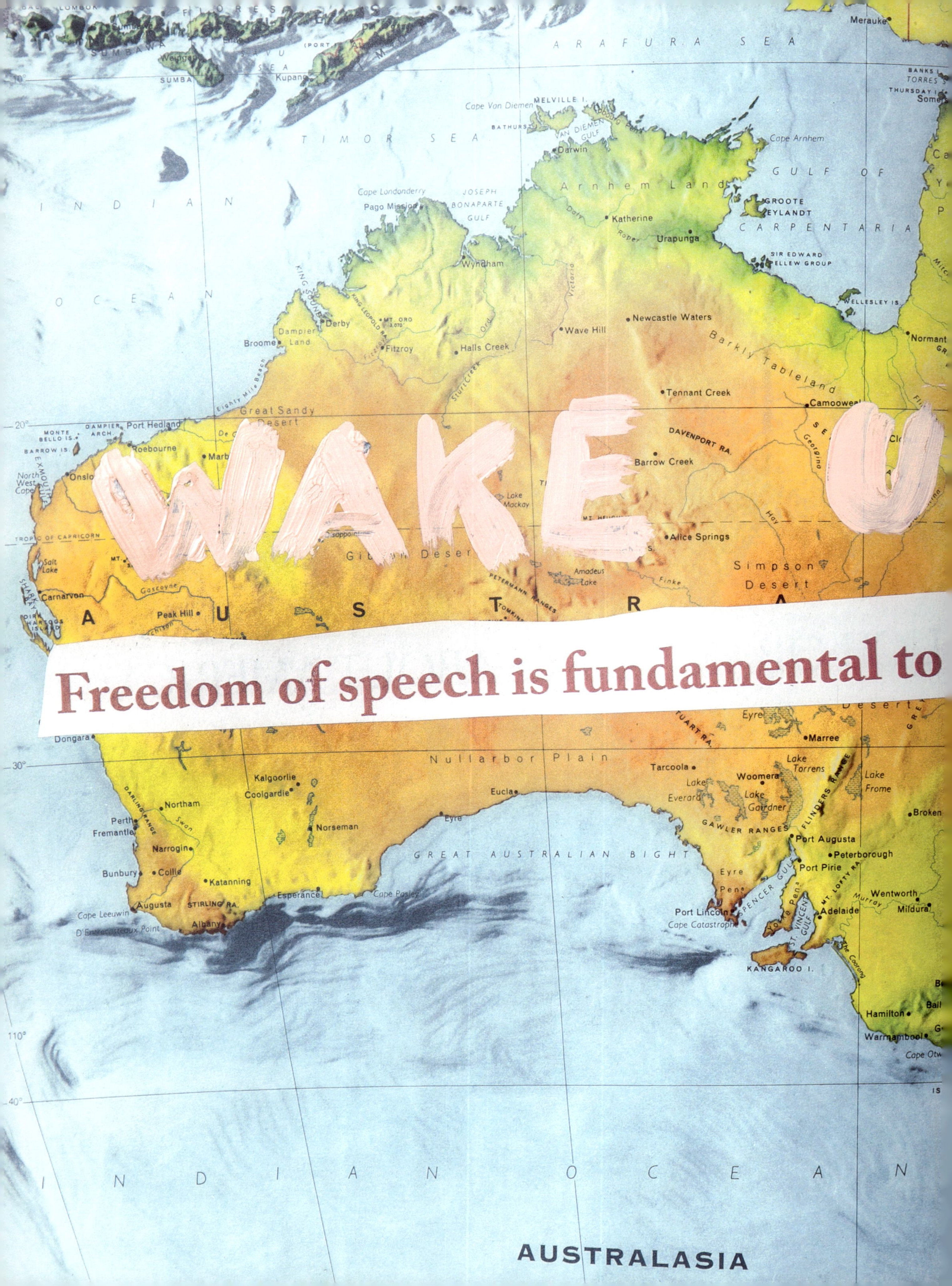
WAKE U
Freedom of speech is fundamental to
ARAFURA SEA
TIMOR SEA
INDIAN OCEAN
GULF OF CARPENTARIA
GREAT AUSTRALIAN BIGHT
Arnhem Land
Darwin
Katherine
Urapunga
Wyndham
Derby
Broome
Fitzroy
Halls Creek
Wave Hill
Newcastle Waters
Barkly Tableland
Tennant Creek
Camooweal
Port Hedland
Roebourne
Onslow
Great Sandy Desert
Barrow Creek
Alice Springs
Simpson Desert
Carnarvon
Peak Hill
Dongara
Nullarbor Plain
Kalgoorlie
Coolgardie
Norseman
Eucla
Tarcoola
Woomera
Marree
Port Augusta
Peterborough
Port Pirie
Adelaide
Port Lincoln
Wentworth
Mildura
Hamilton
Warrnambool
Perth
Fremantle
Northam
Narrogin
Bunbury
Collie
Katanning
Augusta
Albany
Esperance
KANGAROO I.
AUSTRALASIA

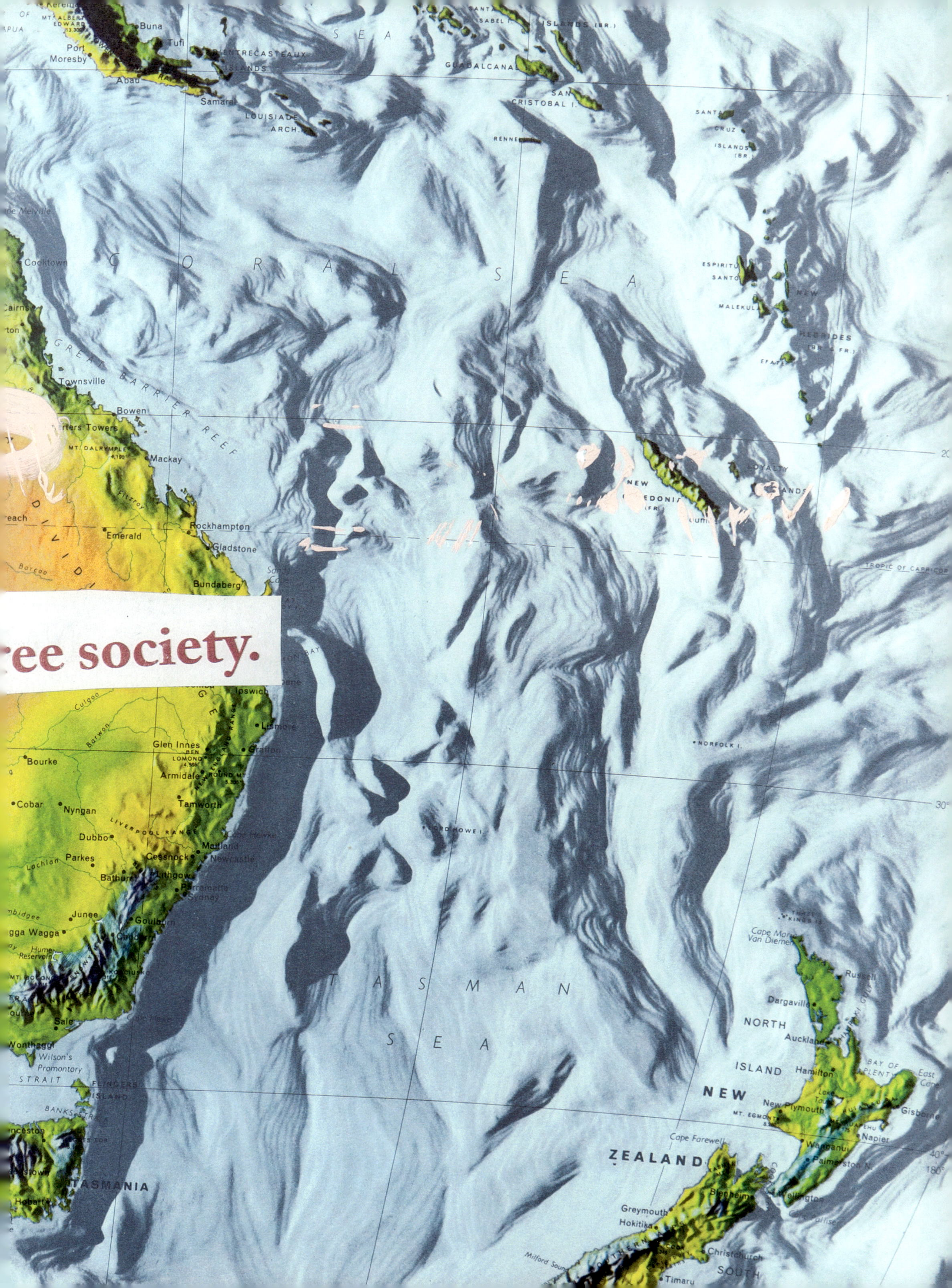
ree society.
CORAL SEA
TASMAN SEA
GREAT BARRIER REEF
NEW HEBRIDES
NEW CALEDONIA
LOYALTY ISLANDS
NORFOLK I.
LORD HOWE I.
TROPIC OF CAPRICORN
GUADALCANAL
SAN CRISTOBAL I.
RENNELL
LOUISIADE ARCH.
Port Moresby
Buna
Tufi
Samarai
Abau
SANTA CRUZ ISLANDS (BR.)
ESPIRITU SANTO
MALEKULA
EFATE
Cooktown
Cairns
Townsville
Bowen
Charters Towers
MT. DALRYMPLE
Mackay
Rockhampton
Emerald
Gladstone
Bundaberg
Ipswich
Lismore
Grafton
Glen Innes
Armidale
Tamworth
Bourke
Cobar
Nyngan
Dubbo
Parkes
Bathurst
Lithgow
Maitland
Newcastle
Cessnock
Parramatta
Sydney
Junee
Wagga Wagga
Goulburn
Sale
Wonthaggi
Wilson's Promontory
BASS STRAIT
FLINDERS ISLAND
Launceston
TASMANIA
Hobart
LIVERPOOL RANGE
Three Kings Is.
Cape Maria Van Diemen
Russell
Dargaville
Auckland
Hamilton
BAY OF PLENTY
East Cape
Gisborne
New Plymouth
MT. EGMONT
Wanganui
Napier
Palmerston N.
Wellington
NORTH ISLAND
NEW ZEALAND
Cape Farewell
Greymouth
Hokitika
Blenheim
Christchurch
Milford Sound
Timaru
SOUTH
30°
40°
180°

IV. APPENDIX

LADY MUSGRAVE REEF
Installation view, outdoor Galerie Stadtpark,
Krems 2006
Photo: Thomas Freiler
p 282

STAATSQUALLE
Crochet work, 2011
Photo: Fred Dott
p 285

LADY MUSGRAVE REEF
Detail, Krems 2006
Collection Tina Kosak
Photo: Petra Maitz
p 286

STAGHORN CORALS
Crochet work, 2007
Photo: Katrin Hammer
p 288

LADY MUSGRAVE REEF
Installation view, Infopavillon Hafencity Hamburg
2011, *examples to follow, expeditions in aesthetics and sustainability*
Photo: Petra Maitz
p 290

LADY MUSGRAVE REEF
Installation view, Neue Galerie Graz, Graz 2007
Photo: Michael Schuster
p 292

HYPERBOLIC FORM, TELEPHONE
Crochet work, 2007
Photos: Fred Dott/Katrin Hammer
p 294, 295

LADY MUSGRAVE REEF CHAIR
Crochet work and kitchen chair, 2006
Photo: Fred Dott
p 297

XY MANDALA (PENISMANDALA)
Crochet work, 2011
Collection Philipp Konzett
Photo: Fred Dott
p 299

BUSENMANDALA
Crochet work, 2012-2013
Photo: Fred Dott
p 301

OAZA ČAČAK
Installation view, Nadežda Petrović Galerija,
Čačac 2009
Photo: Milenko Savović
p 303

OAZA ČAČAK
Installation view, Nadežda Petrović Galerija,
Čačak 2009
Photo: Milenko Savović
p 304

PARTICIPATING LADIES/FREEDOM IS NOT ACCEPTED, OAZA ČAČAK
Galerija Nadežda Petrović Garden, Čačak 2009
Photos: Petra Maitz / Milenko Savović
p 306, 307

LIDO PALM
autonomous people at the Lido di Venezia,
installation of an unknown author, 2009
Photo: Petra Maitz
p 308

THE PROMISE/NO WATER
Installation view, OAZA ČAČAK, Čačak 2009
Photo: Milenko Savović
p 310, 311

WOMEN'S WORK CINEMA
Installation view, Nadežda Petrović Galerija,
Čačak 2009
Photo: Milenko Savović, courtesy of Nadežda Petrović Galerija
p 312

MODELS OF NEURONS & TRNA
Art & Public Graz 2009,
Proposition for an outdoor sculpture
Photo animation: Thomas Radeke/David Auner
p 315

MODELS FOR PSYCHIATRIC & NEUROLOGIC DEPARTMENT GRAZ LKH
Proposition for Hospital Department Design Graz 2010
Photo animation: David Auner
p 314, 316, 317

ELASTIC SPACE SOUND
Installation view Steinerner Saal, Landhaus Graz, 1998
Photo: N. Lackner
p 319

ELASTIC SPACE SOUND
Detail, crochet work, Steinerner Saal, Landhaus Graz, 1998
Photo: N. Lackner
p 320

SCHLAPPBODYCHAIR
Crochet work, elastics, 1997
Photo: Wolfgang Woessner
p 323

NADjA
Cardboard spooles, 1996
Photo: Wolfgang Woessner
p 324

EVOLUTION MAKES YOU BELIEVE
Crochet work, 2003
Photo: Fred Dott
p 327

TEEHYBRIDE
Crochet work, 2001
Photo: Fred Dott
p 329

OCTOPUS
Crochet work, 1998
Photo: Fred Dott
p 330

THE REASONS OF SCIENCE
Installation view, ARTSPACE SYDNEY
Crochet work, chinese silk, 2010/11
Photo: Petra Maitz
p 332

HEAVENLY
Crochet work, 1995
Photo: Fred Dott
p 335

HERSTORIES
Rita McBride, Marlene Dumas, Petra Maitz, Melissa Gordon, Anne Pöhlmann
Installation view, Bonner Kunstverein 2013
Photo: Simon Vogel
p 336

WHAT IS BEHIND THAT CURTAIN (FALTENROCK)
Fabrics, buttons, 1995
Photo: Wolfgang Neeb
p 338

PARADISE 1962
Science and you, Paradise Rrose Sélavy, 2011
Photo: Fred Dott
p 340

WAKE UP/PARADISE 1962
Detail page in Science and you,
Paradise Rrose Sélavy, 2011
Photo: Fred Dott
p 342

SCIENCE PICTIONS SP no. 00–65
2006–2011
Watercolour & pen on paper, collage & overhead transparencies
Sizes vary, 24,5 × 32 cm to 50 × 64 cm
Photos: Fred Dott, István Füzi, N. Lackner, Milenko Savović
p 10–141

Das **Atom** ist die kleinste Einheit der Materie, die sich chemisch teilen lässt. Es umfasst einen positiven Kern (Atomkern) und die gleiche Anzahl negativ geladener Elektronen, die sich in der Elektronenhülle um den Kern aufhalten.

ATP (Adenosintriphosphat) ist ein Bauteil der RNA (Ribonucleic acid) und wird Energiespeicher der Zelle genannt. ATP ist Energielieferant für alle Stoffwechselvorgänge in der Zelle. Durch Nutzung des Ionengradienten (Ionenpumpe) innerhalb/außerhalb der Membran wird Energie erzeugt (in den Mitochondrien).

Bakterien sind die ersten und einfachsten Lebewesen und kommen oft in Stäbchenform vor und besitzen ein Genom, haben einen Stoffwechsel und eine Zellmembran.

Basenpaare sind Kernsäuren, die hauptsächlich im Zellkern vorkommen, es sind dies Adenin, Guanin, Thymin und Uracil, die zu zwei kombiniert ein Basenpaar darstellen.

Biologische Systemtheorie ist eine von Ludwig von Bertalanffy 1949 formulierte Ganzheitslehre, die lebendige Systeme erklärt und somit mehrere Begrifflichkeiten vereint: Komplexität, Selbstorganisation sowie Rückkoppelung und Gleichgewicht.

Chromosomen sind die eingedrehten Basenpaare als Doppelhelix DNA und enthalten mehrere Proteine.

Code wird die Reihenfolge der Basen genannt, die als RNA oder DNA vorkommen, eine Art Translationsregel, nach der Proteine codiert werden.

Chimäre ist ein Mischlebewesen, ursprünglich aus der griechischen Mythologie bekannt, z.B. das geflügelte Pferd. In der modernen Genetikforschung bezeichnet es die Verschmelzung von Embryonalzellen aus zwei Genotypen.

DNA oder **DNS** (Deoxyribonucleic acid, Desoxyribonukleinsäure) ist die Speicherform in chemischen Verbindungen des genetischen Codes. In der Zelle ist sie als Doppelhelix im Zellkern zu finden.

Double Bind dt. Doppelbindungstheorie, ist eine Kommunikationsweise, die in zwanghaften Bindungen zur lose-lose Situation führt, Schizophrenie wird dies genannt. Entwickelt wurde der Terminus von Gregory Bateson ca. 1951 in Theorien von menschlicher Kommunikation.

Enzyme sind Proteine, Eiweißmoleküle, die durch den genetischen Code determiniert sind. Sie steuern und lenken chemische Reaktionen, ohne selbst verbraucht zu werden.

Epigenetik bedeutet die Wissenschaft von vererbaren Merkmalen, die nicht in der DNA codiert sind.

Evolutionstheorie ist eine Erklärung, ursprünglich von Charles Darwin geprägt, über die Entwicklung und Entstehung der Lebewesen. Dies steht im Gegensatz zur Schöpfungsgeschichte der monotheistischen Religionen.

Gen ist eine Basensequenz, ein Abschnitt auf der DNA , die die Information trägt, nach der weitere Moleküle, z.B. RNAs codiert und erzeugt werden.

Genetische Transformation ist die Aufnahme von DNA in eine Zelle, wodurch die Funktionen der Zelle verändert werden.

Genom ist die Gesamteinheit der Erbinformationen, die in einem Organismus vorhanden ist.

Genomveränderungen werden verursacht durch exogene oder innere Genmutationen oder Verschiebungen der Basenpaare des Ursprungsgenoms, sodass vermehrt meistens bei carcinogenen Erkrankungen immer dieselben kranken Zellen erzeugt werden.

Humanes Genom ist ein Begriff für den entschlüsselten Code des Menschen. Dieser Code enthält 22 Chromosomen + X + Y. Es sind dies ca. 3 Milliarden Basenpaare.

Hefe sind einzellige Lebewesen, eine Pilzart, die die Gärung bewirken. Sie bauen in chemischer Hinsicht die Substanz, mit der sie in Kontakt treten, um.

Hybrid ist der Ausdruck für ein Mischwesen. Der veraltete Ausdruck ist Bastard, eine Mischung aus verschiedenen Gattungen; mit Hybridzucht werden Inzucht und andere Überzüchtungsprobleme bei Pflanzen wie bei Tomaten, Brokkoli und Rosenkohl vermieden.

Katalysator ist eine chemische Substanz, die chemische Reaktionen fördert und beschleunigt und dabei verbraucht wird. Meistens sind diese Substanzen Proteine; auch RNA kann das sein, diese werden dann Ribozyme genannt.

Koevolutionär ist ein Ausdruck der Kommunikationswissenschaften neuerdings, kommt aber aus der Biologie. **Koevolution**, auch **Coevolution**, ist in der biologischen Evolutionstheorie ein evolutionärer Prozess der wechselseitigen Anpassung zweier stark interagierender Arten aufeinander. Beide Arten üben einen starken Selektionsdruck aufeinander aus. Das Ergebnis der Koevolution sind Koadaptationen.

The **atom** is a basic unit of matter that can be divided chemically. It contains a positively charged nucleus (atomic nucleus) and the same amount of negatively charged electrons that stay in the electron sheath around the nucleus.
ATP (Adenosintriphosophate) is a component of RNA (Ribonucleic acid) and is called the energy storage of the cell. ATP is the energy supplier for all metabolic processes within the cell. By using the ion gradients (ion pump) inside/outside the membrane, energy is produced (in the mitochondria).
Bacteria are the first and simplest microorganisms and often have the form of rods. They possess a genome, and have a metabolism and a cell membrane.
Base pairs are nucleic acids that most often exist in the nucleus: adenine, cytosine, guanine, thymine and uracil, which in dual combinations represent a base pair.
Biological systems theory is a holistic theory formulated by Karl Ludwig von Bertalanffy in 1949, that explains living systems and thus combines several concepts: complexity, self-organisation, feedback and balance.
Catalyst means a chemical substance which stimulates and accelerates chemical reactions and which is consumed during these reactions. Most catalysts consist of proteins; RNA can work as a catalyst and is then called a ribozyme.
Chromosomes are coiled base pairs forming the double DNA helix and contain several proteins.
Code is the base sequence. The proteins are coded as RNA or DNA, according to a kind of translation rule for coding proteins.
Co-evolutionary is an expression which is now used in communication science, but which originated in biology. According to biological evolution theory, co-evolution means an evolutionary process of mutual adaptation of two strongly interacting species to one another. Both species exert strong selection pressure on each other. The results of co-evolution are co-adaptations.
Creationism is a pseudo-scientific doctrine that tries to scientifically explain the Bible's history of creation. Darwin's theory of evolution is rejected.
A chimera is a blend of two living organisms named after Greek mythology, i.e. the winged stallion. In modern genetic research, chimerism means the merging of embryonic cells of two genotypes.
DNA (Desoxyribonucleic acid) is the storage form in chemical compounds of the genetic code. It is found as a double helix in the cell nucleus.
Double Bind is a form of communication leading to a lose-lose situation in a coercive situation. This is named schizophrenia. The concept was first described in 1951 by Gregory Bateson in theories of human communication.
Enzymes are proteins, protein molecules that are determined by the genetic code. They direct and control chemical reactions without being consumed themselves.
Epigenetic means the science of hereditary characteristics that are not coded in the DNA.
Evolution theory is a concept initially coined by Charles Darwin; it is about how living organisms came into being and further developed. This contradicts the history of creation of the monotheistic religions.
A Gene means a base sequence, a DNA sequence that carries the information according to which other molecules, e.g. RNAs are coded and produced.
Genetic transformation is the integration of DNA in a cell by which the cell's functions are altered.
Genome means the whole genetic information present in an organism.
Genome mutations are triggered by exogenous or inner gene mutations or shifts of the base pairs of the original genome, so that mostly in the event of cancer-causing changes, always the same "sick" cells are generated.
Hydrogen bonds are chemical bonds that are less strong than covalent bonds. They consist of the bond of the hydrogen atom H with 2 oxygen atoms that keep the hydrogen atom in a loose bond without bonding it definitely. The DNA double helix forms many such hydrogen bonds.
Human genome is a concept meaning mapping of the human genome. This mapping shows 22 chromosomes + X + Y, i.e. approximately 3 billion base pairs.
Hybrid is an expression for an animal or plant resulting from the interbreeding between two different species. An older now obsolete term for this phenomenon is "bastard". Through this kind of interbreeding, inbreeding and other overbreeding problems with plants like tomatoes, broccoli and Brussels sprouts are avoided.
Lactose is a milk sugar that is used as an enzyme for degrading sugars in the intestine.
Lactic acid fermentation: lactic acid is a hydroxyl carbon acid with a carboxyl group and a hydroxyl group called hydroxypropanoic acid. The salts of lactic acid are called lactates. Lactic acid fermentation played an important role in Pasteur's work, because he proved the existence of microorganisms in the air. During lactic acid

Kreationismus ist eine pseudowissenschaftliche Lehre, die die biblische Schöpfungsgeschichte wissenschaftlich zu erklären versucht. Die Abstammungslehre in darwinischem Sinne wird darin ignoriert.

Lactose ist ein Milchzucker, der als Enzym beim Abbau von Zuckern im Darm benötigt wird.

Metabolismus ist der Stoffwechsel bei chemischen Vorgängen, die von den Zellen gesteuert werden und wo Umbau, Abbau und Ausscheidung von Stoffen koordiniert wird.

Milchsäuregärung (-fermentation): Milchsäure ist eine Hydroxycarbonsäure mit einer Carboxygruppe und einer Hydroxygruppe, Hydroxypropansäure genannt. Die Salze der Milchsäure heißen Lactate. Bei Pasteur spielt sie eine große Rolle, er bewies damit die in der Luft vorkommenden Mikrobakterien. Bei der Milchsäuregärung wird Glucose in einem Energiestoffwechsel umgebaut zu Milchsäure und andere Endprodukte.

Molekül ist kleinste Einheit von Zusammenschluss von Materie, mehrere Atome verbinden sich zu einem Molekül.

Molekularbiologie nennt man die Wissenschaft, die das Leben der kleinsten Lebenseinheiten, der Moleküle, untersucht.

Oligonukleotide sind aus 4-10 bestehende Nukleotidsequenzen, die DNA oder RNA enthalten. Sie werden zur Forschung verwendet aber auch bei Fingerprints eingesetzt.

Proteinbiosynthese heißt die Synthese der Eiweiße nach dem Strukturcode der genetischen Information der DNA und RNA. Dies ist ein Teil der Genexpression.

Phosphate sind ein chemischer Begriff für die Salze der Orthophosphorsäure. Beispielsweise Adenosintriphosphat, ATP, das auch ein Teil der RNA ist.

Ribose ist ein Zucker mit 5 C-Atomen, der in der Natur sehr oft vorkommt, vor allem in der RNA.

Ribosom ist ein makromolekularer Zusammenschluss von Proteinen und Nukleinsäuren, an denen die Übersetzung von DNA in RNA und umgekehrt erfolgt und außerdem die Übersetzung von DNA in Aminosäurefrequenzen.

Ribozym ist eine RNA, die gerade katalytisch, enzymatisch aktiv ist.

RNA ist die Urabschrift der DNA, aber nur einsträngig, sie unterscheidet sich von der DNA durch eine Wasserstoffgruppe, die sie mehr hat, damit ist sie auch instabiler und kann deshalb eher mit anderen Stoffen reagieren. So ist auch die Doppelfunktion der RNA zu verstehen, Informationsspeicher und Reagens oder Enzym z.B.

RNA-Interferenz heißt soviel wie Stilllegung von Genabschnitten und wird durch kleine RNA-Stücke ausgelöst, die einen gewissen Genabschnitt blockieren. RNAi-RNAsi (genetic silencing).

RNA-Welt-Hypothese ist eine These, die besagt, dass der Ursprung des Lebens vielleicht in der RNA ist, diese also die erste Lebensform war, die sich aus sich selbst reproduzierte und gleichzeitig sich selbst replizierte. Es wird angenommen, dass sich aus der Ursuppe spontan RNA gebildet hatte. Experimentell ist dies noch nicht nachgewiesen.

Tollwut ist eine Viruserkrankung, die bei Tieren und Menschen eine tödliche Gehirnentzündung auslöst. Der größte Überträger der Tollwut ist der Hund. Louis Pasteur war der Entdecker eines Gegenmittels 1885.

Wasserstoffbrückenbindung ist eine chemische Bindung die nicht so stark wie eine kovalente Bindung ist und besteht aus der Bindung des Wasserstoffatoms H mit 2 Oxygenatomen, die das Wasserstoffatom quasi in lockerer Bindung halten, aber nicht endgültig binden. Die Doppelhelix der DNA bildet viele solcher Wasserstoffbrücken.

Ursuppenexperiment dient der Prüfung der Urkonditionen zur These, wie Leben entstanden sein könnte. Das Miller/Urey-Experiment ist eine der berühmtesten Hypothesen für die Erforschung des Lebensursprunges und wurde 1953 durchgeführt. (Entstehung organischer Moleküle, chemische Evolution).

Viren sind infektiöse Partikel, die keine Zelle darstellen und nur innerhalb einer Wirtszelle sich weiter verbreiten, sie haben keine eigene Replikation und keinen eigenen Stoffwechsel.

Zufall heißt in der Sprache der Molekularbiologie, dass es keinen kausalen Zusammenhang für eine z.B. spontan auftretende Mutation, Genveränderung gibt. Zufall bedeutet auch in der Chemie, dass es oft nicht kausale Zusammenhänge gibt, in denen gewisse Stoffe miteinander reagieren.

fermentation, energy metabolism transforms glucose into lactic acid and other products.

Metabolism means cellular metabolism as a chemical process controlled by the cells, which enables transformation, degradation and excretion of substances.

Molecule means the smallest unit of matter, several atoms join to form a molecule.

Molecular biology is the science of the smallest living entities, i.e. the molecules.

Oligo-nucleotides consist of 4 to 10 nucleotide sequences that contain DNA or RNA. They are used in research, but also for fingerprints.

Protein biosynthesis means the synthesis of proteins according to the structural code of the genetic information of DNA and RNA. This is a part of gene expression.

Phosphates are the chemical name for salts of the orthophosphoric acid, e.g. adenosine triphosphate, ATP, which is also a part of the RNA.

Rabies is a virus disease causing fatal encephalitis in humans and animals. Most frequently, the virus is transmitted by infected dogs. Louis Pasteur discovered an antidote in 1885.

Ribose is a sugar with 5 C atoms that is very frequent in nature, especially in RNA.

Ribosome is a macromolecular assembly of proteins and nucleic acids in which DNA is translated into RNA and vice versa, as well as the translation of DNA into amino acid frequencies.

Ribozyme is an RNA which is catalytically, i.e. enzymatically, active.

RNA is the original copy of DNA, but has only one strand. It distinguishes itself from DNA by the fact that it has one hydrogen group more than DNA, and that it is thus less stable and can more easily react to other substances. The double function of RNA can be understood in this way; as an information storage and reagent on the one hand, and as an enzyme on the other (e.g. miRNA-mitochondrial RNA, siRNA-small interfering RNA, mRNA-messenger RNA, tRNA-transfer RNA, rNRA-ribosomal RNA).

RNA interference means silencing of gene sequences; RNA molecules inhibit gene expression by blocking a certain gene sequence. RNAi-RNAsi (genetic silencing).

RNA world hypothesis suggests that the origin of life lies within RNA, which would then be the first form of life able to reproduce itself spontaneously while replicating itself at the same time. It is assumed that RNA formed from primeval soup, but no experimental proof has been provided so far.

The primeval soup experiment was carried out in order to examine which primeval conditions could have led to life. The Miller-Urey experiment is one of the most famous hypotheses for the investigation of the origin of life. It was carried out in 1953 (formation of organic molecules, chemical evolution).

Viruses are infectious particles that do not represent a cell and can only proliferate within a host cell. They do not replicate themselves and have no metabolism.

Random event: In the language of molecular biology, "by chance" means that spontaneous mutations, gene alterations, are not caused by a certain phenomenon. Even in chemistry, certain substances react to each other "by chance" without a cause being detected.

Yeast contains a range of unicellular microorganisms called fungi that lead to fermentation. From a chemical point of view, they transform the substance with which they make contact.

Giorgio Agamben: Der Mensch ohne Inhalt, edition suhrkamp 2625, aus dem Italienischen von Anton Schütz, Suhrkamp Verlag, Frankfurt/Main 2012, Giorgio Agambens Originalausgabe erschien bei Verlag Rizzoli, Mailand 1970.

Jonathan B. L. Bard: Waddington's Legacy to Developmental and Theoretical Biology in Biological Theory: Integrating Development, Evolution, and Cognition, Volume 3, published by MIT Press Cambridge, 2008.

Gregory Bateson: Geist und Natur. Eine notwendige Einheit, suhrkamp taschenbuch wissenschaft 691, übersetzt von Hans Günter Holl, Suhrkamp Verlag, Frankfurt/Main 1987, Originalausgabe: Mind and Nature. A Necessary Unity © 1979 by Gregory Bateson.

Gregory Bateson: Ökologie des Geistes. Anthropologische, psychologische, biologische und epistemologische Perspektiven, Suhrkamp Taschenbuch, Frankfurt/Main 1985.

Joachim Bauer: Das kooperative Gen, Abschied vom Darwinismus, Hoffmann und Campe Verlag, Hamburg 2008.

Arthur Fisher Bentley: Inquiry Into Inquiries. Essays in Social Theory, ed. and with an introduction by Sidney Ratner, The Beacon Press, Boston 2011, Chapter Ten: The Human Skin: Philosophy's Last Line of Defense, Jan. 1941.

Arthur F. Bentley: The Human Skin: Philosophy's Last Line of Defense, in: Philosophy of Science 8 (1941).

Joseph Beuys: Fernando Groener, Rose-Maria Kandler (Hg.), 7000 Eichen, Verlag der Buchhandlung Walther König, Köln 1999.

Simone de Beauvoir: Das andere Geschlecht, Rowohlt Verlag, Hamburg 1951, Taschenbuch: Rowohlt 1968 (Originalausgabe Librairie Gallimard, Paris 1949)

Sabine Brauckmann, Christine Brandt, Denis Thieffry, Gerd B. Müller (eds.): Graphing Genes, Cells, and Embryos. Cultures of Seeing 3D and Beyond, Reprint 380, introduction by Sabine Brauckmann and Denis Thieffry, Max-Planck-Institut für Wissenschaftsgeschichte, Berlin 2009.

Sabine Brauckmann: Eine Theorie für Lebendes? Die synthetische Antwort Ludwig von Bertalanffys, Hänsel-Hohenhausen, Frankfurt/Main, München/New York 2000 (Deutsche Hochschulschriften 2682).

Horst Bredekamp, Birgit Schneider, Vera Dünkel (Hg.): Editorial in: Das Technische Bild, Akademieverlag, Berlin 2008.

Horst Bredekamp: Darwins Korallen. Frühe Evolutionsmodelle und die Tradition der Naturgeschichte, Wagenbach, Berlin 2005.

Bucher Gruppe: Rna: Ribosom, Ribonukleinsäure, Mrna, Trna, Ribosomale Rna, Pra-Mrna, Rna-Interferenz, Microrna, Rna-Welt-Hypothese, Tmrna, Piwi-Rotein, www.creativecommons.org.

Doris Byer, Christian Reder (Hg.): Zeichnung als universelle Sprache. Werke aus Südostasien und Melanesien, Hugo Bernatzik Sammlung 1932-1937, Edition Transfer Springer, Wien/New York 2011.

Georges Canguilhem: Die Erkenntnis des Lebens, August Verlag, Berlin 2009; Original: La Connaissance de la vie, © Librairie Philosophique J. Vrin, Paris 1965.

S.J. Counce in: Strategy of the Genes, Conrad Hal Waddington in Yale Journal of Biology and Medicine 1958.

Ulf Larsson (ed.): Cultures of Creativity, Birth of a 21st Century Museum, Science History Publications/USA, Sagamore Beach Watson Publishing International & Nobel Museum 2007.

Richard Dawkins: Das egoistische Gen, Rowohlt Taschenbuch, Reinbek bei Hamburg 1996. Originalausgabe: The Selfish Gene, © Oxford University Press 1976.

Charles Darwin: On the Origin of Species. Edited with an introduction and notes by Gillian Beer, Oxford World's Classics, Oxford University Press, Oxford/New York 1996.

Gilles Deleuze, Félix Guattari: Rhizom, Merve Verlag, Band 67, Berlin 1977 Originalausgabe: Les Editions de Minuit, Paris 1976.

Gilles Deleuze, Michel Foucault: Der Faden ist gerissen, Merve Verlag, Band 68, Berlin 1977.

dOCUMENTA(13): Das Begleitbuch/The Guidebook, Katalog/Catalogue 3/3, Hatje Cantz, Ostfildern-Ruit 2012.

Arthur Conan Doyle: http://www.eastoftheweb.com/short-stories/UBooks/MusgRitu.shtml, 1893.

Julia Fabenyi: Versuch einer Entschlüsselung, in: Christa Steinle (Hg.): Lady Musgrave Reef, Verlag der Buchhandlung Walther König, Köln 2007.

Manfred Faßler: Schöne zweite Welt. Anthropologische Anmerkungen zu Händen, Modellen und visuellen Improvisationen, in: Christian Reder (Hg.): Zeichnung als universelle Sprache. Werke aus Südostasien und Melanesien, Hugo Bernatzik Sammlung 1932-1937, Edition Transfer Springer, Wien/New York 2011.

Manfred Faßler: Kampf der Habitate. Neuerfindungen des Lebens im 21. Jahrhundert, Edition Transfer, hg. von Christian Reder, Springer, New York/Wien 2011.

Paul Feyerabend: Wissenschaft als Kunst, edition suhrkamp, Neue Folge Band 231, Suhrkamp Verlag, Frankfurt/Main 1984.

Angela Fischel, Michael Lailach: Freie Schönheit, in: Von mehr als einer Welt. Die Künste der Aufklärung, Kunstbibliothek Staatliche Museen zu Berlin, Michael Imhof Verlag, Berlin 2012.

Georg Forster: James Cook, der Entdecker, Eichborn, Frankfurt/Main 2008.

Raoul H. Francé: Lebenswunder der Tierwelt. Eine Tierkunde für Jedermann, Im deutschen Verlag, Berlin 1940.

Carlo Ginzburg: Die Wissenschaft auf der Suche nach sich selbst, Berlin 1995, vgl. das Kapitel: Spurensicherung. Der Jäger entziffert die Fährte, Sherlock Holmes nimmt die Lupe, Freud liest Morelli, S. 7–43.

Albert Gossauer: Struktur und Reaktivität der Biomoleküle. Eine Einführung in die organische Chemie, Helvetica Chimica Acta, Zürich 2006.

Stephen Jay Gould: Illusion Fortschritt. Die vielfältigen Wege der Evolution, Fischer Taschenbuch, Frankfurt/Main 1999.

Slowomir Waldemar Gwiazda: Entwicklung kurzer selbstorganisierender Ribonukleinsäuren im Kontext der RNA-Welt-Hypothese, Inauguraldissertation 2010, Ernst-Moritz-Arndt-Universität Greifswald.

Carmen Hammer, Immanuel Stieß: Einleitung in Donna Haraway: Die Neuerfindung der Natur, Primaten, Cyborgs und Frauen, Campus Verlag, Frankfurt/New York 1995.

Donna Haraway: Die Neuerfindung der Natur, Primaten, Cyborgs und Frauen, Campus Verlag, Frankfurt/New York 1995.

Donna Haraway: When Species Meet, University of Minnesota Press, Minneapolis/London 2008.

Gert Hasenhütl: Die Entwurfszeichnung, Dissertation zur Theorie des zeichnerischen Entwurfs, Universität für Angewandte Kunst, Wien 2008.

Katherine Hayles: Text of our context: situating postmodernism within an information society, in: Discourse 9, p. 24-36.

Stéphane Hessel: Empört Euch!, Ullstein Verlag 2011.

Johan Huizinga: Homo ludens. Vom Ursprung der Kultur im Spiel, Rowohlt, Hamburg 2004.

Gerda Kirmse: Louis Pasteur, Ein Wohltäter der Menschheit. Sein Leben, Pandion Verlag. Bad Kreuznach 1995.

Thomas Kuhn: Die Struktur wissenschaftlicher Revolutionen, Suhrkamp Taschenbuch Verlag, Frankfurt/M. 1973.

Kurt Langbein, Bert Ehgartner: Das Medizinkartell. Die sieben Todsünden der Gesundheitsindustrie, Piper, München/Zürich 2003.

Bruno Latour: Krieg und Frieden. Starke Mikroben – schwache Hygieniker. Muß man von „Pasteur“ sprechen oder gar von Pasteur? In: Bakteriologie und Moderne, Studien zur Biopolitik des Unsichtbaren 1870-1920, hg. von Philipp Sarasin, Silvia Berger, Marianne Hänseler, Myriam Spörri, Suhrkamp Taschenbuch Wissenschaft, Suhrkamp Verlag, Frankfurt/M. 2007.

Stanislaw Lem: Rückkehr von den Sternen, List Taschenbuch 201, 4. Auflage, Original 1961.

Franziska Lesak: Rund um das Korallenriff, Ausstellungsbulletin Irena Lagator & Petra Maitz, Museum of Contemporary Art, Banja Luka, BIH, 2008.

Dr. Lieder: educative Report for Chemistry + Physics: Grundlagen der Materie; Lehrblättersammlung.

Alexander R. Luria: The Mind of a Mnemonist, New York 1968.

Niclas Luhmann: Einführung in die Systemtheorie, hg. von Dirk Baecker, Carl-Auer Verlag, Heidelberg 2008.

Christine Maitz: Das Lachen der Göttinnen oder das Ende der Passivität, in: Christa Steinle (Hg.): Lady Musgrave Reef, Neue Galerie Graz am Landesmuseum Joanneum, Verlag der Buchhandlung Walther König, Köln 2007.

Peter Maitz: http://sydney.edu.au/medicine/people/academics/profiles/pmaitz.php

Petra Maitz: Lady Musgrave Reef, hg. von Christa Steinle, Neue Galerie Graz am Landesmuseum Joanneum, Verlag der Buchhandlung Walther König, Köln 2007.

Gottfried Martin: Platon, hg. von Wolfgang Müller, rowohlts monographien, Rowohlt Verlag, Reinbek bei Hamburg 1969.

Humberto R. Maturana und Francisco J. Varela: Der Baum der Erkenntnis. Die biologischen Wurzeln des menschlichen Erkennens, Fischer Verlag. Frankfurt am Main 1984.

Ernst Mayr: Das ist Evolution, mit einem Vorwort von Jared Diamond, Goldmann Verlag, 2005, in der Verlagsgruppe Random House GmbH; Originalausgabe: What Evolution Is, Basic Books, New York 2001.

Gerd Müller, Massimo Pigliucci (eds.): Evolution. The Extended Synthesis, MIT Press, Cambridge/London 2010.

Staffan Müller-Wille, Hans-Jörg Rheinberger: Das Gen im Zeitalter der Postgenomik. Eine wissenschaftshistorische Bestandsaufnahme, edition unseld 25, Suhrkamp Verlag, Frankfurt/Main 2009.

http://www.nobelprize.org/nobel_prizes/medicine/laureates/2006/, The Nobel Prize in Physiology or Medicine 2006 was awarded jointly to Andrew Z. Fire and Craig C. Mello
"for their discovery of RNA interference – gene silencing by double-stranded RNA".

Wieslaw Lucjan Nowinski: http://www.sbic.a-star.edu.sg/research/bil/neuro/brainatlas.php, Singapur Bioimaging Consortium.

Franz Pichler: Der Beitrag von Raoul Francé. Biozentrische Modelle, in: Peter Weibel (Hg.): Jenseits von Kunst, Passagen Verlag, Wien 1996.

Magnus Ramage, Karen Shipp: System Thinkers, Springer, London 2009, in association with The Open University, Walton Hall, Milton Keynes, MK7 6AA, UK, Ludwig von Bertalanffy, Chapter 6.

Philippe Rekacewicz: Weltbilder immer weiter differenzieren, Unsichtbares sichtbar machen, Interview mit Christian Reder, in: Kartographisches Denken, hg. von Christian Reder, Edition Transfer Springer, New York/Wien 2012

Christian Reder: Nachwort: Forschende Denkweisen ..., in: Christian Reder (Hg.): The Moderns. Wie sich das 20. Jahrhundert in Kunst und Wissenschaft erfunden hat, Edition Transfer Springer, Wien/New York 2012.

Hans-Jörg Rheinberger: Gene, Zellen und Moleküle, in: Lettre International, Sommer 2008, http://www.lettre.de/content/hans-jörg-rheinberger_gene-zellen-moleküle.

Rupert Riedl, Paul Parey: Biologie der Erkenntnis, Die stammesgeschichtlichen Grundlagen der Vernunft, Verlag Paul Parey, Berlin/Hamburg 1980.

Renée Schröder: Henne oder Ei, Auf der Suche nach dem Ursprung des Lebens, Residenzverlag, Salzburg 2011.

Erwin Schrödinger: What Is Life, Cambridge University Press 1944.

Joachim Schummer: Die stoffliche Weltveränderung der Chemie: Philosophische Herausforderungen in Cognitio humana – Dynamik des Wissens und der Werte, Leipzig 1996, in: C. Hubig, H. Poser (Hg.): XVII. Deutscher Kongreß für Philosophie, Workshop-Beiträge, Bd. 1.

Joachim Schummer: Das Gotteshandwerk. Die künstliche Herstellung von Leben im Labor, edition unseld 39, Suhrkamp Verlag, Berlin 2011.

Jeanette Schulz: Gedächtnistheorien und Mnemotechniken, eine künstlerisch-wissenschaftliche Betrachtung, Springer, New York/Wien 1994.

Jeanette Schulz: State of the Art, Ausstellung in der/exhibition at the GAK 26. September - 23. November 1997, GAK Gesellschaft für Aktuelle Kunst, Eva Schmidt (Hg./ed.), Texte: Jeannette Schulz, Walter Pamminger, Nicola Wettmarshausen, Silke Wissmann.

Peter Schuster: Molekulare Evolution und Spieltheorie, in: Peter Weibel (Hg.): Jenseits von Kunst, Passagen Verlag, Wien 1996.

Karl Sigmund: Spieltheorie und künstliches Leben, in: Peter Weibel (Hg.), Jenseits von Kunst, Passagen Verlag, Wien 1996.

Wolf Singer: Der Körper in der Kunst, in: Kunst der Moderne 1800–1945, Städelmuseum, Frankfurt/Main 2012, Hatje Cantz, Ostfildern-Ruit 2012.

Peter Sloterdijk: Zeilen und Tage, Notizen 2008–2011, Suhrkamp Verlag, Berlin 2012.

Lubert Stryer: Biochemie, Spektrum Akademischer Verlag, 1996.

Åsa Sonjasdotter zitiert Gregor Mendel: Versuche über Pflanzenhybriden, in: Verhandlungen des naturforschenden Vereins zu Brünn, 4, 1866, S. 36f. in: Other Possible Worlds, Entwürfe diesseits von Utopia, Ausstellungskatalog NGBK, Neue Gesellschaft für Bildende Kunst e.V. 2011, Berlin, S. 22–23.

Åsa Sonjasdotter: Texts for the exhibition: *Other Possible Worlds, Proposals for this Side of Utopia, Entwürfe diesseits von Utopia*, NGBK Neue Gesellschaft für bildende Kunst, Berlin 2011.

Christa Steinle: Das Lady Musgave Reef – vom Territorium Maris zum Territorium Artis, in Lady Musgrave Reef, hg. von Christa Steinle, Verlag der Buchhandlung Walther König, Köln 2007.

Martin Suhr: John Dewey zur Einführung, Junius Verlag, Hamburg, 1994.

http://www.rockefeller.edu/labheads/tuschl/
Tom Tuschl ist ein deutscher Biochemiker und Molekularbiologe, der auf dem Gebiet der RNA-Forschung tätig ist.

Gerhard Vollmer: Biophilosophie, Reclam, Stuttgart 2010.

Frank Vorpahl: Der Seefahrer, sein Chronist und die Entdeckung der Natur des Menschen. Ein Nachwort. in: Georg Forster: James Cook, der Entdecker, Eichborn, Frankfurt/Main 2008.

Richard A. Watson: Compositional Evolution. The Impact of Sex, Symbiosis, and Modularity on the Gradualist Framework of Evolution, The Vienna Series in Theoretical Biology, A Bradford Book, The MIT Press, Cambridge, MA/London 2006.

Gabriele Werner: Bilddiskurse. Überlegungen zur Frage, ob es eine allgemeine Bildtheorie des naturwissenschaftlichen Bildes geben kann, in: Horst Bredekamp, Birgit Schneider, Vera Dünkel (Hg.): Das Technische Bild, Akademie Verlag, Berlin 2008.

Michael Yarus: Life From an RNA World. The Ancestor Within, First Harvard University Press paperback edition, 2011.

Frank Zöllner/Johannes Nathan: Leonardo da Vinci: Das zeichnerische Werk, Taschen Verlag 2011/2003.

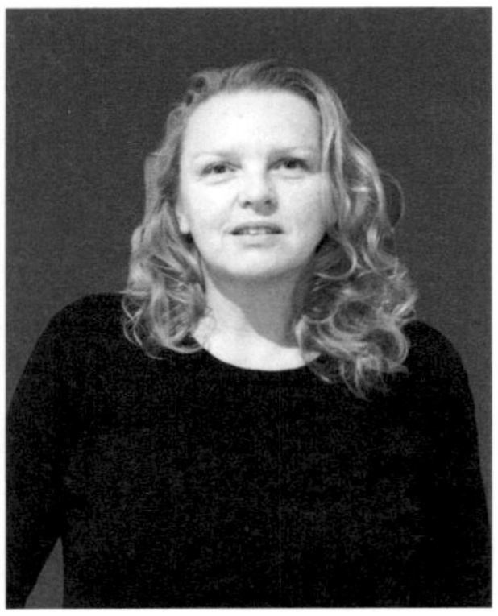

Petra Maitz, 1962 geb./born in Wien/Vienna, lebt/lives in Hamburg & Wien/Vienna Studium der Medizin und Biochemie an der Universität Wien, danach Kunstgeschichte/studied Medicine and Biochemistry at the University of Vienna, then art history
1995 Master of Fine Arts mit/with Stanley Brouwn an der Hochschule für bildende Künste/at the Academy of Fine Arts Hamburg. **2013** PhD am Zentrum für Kunst+Wissenstransfer an der Universittät für angewandte Kunst in Wien mit der Thesis *Visualisierungsmöglichkeiten von Evolution. Die Zeichnung in Kunst, Medizin und Biologie.*/doctorate at the Centre for Art+Knowledge Transfer at the University of Applied Arts in Vienna with the thesis *Visualisation of Evolution. The Drawing in Art, Medicine and Biology.*

Einzelausstellungen/Solo exhibitions

2014
Visualisation of Evolution, Science Pictions, Werkstadt Graz, Austria
2012
selfreplicating bodyparts, Petra Maitz, Mia Zabelka, Styria, Austria
2011
Palmenfrühling, Kunstfrühling Bremen, Germany
Lady Musgrave's Dinnertable, Galerie ab-heute, Bremen, Germany
2010/09
molecule/calculus, The Janus Pannonius Muzeum, Pécs – Kulturhauptstadt Europas/Cultural Capital of Europe 2010, Hungary
Oaza Cacak/Oasis Cacak, Nadezda Petrovic Galerija, Cacak, Serbia
2008
Museum of Contemporary Art, Irena Lagator, Petra Maitz, Banja Luka, BIH
2007
high noon, Werkstadt Graz, Graz, Austria
Lady Musgrave Reef, Neue Galerie Graz am Landesmuseum Joanneum, Graz, Austria (Kat./cat.)
2006
Lady Musgrave Reef, Galerie Stadtpark, Krems, Austria
2005
Trieste-Graz, travelogue, do not enter, San Giusto, Italy
2003
Stundenhotel, Künstlerhaus Boswil, Switzerland
1999
Locations & Behaviour, Galerie Menotti, Baden bei Wien, Austria
1998
recent works, Central Fine Arts, New York, USA
1997
elastic space sounds, Steinerner Saal, Landhaus, Graz, Austria
1995
Seperate Show, Art Fair Basel, Galerie Krinzinger, Wien, Austria
Displacements – Locations of Culture, Neue Galerie Graz, Graz, Austria (Kat./cat.)
painting-all-over, Petra Maitz, Nicole Eisenman, Galerie Mittelstrasse 18, Potsdam, project Künstlerhaus Bethanien, Berlin, Germany (Kat./cat.)
1994
Yellow Room, Westwerk Hamburg, Germany

Gruppenausstellungen/Group exhibitions

2014
Z-N-E, examples to follow, expeditions in aesthetics & sustainability, Puebla, Mexico; Essen, Germany
2013
HERSTORIES, Marlene Dumas, Rita McBride, Melissa Gordon, Anne Pöhlmann, Spartacus Chetwynd, Katharina Sieverding, Christian Falsnaes, Marianne Wex, Diango Hernández, Friederike Tebbe, Nicolas Party, Miriam Cahn, Suse Weber, Charlotte Salomon, Kunstverein Bonn, Germany
2012/11
Z-N-E, examples to follow, expeditions in aesthetics & sustainability, HafenCity/Harbour City Hamburg, Germany; Goethe Institute, Mumbay, India; Sao Paulo, Brasil
Moderne: Selbstmord der Kunst?/Modernity: Suicide of the Arts?, Neue Galerie Graz am Universalmuseum Joanneum, Graz, Austria (Kat./cat.)
2010
ARTandCITY, HCU/ARTBLOCK Festival 2010 HafenCity, Hamburg, Germany
FOUND 2010, KSG, Graz, Austria
The Beginning of the End, DEATH BE KIND, The Alderman, Melbourne, Australia
Home Stories, Landesmuseum Niederösterreich, St. Pölten, Austria
2010/09
Library, Balkan Open Book: BOOK-EARTH-MAPS, Cazak, Serbia; Sarajewo, BIH
Sternchen, Werkstadt Graz, Graz, Austria
2009
A Perfect State, The Institute of CONTEMPORARYART Newtown, Sydney, Australia (Mikala Dwyer, Petra Maitz, Justene Williams)
2009/08
EROS, Galerie Lang, Wien, Austria
2008
I've Got A Coral Reef Too, LACE, Los Angeles Contemporary Exhibitions, Los Angeles, USA
Die Liebe zu den Objekten, Niederösterreichisches Landesmuseum, St. Pölten, Austria (Kat./cat.)
gemischtes sextett, Galerie Exner, Wien, Austria
Miniaturenbiennale Belgrade, Serbia
City/Face of the City, City Cultural Center, Cazak, Serbia
regionale 2008, Orientierungen, Feldbach, Austria (Kat./cat.)
Independent Summerstage Festival, Wien, Austria
Künstlerbücher-Präsentation: Gerhard Eckel, Petra Maitz, Galerie Stadtpark, Krems, Austria
2007
WETTERFLECK, Werkstadt Graz, Graz, Austria

Styria meets Syria, Neue Galerie Graz – Studio, Graz, Austria (Kat./cat.)
Wettbewerbsausstellung, Neue Galerie Graz, Graz, Austria (Kat./cat.)
2006
mixed pickels, K3, Zürich, Switzerland
2005
Ars Pingendi, Neue Galerie Graz, Graz, Austria
Project-Artist in Trieste, Laura Safred
Neuerwerbungen der Sammlung 2005. Support 2, Neue Galerie Graz, Graz, Austria
Bildverlust, Petra Maitz, Corinna Schnitt, Harun Farocki, Topkino, Wien, Austria (DVD & Bulletin)
2004
Tätig/Sein, NGBK, Berlin, Germany (Kat./cat.)
The Personal is Political und Peinlich, Kunsthalle Exnergase, Wien, Austria
2002/01
NOEDOK, Kulturpreisträger, St. Pölten, Austria
Art Position, Ottakringer Brauerei, Soho Ottakring, Wien, Austria
Female - Sex - Male, Wolfrum, Wien, Austria
2000
Der anagrammatische Körper, ZKM, Karlsruhe, Germany
My Love Painting, Kunsthalle Exnergasse, Wien, Austria
Positionenpreis, Palais Porcia, Wien, Austria
1999
Der anagrammatische Körper, steirischer herbst, kunsthaus muerz, Mürzzuschlag, Austria
rumford 26, Klaus Hartmann, Petra Maitz, Mario Palm, München, Germany
1998
Stephen Dicillo, Niu Bo, Petra Maitz, Michael Rees, Central Fine Arts, New York, USA
1997
Time is a Man – Space is a Woman, Via Farini, Milano, Italy
Tu felix Austria, Galerie Christine König & Franziska Lettner, Wien, Austria
Flanieren in Wien, Galerie Christine König, Wien, Austria
1996
silver screen, Kevin Clarke, Warren Neidich, Petra Maitz, Spot Gallery, NYC, USA
Interpol, Bigert & Bergström, Petra Maitz, Färgfabriken Stockholm, Sweden
I'm Your Problem, kunsthaus muerz, Mürzzuschlag, Austria (Kat./cat.)
1995
En passant ..., Franz Ackermann, Henry Bond, Angela Bulloch, Petra Maitz, Gerwald Rockenschaub, Erwin Wurm, Akademie der bildenden Künste Wien, Kunstverein Hamburg, Germany
contrappunto, Museo Revoltella & Galleria Bassanese, Trieste, Italy (Kat./cat.)
Körpernah, Galerie AK, Hans Sworowski, Frankfurt, Germany
Modelle, Skizzen und Notizen, Raum für aktuelle Kunst, Martin Janda, Wien, Austria
cherchez la femme, Kunsthaus Hamburg, Hamburg, Germany (Kat./cat.)
1994
Körpernah, Galerie Krinzinger, Wien, Austria (Kat./cat.)

Preise und Stipendien/Grants, awards & scholarships

2011 Residency ARTSPACE Sydney, Australia
2006 Landeskunstpreis Steiermark, Graz, Austria
2003 Schweizstipendium, Zürich/Künstlerhaus Boswil, Switzerland
2001 Kulturpreis, NÖ, Agnes Fuchs, Elke Krystufek, Petra Maitz, Austria
1998 Positionen, Preis des BMUKK, Wien, Austria
1996 Preis der Stadt Graz, Austria
1995 & 1996 Viktor-Fogarassy-Preis, Graz, Austria
1995/96 New York-Studio, BfWFK, Wien, Austria
1994 Startstipendium, BfWFK, Wien, Austria

Filmvorführungen/Screenings

2009
Sydney Biennale, screening, ARTSPACE Sydney, Australia
2008 *Lady Musgrave Reef*, Graz, Banja Luka, BIH
2006 *Lectures, reef-ecologies*, DVD, Bremen, Wien, Austria
2005 *glasswork - service for Rebecca Horn*, 1996, Bildverlust, Teil/part 1, Topkino Wien, Austria
2003 *a perfect day*, *The Smile Isn't Forever*, cosmetics crochets, *Stundenhotel*, Künstlerhaus Boswil, Switzerland
1999 Hotel Utopia, Summerstage Videoprogram, Wien, Austria
1998 Diagonale, Kunsttransfer II, Festival of Austrian Film, Graz, Austria, *Venice, June 95* (S8 film)
1997 Galerie König und Lettner, Wien, Austria, *In Advance-Past, A Walk 96*, Video
Via Farini, Milano, Italy, *In Advance – Past, A Walk; My Double Idendity developed as a Musician.* 2 Videofilms
1996 UCU, N.Y., Spot Gallery, USA, Kevin Clarke and Warren Neidich, Petra Maitz, *Venice, June 95* (S8 film)

Weitere Publikationen/Additional publications

2013 Petra Maitz, All is Full of Molecules, in Molecular Aesthetics Introduction, Peter Weibel and Ljiljana Fruk (Hg./ed.), MIT Press, Cambridge, MA/London England, S.72-73
Petra Maitz, Hochschulschriften der Universität für angewandte Kunst, Wien, Dissertation: Visualisierungsmöglichkeiten von Evolution, die Zeichnung in Kunst, Medizin und Biologie
2012 Petra Maitz. Work in Progress: Lady Musgrave Reef, in: Christian Reder (Hg./ed.), Kartographisches Denken, Wien/New York: Edition Transfer Springer, S. 436-439
2011 Peter Weibel, Christa Steinle (Hg./ed.), Moderne: Selbstmord der Kunst?, Ostfildern-Ruit: Hatje Cantz 2011
2010 Lady Musgrave Reef, in: Adrienne Göhler (Hg./ed.), zur nachahmung empfohlen. expeditionen in aesthetik und nachhaltigkeit, Ostfildern-Ruit: Hatje Cantz
2008 edition galerie stadtpark krems, YELLOW BAND DISEASE, 30 handgenähte Bücher/books, handmade sewing
2008 Regionale 2008. Orientierungen, S. 223, Verlag der Regionale, Styria, Austria
2007 Christa Steinle (Hg./ed.), Lady Musgrave Reef, Verlag der Buchhandlung Walther König, Köln
2003 all about female sex, Galerie Academia, Salzburg

Petra Maitz, Hamburg, Germany and Vienna, Austria
Visualisation of Evolution
Molecule / Calculus

AMBRA | V is part of Medecco Holding GmbH, Vienna

Printed in Austria

Grafische Gestaltung / Graphic Design: Petra Maitz
Layout & Satz / Layout & Type setting: Karin Buol
Übersetzung / Translation: Y'plus (Maria Nievoll, Marina Brandtner, Richard Watts)
Lektorat / Copy editing: Elmar Hermann, Michael Walch (deutsch), Y'plus (english)
Bildbearbeitung/Reproductions: Friedrich Trummer, Rema-Print

Umschlagbild / Cover Image: Petra Maitz und Rolf Y. Spiess, *SP No 37*, 2009
Druck / Printed by: Rema-Print, 1160 Wien
Gedruckt auf säurefreiem, chlorfrei gebleichtem Papier – TCF / Printed on acid-free and chlorine-free bleached paper

Mit 177 Abbildungen / With 177 figures
alle Abbildungen der Autorin und Reproduktionsrechte

Bibliografische Information der Deutschen Nationalbibliothek
Die Deutsche Nationalbibliothek verzeichnet diese Publikation in der Deutschen Nationalbibliografie; detaillierte bibliografische Daten sind im Internet über http://dnb.d-nb.de abrufbar.

ISSN 1866-248X
ISBN 978-3-99043-580-9

Mit freundlicher Genehmigung wurden folgende Bildrechte an uns übergeben / With friendly permission of:

James Clifford, California, S./p 261
Philippe Rekacewicz, Norway, Paris, S./p 162
Peter Schuster, Wien, S./p 249
Jeanette Schulz, Wien, S./p 166, 167
Åsa Sonjasdotter, Berlin, S./p 183, 184
Brian Metscher/Gerd Müller, Wien, S./p 207
Peter Maitz, Sydney, S./p 224, 241, 243
Peter Haertsch, Sydney, S./p 243
Cassandra Chong, Sydney, S./p 245
Natural History Museum, London, S./p 164, 165
Wieslaw L. Nowinski, Singapore, S./p 255
Benjamin Good, USA & Martin Krzywinski, Canada, , S./p 206

Die Autorin hat sich bemüht, etwaige Zitate und Bildrechte ausfindig zu machen. Sollte dies nicht in allen Fällen gelungen sein kontaktieren Sie bitte die Autorin. / The author tried to get permission to use copyrighted text and image material. Should this have failed, please contact the author.

Special thanks to the following persons:

In times of research most people don't ask complex questions, everybody tries to be simple, this is sometimes not fullfilling the researchers' desires, but I have written in short sentences to scientists about what I write and what I need from them, so thank you to all those who made it easier for me to get informations while being clear and friendly but distinctly and asking the right questions. Thank you to James Clifford, to Anthony Weiss, to Cassandra Chong and to all who helped me to integrate in a team of scientists and also while being in the operation theatre with Peter Maitz as surgeon in Sydney. I also thank Philippe Rekacewicz in Norway and Peter Schuster in Vienna. Thanks to Wieslaw Nowinski who immediately spent a whole flight from Singapore to Vienna talking to me about his work in bioimaging at A*STAR instead of sleeping in the plane. Thanks to Brian Metscher and Gerd Müller for introducing me to their lab in Vienna. I would also like to thank Manfred Faßler for his critical attitude towards Visualisation Intelligence subjects.

Thanks to my mother Renate Maitz, Ursula (Ahalya) Schmidt, Rita McBride, to my father Peter Maitz, to Karin Buol, to my brother Peter in Sydney, to Josef Georg Stingl in Singapore, to Diango Hernández & Anne Pöhlmann, Fred Dott, Beatrix Sunkovsky, Tim Vermeulen and to Chris Lackner & Norbert Fleischmann, to Gerald Bast & Anja Seipenbusch, Angela Fössl and to the art students in Düsseldorf.